U0190515

两淮矿区资源与环境治理前沿科学与技术

两淮矿区
水环境地球化学

刘桂建　笪春年　吴　蕾　张佳妹　◎著
王　婕　王珊珊　胡云虎　王兴明

Geochemistry of
Water Environment
in Huainan and Huaibei
Mining Area

中国科学技术大学出版社

内 容 简 介

　　本书主要研究两淮矿区水生环境介质中的典型污染物,包括持久性有机污染物、重金属及烃类污染物的种类、污染水平、时空分布规律、可能性来源及历史演变趋势,为该区域水生环境中污染物的污染控制及治理提供相应的背景资料支持。全书共9章:第1章绪论部分介绍研究目的研究意义及研究内容;第2章介绍研究区域地理位置、自然和经济情况等;第3～9章分别介绍研究区域水体、沉积物、水生生物体中污染物的分布和迁移转化规律。

　　本书可供从事环境保护工作的技术人员使用,也可供两淮矿区的环境保护管理者和决策者参考使用。

图书在版编目(CIP)数据

两淮矿区水环境地球化学/刘桂建等著. —合肥:中国科学技术大学出版社,2024.1
(两淮矿区资源与环境治理前沿科学与技术)
ISBN 978-7-312-05444-0

Ⅰ. 两…　Ⅱ. 刘…　Ⅲ. ① 矿区—水环境—地球化学—研究—安徽　Ⅳ. X322.254

中国版本图书馆 CIP 数据核字(2022)第 093288 号

两淮矿区水环境地球化学

LIANG HUAI KUANGQU SHUI HUANJING DIQIU HUAXUE

出版	中国科学技术大学出版社
	安徽省合肥市金寨路 96 号,230026
	http://press. ustc. edu. cn
	https://zgkxjsdxcbs. tmall. com
印刷	安徽省瑞隆印务有限公司
发行	中国科学技术大学出版社
开本	787 mm×1092 mm　1/16
印张	21
字数	537 千
版次	2024 年 1 月第 1 版
印次	2024 年 1 月第 1 次印刷
定价	138.00 元

前　言

环境保护与经济发展是当今人类社会的重要主题,全球经济发展所导致的生态破坏与环境污染日趋受到人们的关注。全球环境面临的形势非常严峻,如果不及时采取有效的防控措施,人类及动植物的栖息环境将面临极大威胁,最终出现各类病变以致无法生存。为此,需要找到协调发展与环境保护的平衡点,既要保证经济的可持续发展,又要避免以破坏环境为代价。这可从人类生存与发展、环境与资源问题入手,针对环境污染及其防治与经济发展的关联性,寻求合理的发展策略。

两淮矿区是中国14个大型煤炭基地之一,近些年来,随着多煤层的长期大量开采,矿区地质环境日益恶化,水资源系统遭到破坏、矿山废水外溢等一系列环境问题频繁出现,因此,本书选择两淮矿区水环境作为研究对象,可直观地反映中国煤矿经济发展下环境所面临的影响,具有较重要的示范研究意义。持久性有机污染物在环境中因具有持久性、生物累积性、高毒性及长距离迁移性等特点,对人类健康和生态环境所造成的危害已成为国际公认的环境焦点问题;重金属是一类难降解、隐蔽性强、毒性大和普遍存在的环境污染物,它们在环境中迁移转化行为复杂,可通过食物链不断蓄积,最终对生态系统和人类健康产生危害。为此,本书选择这两类污染物作为主要研究对象,同时对研究区其他典型污染物如烃类污染物也有所研究。

本书主要研究两淮矿区内水生环境介质(如水体、沉积物、沉积柱和生物样品)中污染物的种类(主要包括有机氯农药、多环芳烃、多溴联苯醚和重金属等)、污染水平、时空分布特征和风险水平。基于以上内容,对多种污染物在两淮矿区内水生环境介质中的环境地球化学行为进行概括,进而深入了解区域内环境状况,为两淮矿区污染物控制和治理以及寻求经济发展和环境保护的平衡点提供理论参考。

本书由中国科学技术大学刘桂建教授负责构思和统筹设计,张佳妹、王婕、王兴明、胡云虎、王珊珊、吴蕾等做了大量的基础数据研究和分析工作,并对各自相关的章节进行了编写、整理,相关内容也分别在他们博士论文中有所体现。笪春年对全书进行了编辑和统稿。

本书可作为高等院校环境类相关专业参考资料。著者衷心希望读者能从本书中受益,进而推动环境保护事业的发展。

本书由安徽省省级质量工程项目校企合作实践教育基地(2020sjjd107)和合肥学院校级质量工程项目(2020hfujcjs07)资助出版。

本书涉及内容广泛,由于编者水平有限,书中难免有疏漏之处,敬请广大读者批评指正。

著　者

2022 年 10 月

目　　录

第1章 绪 论

本章阐述了两淮矿区的环境现状,分析了两淮矿区的研究背景和意义,并对两淮矿区所涉及的污染物进行了充分的调研,介绍了这些污染物的国内外研究进展、污染来源、赋存状态及环境危害等,进而阐述了本书的研究意义和研究内容。

1.1 研 究 背 景

我国是煤炭资源大国,能源结构主要以燃煤为主,燃煤占我国能源结构的 70%左右,我国预测的煤炭资源总量可达 $5×10^{12}$ t,已经勘查工作验证的资源量也达 $1×10^{12}$ t。两淮矿区是我国 14 个大型煤炭基地和 6 个煤电基地、首批煤矿循环经济试点单位之一,其中淮南矿区 2010 年煤炭产量为 $6715×10^4$ t,淮北矿区 2010 年煤炭产量为 $2734×10^4$ t。两淮煤矿为国家经济建设做出了重大贡献,然而煤炭的大量开采所引发的水体环境问题日益突出,如矿区开采沉陷和沉降、疏干排水导致地下水资源枯竭、地表固废的大量堆积以及由此带来的各类水体污染、矿区地面沉降等,因此,资源开发与环境保护之间的尖锐矛盾已严重制约了本区社会经济的可持续发展。

煤矸石是煤炭开采、利用过程中的副产品,在堆放过程中由于自燃和降雨淋滤形成的溶液,不仅污染塌陷区积水,而且通过各种水力联系(导水砂层、地层裂隙、农灌、河流等)发生污染转移,使周围水体受到污染,从而影响工农业生产。其中,毒性最大的是 Cd、Pb、Hg、As,它们不但不能被生物降解,反而在生物放大作用下大量富集,沿食物链最后进入人体,引起急性、慢性中毒,造成肝、肾、肺、骨等组织的损坏,甚至能够致癌、致畸、致死。因此,塌陷区的生态恢复一直是一个紧迫又复杂的问题。

淮河流域(总面积 268957 km^2)是中国主要的河流系统之一,也是中国支流最多的河流。淮河自西向东流,全长约 1000 km。它源于桐柏山的太白峰,流经河南省、安徽省、山东省、湖北省和江苏省,最终在江苏省三江营汇入长江。淮河流域承载着巨大的压力(1.6 亿人口,占全国农业活动的 23%,重要的能源基地)。随着工业化和城市化的快速发展,越来越多的污染物排入淮河,尤其是两淮矿区开采过程中各种污染物随导水砂层、地层裂隙、农灌、河流等转移到淮河水体,导致淮河水体污染越发严重。淮河流域淮南段是工业和农业活动集中的地区,煤矿、煤矸石和燃煤电厂密集分布,该地区工业化程度和水污染程度较高。目前,淮河流域淮南段有三个主要的燃煤电厂,总装机容量约为 10000 MW,每年约产生 $820×10^8$ kW·h 的电量。淮南煤矸石产量约为原煤产量的 20%,淮河淮南段每年煤矸石产量约为 $300×10^4$ t。因此,研究两淮矿区临近区域水体(塌陷湖和淮河)中的典型污染物,包括重金属、持久性有机污染物及烃类污染物的种类、污染水平、时空分布规律、可能性来源及演变趋势,可以客观地评价研究区域的环境状况及污染物可能造成的生态风险,为污染物的控制及治理提供相应的背景资料支持。

1.1.1　持久性有机污染物

1962 年,美国海洋生物学家蕾切尔·卡逊(Rachel Carson)的著作《寂静的春天》出版,该书讲述了化学农药对人类环境的污染和危害,敲响了有机化合物使用的警钟,也在世界范围内引发了人们对环境问题的关注。在各种有机化合物中,持久性有机污染物(persistent organic pollutants,POPs)受到的关注度最高,影响最为深远。持久性有机污染物是指在环境中具有持久性和远距离迁移性,能够通过食物链富集,进而对人类健康和生态环境产生危害的化学物质。2001 年 5 月,一场关于持久性有机污染物的会议在瑞典首都斯德哥尔摩召开,该会议由联合国环境规划署(UNEP)主持,通过了著名的《关于持久性有机污染物的斯德哥尔摩公约》(以下简称《斯德哥尔摩公约》)。该公约于 2004 年 5 月生效,旨在推动持久性有机污染物的淘汰和削减,保护人类和环境免受其害,中国是该公约的缔约方之一。2001 年通过的《斯德哥尔摩公约》最初规定了 12 种需要限制或禁止的持久性污染物,包括艾氏剂、氯丹、狄氏剂、异狄氏剂、七氯、六氯苯、灭蚁灵、毒杀芬、多氯联苯、滴滴涕、多氯代二苯并二英和多氯代二苯并呋喃。该公约在 2009 年、2011 年、2013年和 2015 年又进行了多次修订,在附件中新增了部分持久性有机污染物,包括十氯酮、α-六氯环己烷、β-六氯环己烷、林丹、五氯苯、技术硫丹及其相关异构体、六溴联苯、四溴联苯醚和五溴联苯醚、六溴联苯醚和七溴联苯醚、六溴环十二烷、六氯丁二烯、五氯苯酚及其盐类和酯类、多氯化萘、全氟辛烷磺酸及其盐类和全氟辛基磺酰氟。持久性有机污染物化学结构稳定,在环境中的半衰期较长,水溶性低,亲脂性强,能够通过食物链在生物体内进行累积和放大,被生物体不断富集,进而对人体产生负面健康效应,如内分泌干扰性、致癌性、致畸性及致突变性。此外,持久性有机污染物具有半挥发性和远距离迁移性,“全球蒸馏效应”和“蚱蜢跳效应”可以解释持久性有机污染物的远距离迁移性:全球范围内,不同地区存在着气温差异,在中低纬度地区,由于温度相对较高,持久性有机污染物会挥发,以气态形式进入大气,然后通过大气进行远距离迁移;当到达温度较低的区域时,有机物会重新沉降到地面上;之后,当温度升高时,持久性有机污染物会再次挥发进入大气,重复之前的活动,致使持久性有机污染物在全球范围内进行迁移和传输。由于对人类和环境所产生的负面效应,到目前为止,很多持久性有机污染物已经停止生产和使用,但持久性的特征使得它们在环境中能够存在相当长的一段时间,并可以通过食物链富集,影响人体的健康;同时,由于“全球蒸馏效应”和“蚱蜢跳效应”,它们在全球范围内分布广泛。因此,调查和研究环境中持久性有机污染物的残留含量和分布特征,判断和识别它们的来源和风险,不断补充和更新世界范围内持久性有机污染物的数据资料,对于有效控制环境中持久性有机污染物具有十分重要的意义。

1.1.2 微量元素

1.1.2.1 微量元素定义

在地球化学学科中,元素被划分为两大类型:主量元素和微量元素。微量元素被定义为物质中含量低于 $100 \text{ ng} \cdot \text{g}^{-1}$ 的元素。Swaine(1995)研究表明有 26 种微量元素是需要特别关注的环境敏感性元素,根据这些元素对环境影响的程度,又将它们划分为三组:第一组元素包括 Hg、As、Se、Pb、Cr、Cd,其被归为对环境危害最大的一组微量元素;第二组元素包括 F、V、U、Cl、Mn、B、Mo、Cu、Ni、P、Be、Th、Zn;第三组元素包括 Sb、Tl、Co、Sn、Ba、Ra 和 I。

微量元素在不同的学科领域中有不同的含义。在生物化学学科中,微量元素指代生物体内含量低于体重 0.01% 的元素;而在食物营养学中,它代表食物中普遍存在但含量低于 $20 \text{ ng} \cdot \text{g}^{-1}$ 的元素。Adriano(2001)认为微量元素是环境中以痕量形式存在且在一定有效浓度下对生物有毒害作用的元素。微量元素的近义词包括痕量金属、重金属、痕量元素及微量营养素等。这些近义词在不同的特定情形下使用,其中"重金属"一词被广泛使用。重金属泛指密度大于 $5 \text{ g} \cdot \text{cm}^{-3}$ 的元素,包括可被生物吸收、有毒性和会产生污染的金属和类金属。然而当元素与植物联系紧密时,会被称为微量营养元素,包括 Cu、Fe、Mn、Mo、Zn 等元素。

1.1.2.2 微量元素来源

Andreae(1984)认为在大多数情况下微量元素的人为来源多于自然来源。美国国家环境保护局(U.S.EPA)将 Ag、As、Be、Cd、Cr、Cu、Hg、Ni、Pb、Sb、Se、Tl、Zn 这 13 种元素列为优先控制污染物。

微量元素的自然来源包括岩石风化、火山喷发、海浪、温泉、湖泊河流沉积物、植被及森林火灾等。相较之下,其人为来源更为广泛,包括各种工业、农业、生活排放以及交通尾气。金属工业中采矿、冶炼和加工活动中微量元素的释放被认为是微量元素工业来源中最主要的类型,然而煤矿工业中煤的开采、洗选、加工、运输、堆放及燃烧过程中微量元素的释放则是煤矿区微量元素的主要来源之一。

1.1.2.3 微量元素物理化学性质

砷是青灰色、易碎、结晶状的类金属元素,它有 3 个同素异形体,在空气中存放会失去表面光泽,加热时迅速被氧化。砷的元素序号是 33,密度为 $5.73 \text{ g} \cdot \text{cm}^{-3}$,熔点和升华点分别为 817 ℃ 和 613 ℃。作为砷化合物原料的三氧化二砷可由冶炼得来,低价态的砷可通过催化或细菌氧化成五氧化二砷或亚砷酸。硫化物、白砷、巴黎绿、砷酸钙和砷酸铅等是几种常见的砷化合物。巴黎绿、砷酸钙和砷酸铅等砷化合物常被用作杀虫剂和毒药。此外,一些砷化合物因其高毒性还被用作除草剂和灭林剂。少量的砷被当作饲料添加剂用来控制家禽的球虫病及提高它们的生长质量。砷在大自然中分布广泛,在所有环境介质中的含量都处于可被检测的水平,饮用水及土壤中砷的世界平均含量分别为 $2.4 \text{ ng} \cdot \text{L}^{-1}$ 和 $7.2 \text{ ng} \cdot \text{g}^{-1}$。

镉的原子序数为 48,它是一种质地柔软、易延展、银白色、有光泽且带正电的金属元素。镉的原子质量、密度及熔点分别为 $112.4 \text{ g} \cdot \text{cm}^{-3}$、$8.64 \text{ g} \cdot \text{cm}^{-3}$ 和 321 ℃。它是元素周期表 II-B 族的过渡元素。硫化镉是自然界中最普遍的镉化合物,不过镉也易形成各类复杂的有机化合物。镉通常是金属锌生产中的副产品，是锌产品中的杂质。它被广泛用作合金、稳定剂及电池的原材料。由土壤磷肥经植物吸收而进入食物链的镉是极大的隐患。镉也广泛存在于土壤、水体、植物等环境介质中，据 Bowen(1984)报道，淡水及未受污染土壤中镉的平均含量分别为 $0.1\ ng \cdot L^{-1}$ 和 $0.35\ ng \cdot g^{-1}$。

原子序数为 24 的铬是一种银色、有光泽及有延展性的金属元素，它处于元素周期表 Ⅵ-B 族，原子质量、密度及熔点分别为 $52.0\ g \cdot cm^{-3}$、$7.2\ g \cdot cm^{-3}$ 和 $1857\ ℃$。由于铬对化学试剂的耐蚀性，它常被用作耐蚀合金的原料之一。在生物地球化学中，铬的三价态和五价态是主要研究对象，五价铬的毒性更强。铬被广泛用作冶金、耐火材料、皮革鞣制、催化剂、染料、纺织及木材防腐剂等化工产业的生产原料。铬广泛分布于自然界各种介质中，母岩是铬在土壤系统中的重要来源之一。淡水及土壤中铬的世界平均含量为 $1\ ng \cdot L^{-1}$ 和 $40\ ng \cdot g^{-1}$。

铜是元素周期表 Ⅰ-B 族金属元素，它的原子序数为 29，密度是 $8.96\ g \cdot cm^{-3}$，熔点为 $1083\ ℃$。铜表面呈红色并泛金属光泽，具有延展性和良好的导热和导电性，因此被用作制备电线和电气装备的原料。此外，铜也出现在厨房的加热容器、化肥、饲料添加剂等产品中。Wolynetz(1980)研究表明铜在土壤中的世界平均浓度及中国平均浓度分别为 $20\ ng \cdot g^{-1}$ 和 $23\ ng \cdot g^{-1}$。淡水中铜的世界平均浓度为 $3\ ng \cdot L^{-1}$。

锰的原子序数为 25，它是一种灰白色、易碎的金属，处于元素周期表 Ⅶ-A 族。锰的原子质量、密度和熔点分别为 $54.94\ g \cdot cm^{-3}$、$7.2\ g \cdot cm^{-3}$ 和 $1244\ ℃$。锰在地壳中的丰度较大，它被广泛应用于冶金工业、农业、水产业及化工等各个领域。锰广泛分布于自然界各类介质中，它的地壳丰度约为 $1000\ ng \cdot g^{-1}$，远高于砷、镉、铬、铜、镍、铅、锌等元素。据 Bowen(1984)报道，世界土壤及淡水中锰的平均含量分别为 $8\ ng \cdot L^{-1}$ 和 $1000\ ng \cdot g^{-1}$。

镍是原子序数为 28，密度为 $8.9\ g \cdot cm^{-3}$，熔点为 $1453\ ℃$ 的金属性元素，它位于元素周期表 Ⅷ 族，是呈银白色、有光泽、质地坚硬、有延展性并且耐腐蚀的韧性金属。铬因其稳定性被用作耐蚀合金的生产，此外还可用于化学反应中催化剂、电动车辆的电池及其他组分的原料。镍广泛分布于各环境介质中，是地壳中丰度较大的元素之一，约为 $80\ ng \cdot g^{-1}$。Smith(1995)提出镍在土壤中的世界平均浓度为 $20\ ng \cdot g^{-1}$。淡水中镍的世界平均浓度为 $0.5\ ng \cdot L^{-1}$。

铅是蓝灰色、有光泽、质地柔软的金属元素，它属于元素周期表 Ⅳ-A 族。铅的原子序数、原子质量、密度和熔点分别是 $82\ g \cdot cm^{-3}$、$207.2\ g \cdot cm^{-3}$、$11.4\ g \cdot cm^{-3}$ 和 $328\ ℃$。铅也具有较强的耐蚀性，它和铝、铜、铁、锌并称消耗量最大的金属。铅的用途较广，主要被用作大容量充电电池、颜料、汽油添加剂、合金及建筑材料等的生产。地壳中铅的平均丰度为 $13 \sim 16\ ng \cdot g^{-1}$。Alloway(1995)提出铅在农耕地及未受污染土壤中的含量范围分别为 $2 \sim 300\ ng \cdot g^{-1}$ 和 $10 \sim 30\ ng \cdot g^{-1}$。Bowen(1984)则提出淡水中铅的世界平均浓度为 $3\ ng \cdot L^{-1}$。

锌处于元素周期表 Ⅱ-B 族，其原子序数为 30，密度为 $7.13\ g \cdot cm^{-3}$，熔点为 $420\ ℃$。锌是一种表面呈青白色、质地柔软的金属，它是世界上应用最广的金属之一，建筑业、运输业、器械工业、家居用品、农业用品等领域都离不开锌。锌也是地壳中丰度较大的元素之一，其丰度约为 $70\ ng \cdot g^{-1}$。淡水及土壤中锌的世界平均浓度分别为 $15\ ng \cdot L^{-1}$ 和 $70\ ng \cdot g^{-1}$。

1.1.2.4　微量元素在生物体内新陈代谢

微量元素根据它们在生态及营养学中的不同地位被划分为必需元素和非必需元素两大类。Cr、Cu、Ni、Zn 等元素因其在生物系统中的重要作用被划分为生物必需元素，它们在一定浓度范围内对生物体起有益的作用，但若超过阈值则呈现有害作用。非生物必需元素，如

As、Cd、Pb 等，无已知的代谢功能，只需极少量就会对生物体产生毒性。

微量元素的新陈代谢及毒性机理是生态学、进化学、营养学及环境学极为关注的问题。Cu、Mn、Zn 等微量元素是酶反应中辅酶因子和活化剂，在核酸代谢的还原反应、电子跃迁、结构功能中起重要作用。必需元素的缺乏会导致不当的酶介导反应，最终导致生物器官衰竭、慢性疾病甚至死亡。因此，动植物及人类等生物体应当有规律地摄入必需元素。然而，As、Cd、Pb 等非生命必需微量元素因其对金属敏感酶类的毒性，会导致生物体的生长抑制甚至死亡。

1.1.3　脂肪烃

1.1.3.1　生物标志物概述

生物标志物是指广泛分布于地质中，具有良好的化学稳定性的一系列有机分子化合物。这类化合物来源于特定生物体，它们在经历沉降、埋藏、成岩作用和微生物降解后，仍然能够保存原始生物组分的基本分子结构并携带原始的母源信息。因而，生物标志物成为了一类有效的地球化学指标，可以提供土壤和沉积物中有机质来源、降解、转化和沉积规律的重要参考信息，以及有机地球化学过程的定性或定量的描述。类脂分子标志物，包括正构烷烃、多环芳烃、脂肪酸、脂肪醇等，由于它们与不同的生物源有特定的对应关系，常被用作识别环境中有机质物源的指纹物质。与蛋白质、木质素相比，类脂分子标志物的化学结构更简单，化学性质更稳定。

烃是指由碳、氢两种元素组成的一系列化合物，无其他元素和官能团。烃可分为开链烃、脂环烃和芳香烃。若烃分子中，碳原子间均以碳碳单键相连，碳原子的其余化合价均为氢原子所完全饱和，氢原子的数目达到最大值，就称为饱和烃即烷烃，其通式为 C_nH_{2n+2}（$n\geq 1$）。随着碳原子数目的增多，具有同样化学键、同一分了式的烷烃出现同分异构现象：碳骨架的结构中是直链结构的被称为正构体，而含有碳支链的被称为异构体。正构烷烃是指没有碳支链的饱和烷烃，是一类被广泛应用的分子标志物。

1.1.3.2　脂肪烃的物理化学性质

正构烷烃为非极性化合物，水是极性溶剂，根据"相似相溶"原理，正构烷烃难溶于水，但易溶于有机溶剂。随着碳原子数的逐渐增加，其物理性质也呈现一定的规律。在常温常压（25 ℃，101.325 kPa）下，含 1～4 个碳原子的正构烷烃是气体，含 5～16 个碳原子的正构烷烃是液体，碳原子数目大于 17 的正构烷烃是固体。正构烷烃分子间作用力主要是色散力，弱于静电引力，所以其熔点和沸点均较低。正构烷烃的沸点和熔点均随相对分子质量的增大而升高。其中含双数碳原子的烷烃，其熔点的升高幅度较大；而含单数碳原子的烷烃，其熔点的升高幅度较小。有机化合物的性质主要取决于分子的结构。分子的组成不同、原子的结合方式不同、化学键的种类不同均会影响有机物的化学性质。正构烷烃分子中的每个碳原子均是 sp^3 杂化，碳碳单键和碳氢键的键能都比较大，是一种化学性质非常稳定的有机质，不易降解。但正构烷烃易燃烧，分子量较低的正构烷烃如甲烷，是一种很重要的燃料。此外，柴油、煤油、汽油中正构烷烃所占的比例均较大。

1.1.3.3　脂肪烃的毒性

碳原子数目不同的脂肪烃,对动物和人类的伤害程度及作用部位不同。据美国毒物和疾病登记署的研究发现:当等价碳数在5~8之间,脂肪烃组分通过吸入或口服的方式,影响动物及人类的肾脏、神经系统(包括中枢神经和周围神经)和生殖系统;当等价碳数在8~16之间,脂肪烃组分会影响动物及人类的肝脏和神经系统,引起神经系统的障碍,导致体重下降、强烈地刺激呼吸器官,甚至会引起肾病、细胞腺瘤及肾腺瘤;当等价碳数在16~35之间,脂肪烃组分会作用于动物及人类的肠系膜淋巴结和肝脏,从而引起组织细胞增多病和肝脏脂质肉芽肿。虽然长链正构烷烃对动物及人体的刺激性有降低的趋势,但会对皮肤造成一定的损伤,甚至有患皮肤癌的风险。

1.1.3.4　脂肪烃的环境指示意义

1. 正构烷烃

环境介质中的正构烷烃主要是由生物体的蜡质、脂肪酸以及烃类物质经成岩转化形成的。正构烷烃的来源包括自然来源和人为来源。自然来源的正构烷烃主要是由藻类、细菌、水生植物、陆生高等植物等生物产生的。人为源主要包括石油烃的输入、化石燃料的燃烧、生物质的燃烧、汽车尾气的排放、生活污水的排放等。正构烷烃在石油中所占的比例较大,通常占原油的15%~20%,有的甚至高达38%~40%。随着船舶运输、陆上和海上石油开采活动的不断增加,石油泄漏事故不断发生,加之河流沿岸石油化工厂的污水大量排放,石油来源的正构烷烃已经成为河流生态系统中主要的有机污染物之一。

正构烷烃所携带的物源信息具有较强的指示性和规律性,不同输入来源的正构烷烃的碳分布特征具有较大差异。通过研究正构烷烃的碳分布特征及各种地球化学参数,如碳优势指数(CPI)、姥鲛烷/植烷比(Pri/Phy)和植物蜡碳数(WNA),可以估计环境介质中不同来源有机质的贡献。尽管正构烷烃可能会因环境条件的变化而被改造或降解,并且它与有机质来源的对应不一定是唯一的,但这并不影响正构烷烃对物源的指示。

短链正构烷烃可能来源于低等水生生物,如藻类和微生物等。水生藻类所产生的正构烷烃主要集中在C_{21}以前,多以C_{15}、C_{17}、C_{19}为主,具有明显的奇偶优势,如红藻以C_{17}占优势,褐藻以C_{15}占优势。然而,细菌产生的正构烷烃通常呈现偶数碳优势。此外,短链正构烷烃也可能来源于化石燃料的燃烧、生物质的燃烧、石油烃以及汽车尾气的排放,且不具有明显的奇偶优势。石油污染的环境样品多以C_{16}、C_{18}等低分子量、偶数碳的正构烷烃为主。水生大型植物所贡献的正构烷烃通常以C_{23}、C_{25}为主峰碳。分子量较大的长链正构烷烃,主峰碳的分布范围为C_{25}~C_{33},主要来源于陆生高等植物蜡质,多以C_{27}、C_{29}、C_{31}为主,具有明显的奇数碳优势。

2. 类异戊二烯烷烃

类异戊二烯烷烃是异构烷烃中最重要的有机化合物之一,其中植烷(Phytane,2,6,10,14-四甲基十六烷)和姥鲛烷(Pristane,2,6,10,14-四甲基十五烷)分布最广、含量最多。姥鲛烷和植烷在石油中广泛分布,很难被生物降解。因此,通常使用姥鲛烷和植烷的比值(Pri/Phy)来指示石油污染。Pri/Phy的值接近1指示石油及其衍生物的输入,而Pri/Phy在1.4~6.7之间指示生物源输入。姥鲛烷和植烷是由叶绿素的植醇侧链转化而来的,在弱氧化条件下,植醇被氧化为植烷酸,然后进一步脱羧基形成姥鲛烯,最后加氢形成姥鲛烷。

在还原条件下,植醇加氢形成双氢植醇,然后经过脱水、加氢形成植烷。因此,姥鲛烷和植烷的比值(Pri/Phy)也可用于指示沉积环境的氧化还原特性。Pri/Phy 的值小于 0.8 指示缺氧沉积环境,大于 3 指示氧化沉积环境,而值在 0.8~3 之间指示次氧化沉积环境。此外,与 C_{17} 和 C_{18} 正构烷烃相比,姥鲛烷和植烷更难降解。因此,姥鲛烷和 C_{17} 的比值(Pri/C_{17})及植烷和 C_{18} 的比值(Phy/C_{18})可以指示石油降解的程度。低值表示石油降解程度较低,高值表示石油降解产物的存在。

1.2　国内外研究进展

1.2.1　持久性有机污染物

有机氯农药、多环芳烃、多氯联苯和多溴联苯醚这 4 种有机污染物在世界范围内受到的关注较多。其中,多氯联苯是最早被《斯德哥尔摩公约》列为持久性有机污染物的十二大类有机物之一,而最早被列出的十二大类持久性有机污染物中,有 9 种都属于有机氯农药。多溴联苯醚中的四溴联苯醚、五溴联苯醚、六溴联苯醚和七溴联苯醚也在之后修订的《斯德哥尔摩公约》中被列为持久性有机污染物,而多环芳烃虽然不在《斯德哥尔摩公约》规定的持久性有机污染物的行列之中,但它却具有类持久性有机污染物的性质,在 1998 年被《关于长距离越境空气污染公约》列为持久性有机污染物。

1.2.1.1　有机氯农药

有机氯农药(OCPs)是一种典型的持久性有机污染物,也是被国际社会一致认可的属于优先控制的环境污染物。这些化合物都具有一些共同的特点:在环境中具有半挥发性和持久性,对生物体具有高毒性,在生物体内具有蓄积性。它们是氯代烃的总称,也是一种广谱性的杀虫剂。它与大多数持久性有机污染物(POPs)一样,在环境中具有不容易降解的特点,而且它们还可以通过食物链进行传递积累,从而对生物体以及生态系统环境产生不利的影响。它广泛存在于各种环境介质以及动植物的组织器官和人体中,例如,Zhao(2009)等人和 Stanek(2012)等人研究发现了人类饮用牛奶中含有有机氯农药的残留。甚至有文献报道在人类乳房中也检测出有机氯农药的残留。Cai(2008)等人报道称这些化合物进入人体后会对人类健康和人类的生殖系统产生不利的生物毒性,进而会对人体产生致癌、致生殖毒性、致神经危害性、致内分泌失调破坏等特性危害。

在 20 世纪 70 年代,有机氯农药在西方一些发达国家就已经被禁止使用。但由于有机氯农药过去使用量大,在环境中降解周期长,迄今为止,在全球不同区域、不同环境介质中都能检测到有机氯农药的存在,且有机氯农药是环境中检出率最高的一类 POPs。另外,一些发展中的农业国家和地区禁止使用 OCPs 的时间比一些经济发达的国家推迟了几十年,更糟糕的是,现在世界上仍然还有一些发展中国家在农业活动中利用有机氯农药作为杀虫剂来提高农作物的产量。有机氯农药的主要直接排放源已由过去发达国家转移到了今天以农业为主的发展中国家。

　　中国是农业生产国,同时也是OCPs的生产和使用量较多的国家。自20世纪50年代起,有机氯农药被生产和使用,它们主要被广泛用于防治农业庄稼、林木和家禽的病虫害。20世纪60年代至80年代初,我国农药生产和使用总量的50%以上都是OCPs,到20世纪70年代我国的OCPs的使用量达到了一个顶峰。在这些被使用的有机氯农药中,生产和使用量相对较多的有机氯农药主要包含滴滴涕(DDT)、六六六(HCH)和六氯苯(HCB)等。直到1983年,有机氯农药在我国才开始被禁止生产和使用。在生产和使用有机氯农药的30年时间里,据不完全统计,有40余万吨的DDT和90余万吨HCH被生产和使用在农业活动中。目前,还有两种有机氯农药——六六六和硫丹,它们没有在《斯德哥尔摩公约》中被列入禁止生产和使用的污染物名单,但是它们对生态系统和人类健康同样具有不可忽视的威胁,而且现在在我国一些不同的行业中,它们仍被直接或者间接地生产和使用,六六六通常作为某些中间体化合物在中国被生产,年产量超过10000余吨,而硫丹通常被生产作为农业活动中的杀虫剂广泛使用,年产量超过2000余万吨。

　　由于OCPs的持久性、半挥发性、疏水亲脂性,当它们进入环境后,在环境中将长期存在,并能够从污染源进行长距离迁移至偏远地区,在不同环境介质(土壤、大气、水体、沉积物、动植物乃至人体)中进行蓄积。目前,在不同的环境介质(包括人体乳房)中均检测到OCPs的存在。

1. 土壤中OCPs污染现状

　　土壤几乎是所有污染物质的存储器。有机氯农药在历史上的大量使用,造成土壤严重污染,一个地区土壤中有机氯农药的浓度高低可以间接地反映当地OCPs的历史使用量和污染水平情况。土壤中OCPs的主要来源有:农作物碰洒过程中的损失、含OCPs化学品的使用、大气沉降和OCPs的生产和使用过程中的排放、泄漏等。土壤中的有机氯农药通过食物链富集于农作物中,再通过食物链进入更高一级别的生物体(人体)内累积,最后危害到人类的身体健康。国内外学者对全球不同区域土壤的有机氯农药的含量进行了检测分析,学者也对我国不同区域、不同类型的土壤中农药进行了检测分析,发现不同区域、不同类型土壤均有浓度不等的农药被检出。我国自从1983年禁用DDTs和HCHs后,土壤中DDTs和HCHs的浓度呈现逐年下降的趋势。20世纪70年代,HCH和DDT在我们国家农业土壤中的浓度含量分别高达800 ng·g^{-1}和11680 ng·g^{-1};到了20世纪80年代初,农业土壤中HCH和DDT浓度含量分别降为419 ng·g^{-1}和742 ng·g^{-1};再到20世纪80年代中后期,HCH和DDT浓度分别下降至181~254 ng·g^{-1}和222~273 ng·g^{-1};20世纪90年代末,虽然土壤中有机氯农药含量呈下降趋势,但检出率仍然很高,DDT在各种土壤中检出率高达100%,在园地土壤中HCH检出率也达100%。根据学者的研究报道,在我国土壤中的有机氯农药的空间分布特征是东北部地区土壤中含量要高于东南部及中西部地区土壤中的含量。另外,我国土壤介质中HCH和DDT是有机氯农药的主要组分,土壤中DDT浓度含量一般高于HCH。这可能与它们在土壤中的降解周期有关,DDT在土壤中被分解95%需30年,而HCH被分解95%则需20年,这可能是造成土壤中DDT含量高于HCH的原因。我国土壤中的含量(见表1.1)与国外部分地区相比相对较高。根据《土壤环境质量标准》(GB 15618—1995)来判断我们国家土壤中OCPs的污染水平,结果表明大部分区域处于污染轻度水平,仅有北京和南京等个别少数区域在污染中等水平。

表 1.1 国内部分水体中 OCPs 的浓度

水 域	HCHs 含量（$ng \cdot L^{-1}$）	DDTs 含量（$ng \cdot L^{-1}$）
太湖流域	1.0～45.0	1.0～137.00
大亚湾	35.30～1228.60	8.60～29.80
长江南京段	9.27～10.51	1.57～1.79
官厅水库	0.09～53.50	Nd～46.80
珠江干流	5.80～99.70	0.52～9.53
九龙江口	31.95～129.90	19.24～96.64
莱州湾	Nd～32.70	Nd～9.10
福建兴化湾	0.82～22.94	1.08～15.72
黄浦江	42.13～75.47	3.83～20.90
黄河中下游	0.73～48.09	0.06～10.84
苏州河	17.00～90.00	17.00～99.00
海河	300.00～1070.00	9.00～152.00
厦门港	3.51～27.80	0.95～2.25
闽江	52.00～515.00	46.10～235.00

2. 水体中 OCPs 污染情况

水体中 OCPs 的来源有：喷洒在农作物上的农药流失、大气干湿沉降、废水排放等。我国从 20 世纪 80 年代初就全面禁止使用 DDT 和 HCH，经过多年的降解和化学反应，水体中 OCPs 的浓度含量逐渐减少，而且大部分浓度水平比现在国家规定的一类水质标准要低。据调查，我国大部分水体都受到 OCPs 的污染，而且 DDT 和 HCH 是水体中浓度较高的 OCPs。我国大亚湾和海河等水域浓度水平较高，而像长江南京段和官厅水库等其他河流与湖泊中的浓度含量相对较少。尽管我国水体中 OCPs 的污染情况广泛存在，但浓度水平也有不同地区上的差异特征。王泰等（2006）通过对海河表层水中溶解态的 OCPs 污染状况进行研究，结果表明 HCH 和 DDT 的含量分别达 105～1107 $ng \cdot L^{-1}$ 和 101～115 $ng \cdot L^{-1}$。在海河和珠江流域水体中 OCPs 浓度水平相对较高，这可能是由于海河流域 OCPs 污染主要来自于天津地区，历史上天津是生产和使用 OCPs 的主要区域，这可能导致海河流域中 OCPs 污染较为严重。张菲娜等在研究兴化湾时发现，水体中 OCPs 平均含量在丰水期时低于枯水期。杨清书等（2008）对珠江干流水体中 OCPs 的调查分析得出，在丰水期和枯水期水体中 OCPs 的含量分别达 917～2613 $ng \cdot L^{-1}$ 和 4117～12215 $ng \cdot L^{-1}$；杨清书等（2004）在研究澳门水域 OCPs 的垂线分布特征时发现，DDT 在颗粒相中高于溶解相，84.3%～97.2% 的 DDT 存在于颗粒相里，54.5%～83.7% 的 HCH 存在于溶解相中，溶解相中的 HCH 含量要高于颗粒相中的 HCH，这个结论与蒋新等（2000）研究长江南京段中 OCPs 的分布情况相吻合。

刘华峰等在分析海南岛东寨港区域水体中 OCPs 时发现，OCPs 在枯水期的含量比丰水期高十几倍，且 OCPs 含量表现出季节性差异，这与郁亚娟等（2004）分析淮河江苏段的水体中 OCPs 时的结论相一致。由此可以推出，水体中 OCPs 的浓度含量与季节性变化有关系。

杨清书等(2004)对珠江虎门河口水体 OCPs 的测定分析表明,该地区水体受表层沉积物再次释放影响作用较小。OCPs 浓度在中层与上层水样具有较高关联系数,与底部界面水体关联不大。表 1.1 是国内部分水体中 OCPs 的污染水平。

3. 沉积物中 OCPs 污染现状

水体沉积物是 OCPs 的最终归宿之一,沉积物是水体中 OCPs 的存储库,当外界条件变化时(如水体含氧量、水体温度、水体酸碱度等)或者受到生物扰动时,可以向水体发生再释放,甚至引起突发性污染。表层沉积物中 OCPs 往往通过二次释放作用进入水体中,或者通过食物链传递富集进入到不同级别的生物体内,在生物体脂肪内富集,所以通过分析沉积物中 OCPs 的污染情况、组成特征对于评价水域环境潜在风险具有现实意义。图 1.1 总结了我们国家一些水体沉积物中 OCPs 的浓度含量情况,从图 1.1 看出,大部分水体沉积物中 OCPs 或多或少的被检测到,浓度范围主要集中在 $0.80 \sim 10.50$ ng·L^{-1} 之间,长江、海河和珠江等流域是残留 OCPs 的主要分布区域。调查显示,在我国沉积物中各种 OCPs 都被检出,但 DDTs 和 HCHs 是沉积物中主要污染的农药,在不同水域的含量表现出地域差异。

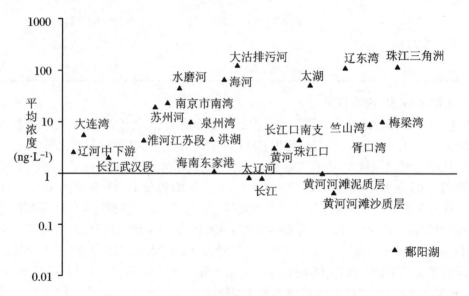

图 1.1　我国一些区域沉积物中 OCPs 浓度含量

不同地区表层沉积物中 OCPs 含量和种类也不相同,这可能与沉积的理化性质、历史上使用有机氯农药的种类和数量的不同有关。在厦门海域、香港维多利亚港、大连湾和闽江口等地区沉积物中,DDTs 残留量处于中下水平,大部分在已报道的世界近海岸沉积物范围内,受到 DDTs 污染情况的表现不是很明显。然而在珠三角区域沉积物中 OCPs 含量较高,属于严重污染区,已大大超过世界近海岸沉积物范围内。同时,厦门西港及大连湾等地区沉积物中 OCPs 残留量呈现出明显的下降趋势,表明该地区 OCPs 的污染得到了很好的治理。在锦州湾、闽江口以及大连湾等一些水体沉积物中,陆源性污染物经过地表径流携带入海,由于受到河岸附近潮流场的影响,这些污染物容易在靠近岸边海域附近迁移沉积下去,所以 OCPs 残留量表现出"近岸高、远岸低"的趋势。

目前确定沉积物中OCPs污染标准和评价沉积物中OCPs的环境风险在国际上还没有一个统一的标准,现在我们常用的是生物影响范围低值(ERL)和中值(ERM)来评价衡量沉积物中污染物的风险。这个是Long等(1998)研究确定的沉积物评价指标。当沉积物中污染物含量低于ERL值时表示对生物不会有负面影响;当污染物含量高于ERM值时表示对生物会有负面影响;当污染物含量介于两者之间时,表示可能会产生负面影响。根据此标准,海河沉积物、珠江三角洲沉积物、泉州湾沉积物、大连湾沉积物、第二松花江沉积物和太湖梅梁湾沉积物属于高生态风险区,DDTs的浓度均超出了ERM水平。闽江口沉积物、港官厅水库沉积物等DDTs的浓度含量在生物影响范围低值和生物影响范围低值中值之间,这表明这些区域沉积物中OCPs可能会对生物产生负效应,属于生态风险较低的区域。而白洋淀南四湖沉积物中OCPs、辽河流域沉积物中OCPs和长江口潮滩等地区沉积物中OCPs比生物影响范围低值水平低得多,这说明了这些区域沉积物中OCPs没有生态风险或存在潜在的生态风险。

在研究水体沉积柱时,通常用^{210}Pb和^{137}Cs同位素进行年代定年的方法,通过研究有机氯农药在柱状中的垂向分布与不同年代之间的线性对应关系来分析OCPs的历史沉降记录。已有研究得出,OCPs浓度含量的垂向分布特征一般与我国OCPs的生产使用历史有很好的关联,有些水域沉积柱中OCPs浓度含量在20世纪90年代后期呈现急剧升高的特征。张婉珈等(2010)指出,OCPs出现这种反常沉积的现象推测可能是由于这些地区在经济发展过程中大量开发利用土地,使土壤中OCPs污染物通过地表径流流入到水体沉积物中,也可能是与20世纪90年代三氯杀螨醇的使用有关。例如,我国太湖、珠江、厦门港湾等区域采集的沉积柱中也呈现出类似异常升高的情况。陈伟琪等(1996)还分析了这种异常升高的现象还可能是由这个区域后期有新的污染源输入导致的。

1.2.1.2 多环芳烃

多环芳烃是一类在环境中普遍存在的有机污染物,由两个或两个以上苯环构成。早在1775年,英国外科医生珀西瓦尔·波特(Percival Pott)就曾指出烟囱清扫工人多发阴囊癌的原因是因为阴囊皮肤长期接触燃煤烟尘颗粒,事实上,该现象本质上是由煤烟尘颗粒中所含的多环芳烃所致的。20世纪30年代,肯纳威(Kennaway)确定了多环芳烃二苯并[a,h]蒽的致癌性;随后,Cocco(2005)从煤焦油中成功地分离出了包括强致癌物质苯并[a]芘在内的多种多环芳烃;20世纪50年代,Waller(1999)从大气中分离出了苯并[a]芘。此后,人们更加重视多环芳烃的研究,多种多环芳烃不断被分离和鉴定出来。

由于多环芳烃具有很强的致癌性和致畸性,美国环保局建议将16种多环芳烃列为优先控制的污染物,如图1.2所示。其中的7种,包括苯并[a]蒽、䓛、苯并[b]荧蒽、苯并[k]荧蒽、苯并[a]芘、二苯并[a,h]蒽以及茚并[1,2,3-cd]芘被国际防癌研究委员认定为毒性极强。随着研究的深入,人们发现多环芳烃不仅具有致癌、致畸和致突变性,当暴露于紫外辐射时还会产生光致毒效应,同时,多环芳烃对紫外光的致癌性也具有一定的影响。

多环芳烃主要来源于森林火灾、火山喷发以及生物前体细胞等自然活动,但它们主要来源于石油及其副产品的泄漏、化石燃料的燃烧、污水以及机动车尾气的排放等人类活动。人类来源的多环芳烃大体上可以分为油成因和热成因这两大类。

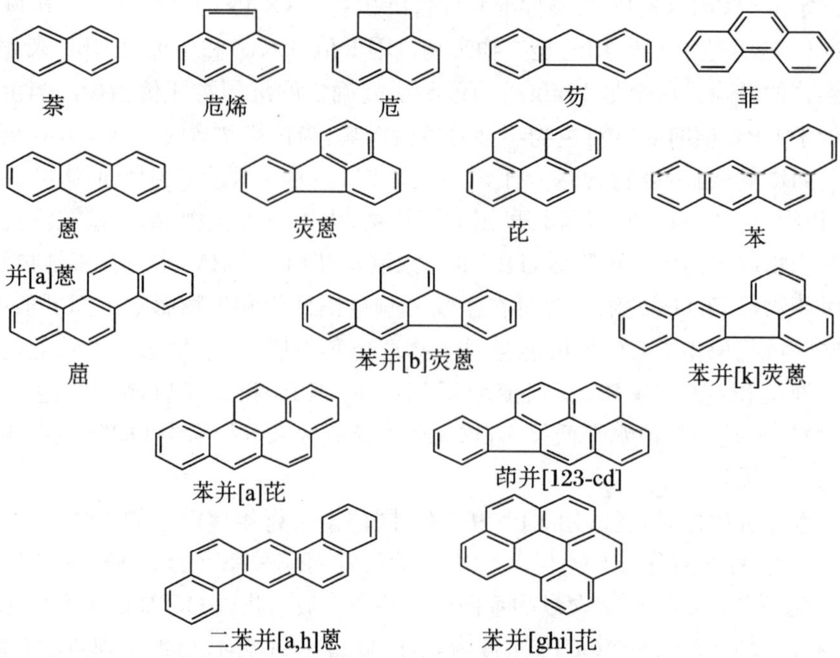

图 1.2　16 种美国优控多环芳烃的化学组成

　　到目前为止，国内外学者对多环芳烃已经进行了大量研究，发现它们广泛地分布于各种环境介质中（表 1.2）。例如，Ma(2010)曾对我国哈尔滨市大气中所含的多环芳烃进行研究，发现大气气态和颗粒物样品中 16 种优控多环芳烃的总量平均值介于 6.3～340 ng·m^{-3} 之间，平均含量为 100±94 ng·m^{-3}，供暖季节大气中的多环芳烃主要来自于燃煤及机动车尾气的排放，非供暖季节主要来自于机动车尾气的排放、地表蒸发及燃煤；Sarria-Villa(2016)曾发现哥伦比亚西南部考卡河水体中多环芳烃总量介于 52.1～12888.2 ng·L^{-1} 之间，平均含量为 2344.5 ng·L^{-1}，沉积物中多环芳烃总量介于"未检出"到 3739.0 ng·g^{-1} 之间，平均含量为 1028.1 ng·g^{-1}，可能来源于化石燃料的燃烧、各种工业废水的排放、车用机油以及生物质的燃烧；Liu(2010)等曾对中国北京城区不同类型土壤中的多环芳烃进行研究，发现土壤中的多环芳烃含量介于 8.5～13126.6 ng·g^{-1} 之间，主要来源于燃煤和机动车尾气的排放，且在空间分布上与北京不同地区的城市化程度相关：城市化水平相对较高的地区所含的多环芳烃含量也相对较高；Nadal(2004)曾在西班牙塔拉戈纳的野生甜菜中检测到了多环芳烃，且发现住宅区采集的甜菜中多环芳烃含量最高，平均值达到了 179 ng·g^{-1}；Kannan 和 Perrotta(2008)曾对加利福尼亚海岸 1992～2002 年间所采集的 81 个成年雌性海獭的肝脏进行多环芳烃的研究，发现从 1992～2002 年，成年雌性海獭肝脏中多环芳烃的含量呈现下降的趋势，总量介于 588～17400 ng·g^{-1} 之间，和脂质含量呈现高度的相关性，可能主要来源于石油；Moon(2012)等曾对韩国女性脂肪组织进行多环芳烃的研究，发现所含多环芳烃的总量介于 15～361 ng·g^{-1} 之间，检测到的多环芳烃以萘为主。

表 1.2 全球不同环境介质中多环芳烃的浓度

样品类型	采样位置	多环芳烃总量
水(ng·L^{-1})	中国澳门	944.0~6654.6
	意大利台伯河	23.9~72.0
	中国黄河三角洲	121.3
	哥伦比亚考卡河	52.1~12888.2
悬浮颗粒物(ng·g^{-1})	中国黄河三角洲	209.1
	意大利台伯河	1663.1~15472.9
	哥伦比亚考卡河	n.d.~3739.0
沉积物(ng·g^{-1})	智利莱加河口	290~6118
	英国默西河口	626~3766
	意大利台伯河	157.8~271.6
植被(ng·g^{-1})	西班牙塔拉戈纳	28~179
松针(ng·g^{-1})	美国俄亥俄州	2543~6111
海獭(ng·g^{-1})	加利福尼亚海	588~17400
海洋生物(ng·g^{-1})	中国大亚湾	110~520
人体脂肪组织(ng·g^{-1})	韩国	15~361

1.2.1.3 多溴联苯醚

多溴联苯醚(图 1.3)是一类自 20 世纪 60 年代以来在世界范围内被广泛用作溴代阻燃剂的一类重要物质,包含 209 种不同的化学结构,多溴联苯醚的生产增长迅速,累积产量已经达到了 200×10^4 t。它们是人工合成的有机物,主要以五溴联苯醚类、八溴联苯醚类以及十溴联苯醚类这 3 类不同的种类进行商业生产。由于这类溴代阻燃剂与产品间不是通过化学键连接的,属于添加型的阻燃剂,在这些含有多溴联苯醚产品的生产、使用以及处置过程中,它们所含的多溴联苯醚可能会进入环境。

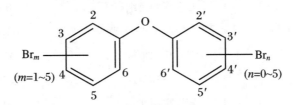

图 1.3 多溴联苯醚的化学结构

关于环境中多溴联苯醚的报道,最早可以追溯到 1979 年,De Carlo (1979)在美国一家多溴联苯醚生产工厂附近的环境中检测到了十溴联苯醚(BDE-209);之后,Jansson(1987)在波罗的海、北海以及北冰洋的生物体内检测到了多溴联苯醚的存在,引起了人们的关注。随着研究的深入,人们发现,多溴联苯醚虽然可以作为阻燃剂在火灾中拯救生命,但它们也会干扰人类的内分泌系统,影响人类的健康。随着多溴联苯醚对人类健康和生态系统产生负面健康效应报道的增加,在过去的几年中,欧盟、加拿大以及美国已经逐步禁止了多溴联苯醚的生产和使用。但是,十溴联苯醚类商业产品依然是一些国家主要的溴代阻燃剂,如中国。BDE-209是十溴联苯醚类商品的主要成分,它可以降解或者代谢为低溴代多溴联苯醚,这些低溴代多溴联苯醚的生物累积性、持久性以及毒性比BDE-209更强。

近年来,国内外学者对多溴联苯醚进行了大量研究,发现尽管它们已经被限制生产和使用,但在各种环境介质中仍然频繁地被检出(表1.3)。例如,Dong(2015)曾在我国北京市3个典型工业区的大气中检测到了多溴联苯醚的存在,发现生活垃圾焚烧厂附近大气所含的多溴联苯醚总量介于 $60.5 \sim 216 \ pg \cdot m^{-3}$ 之间,化工厂附近的大气多溴联苯醚总量介于 $71.8 \sim 7500 \ pg \cdot m^{-3}$ 之间,燃煤火力发电厂附近大气中多溴联苯醚的总量范围为 $34.4 \sim 454 \ pg \cdot m^{-3}$,可能来源于对不同多溴联苯醚阻燃剂商品的使用;Moon(2012b)曾对韩国一个人工湖及其附近的小溪进行多溴联苯醚的研究,发现水体和沉积物中均有多溴联苯醚被检出:水中多溴联苯醚的含量范围为 $0.16 \sim 11.0 \ ng \cdot L^{-1}$,沉积物中的多溴联苯醚含量介于 $1.3 \sim 18700 \ ng \cdot g^{-1}$ 之间,可能来源于对十溴联苯醚商品的使用;Nie(2015)曾对我国华南地区1个典型的电子垃圾处理点中所采集的土壤、植被以及包括斑鸠、鸡、鹅、蚱蜢、蜻蜓、蝴蝶和蚂蚁在内的陆地生物样品进行多溴联苯醚的研究,发现土壤中多溴联苯醚的总量介于 $5.2 \sim 22110 \ ng \cdot g^{-1}$ 之间,植被中多溴联苯醚的总量介于 $82.9 \sim 319 \ ng \cdot g^{-1}$ 之间,各种禽类和昆虫中多溴联苯醚的总量范围为 $101 \sim 4725 \ ng \cdot g^{-1}$,可能会对当地居民及陆地生态系统产生风险;Król(2014)曾在波兰北部的家庭灰尘和人体头发中检测到了多溴联苯醚的存在,且以 BDE-209 为主;Lv(2015)曾在我国一个典型的电子垃圾回收厂附近居民体内的脂肪组织及其对应的血清样品中发现了多溴联苯醚;Leonetti(2016)在美国北卡罗来纳州的人体胎盘组织中也检测到了多溴联苯醚,总量范围为 $0.54 \sim 528 \ ng \cdot g^{-1}$。

表 1.3　全球不同环境介质中多溴联苯醚的浓度

样品类型	采样位置	多溴联苯醚总量
大气 ($pg \cdot m^{-3}$)	中国北京	$34.4 \sim 7500$
	格陵兰北部	n.d.[a]~ 6.26
	中国长江三角洲	$0.20 \sim 43$
水 ($ng \cdot L^{-1}$)	韩国 Shihwa 湖	$0.16 \sim 11.0$
	巴基斯坦奇纳布河	$0.48 \sim 73.4$
沉积物($ng \cdot g^{-1}$)	韩国 Shihwa 湖	$1.3 \sim 18700$
	中国上海	$0.231 \sim 214$
土壤 ($ng \cdot g^{-1}$)	科威特	$0.289 \sim 80.078$
	中国北京	$0.24 \sim 120$
	中国清远	$5.27 \sim 22110$
灰尘 ($ng \cdot g^{-1}$)	波兰北部	$<mdl^{b} \sim 615$
陆地生物 ($ng \cdot g^{-1}$)	中国清远	$101 \sim 4725$
植物叶片($ng \cdot g^{-1}$)	中国清远	$82.9 \sim 319$

续表

样品类型	采样位置	多溴联苯醚总量
植物（ng·g⁻¹）	北极斯瓦尔巴特群岛	0.0367～0.495
驯鹿粪（ng·g⁻¹）	北极斯瓦尔巴特群岛	0.0281～0.104
鸟血浆（ng·mL）	加拿大不列颠哥伦比亚	0.063～0.356
人体头发（ng·g⁻¹）	波兰北部	<mdl^b～25
人体脂肪组织（ng·g⁻¹）	中国温岭	1.59～118
人体血清（ng·g⁻¹）	中国温岭	0.4～370
人体胎盘组织（ng·g⁻¹）	美国北卡罗来纳州	0.54～528

注：a 表示未检出；b 表示检测限。

1.2.2　微量元素

1.2.2.1　微量元素形态提取方法

单级萃取法和逐步连续提取法是土壤及沉积物中微量元素形态分析的两个主要手段。在单级萃取法中，无机酸、螯合剂、缓冲盐、中性盐等多种的化学试剂被用作特定目标形态的萃取剂。此外，这些单级萃取剂对预测元素生物可利用性的适用度和精度在很大程度上取决于土壤或沉积物的类型及动植物的种类。

Ajmonemarsan（2010）提出多种单级萃取剂的联用可被应用于元素的连续提取实验中。一般来说，连续提取实验包含多个步骤，前一步的剩余物质被用作下一步的反应物质。样品中微量元素的各个形态将在一系列特定萃取剂的作用下逐个被提取出来。前人研究出许多元素形态连续提取方法。与单级萃取方法相比，它能够更清晰地反映元素输入的历史演化、元素在介质间的迁移过程及不同来源元素间的反应。

Tessier 连续浸提法及其改进方案是应用较广的连续提取方法。然而，BCR 连续浸提法及其改进方案因其可再现性、可参考性和易操作性已成为最为普遍的元素连续提取方法。

1.2.2.2　微量元素形态特点

土壤及沉积物中的微量元素可被以上的实验方法萃取出不同的形态。Campbell（1979）将 Cd、Co、Cu、Ni、Pb、Zn、Fe、Mn 等微量元素分为以下 5 种形态：① 可交换态；② 碳酸盐结合态；③ 铁锰氧化物结合态；④ 有机及硫化物结合态；⑤ 残渣态。而 BCR 连续提取法则将元素分为弱酸提取态、可还原态、可氧化态及残渣态这 4 个形态，它们的可移动性及生物可利用性顺次降低。此外，元素形态也受 pH、有机物、电导率等介质物化条件的影响。

1.2.2.3　微量元素生物可利用性和生物累积性

研究人员从不同方面对生物可利用性进行了定义。Campbell（1995）认为生物可利用性指化合物可被生物利用及参与代谢机制。生物可利用性也可指化合物中可与生物靶发生反应的部分。这些定义的共同点是可被生物吸收利用。生物可利用性在定义生物响应的等级与程度过程中起关键作用。生物效应随着元素浓度的增加变化,可由剂量-效应曲线反映。

生物累积性指生物通过不同途径对可利用污染物的积累。在淡水系统中水和沉积物中微量元素的生物可利用组分可通过食物摄取和表皮吸收被水生生物累积于体内。土壤系统中,植物与蚯蚓等生物也可吸收土壤中可被利用的微量元素并累积在体内。生物对微量元素的累积程度可由对生物富集因子(BAFs)和转移因子(TF)的计算得出。

1.2.2.4 微量元素生态和健康风险评价

由频繁而剧烈的工农业活动引入环境中的微量元素,既对环境造成污染,也对动植物及人类的健康造成危害。人为活动排放出的过量微量元素将高度富集在环境介质中,导致环境质量恶化、生物多样性减少及危害人类健康。因此,环境介质中微量元素产生的生态和健康风险将成为必须考虑的隐患。

以水、沉积物及土壤为研究对象对水体及土壤系统的环境质量进行评价,对环境介质的应用具有重大意义。目前,存在多种对土壤和沉积物中微量元素生态风险进行评价的方法,包括地累积指数法、潜在生态风险评价法、富集因子法、污染因子法、污染负荷指数法等。Yi(2011)提出鱼体中微量元素对人类造成的健康风险可由多种方法评价。微量元素造成的健康风险可分为致癌和非致癌两种风险。由剂量-效应关系确定的阈值,被用作参照值与致癌污染物的浓度进行对比。然而,微量元素的非致癌健康风险可由目标风险系数法(THQ)进行评价。

1.2.3 脂肪烃

近些年,国内外学者已经对环境中的脂肪烃进行了大量的研究,发现它们广泛分布于环境介质中。Ficken 等(2000)曾对非洲东部肯尼亚高山湖泊内水生植物中的脂类化合物进行研究,发现 C_{23} 和 C_{25} 正构烷烃主要分布在沉水/漂浮植物中,而挺水植物多以长链正构烷烃($> C_{29}$)为主;根据分析结果,Ficken 等人提出一种新的指标——水生植物指标(P_{aq}),用以评估沉水/漂浮植物相对于挺水植物和陆生植物对沉积有机质的贡献。郭忻跃曾对北京人口稠密区进行冬季大气中正构烷烃含量和来源的研究,发现细颗粒物(PM 2.5)中总正构烷烃的浓度介于 $168.0 \sim 901.6 \text{ ng} \cdot \text{m}^{-3}$ 之间,平均浓度为 $499.5 \pm 347.8 \text{ ng} \cdot \text{m}^{-3}$,大气中的正构烷烃主要来源于化石燃料的燃烧及机动车尾气的排放,C_{13} 以及 $C_{19} \sim C_{25}$ 正构烷烃的浓度贡献率为 $39.3\% \sim 50.3\%$。周华曾对中国渤海海域的海洋污染敏感区进行表层沉积物中正构烷烃的含量和来源研究,发现东营、营口、葫芦岛近岸海域沉积物中正构烷烃的含量分别为 $2.27 \text{ }\mu\text{g} \cdot \text{g}^{-1}$、$3.88 \text{ }\mu\text{g} \cdot \text{g}^{-1}$ 和 $5.53 \text{ }\mu\text{g} \cdot \text{g}^{-1}$,这 3 个海域的正构烷烃主要来自于陆源高等植物和石油烃的混合输入。Sojinu 等人曾对尼日尔三角洲沉积物中的正构烷烃进行研究,以此评估人为活动对该地区的影响;结果表明,正构烷烃的浓度介于 $474 \sim 79200 \text{ ng} \cdot \text{g}^{-1}$ 之间,主要是石油烃的贡献。尹红珍曾对黄河口采集的表层沉积物样品进行正构烷烃的研究,发现正构烷烃的含量存在明显的季节差异,4 月采集的样品中正构烷烃的含量($0.90 \sim 3.90 \text{ }\mu\text{g} \cdot \text{g}^{-1}$)高于 6 月($0.57 \sim 2.10 \text{ }\mu\text{g} \cdot \text{g}^{-1}$),这可能是两月水动力条件不同造成的。Charriau 等人曾在斯凯尔克河流域的沉积物中检测到正构烷烃;3 个沉积柱中正构烷烃的总浓度为 $2.8 \sim 29 \text{ mg} \cdot \text{kg}^{-1}$,主要来源于石油、陆生和水生植物的输入;此外,在正构烷烃的色谱图中观察到了广泛的未分离复杂混合物(UCM),这表明存在经生物降解的石油残留物。宫敏娜曾发现黄河上游悬浮颗粒物中的正构烷烃含量为 $3.21\sim3.29\ \mu\mathrm{g}\cdot\mathrm{L}^{-1}$，主要来源于陆源高等植物；中游含量为 $1.29\sim5.29\ \mu\mathrm{g}\cdot\mathrm{L}^{-1}$，水生来源的正构烷烃明显增多；下游含量为 $7.56\ \mu\mathrm{g}\cdot\mathrm{L}^{-1}$，$C_{15}$ 和 C_{31} 正构烷烃的强度明显增强。褚宏大曾对东海赤潮高发区沉积物中正构烷烃的含量和时空变化规律进行了研究，发现石油烃是正构烷烃的主要来源，沉积柱中表层沉积物（$0\sim4$ cm）以重质石油烃输入为主，其他断面以轻质石油烃输入为主。Vaezzadeh 等人在马来西亚半岛西海岸的红树林牡蛎（Crassostrea belcheri）中检测到了正构烷烃，正构烷烃的浓度为 $56661\sim262515$ ng$\cdot\mathrm{g}^{-1}\cdot$dw，且低分子量正构烷烃的浓度高于高分子量正构烷烃，这可能与牡蛎的摄食行为以及低分子量正构烷烃较高的生物利用度有关。孙丽娜曾发现小麦秸秆中正构烷烃的含量（$291.3\ \mu\mathrm{g}\cdot\mathrm{g}^{-1}$）＞水稻秸秆（$72.9\ \mu\mathrm{g}\cdot\mathrm{g}^{-1}$）＞玉米秸秆（$66.9\ \mu\mathrm{g}\cdot\mathrm{g}^{-1}$）；明火燃烧烟尘中正构烷烃的含量：水稻秸秆（$1633.1\ \mu\mathrm{g}\cdot\mathrm{g}^{-1}$）＞小麦秸秆（$1548.4\ \mu\mathrm{g}\cdot\mathrm{g}^{-1}$）＞玉米秸秆（$1441.8\ \mu\mathrm{g}\cdot\mathrm{g}^{-1}$）；闷烧烟尘中正构烷烃的含量：小麦秸秆（$15949\ \mu\mathrm{g}\cdot\mathrm{g}^{-1}$）＞水稻秸秆（$5462.1\ \mu\mathrm{g}\cdot\mathrm{g}^{-1}$）＞玉米秸秆（$3139.5\ \mu\mathrm{g}\cdot\mathrm{g}^{-1}$），且闷烧烟尘中正构烷烃以 C_{22}/C_{23} 和 C_{29}/C_{31} 为主峰碳。

1.3　研　究　意　义

两淮矿区的煤矿工业为国家经济与资源发展做出了巨大贡献，然而煤矿工业活动中释放的微量元素和持久性有机污染物等，给矿区周边的生态环境造成了污染，也给人类健康造成了潜在危害。本书旨在系统性地研究两淮矿区水域环境中微量元素以及持久性有机污染物的空间分布、水质评价、健康风险评价，及沉积柱中微量元素的历史分布变化和对历史事件的还原。另外，对微量元素在沉积物中的生物可利用性及来源进行分析，旨在为煤矿区微量元素污染控制、生态安全区的设定及水土和生物资源的合理利用提供重大的理论支持和实验指导。

1.4　研　究　内　容

本书以 2012 年 7 月至 2019 年 8 月期间在两淮矿区临近区域采集的塌陷湖和淮河水体、沉积物、沉积柱和生物样品等环境介质为研究载体，以有机氯农药、正构烷烃、多环芳烃、多溴联苯醚以及微量元素为研究对象，对两淮矿区典型有机污染物和微量元素的赋存特征、空间分布、输入途径以及潜在风险等环境行为特征进行分析与研究，为建立有效的控制措施提供基础数据支持。主要研究内容包括样品理化特征分析；有机污染物（包括有机氯农药、正构烷烃、多环芳烃以及多溴联苯醚）的时空分布特征、污染物组成特征、与人类活动偶联关系、污染物来源解析、生态毒性评价及有机污染物历史重建；微量元素总量与赋存形态分布规律与特征、微量元素迁移与转化、富集特征、污染来源识别等。

第2章 研究区概况

本章主要对两淮矿区的地理位置、形成特征、气候条件、自然(水文、地质)和社会环境进行阐述,并对两淮矿区的主要生态问题进行分析,并介绍了研究区域的研究背景和研究意义。

2.1 两淮煤矿区概况

2.1.1 两淮煤矿储量

两淮矿区是全国 14 个大型煤炭基地之一,探明煤炭储量近 300×10^8 t。其中淮南煤矿是百年老矿。1903 年开矿,历史上曾是中国五大煤矿之一,素有"华东煤都""动力之乡"的美誉,远景储量 444×10^8 t,探明储量 153×10^8 t。淮北矿区位于安徽省北部,面积约 9600 km²,含煤面积约 4100 km²,探明储量 98×10^8 t。

2.1.2 淮南矿区自然地理情况

2.1.2.1 自然环境

1. 地理位置

淮南位于淮河中游,安徽省中部偏北,地处东经 116°21′25″～117°12′30″与北纬 31°54′8″～33°00′26″之间,东与滁州市属凤阳县、定远县毗邻,南与合肥市属长丰县接壤,西南与寿县、六安市属霍邱县相连,西及西北与阜阳市属颍上县、亳州市属利辛县、蒙城县交界,东北与蚌埠市属怀远县相交。最东端位于孔店乡东河村以东与定远县交汇于窑河河面,最西端位于凤台县尚塘乡侯海孜以西与利辛县接壤处,最南端位于孙庙乡庙塘村以南瓦埠湖水面,最北端位于茨淮新河主航道中心线凤台县与蒙城县、利辛县交汇处。全市总面积 5533 km²。

2. 地质地貌

淮南在构造单元上属于中朝准地台淮河台坳淮南陷褶断带(即华北地台豫淮褶皱带)东部的淮南复向斜。东界为郯庐断裂,西临周口坳陷,北接蚌埠隆起,南邻合肥坳陷,南北为洞山断裂和刘府断裂夹持。区内构造以北西西向构造占主导地位,受后期强烈改造,但总体形态变化不大,复式向斜内次一级褶皱及断裂发育。地质演化历史可分为前震旦纪、震旦纪-三叠纪、侏罗纪-第四纪 3 个阶段,前震旦纪,淮南地壳处于活动阶段;震旦纪-三叠纪属于剧烈运动时期,先后经历了蚌埠、凤阳、皖南、加里东、华西力、印支等运动。其间,地壳几度隆起沉降,形成了海陆交互相地层。特别是晚石炭纪和二叠纪时期海陆交互相的沉积环境,成为煤炭资源良好的生成条件,从而形成了境内大量的煤炭资源。侏罗纪-第四纪,经过燕山运动和喜马拉雅运动,逐渐塑造出了今天的地貌特征。

淮南是以淮河为界形成两种不同的地貌类型,淮河以南为丘陵,属于江淮丘陵的一部分;淮河以北为地势平坦的淮北平原,淮河南岸由东至西隆起不连续的低山丘陵,环山为一斜坡地带,宽为 500～1500 m,坡度为 10°左右,海拔为 40～75 m;斜坡地带以下交错衔接洪冲积二级阶地,宽为 500～2500 m,海拔为 30～40 m,坡度为 2°左右;舜耕山以北二级阶地以下是淮河冲积一级阶地,宽为 2500～3000 m,海拔为 25 m 以下,坡度平缓;一级阶地以下是淮河高位漫滩,宽为 2000～3000 m,海拔为 17～20 m,漫滩以下是淮河滨河浅滩。舜耕山以南斜坡以下,东为高塘湖一、二级洪冲积阶地,西为瓦埠湖一、二级洪冲积阶地;中为丘陵岗地。淮河以北平原地区为河间浅洼平原,地势呈西北东南向倾斜,海拔为 20～24 m,对高差为 4～5 m。

3. 水文

淮南位于淮河流域,最大的地表水为淮河。淮河由陆家沟口入市境凤台县,流至永幸河闸口分流为二,北道北上转东环九里湾进入市境潘集区,南道(又名超河)东流至皮家路入市境八公山区,南北河道至邓家岗汇流,由大通区洛河湾横坝孜出境。境内流长 87 km,其中市区流长 51 km。市境支流有东淝河、窑河、西淝河、架河、泥黑河等。湖泊有瓦埠湖、高塘湖、石涧湖、焦岗湖、花家湖、城北湖等。此外,还有蔡城塘、泉山、老龙眼、乳山、丁山等小型山塘水库以及采煤沉陷区积水而成的众多湖泊、湿地,最大的为樱桃园(谢二矿沉陷区,亦称淮西湖)。全市水域面积超 400 km²,占总面积约 16%。

市境地下水资源主要分布在第四系沉积层,面积约 1650 km²,探明可采储量 $4.5×10^8$ m³,与地表年平均径流量大致相等。

淮河为本市主要河流,河床宽为 250～300 m,最大洪水期宽达 3000～4000 m,淮河水位标高一般在 17～18 m,常见洪水位标高为 23 m 左右,历史最低水位标高为 12.36 m(田家庵区姚家湾 1953 年 6 月 21 日),百年来最高洪水位为 24.53 m(1954 年 7 月 29 日),1991 年汛期(特大水年)最高洪水位标高为 24.30 m(1991 年 7 月 10 日),根据治淮委员统计,本矿区段淮河最大流量为 10800 m³·s⁻¹(1954 年 7 月 26 日),最小流量为 164 m³·s⁻¹(1954 年 1 月 26 日),流速为 1～2 m³·s⁻¹。淮河水常年浑浊,含砂多,含砂量最高为 11.7‰,最低为 2.78‰,平均为 7‰,淮河两岸各筑护堤一道,南堤为老应段确保堤,北堤为下六方堤,堤坝由于受回采塌陷影响,逐年下沉,截止 1992 年年底影响总长度 1676 m,最大下沉量为南堤 4.448 m,北堤 6.286 m,河防公司亦逐年加固、加高,现堤坝标高为 27.0 m,河床标高为 6～13 m。

4. 气象

淮河流域地处我国南北气候过渡地带,属于暖温带半湿润季风气候区,本区属寒温带湿润气候,季风性明显。年平均温度在 15.2 ℃左右,极端最高气温为 44.2 ℃(1953 年 8 月 31 日),极端最低气温为零下 22.8 ℃,一年中夏季高温(8 月),一般在 31～39 ℃,冬季低温(1 月),一般在 -8～3 ℃。

风向一般春夏季多为东南风、东风,冬季多为东北风及西北风,风力一般为 2～4 级,最大风力为 8～9 级,月平均风速为 1.3～2.9 m·s⁻¹,最大风速为 8 m·s⁻¹。

降水量年际变化较大,季节变化不均匀,冬季干冷,夏季多雨。据1955年至1985年31年的气象资料统计,淮南市年平均降水量为941.4 mm,其中雨量最多的年份是1956年,达1429.3 mm;雨量最少的年份是1966年,仅471.1 mm,为1956年的1/3。正常年累计降雨量为744.2~1102.2 mm。

降水量从时间上分配来看(表2.1),一般夏季降水量最多,平均占年降水量的50%;春秋两季次之,分别占年降水量的22.7%和19.8%;冬季降水最少,平均只占年降水量的7.7%。一年中以7月降水量为最多,平均为200.9 mm;12月降水量最少,平均只有17.1 mm。最大月降水量为788 mm(1954年7月),最大日降水量为320 mm(1975年8月31日),最大小时暴雨量为77.5 mm。淮南市累计年平均降水日数一般在107天,年内平均分配降水状况是:夏季(6~8月)平均在32.6天;春季(3~5月)平均在31.6天;秋季(9~11月)平均在23.2天;冬季(12~2月)平均在19.3天。

表2.1　淮南降水的季节分布表

季节	春	夏	秋	冬
季降水量	213.6 mm	469 mm	186 mm	72.9 mm
季降水量占年降水量	22.7%	49.8%	19.8%	7.7%

年平均蒸发量为1613.2 mm,最大年份为2008.1 mm,最小年份为710.7 mm。一年内蒸发量以夏季最大,为469.0 mm,冬季最小,为72.9 mm。

初雪为11月上旬至下旬,终雪为2~3月,降雪期为54~127天,最长连续降雪6天,年最大降雪量为0.96 m,平均为0.30 m。

5. 地震

根据已掌握的地震历史资料,淮南市属于许昌至淮南地震带,从地震活动性、断裂构造、地形变化及第四纪地质、地貌等方面的情况来看,许昌至淮南地震带在新构造时期活动是比较明显的。

至今,许昌至淮南地震带发生4.75级以上地震14次,其中1831年淮南北部的平硥山(明龙山)发生6.25级地震,地震震中烈度为8度,294年7月,淮南八公山发生5.5级地震,地震震中烈度达7度。除此之外,淮南周围的较大地震对淮南也曾产生过不同程度的破坏和震感,如著名的1868年山东郯城8.5级大地震,波及淮南时的最大烈度达10度;1979年固镇5级地震;1979年7月9日江苏溧阳6级地震;1983年10月7日山东荷泽5.9级地震;1984年5月21日黄海6.2级地震等,淮南市均有不同程度的震感。

1979年10月,国家地震局在淮南地区进行地应力普查,在7 km的深度截面地应力相对大小等值线图和断裂构造分析,明显地存在北西西向的地应力高值区,存在一条东西向、一条北东向的深大断层。

建设部以建标〔2001〕156号文颁发了《关于发布国家标准〈建筑抗震设计规范〉的通知》(以下简称《设计规范》),按《设计规范》第2、3、4条的规定,淮南抗震设防烈度为7度,设计基本地震加速度为0.10 g。

2.1.2.2　社会环境

1. 区划人口

淮南市辖5区2县、1个社会发展综合实验区、1个经济技术开发区,58个乡镇、19个街道,274 个社区居民委员会、829 个村民委员会。

根据淮南市 2021 年《淮南年鉴》,截止 2020 年 11 月 30 日,淮南市居民总户数 12.47 万户,总人口 390.5 万人,其中非农业人口 113.9 万人。

2. 经济发展

在积极围绕构建"两型"城市,加快实施"一主两翼"战略,着力推进"四煤"发展,努力打造"四宜"城市,加快推进经济发展方式转变的情况下,经济社会呈现出发展较快、结构优化、质量提高、民生改善的良好态势。

2020 年,全市实现地区生产总值 1337.2 亿元,增长 3.3%;固定资产投资增长 3.9%;财政收入 162.8 亿元,下降 7.9%;社会消费品零售总额 774.3 亿元,增长 1.7%;城乡常住居民人均可支配收入分别增长 5.2%、8.2%;城镇新增就业 4 万人,城镇登记失业率稳控在 4.5% 以内;实现现行标准下农村贫困人口全部脱贫;主要污染物排放量下降,完成省级下达目标任务。

3. 城市建设

淮南的城市性质为:安徽省北部的重要中心城市,国家重要能源基地。城市发展的总目标为:深入实施可持续发展战略,持续推动经济发展质量变革、效率变革、动力变革。协同推进经济高质量发展和生态环境高水平保护,发展绿色低碳循环的生态经济,建设天蓝地绿水清的生态环境,争创国家"绿水青山就是金山银山"实践创新基地、国家林长制改革示范区先行区,打造人与自然和谐共生的绿色淮南美好家园。

2.1.3 淮北矿区自然地理情况

2.1.3.1 自然环境

1. 气象

皖北矿区位于淮北平原北部,东经 $114°55'\sim118°10'$,北纬 $32°25'\sim34°35'$,跨淮北、宿州、濉溪、萧县和蒙城等市县,东接江苏,南临淮河,西邻河南,北靠山东,在地貌单元上属于华北大平原的一部分,位于华北大平原的南缘,为黄河、淮河水系形成的冲积平原。区内有两个特大型煤炭企业——淮北矿业集团公司和皖北煤电集团公司,总面积约 30000 km^2。区域内地势平坦,西北高而东南低,地面标高为 $20\sim40$ m。

皖北矿区位于北温带南部,为暖温带半湿润季风气候,四季分明,春暖秋爽,夏热冬寒,雨热同步,降水适中,光照充足。冬季干冷,多西北风;夏季湿热、多雨,多东南风。根据气象站 1957 年以来的气象资料,该区年平均气温为 $14\sim15$ ℃,最高气温为 40.3 ℃,最低气温为 -18 ℃。年初霜期在 11 月上旬,终霜期为次年 4 月中旬,冻结及解冻无定期,一般夜冻日解。冻土深度为 $0.3\sim0.5$ m,最大冻结深度为 30 cm。年平均风速为 2.2 $m \cdot s^{-1}$,最大风速达 20 $m \cdot s^{-1}$,主导风向为东—东北风。多年平均降水量为 895.1 mm,降水年内分布不均,多集中于 $6\sim9$ 月,占全年降水量的 $55\%\sim68\%$,相对湿度年平均约 70%,最高的 7 月为 80%,最低的 6 月为 64%(图 2.1)。多年平均蒸发量为 1748.7 mm。多年平均日照时数为 2779.4 h,多年平均无霜期为 230 天。

2. 水文

本区河流均属于淮河水系,主要有濉河、新汴河、沱河、浍河及涡河等,它们自西北流向东南,汇入淮河,流经洪泽湖而入海。这些河流均属于季节性河流,河水受大气降水控制,雨季河水上涨,流量突增,枯水期河水流量减少甚至干涸。各河流年平均流量为 3.25～72.10 m³·s⁻¹,水位标高为 14.73～26.56 m。

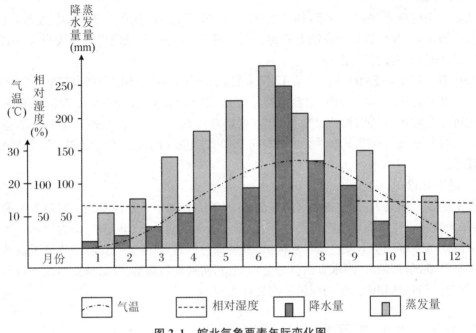

图 2.1 皖北气象要素年际变化图

3. 土壤与植被

区内土壤主要以砂姜黑土为主,仅有少量潮土,主要包括黑土、黄黑土、黄土,地质中壤为轻黏土,耕作层以下为棱柱状结构,砂姜出现部位多在 60.3～97.4 cm 之间,地下水埋深在 0～3.0 m,耕作层厚度一般在 20 cm 左右。区内植被以人工植被为主,天然植被为辅,其中人工植被以旱栽农作物为主,仅在村庄、道路、河流旁有少量人工造林;天然植被则以草生植被为主,野生灌木数量较少。

2.1.3.2 水文地质

皖北井田地表无较大水体,区内小型沟渠纵横,南部有两条呈东西向横穿矿区的姬沟和随堤沟,历史最高洪水位 +29 m。另外,随着开采面积增大而形成的地面塌陷积水区,其水深一般为 1.5 m 左右。这些地表水体都是随季节性变化,雨季水量增多,旱季则减少或干涸。

淮北煤田濉萧矿区各矿正常涌水量为 100～300 m³·h⁻¹,其他矿区各矿正常涌水量为 200～500 m³·h⁻¹,矿坑直接充水水源为煤层顶底板裂隙含水层,出水点水量大小与构造裂隙发育程度和补给水源有密切关系,只要没有富水含水层补给,一般水量呈衰减趋势,矿井初期开采时水量增长较快,投产几年以后,涌水量渐趋稳定,甚至降低,之后随采区接替和开采水平延深,矿井涌水量只是有少量增长。

井下揭露的断层多为滴水、淋水或无水,若不与石灰岩含水层沟通,一般水量不大。突水点的水量变化一般是开始较大,后期逐渐减小。

太原组石灰岩与 10 煤层间距一般大于 50 m,在正常情况下不会发生"底鼓"突水,若遇构造或岩溶陷落柱,使煤层与太灰以至奥灰对接或间接缩短,太灰(或奥灰)水有可能对矿坑产生直接充水。

综上所述,淮北煤田是被新生界松散层所覆盖的全隐伏型煤田。整个煤田是以孔隙水和裂隙水为主要充水水源的矿床,在正常情况下,水文地质条件大多属于简单或简单至中等,但局部地段太灰、奥灰有可能有大量突水情况,个别采区水文地质条件也存在有复杂类型的可能性。

2.1.3.3　社会环境

1. 区划人口

皖北包含亳州、阜阳、淮北、宿州 4 市,怀远、五河、固镇、凤阳、寿县、霍邱 6 县。截至 2013 年,皖北户籍人口 3152.5 万,常住人口 2544.8 万人。少数民族聚集在淮河沿岸和豫皖接壤地区(属皖北地区),人数较多且集中。主要有满族、蒙古族、回族、藏族、维吾尔族、彝族、壮族、布依族、傣族、羌族等民族。

2. 经济发展

2014 年皖北生产总值达 3870.2 亿元,增长 7.6%。皖北地区经济结构趋于优化,产业体系不断完善,2014 年 3 次产业结构分别为 18.7%、48.7%、32.6%。与 2013 年相比,第一产业比重下降 0.1%,第三产业比重上升 1%。战略性新兴产业增加值为 1559.9 亿元,增长 20.8%。需求增长内在动力依然强劲,固定资产投资额为 5242.1 亿元,同比增长 15.9%。社会消费品零售总额为 2323.5 亿元,增速 12.7%。进出口总额为 57.1 亿美元,增长 13.9%,高于全省 5.7%。2014 年实际利用外商直接投资 33.1 亿美元,同比增长 20.7%,高于全省 5.2%。南北合作不断深化,"3＋4"现代产业园区建设进展顺利,全年完成固定资产投资 139.7 亿元,新签约项目 93 个,其中 10 亿元以上项目 9 个,开工项目 86 个;到位资金 178.6 亿元,增长 37.3%。皖北全年人民币存款余额为 8032 亿元,增速 12.1%,高于全省 0.6%,其中阜阳、亳州、宿州居全省前 3;贷款余额为 4853.2 亿元,增速 16.5%,高于全省 0.9%,其中蚌埠、亳州、宿州居全省前 3。皖北地区企业实现直接融资 90.62 亿元,同比增长 232%,是全省的 3 倍多。

3. 城市建设

皖北地区是安徽经济发展的重要板块,是全省北上和西进的重要通道。2008 年年底,省委、省政府立足于皖北的人口、资源、基础设施、干部情况等现状,出台了《关于加快皖北和沿淮部分市县发展的若干意见》,首次将皖北振兴纳入事关全省发展大局的层面提及。宿州会议纪要、园区合作共建、干部人才支持、建设皖北"四化"协调发展先行区等一系列举措密集出台。2012 年底,皖北四市一县一区正式入围中原经济区。在政策的带动及各方面的大力支持下,叠加优势开始显现。皖北地区经济发展态势积极向好,内生动力不断增强,呈现出重要的阶段性变化。

2.1.4　两淮煤矿区开采情况

淮南是一座"缘矿而建、因煤而兴"的典型资源型城市,从 1903 年建矿至今,已有 100 多年的历史。淮南煤田位于淮河中游两岸,东西长达 180 km,南北宽约 20 km,面积约为 3600 km²,煤炭远景储量达 444×10^8 t,已探明储量 153.6×10^8 t,占安徽省煤炭总储量的

63%、华东地区煤炭总储量的32%,是安徽省最大的煤矿区,其2012年原煤产量达7106×10^4 t。

皖北矿区是我国14个亿吨级煤炭基地之一,从1958年建矿至今,已有半个多世纪的历史。皖北矿区位于安徽省北部,地跨淮北、宿州和亳州三市的砀山、萧县、濉溪、涡阳和蒙城等县,东起京沪铁路和符离集—四铺—任桥一线附近;西至豫皖省界;南至板桥断层;北至陇海铁路和苏皖省界。矿区东西长40~150 km,南北宽约110 km,面积约10850 km^2。其中含煤面积约4100 km^2,已探明储量98×10^8 t。皖北矿区现有淮北矿业(集团)有限责任公司和皖北煤电集团有限责任公司两大煤炭集团,是安徽省以及中国东部重要的煤矿区,其2014年原煤产量达7878.26×10^4 t。

近50多年来,两淮地区为国家经济建设做出了重大贡献,然而煤炭的大量开采和长期的开采历史,致使矿区开采沉陷和沉降、由于疏干排水导致地下水资源枯竭、地表固废的大量堆积以及由此带来的大气、水体和土壤的污染等,已经对两淮矿区的生态环境造成了巨大的影响,严重制约着两淮社会经济和生态环境的可持续发展。

2.1.5 两淮煤矿区环境问题

随着多煤层的长期大量开采、采煤深度和采煤量的加大,矿区地质环境日益恶化。煤矿开采引发的地质环境问题主要有地面塌陷、水资源系统破坏、土地资源减少、瓦斯突出、水土流失、煤矸石等伴生废物堆积引起的一系列问题。本节就淮南淮北地区的环境问题分别进行阐述。

2.1.5.1 地质灾害类型

根据地质作用的性质和发生处所进行划分,常见地质灾害共有12类。主要如下:① 地壳活动灾害,如地震、火山喷发、断层错动等;② 斜坡岩土体运动灾害,如崩塌、滑坡、泥石流等;③ 地面变形灾害,如地面塌陷、地面沉降、地面开裂(地裂缝)等;④ 矿山与地下工程灾害,如煤层自燃、洞井塌方、冒顶、偏帮、鼓底、岩爆、高温、突水、瓦斯爆炸等;⑤ 城市地质灾害,如建筑地基与基坑变形、垃圾堆积等;⑥ 河、湖、水库灾害,如塌岸、淤积、渗漏、浸没、溃决等;⑦ 海岸带灾害,如海平面升降、海水入侵、海崖侵蚀、海港淤积、风暴潮等;⑧ 海洋地质灾害,如水下滑坡、潮流沙坝、浅层气害等;⑨ 特殊岩土灾害,如黄土湿陷、膨胀土胀缩、冻土冻融、沙土液化、淤泥触变等;⑩ 土地退化灾害,如水土流失、土地沙漠化、盐碱化、潜育化、沼泽化等;⑪ 水土污染与地球化学异常灾害,如地下水质污染、农田土地污染、地方病等;⑫ 水源枯竭灾害,如河水漏失、泉水干涸、地下含水层疏干(地下水位超常下降)等。

致灾地质作用都是在一定的动力诱发(破坏)下发生的。诱发动力有的是天然的,有的是人为的。据此,地质灾害也可按动力成因分为自然地质灾害和人为地质灾害两大类。自然地质灾害发生的地点、规模和频度,受自然地质条件控制,不以人类历史的发展为转移;人为地质灾害受人类工程开发活动制约,常随社会经济发展而日益增多。所以防止人为地质灾害的发生已成为地质灾害防治的一个侧重方面。

2.1.5.2 淮南矿区环境问题

淮南作为我国华东地区的能源基地,其产煤量巨大,2010年煤炭产量达6717×10^4 t。

由于煤炭的长期大量开采,其地质灾害与生态环境问题也特别突出。

根据分析,淮南主要地质灾害的类型见表2.2:

表 2.2　淮南主要地质灾害的类型

类别	开采区	场库区
岩土变形灾害	采空塌陷;岩溶塌陷	场库失稳;自燃
地下水灾害	矿井突水;矿坑水污染	废水污染
伴生气体灾害	瓦斯爆炸	

1. 岩土变形灾害

(1) 采空塌陷

采空塌陷主要发生在以井巷开采为主的矿山中,为了保持较高的回采率,采取陷落法的顶板管理方法是造成矿区采空塌陷的直接因素,这种方法故意超出直接顶板的梁强度和基本顶板的稳定性强度,在地下井巷形成大的矩形采空区,从而导致采区上方地表发生塌陷。据统计,2010 年淮南塌陷面积已达 140 km²,占全市面积的 6% 左右。

采空塌陷不仅对淮南的可耕地资源造成永久性的破坏,同时还导致房屋开裂,铁路、公路、河堤地基下沉,给矿区人民的生命财产和公共建筑造成直接的巨大损失。此外,由于矿山采空塌陷面积的变大,大气降水或地表水通过其灌入矿井,增大排水量,不仅增加了生产成本,还可能造成严重的矿井突水灾害。

(2) 岩溶塌陷

据岩溶塌陷调查资料表明:第一,塌陷坑主要与下伏浅层溶洞和岩溶通道有关,多数在原有的漏斗、溶洞、溶隙上部发生和发展,且上覆土层较薄,颗粒较粗;第二,塌陷多分布于地下水降落漏斗范围区,并随漏斗的扩展而发展;第三,岩溶塌陷发育最密集的活跃时期与地下水强烈波动时期相对应,如暴雨时期雨水入渗,将加速岩溶塌陷的发生。

塌陷坑形态在平面上一般为圆形、似圆形,剖面上一般呈漏斗状、碟状、坑状、桶状,直径为 2 m,最大者达 50 m,深 2～5 m,最深达 13 m。环状沉陷区出现的弧形或直线形的裂缝,一般长 5～20 m,最长 400 m,宽 2～15 m,最宽 40 m,可见深度 1～2 m,最深 4 m。淮南沈家岗地区,主要是由于超量抽吸地下水而产生的。

(3) 露天采场边坡失稳

由于淮南煤矿主要采用井下开采方式,露天作业极少,发生这类地质灾害的可能性较小。露天采场边坡失稳会导致崩塌、滑坡等。

(4) 场库失稳与自燃

由于淮南煤炭开采量巨大,作为煤炭开采的副产物(煤矸石)和电厂发电生成的粉煤灰会在地表大量堆积。煤矸石堆积的场所一般没有进行精心的设计,堆放不规范,当煤矸石堆积坡度过大时,在降雨、淋滤等条件下会引起滑坡、坍塌和泥石流等地质灾害。

煤矸石中含有黄铁矿、有机硫、煤和碳质泥岩等可燃物,这些物质在与空气中氧的长期接触后会发生氧化反应产生热量。当煤矸石内部温度达到可燃物的可燃点时便会发生自燃。随着煤矸石的燃烧与消耗,会导致煤矸石山塌陷。且在这过程中产生大量的 SO_2、H_2S、CO 等有害气体,其中以 CO、SO_2 为主,这些有害气体对大气环境造成严重污染。

2. 地下水灾害

（1）矿井突水

矿井突水灾害在矿井采矿中较为常见。由于矿床冲水条件、矿山开采阶段的不同，矿井突水灾害往往表现出不同的特点。淮南矿井突水来源主要为地表塌陷积水，常由于沟通巷道以致地表塌陷积水突然涌入巷道，突水量一般超过 1000 $m^3 \cdot h^{-1}$，因超过排水能力而成灾，但突水时间相对较短。

（2）矿山废水污染

矿山废水主要来源于尾砂库的淋滤水，其主要污染物为高酸性"三氮"、F、Cd、Cu、Pb 等有害元素。由于处理能力不足，大部分废水直接排放到河、湖、沟、塘中，不仅对环境造成严重污染，而且对人类身体亦造成有害的影响。

由于带有丰富溶解氧的大气降水进入到煤矸石山后，煤矸石里的硫化物（以黄铁矿为主）会发生氧化，形成酸性矿山排水，pH 最低可达 2～3，SO_4^{2-} 含量可达 10000～14000 $mg \cdot L^{-1}$，会对环境造成巨大的影响。

3. 伴生气体灾害

淮南主要的伴生气体灾害为瓦斯爆炸。形成瓦斯爆炸灾害的地质原因与矿井煤层中的瓦斯含量背景值有关，如淮南的矿井除李嘴孜矿外，都是超级瓦斯矿。

4. 主要生态环境影响

淮南矿区是以煤、电及其相关产业为主的矿区，为国家经济建设做出了重大贡献，但矿业开发区域生态影响（大面积采煤沉陷地形成、大量煤矸石和粉煤灰的堆置等）及历史欠账问题突出。由于煤炭开采必然会造成生态环境影响，且随着开采强度的增大，区内的生态环境影响将更加突出。

尽管近年来淮南矿区生态环境状况有所改善，但也存在一些制约因素，主要表现以下几个方面：

（1）资源枯竭矿区生态环境修复问题

淮南矿区中废弃矿井均位于城市主要发展带，如"泉九"资源枯竭矿区，位于旧城中心。由于资源枯竭，形成了大面积的"城市荒地"，与其邻近的舜耕山这一城市绿肺形成强烈反差，影响城市生态功能和城市形象。未来，随着煤炭资源开采量的加大，将会出现更多类似的资源枯竭矿区，对区域土地利用、城市环境改造、城市形象提升的要求将日益迫切。因此，对资源枯竭老矿区环境修复与开发是淮南矿业集团建设生态矿区实现区域可持续发展所面临的关键问题之一。

（2）采煤沉陷区综合治理问题

淮南矿区开采历史悠久，除废弃矿井已出现采煤沉陷地外，衰退型矿井和兴盛型矿井也出现或将要出现大面积的沉陷地和积水区域，使区域地貌、地物以及生态环境遭到严重破坏，影响城市的发展。

采煤塌陷使矿区居民失去赖以生存的基本条件，以工补农，务工经商，造成环境污染与生态破坏由点到面的蔓延。据 24 年来的监测，矿区环境空气质量较市中心区域及其他地区低 1 级以上，地表水质长期处在Ⅳ～Ⅴ类，工业广场煤矸石堆与选煤厂周围土壤环境受到侵扰；西部矿区采煤塌陷水域，处于富营养化状态；煤矸石堆场周围环境空气质量，明显劣于其他区域。

（3）季节性水资源匮乏问题

淮南矿区水资源丰富，其中流经的主要河流有 10 余条，还有数量众多的湖泊和水库。但在水资源的时间分布上，年际变化较大，年内分布也不平均，主要集中在夏秋两季，水资源在时空上的分布不均，在总体上不利于水资源的持续、合理利用。另外，随着矿区工业化与城市化进程的加快，人口与社会经济活动量的持续增大，需水量逐年上升。同时，枯水时段，淮河上游闸坝调控能力进一步加大，区内淮河水环境容量将处于超负荷状态。

（4）矿区矿井疏排水引发的地表沉降问题

20 世纪 50 年代以来，矿区小气候、地下水位发生明显变化。矿区地下水探测表明：谢家集矿区采煤沉陷区已形成上石炭纪太原统灰一三组岩含水层两个疏干漏斗，漏斗内外最大水位差为 114.2 mm。田东至洛河湾和沈家岗东大井区域因地下水开采与矿井疏排水，造成地面沉降；20 世纪 60 年代以来，洛河湾地下水漏斗中心降深＞30 m，最大沉降为 139.3 mm，沉降速率为 60.04 mm·a^{-1}，沉降面积为 50 km²；1978～1988 年，沈家岗东大井区域整体沉降 1600 mm，沉降速率为 160 mm·a^{-1}。

（5）煤矸石与粉煤灰堆积引发的相关环境影响

2000 年，全市煤矸石与粉煤灰产生量分别较 1995 年递增 -2.75% 与 38.38%；历年堆存总量与累计占地面积比同期增长 26.51% 与 29.11%。煤矸石与粉煤灰大量增加并长期堆存，造成局部区域环境污染与生态破坏。环境监测结果表明：长期堆存煤矸石与粉煤灰的堆场周围区域，环境污染与生态破坏由点到面扩展，污染物形成蓄积性影响，环境负荷加重，环境质量变劣。随着煤炭与电力工业的发展，煤矸石与粉煤灰产生量将继续增加，由此而来的环境公害不言而喻。

2.1.5.3　淮北矿区环境问题

1. 地表沉陷

皖北矿区作为我国重要的能源基地和煤电基地，在多年的生产过程中已形成了较大规模。在矿山建设和煤炭资源的开发过程中，占用了大量的土地资源。并且由于煤炭的井下开采，形成了大面积的采煤塌陷区。煤炭开采引起的地表塌陷给矿区周围的生活环境带来了严重危害，影响了当地居民的生活和生产。这些塌陷区容易造成常年积水或者季节性积水，导致大量优质农田被淹、盐渍化，变成荒滩洼地，并在沉陷盆地边缘分布有大量的裂缝，致使农业灌溉困难、水土和养分流失严重、土壤肥力下降、产量下降。地面建筑设施被毁，采空区上方地表的不均匀沉降造成地面房屋、烟囱、高压线塔等地面建筑物倾斜、开裂、甚至倒塌，危害居民的生命安全；受地表沉陷影响，塌陷区周围潜水位降低，造成地表水深入或经塌陷进入地下，导致区域性水位下降，破坏了矿区水均衡系统，矿区附近农业灌溉和用水困难。塌陷导致了矿区周围生态环境的破坏和恶化。地表塌陷造成农林作物不能生长、动物消亡或迁移、居民迁徙、原有生态平衡被破坏。

2. 水资源系统破坏

煤矿开采引起的水资源系统破坏主要有以下几个方面：一是由于煤矿废水排放引起的水质污染；二是由于煤矿大面积、大流量的疏干排水造成水源枯竭；三是煤矿开采前的矿井地下排水，导致地下水位下降，改变了原有的地下水赋存方式；四是煤矿开采过程中容易发生矿井突水，导致淹井等矿井灾害，造成人员伤害和经济损失；五是受地表沉陷影响，塌陷区周围潜水位降低，造成地表水深入或经塌陷进入地下，导致区域性地下水位下降，破坏了矿区水均衡系统,矿区附近农业灌溉和用水困难;六是矿山开采对含水层结构进行破坏,造成碎屑岩含水岩组结构破坏。皖北煤矿各矿每年排放矿井水约 500×10^4 t,矿井水资源的大量排放,不仅会导致水资源浪费,并且排放出的矿井水还会对环境造成污染。各矿正常涌水量为 $100 \sim 500$ m³·h⁻¹,且涌水量渐趋稳定,以后随采区接替和开采水平延伸,矿井涌水量会有所增加。

矿区在随着煤矿开采的过程中,各含水层岩石也在各种物理化学、水文地球化学的作用下受到重大改造,引起地下水渗流场改变,使各含水层水文地质条件复杂,近年来皖北矿区发生过多起重大、特大型突水事故,损失惨重。

3. 土地资源破坏

在矿山建设和煤炭资源的开采过程中,矿山基本建设和煤矸石粉煤灰等伴生固废的堆放占用了大量的土地,更为严重的是,因采煤引起的采空区上方地表塌陷导致大面积土地资源被破坏,采矿沉陷对土地资源影响严重。就淮北矿业集团公司而言,截止 2010 年年底,其塌陷面积达 147.6 km²,沉陷积水面积达 53.5 km²,其中稳沉面积达 69 km²,非稳沉面积达 78.6 km²,万吨塌陷率平均为 4 km²。

4. 矿井瓦斯问题

瓦斯爆炸是煤矿安全的主要地质问题之一。淮北矿业集团芦岭矿在 2002 年、2003 年曾发生多次矿井瓦斯爆炸事故,造成不同数量的人员伤亡,爆炸后生成了大量的有害气体,造成环境污染。瓦斯直接排放到大气中,其温室效应约为 CO_2 的 21 倍,对生态环境破坏极强。然而,瓦斯热值是通用煤的 2~5 倍,且燃烧几乎不产生任何废气,是极为洁净的能源。因此,矿井瓦斯的开发利用可以减少瓦斯爆炸事故,有效减排温室气体,产生良好的环保效应。

5. 煤矸石等固体伴生废物堆积引发的环境问题

皖北矿区排放的煤矸石主要来源于掘进过程,由砂岩、页岩和砂页岩组成,产矸率约为原煤产量的 10%。根据室内实验,皖北矿区煤矸石的含硫量和含碳量均较低,不易发生自燃,因此本区煤矸石不存在因自燃而污染周围大气环境的现象。然而,煤矸石与粉煤灰大量增加并长期堆存,由于赋存于其中的重金属的析出,会造成局部区域环境污染与生态破坏。环境监测结果表明:长期堆存煤矸石与粉煤灰的堆场周围区域,环境污染与生态破坏由点到面扩展,污染物形成蓄积性影响,环境负荷加重,环境质量变劣。随着煤炭与电力工业的发展,煤矸石与粉煤灰产生量将继续增加,由此而来的环境危害不言而喻。

6. 其他问题

矿山开采对地形地貌景观的影响(破坏),主要是由采空塌陷地质灾害造成的地面变形,改变原有地形地貌,使原本平坦的地形变为地势低洼向塌陷区中心倾斜的斜坡地形,对地形地貌造成严重影响。

皖北矿区周边自然村庄稠密,由于本区地表潜水位较高,开采沉陷后地面村庄容易积水,对村庄破坏严重。迄今为止,对受开采沉陷破坏的自然村庄,一般采取迁出井田以外的异地搬迁方法。由于搬迁远离故居和自营农地,给今后生产和生活带来了极大不便,导致村庄搬迁困难,已成为制约矿井生产和可持续发展的主要问题之一。

在燃煤电厂发电过程中,其排放的大气污染物 SO_x、NO_x、CO_2 等,以及一些挥发性有害微量元素会排放到大气进而进入生态系统中,对生态环境造成巨大影响。

2.2 淮河概况

2.2.1 自然地理

淮河流域($30°55'\sim36°36'$N,$111°55\sim121°25'$E)位于我国东部,介于长江和黄河两流域之间。淮河起源于河南省桐柏山,总流域面积达 270000 km^2,总干流长度为 1000 km,总落差为 200 m。淮河流域向东流经我国 5 个省份:河南,湖北,安徽,江苏和山东,在江苏省三江营汇入长江。淮河上游主要为山区和丘陵区,河道梯度为 0.5‰,中游和下游主要是平原地区,河道梯度分别为 0.03‰和 0.04‰。淮河流域地处我国南北气候过渡带,淮河以北属于暖温带半湿润季风气候区,淮河以南属于北亚热带湿润季风气候区。淮河流域年平均温度和年降雨量分别为 $11\sim16$ ℃和 $600\sim1400$ mm。

淮河流域土壤类别和成分复杂,淮河南部山区多为黄棕壤土,丘陵区为水稻土;淮河北部平原多为砂姜黑土及黄潮土,质地疏松。淮河流域中游及下游区域沉积物主要以细颗粒为主,颗粒粒径小于 63 μm 的沉积物含量在 70%以上,其中,颗粒粒径小于 $20\sim60$ μm 的沉积物(粉质沉积物)含量最多。淮河水流速度比较缓慢,最小流速为 0.11 m·s^{-1}。淮河中下游较弱的水动力条件,如较慢的水流速度及易于污染物质沉淀的自然地理条件为细颗粒物在此处沉积提供了良好的条件。

淮河安徽段位于淮河中游,总面积达 66900 km^2,流经阜阳、六安、亳州、宿州、淮北、淮南、合肥、蚌埠、滁州共 9 个城市。淮河安徽段总干流长度为 430 km,占总干流长度的 43%。淮河流域在我国农业生产中占有举足轻重的地位,淮河(安徽段)南部主要以农业为主。流域内煤矿资源丰富,有两大煤田,即淮南煤田和淮北煤田。淮河(安徽段)北部以煤炭、电力、轻纺等工业为主。在本书研究中,选取位于安徽省境内的淮河干流为研究区域,西起寿县境内的正阳关,东至蚌埠闸,总长度为 131.5 km,主要流经的两岸城市有寿县、凤台县、淮南市及怀远县。这 4 个县市的工业废水与生活污水最终都会汇入淮河。

寿县位于淮河干流的南岸,安徽省中部,全县人口约 137 万,面积为 2986 km^2,其中40.86%是农业用地,主要农作物有大米、小麦和棉花。主要工业有制革、染织及印刷等。怀远县位于安徽省北部,是全国商品粮生产基地,全县人口约 130 万,面积达 2400 km^2。怀远县内具有一定的煤炭储量及磁铁矿资源。

凤台县(1030 km^2)和淮南市(1566.40 km^2)位于安徽省中北部,是淮河两岸重要的工业区域。淮河为淮南提供了工农业发展及生活用水,流经淮南地区的淮河干流总长度为71.3 km。淮南矿产资源,尤其是煤的含量丰富,淮南煤矿区长 70 km,宽 30 km,总面积为2136 km^2。淮南煤矿的开采历史可以追溯到 100 年前,由煤矿业新兴起来的工业有电力、化工、造纸、纺织及制药等。自 20 世纪 40 年代,在淮河(淮南段)两岸由西向东依次建立凤台电厂、平圩电厂、田家庵电厂及洛河电厂等大型燃煤发电厂。这些电厂是本地区的工农业生产及居民生活的能量来源。因此,淮河(安徽段)不可避免地成为电厂废水及燃煤飞灰的主要纳污体。

2.2.2　水系及水文特征

淮河发源于河南省南部的桐柏山北麓,大体自西向东流,经过河南南部、安徽北部、江苏北部,至江苏省江都市三江营入长江,干流全长 1000 km。淮河安徽段处于淮河中游,上自豫、皖交界的洪河口起,下至皖、苏交界的洪山头止,河道长度为 430 km,总落差为 8 m 左右,河床平缓。流域多年平均年降水量为 947.6 mm,多年平均年径流量为 182.58 亿 m^3,多年平均年水资源量为 239.27×10^8 m^3。

左岸主要支流有洪河、谷河、润河、沙颍河、西淝河、茨淮新河、涡河、澥河、浍河、沱河、怀洪新河、新汴河、濉河等;右岸主要支流有史河、沣河、汲河、淠河、东淝河、窑河、濠河、池河、白塔河等。

主要河(湖)介绍如下:

1. 淮河干流

淮河干流发源于河南省桐柏山,向东流经河南、湖北、安徽、江苏四省,主流在江苏省的三江营入长江,全长约 1000 km。洪河口以上为上游,流域面积约 30600 km^2,洪河口以下至洪泽湖出口中渡为中游,长 490 km,中渡以上流域面积约为 158000 km^2;中渡以下为下游入江水道,长 150 km,三江营以上流域面积为 16.46 万 km^2。洪泽湖以下淮河的排水出路除入江水道以外,还有淮河入海水道、苏北灌溉总渠和向新沂河分洪的淮沭新河。

蚌埠闸枢纽位于淮河干流中游的蚌埠市与怀远县交界处,是淮河干流上最重要的水资源开发利用工程,也是引江济淮工程的重点控制节点,承担着拦蓄淮河干流来水、调蓄引江济淮水量和充蓄瓦埠湖、高塘湖、城东湖、香涧湖等任务。淮河干流蚌埠闸控制淮河来水面积 120200 km^2,年均来水约 260×10^8 m^3。蚌埠闸现状正常蓄水位为 17.5 m,现状有效调节库容为 2.72×10^8 m^3。由于淮河干流来水丰枯变化悬殊并多以洪水形式出现,在沿淮干旱缺水的同时,蚌埠闸每年有超过 200×10^8 m^3 下泄水量直接排入下游并进入洪泽湖。

2. 沙颍河

沙颍河是淮河最大的支流,发源于河南省伏牛山区,流经河南省平顶山、漯河、周口以及安徽省阜阳等 40 个市县,于安徽省颍上县沫河口汇入淮河,流域总面积为 36651 km^2,耕地 2968 万亩,是我国重要的工业、交通、能源和粮食基地,国民经济地位十分重要。沙颍河河道全长约 620 km,河道已按 5 年一遇 1400~1800 $m^3 \cdot s^{-1}$ 排涝流量开挖,中下游河道底宽 50~200 m,干流上自下而上建有颍上闸、阜阳闸、耿楼闸等拦河节制闸蓄水工程,现状蓄水兴利库容为 45×10^6 m^3。河道现状输水和蓄水条件均较理想。

3. 西淝河

西淝河介于颍河、涡河及茨河、泥黑河流域之间,发源于河南太康县马厂集,流经安徽亳州、太和、利辛、涡阳、颍上、凤台六县市,至凤台峡山口入淮,全长约 250 km,原流域面积 4750 km^2,新中国成立后经多次治理和水系调整,西淝河流域面积减少为 3853 km^2。1971年开挖茨淮新河,1976 年将西淝河在阚疃集截断,阚疃集以上称西淝河上段,直接向茨淮新河排水,改属茨淮新河水系,河道自淝河集至阚疃长 99 km,流域面积为 2244 km^2,在朱集建有朱集拦河节制闸。阚疃集以下称西淝河下段,从阚疃至河口长 64 km,流域面积为 1609 km^2,河道弯曲,地形低洼,河底高程 17.4~14.0 m,河底宽 50~42 m,在西淝河河口建有西淝河闸,防止淮河干流洪水倒灌。

4. 茨淮新河

茨淮新河位于淮北平原西南部颍河与涡河之间的下游,是淮河中游人工开挖的大型分洪河道,主要任务是分泄颍河洪水,减轻颍河阜阳以下和淮河干流正阳关至怀远段的防洪负担,并兼顾灌溉、航运需要,1971 年始建,1980 年建成通水。茨淮新河西起阜阳县颍河左岸茨河铺,向东经利辛、蒙城、凤台、淮南等县市,至怀远县荆山南入淮河,全长 134.2 km,河道按 5 年一遇排涝流量 1400~1800 $m^3 \cdot s^{-1}$ 开挖,沿河建有茨河铺闸、插花闸、阚疃闸和上桥闸 4 个梯级水利枢纽,现状蓄水兴利库容为 4.5×10^7 m^3,并可利用淮河干流蚌埠闸上的 130 $m^3 \cdot s^{-1}$ 上桥泵站提引淮水灌溉亳州、阜阳、蚌埠、淮南等市农田约 165 万亩,现状输水和蓄水条件均较理想,是阜阳、亳州等城市重要的清水廊道和调蓄场所。

5. 涡河

涡河是淮河第二大支流,发源于河南省开封市黄河南岸,流经河南省的开封、尉氏、通许、太康、杞县、柘城、鹿邑和安徽省的亳州市谯城、涡阳、蒙城等县区,于怀远县城附近汇入淮河,流域总面积约 15900 km^2。涡河河道全长 421 km,河道已按 5 年一遇 1400~1800 $m^3 \cdot s^{-1}$ 排涝流量开挖,中下游河道底宽 50~100 m,干流上自下而上建有蒙城闸、涡阳闸、大寺闸等拦河节制闸蓄水工程,现状蓄水兴利库容为 4.5×10^7 m^3。现状输水和蓄水条件均较理想。

6. 澥河

澥河是怀洪新河支流,发源于濉溪县白沙镇潘庄,经宿州市埇桥区、怀远县、固镇县,在胡洼汇入怀洪新河,河长 81 km,流域面积 958 km^2(含新沱河 200 km^2),河道呈偏东南方向,位于浍河南、北淝河以北。

7. 浍河

浍河是怀洪新河水系的最大支流,由包河和浍河汇合而成,故又称包浍河。浍河发源于河南省商丘市东关庄集,干流上游河南省境称东沙河,东南向流经夏邑、永城新桥至张瓦房进入安徽省濉溪县境,在濉溪县临涣集右纳包河后,流经埇桥区祁县、固镇县城,于固镇县九湾汇入怀洪新河香涧湖,流域面积约 4850 km^2。浍河干流长度 125 km,其中临涣至祁县长 63 km,河底高程为 20.0 -13.5 m,河底宽度为 10 -30 m,祁县至九湾长 62 km,河底高程为 13.5~10.4 m,底宽 45~80 m。为发展蓄水灌溉,在干流自下而上先后修建了固镇、祁县、南坪、临涣 4 座节制闸,现状蓄水兴利库容为 4.5×10^7 m^3。现状输水和蓄水条件均较理想。

8. 沱河

沱河是沱湖支流,流经河南、安徽两省。1968 年因开挖新汴河被分为上下两段。沱河上段源出河南省永城市朱场西北方,东南流在徐破楼北进入安徽省濉溪县境,至宿州市埇桥区戚岭子入新汴河,长 90 km,其中豫境内为 41.5 km,皖境内为 48.5 km,流域面积为 3936 km^2,位于濉河以南、浍河以北,涉及河南省永城市、安徽省濉溪县、宿州市埇桥区。下段从沱河进水闸起,东南流至泗县樊集入沱湖,长 99.5 km,流域面积 1115 km^2,位于北沱河以南、浍河以北,涉及埇桥区、濉溪县、泗县、固镇县、五河县。

9. 怀洪新河

怀洪新河是淮河中游自怀远县至洪泽湖人工开挖的分洪河道,其主要任务是与茨淮新河接力分泄淮河中游洪水,兼有扩大漴潼河水系排水出路和发展蓄水灌溉的功能,2003 年通过竣工验收。怀洪新河自涡河下游何巷起,沿符怀新河、解河注入香涧湖,再由新浍河入漴潼河,经北峰山切岭、入洪泽湖溧河洼,河线全长 121 km。另外,还分别利用香沱引河、沱湖、新开沱河和下草湾引河分泄部分水量。怀洪新河干流、支流上设置何巷进洪闸、新湖洼闸、西坝口闸、四方湖引河闸、山西庄闸、新开沱河闸、天井湖引河闸等水闸,规划蓄水兴利库容为 $1.56×10^8$ m³。何巷闸分洪闸位于蚌埠闸上淮河干流与涡河交汇处,除承担分泄洪水任务外,也可从蚌埠闸上淮河干流自流引水注入香涧湖调蓄,然后再利用浍河、沱河等相关水系继续向淮北输水。现状输水和蓄水条件均较理想,是淮北、宿州等城市重要的清水廊道和调蓄场所。

10. 香涧湖

香涧湖为淡水湖泊,位于淮河中游左岸,固镇县、五河县境内。湖区呈东西狭条状,西起固镇县九湾,东至五河县大圩正南,长为 35 km,宽为 1～3 km,为怀洪新河主河道的一段,称香涧湖段。湖底高程为 9.8 m,正常蓄水位为 14.5 m(怀洪新河西坝口闸上水位),相应面积为 63 km²,蓄水量为 $8.36×10^7$ m³。主要入湖河流为浍河及澥河。出湖水流分为 3 支:主流经怀洪新河新浍河段,通过下游的西坝口闸流入怀洪新河下段,北面一支经香沱引河注入沱河,南面一支在五河县城西南沿新开河汇入淮河。

11. 新汴河

新汴河为洪泽湖支流,是 1966～1971 年由人工开挖的大型排洪河道,其主要任务是排泄上游河南省夏邑县、永城县和安徽省砀山县、萧县、濉溪县的沱河水系洪水,流经宿州市的埇桥区、灵璧县、泗县和江苏的泗洪县溧河洼注入洪泽湖,流域面积为 6562 km²。新汴河河道全长 127.1 km,底宽为 90～115 m,自下而上建有团结、灵西、二铺、四铺 4 座大型水利枢纽,设有节制闸、船闸和翻水站,兴利蓄水库容为 $5.726×10^7$ m³,现状输水和蓄水条件均较理想,是正在建设的安徽省淮水北调工程主要输水线路和调蓄场所。

12. 濉河

濉河为洪泽湖支流,原流域范围北至废黄河南堤,南与唐河、石梁河流域相邻,东侧是安河流域,西与新汴河流域接壤,流域面积为 2972 km²。涉及安徽省宿州市的埇桥区、灵璧县、泗县,江苏省的徐州市、铜山县和泗洪县。原濉河干流自萧县瓦子口起,流经濉溪县,至埇桥区符离镇东的张树闸,右岸有人工开挖的濉河引河与新汴河相通,张树闸以上来水自 1970年经引河被截入新汴河,瓦子口至张树闸河段亦改称为萧濉新河。现濉河干流自张树闸起,在江苏省泗洪县溧河洼注入洪泽湖,全长为 140.3 km。流域面积 100 km² 以上的支流有 4 条,分别为奎河、拖尾河、三渠沟、老虹灵沟,均在左岸。

13. 萧濉新河

萧濉新河原是濉河的上游河道,新汴河开挖后被截引入新汴河,成为新汴河的支流。流域西南临沱河水系,北以黄河故道为邻,西接濉河支流奎河,流域面积为 2626 km²,大部为平原,地势北高南低。萧濉新河始于萧县瓦子口,上承大沙河、岱河来水;南流经贾窝闸至黄里,右纳湘西河;至会楼右纳洪碱河,于淮北市、濉溪县城区西侧折东南流,经黄桥闸至陈路口,左纳龙岱河;至符离集左纳闸河,过符离集闸进入濉河引河,于宿州市东北方小吴家注入新汴河。河道全长 62.1 km,其中濉河引河长 8.7 km,河底高程为 28.6～21.28 m,河宽为84～108 m,河底宽为 55～75 m,平均比降约 0.1‰。

14. 王引河

王引河为沱河支流,流经河南省东部和安徽省北部。流域面积为 1241 km²,北至废黄河南侧,西与沱河相邻,东与洪碱河、濉河接壤。王引河上源 3 条支流均发源于废黄河南堤脚附近。一条为河南省夏邑县境内的巴清河,流域面积为 317 km²,另外两条为安徽省砀山县境内的大沙河和利民河,流域面积分别为 147 km^2 和 259 km^2。3 条支流于砀山县固口汇流后,始称王引河。

15. 史河

史河古称决水,淮河右岸一级支流,发源于安徽省金寨县南部大别山南麓。史河流域东部自上而下依次与淠河、汲河、沣河水系相邻,西接白露河水系,南以大别山为界与长江流域的举水、巴河接壤。流域跨安徽、河南两省,流域面积为 6720 km^2,其中安徽境内 2685 km^2。流域内山区面积占 58.2%,丘陵区面积占 27.8%,平原面积占 14.0%,河道全长为 220 km,其中安徽境内为 120 km。

16. 淠河

淠河是淮河右岸支流,古名沘河、白沙河,河道总长 253 km。淠河流域地处安徽省西部,淮河中游右岸,大别山南麓。流域东侧与东淝河流域接壤,并以江淮分水岭为界与长江水系的丰乐河、杭埠河相邻,南达江淮分水岭与长江水系的巴水、浠水、皖河为邻,西面是淮河水系的安河、汲河、北抵淮河。流域面积约为 6000 km^2,地跨安庆市岳西县、六安市霍山县、金寨县、裕安区、金安、霍邱县,以及淮南寿县 7 个县区,另涉及六安市舒城县少数村镇。淠河源流有东西两支,东支称东淠河,为淠河干流,西支称西淠河。两河在六安市裕安区西河口处汇流后称为淠河,北流至正阳关入淮。

17. 东淝河

东淝河为淮河右岸支流。流域面积为 4193 km^2,主源出自裕安区龙穴山,北流经瓦埠湖入淮河。河道全长 152 km,平均比降 0.3‰。流域南部、西部、东部地势高,中部为岗地平原,北部低洼。东淝闸建于 1952 年,是治淮工程规划中利用瓦埠湖蓄洪的控制工程。2004年寿县北门新大桥建成,拆除了阻水老桥及上下阻水建筑,实施东淝闸扩建工程,扩建 5 孔、每孔宽为 5 m 的新闸一座。2005 年对县城北门大桥以下河段再次疏浚,泄水更加通畅,增强了东淝河下段的排涝能力。

18. 瓦埠湖

瓦埠湖属淮河南岸东淝河水系,是淮河干流 4 个蓄洪区之一,也是淮河干流蚌埠闸上重要的蓄水湖泊和今后引江济淮工程的重要调蓄场所。东淝河发源于江淮分水岭北侧,与巢湖水系的派河各岭相望,来水面积约 4200 km^2。瓦埠湖南北长 52 km,东西平均宽为 3 km,分属淮南市的寿县、合肥市的长丰县以及淮南市,湖床最低处高程 14 m 左右,正常蓄水位 17.5 m 时,相应水面面积为 156 km^2,兴利蓄水库容为 3×10^8 m^2。东淝河出口的东淝闸具有排洪、引淮双向功能,既可相机引淮实现洪水资源利用减少引江水量,更可将经瓦埠湖调蓄后的引江济淮水量注入蚌埠闸上的淮河干流。

19. 天河

天河为淮河右岸支流,古称西濠水。河长 33 km,流域面积为 340 km^2。发源于凤阳县西南双尖山和猴尖山,流向西北,河道分叉成涧沟状,流至凤阳县与蚌埠市禹会区交界处,水面变宽,禹会区境内河道成湖状,称天河湖。过禹会区进怀远县境,在涂山南麓境天河闸入淮。

20. 濠河

濠河为淮河右岸支流,古称濠水,流域地处凤阳县中部。发源于凤阳县凤阳山北麓,有东西两源:东源出自白云山山涧,北流入凤阳山中型水库,出库后经殷涧镇;西源出自五道山一带,北流入官沟中型水库,出库后转东北流,经大庙镇。两源于亮岗镇西合流。北偏东流,经大通桥、太平桥至临淮入淮河。全长 44 km，流域面积为 621 km²。

21. 池河

池河为淮河中游右岸支流，发源于定远县西北大金山东麓，在皖苏交界的洪山头注入淮河。流域北为凤阳山，东为皇甫山，均为低山区，西南为起伏不大的丘陵区，与淮河流域的窑河和长江支流的滁河流域为邻。流域面积为 5021 km²，涉及安徽省合肥市肥东县、长丰县，滁州市南谯区、定远、凤阳县、明光市，以及江苏省盱眙县。由西南向东北流，经定远、肥东、凤阳、明光，在磨山入女山湖，出女山湖闸(旧县闸)入淮河，全长为 245 km。

2.2.3　淮河水环境问题

淮河流域(安徽段)不仅为两岸地区提供了工农业发展及生活用水，同时也是华中等经济区的重要能源基地。2015 年，5.4×10^9 m³ 的淮河水被利用，其中 63.5% 被用作工农业生产及生活用水。但是近几十年来，由于煤矿开采活动、燃煤电厂排放、工农业发展及生活污水的排入，淮河水已经被严重污染。排入淮河的废水量为 56.44 m³·s⁻¹，其中 86.40% 来源于工业及生活污水的排放。淮河流域流经的 5 个省份(安徽、湖北、河南、江苏及山东省)2006～2015 年排入淮河的年平均污废水排放量见表 2.3。可见排入淮河的总废水量逐年增加，同时，安徽省的废水贡献也逐渐增加。1995 年，80% 的淮河水处于地表水等级的Ⅲ、Ⅳ、Ⅴ及劣Ⅴ类(见表 2.4)。尽管近年来淮河水质有所改善，但是 2015 年的淮河流域水质评价结果显示，仍有 55.40% 的淮河水处于Ⅳ、Ⅴ及劣Ⅴ类。

表 2.3　2006～2015 年入淮河的年平均污废水排放量(100 Mt)

年份	淮河	湖北	河南	安徽	江苏	山东
2006	6.208	0.0070	2.025	1.518	2.082	0.575
2008	4.265	—	1.409	0.953	1.216	0.687
2009	7.340	0.0101	2.491	1.754	2.043	1.042
2010	7.634	0.0090	2.665	1.759	2.107	1.094
2011	7.630	0.0100	2.855	1.835	2.146	0.784
2012	7.640	0.0100	2.910	1.770	2.190	0.770
2013	7.614	0.0100	2.910	1.753	2.236	0.705
2014	7.635	0.0100	2.570	1.967	2.288	0.800
2015	7.842	0.0150	2.674	1.977	2.341	0.835

表 2.4　淮河地表水等级百分比

年份	IV	V	劣 V	总百分比
1995	17.30%	32.10%	25.90%	75.30%
1996	25.00%	10.00%	41.70%	76.70%
1997	33.30%	24.60%	13.10%	71.00%
1998	36.10%	11.10%	5.60%	52.80%
1999	14.90%	25.70%	19.80%	60.40%
2000	39.50%	11.50%	14.60%	65.60%
2001	27.20%	34.90%	16.00%	78.10%
2002	25.00%	25.00%	12.50%	62.50%
2003	33.30%	20.00%	6.70%	60.00%
2004	33.30%	20.00%	20.00%	73.30%
2005	21.90%	7.20%	38.90%	68.00%
2006	16.80%	10.90%	35.10%	62.80%
2007	20.00%	10.60%	31.70%	62.30%
2008	20.20%	12.80%	28.60%	61.60%
2009	22.90%	13.00%	26.20%	62.10%
2010	26.70%	13.80%	20.70%	61.20%
2011	27.70%	10.90%	22.90%	61.50%
2012	28.60%	11.70%	22.10%	62.40%
2013	27.90%	11.00%	22.20%	61.10%
2014	26.50%	9.60%	17.70%	53.80%
2015	29.00%	8.80%	17.60%	55.40%

第 3 章 两淮矿区水体污染物环境地球化学

本章主要介绍了两淮矿区水环境的主要有害微量元素的含量及时空分布规律,通过各种实验和元素微结构的分析,研究水环境中各种介质中微量元素的化学结构,分析它们之间的内在联系及相互转化机理;探讨影响这些赋存状态的成因因素;研究其赋存状态对环境过程中的控制及其毒性转化机理。

3.1 概　　述

两淮矿区是国家 14 个大型煤炭基地和 6 个煤电基地、首批煤矿循环经济试点单位之一,探明煤炭储量近 300×10^8 t。其矿区分布于安徽省 11 个县,南北长 80 km,东西宽 150 km。两淮矿区中淮南矿业集团现有生产矿井 9 座,淮北矿业集团公司现有生产矿井 14 座、皖北煤电集团公司现有生产矿井 8 座、国投新集能源股份公司现有生产矿井 3 座,以及一些小煤矿。

Cr、Cu、Ni、Zn 等金属元素在生物系统中扮演着重要的角色,可以提高酶活性及促进其他生命活动过程,因此它们对于生物而言是必需的。这些必需元素在可接受浓度范围内是有益的,但若超过阈值则同样有害。然而,As、Cd、Pb 等非必需元素在生命活动中无重要作用,它们即使浓度很小但也是有毒的。在近年来的报道中,采矿活动所造成的人为污染导致煤田环境中微量金属元素处于高含量水平。越来越多的研究聚焦于与采煤相关的微量元素环境污染问题。根据前人研究发现,矿区范围内微量元素污染可能会对周边环境和人类健康造成长期广泛的影响。近期研究证实,水生系统中微量元素含量水平在受到采矿影响时会增加。塌陷塘水体中微量元素可能源于采矿和农业活动、生活污染源、污染物的干湿沉降以及起源于农田或矿石的沉积物中元素的释放。存活在塌陷塘水体中的微量元素水平在随后的长期暴露过程中亦会增加,这可能是由周边采矿活动排放的污染物直接导致的。

3.2 样 品 采 集

本次共在 3 个煤矿的煤矸石山附近和对照区泥河采集水样 20 个,其中顾桥 6 个,潘一矿 6 个,新庄孜 5 个,对照样品 3 个。根据矿区的水文地质条件及径流的方向,在煤矸石山周边的河流、湖泊、塌陷区等有代表性的含水区域进行采集。用聚乙烯塑瓶收集,取样前应先用水样洗涤采样瓶 2~3 次,采样时水要缓缓流入样瓶,不要完全装满样瓶,要留出 5~10 mL空间,以免温度升高时顶开瓶塞。收集后,立即加浓 HNO_3 保存,以待测重金属。各采样点的样品见表 3.1；所有样品统计表见表 3.2。

表 3.1　采样点样品描述

区域	样点	样品描述	备注
泥河	N1	土、黄豆、水稻、蚯蚓	
	N2	土、黄豆、水稻、蚯蚓	
	N3	土、黄豆、水稻、蚯蚓	
	N4	土、黄豆、水稻、蚯蚓	
	N5	土、黄豆、水稻、蚯蚓	
	N6	水、鱼	湖水
	N7	水、鱼	湖水
	N8	水、鱼	湖水
新庄孜	X1	土、黄豆	距离矸石山 1 m 处
	X2	土、黄豆	距离矸石山 10 m 处
	X3	土、黄豆、蚯蚓	距离矸石山 50 m 处
	X4	土、黄豆、蚯蚓	距离矸石山 100 m 处
	X5	土、黄豆、蚯蚓	距离矸石山 300 m 处
	X6	土、黄豆、蚯蚓	距离矸石山 600 m 处
	X7	土、黄豆、蚯蚓	距离矸石山 900 m 处
	X8	土、黄豆、蚯蚓	距离矸石山 1200 m 处
	X9	土、黄豆	距离矸石山 1 m 处
	X10	土	距离矸石山 10 m 处
	X11	土、水稻	距离矸石山 50 m 处
	X12	土	距离矸石山 100 m 处
	X13	土、水稻、蚯蚓	距离矸石山 300 m 处
	X14	土、黄豆、蚯蚓	距离矸石山 600 m 处
	X15	土、水稻	距离矸石山 900 m 处
	X16	土、黄豆	距离矸石山 1200 m 处
	X17	水	塌陷塘水
	X18	水	塌陷塘水
	X19	水、鱼	塌陷塘水
	X20	水、鱼	塌陷塘水
	X21	水、鱼	塌陷塘水
	X22	水	排污渠水

区域	样点	样品描述	备注
新庄孜	X23	煤矸石山矸石	顶部矸石
	X23	煤矸石山矸石	顶部矸石
	X23	煤矸石山矸石	顶部矸石
	X23	煤矸石山矸石	腰部矸石
	X23	煤矸石山矸石	腰部矸石
	X23	煤矸石山矸石	腰部矸石
	X23	煤矸石山矸石	底部矸石
	X23	煤矸石山矸石	底部矸石
	X23	煤矸石山矸石	底部矸石
潘一矿	P1	土、蚯蚓	距离矸石山 1 m 处
	P2	土、蚯蚓	距离矸石山 10 m 处
	P3	土、蚯蚓	距离矸石山 50 m 处
	P4	土、黄豆、水稻、蚯蚓	距离矸石山 100 m 处
	P5	土、黄豆、水稻、蚯蚓	距离矸石山 300 m 处
	P6	土、水稻	距离矸石山 600 m 处
	P7	土、黄豆、水稻、蚯蚓	距离矸石山 900 m 处
	P8	土	距离矸石山 1 m 处
	P9	土	距离矸石山 10 m 处
	P10	土、蚯蚓	距离矸石山 50 m 处
	P11	土、蚯蚓	距离矸石山 100 m 处
	P12	土、蚯蚓	距离矸石山 300 m 处
	P13	土、蚯蚓	距离矸石山 600 m 处
	P14	土、水稻、蚯蚓	距离矸石山 900 m 处
	P15	土、水稻、蚯蚓	距离矸石山 1200 m 处
	P16	水、鱼	塌陷塘水
	P17	水、鱼	塌陷塘水
	P18	水、鱼	塌陷塘水
	P29	水	塌陷塘水
	P20	水	塌陷塘水
	P21	水	排污渠水
	P22	煤矸石山矸石	顶部矸石
	P22	煤矸石山矸石	顶部矸石

续表

区域	样点	样品描述	备注
潘一矿	P22	煤矸石山矸石	顶部矸石
	P22	煤矸石山矸石	腰部矸石
	P22	煤矸石山矸石	腰部矸石
	P22	煤矸石山矸石	腰部矸石
	P22	煤矸石山矸石	底部矸石
	P22	煤矸石山矸石	底部矸石
	P22	煤矸石山矸石	底部矸石
顾桥	G1	土、水稻	距离矸石山 1 m 处
	G2	土、水稻	距离矸石山 10 m 处
	G3	土、水稻、蚯蚓	距离矸石山 50 m 处
	G4	土、水稻、蚯蚓	距离矸石山 100 m 处
	G5	土、水稻、蚯蚓	距离矸石山 300 m 处
	G6	土、水稻、蚯蚓	距离矸石山 600 m 处
	G7	土、水稻、蚯蚓	距离矸石山 900 m 处
	G8	土、水稻、蚯蚓	距离矸石山 1200 m 处
	G9	土、水稻	距离矸石山 1 m 处
	G10	土、水稻	距离矸石山 10 m 处
	G11	土、水稻	距离矸石山 50 m 处
	G12	土、水稻、蚯蚓	距离矸石山 100 m 处
	G13	土、黄豆、水稻、蚯蚓	距离矸石山 300 m 处
	G14	土、黄豆、水稻、蚯蚓	距离矸石山 600 m 处
	G15	土、黄豆、水稻、蚯蚓	距离矸石山 900 m 处
	G16	土、黄豆、水稻、蚯蚓	距离矸石山 1200 m 处
	G17	水	塌陷塘水
	G18	水、鱼	塌陷塘水
	G19	水、鱼	塌陷塘水
	G20	水、鱼	塌陷塘水
	G21	水	塌陷塘水
	G22	水	排污渠水
	G23	煤矸石山矸石	顶部矸石
	G23	煤矸石山矸石	顶部矸石
	G23	煤矸石山矸石	顶部矸石

区域	样点	样品描述	备注
	G23	煤矸石山矸石	腰部矸石
	G23	煤矸石山矸石	腰部矸石
顾桥	G23	煤矸石山矸石	腰部矸石
	G23	煤矸石山矸石	底部矸石
	G23	煤矸石山矸石	底部矸石
	G23	煤矸石山矸石	底部矸石

表 3.2　所有样品汇总表

样品名称	粉煤灰	煤层顶底板、夹矸	矸石堆矸石	土样	水样	植物样	动物样
样品总数(个)	12	408	27	265	20	53	48

3.3　样品处理与测试

由于样品成分的复杂性,采样、分析、测试的每个环节都会产生误差。除了要避免样品在野外采集、保存时受到污染,也要严格对实验室样品保存、处理(物理和化学)、测试等条件进行控制,以得到最准确的结果。

所有采集的样品,在野外均保存在不易污染的密封袋中,野外采集结束后,送到中国科学技术大学实验室,实验室将根据不同的样品,按分类保存在不同的容器中。

对于水样的保存应注意以下几点:

(1) 冷藏:减缓物理挥发和化学反应速度。

(2) 调节 pH:测定金属离子的水样常用 HNO_3 酸化至 pH 为 $1\sim2$,既可以防止重金属离子水解沉淀,又可以避免金属离子被器壁吸附。

(3) 加入氧化剂或还原剂。对测定 Hg 的水样需加入 HNO_3(至 pH<1)和 K_2CrO_3(0.05%),使 Hg 保持高价态;测定硫化物的水样,加入抗坏血酸,可防止被氧化;测定溶解氧的水样则需加入少量硫酸锰、少量碘化钾固定溶解氧(还原)等。

在水样中加入保存剂。保存剂的纯度为优纯级,必要时做相应的空白实验,以便对水样测试结果进行校正。

本测试运用了电感耦合等离子体质谱仪(ICP-MS)、电感耦合等离子体-发射光谱仪(ICP-OES)、原子荧光光谱(AFS)、X 射线衍射仪(XRD)、X 射线荧光光谱仪(XRF)、热分析仪(DSC-DTA)、傅里叶变换红外光谱仪(FTIR)和岛津万能材料试验机(DCS)等,仪器测试工作条件分别如下:

(1) ICP-MS

系统:Elan DRCII。

条件:射频功率 1100 W;等离子体气 16 L・min⁻¹,辅助气 1.2 L・min⁻¹,雾化气

$1.0\,L\cdot min^{-1}$;试样流量 $1.5\,mL\cdot min^{-1}$;积分时间 $0.5\,s$;读数延迟 $30\,s$。

（2）ICP-OES

系统:Optima 2100。

条件:射频功率 1300 W;等离子气 $15\,L\cdot min^{-1}$,辅助气 $0.2\,L\cdot min^{-1}$,雾化气 $0.8\,L\cdot min^{-1}$;试样流量 $1.5\,mL\cdot min^{-1}$;积分时间 $1\sim5\,s$;读数延迟 $50\,s$。

（3）AFS

系统:北京吉天 9230。

条件:负高压 270 V;载气流量 $400\,mL\cdot min^{-1}$,屏蔽气流量 $800\,mL\cdot min^{-1}$;读数时间 $9\,s$,延时时间 $3\,s$。

（4）XRD

系统:日本马克公司 MXPAHF。

性能指标:加速电压 $\leqslant60\,kV$,管流 $\leqslant450\,mA$,功率 $\leqslant18\,kW$;$2\theta/\theta$ 连动,测定范围 $-3°\sim+150.50°(2\theta)$,重复精度 0.0010。

（5）XRF

系统:日本岛津 XRF-1800。

性能指标:X 射线管靶为铑靶(Rh);X 射线管压为 60 kV(Max);X 射线管流为 140MA (Max);检测元素范围为 $^4Be\sim^{92}U$;检测浓度范围为 $10^{-6}\sim100\%$;最小分析微区为直径 $250\,\mu m$。

（6）DSC-DTA

系统:日本岛津 DSC-60。

性能指标:DGA 温度范围为室温 $\sim1500\,℃$;DSC 温度范围为 $-150\,℃\sim600\,℃$;DTA 温度范围为室温 $\sim1500\,℃$。

（7）FTIR

系统:Thermo Nicolet 8700。

性能指标:光谱范围为中红外 $7800\sim350\,cm^{-1}$,远红外 $600\sim50\,cm^{-1}$;光谱分辨率为优于 $0.09\,cm^{-1}$分辨率(中红外);扫描速度为 $0.0016\sim8.8617\,cm\cdot s^{-1}$,步进扫描,相位调制功能。

（8）DCS

系统:日本岛津 DCS-5000。

性能指标:静载 $1\,g\sim5000\,kg$,动载 $10\,g\sim5000\,kg$;载荷测量精度为载荷指示的 0.5%,加速速度和方式为 $0\sim500\,mm\cdot min^{-1}$,连续可调为 $0.005\sim500\,mm\cdot min^{-1}$,机器速度精度为 1%。

1. C、H、O、N、S 元素的测定

对样品的 C、H、O、N、S 元素分别利用 Vario Elementar Ⅲ型元素分析仪(C、H、N、S)和 Heraeus CHN-O-RAPID 型元素分析仪(O)进行了测试分析。其分析过程如下:

（1）在 70 ℃烘箱内烘烤样品 12 h,取出后冷却。

（2）用镊子夹取锡舟放入专用电子秤,归零。

（3）用药品勺取 $1\sim2\,mg$ 冷却过的样品小心放入锡舟。

（4）用镊子和药品勺小心包紧锡舟,在镜面上摔几次,看是否有样品漏出,若有漏出,须重新称量。

（5）用镊子夹取包好的锡舟放入电子秤中称量。

（6）每个样品做两次平行测定。

（7）按上述方法称取 10 个苯磺酸钾（Sul）标样，标样称量要求准确。

（8）实验开始做 4 个标样检查仪器的稳定性，仪器稳定后，每 20 个样品带 3 个标样测试分析。

2. Mg、Al、Si、K、Fe、Ti、Ca、Na 及微量元素的测定

用 X 射线荧光光谱仪（XRF）测定常量元素（Na、Mg、Al、Si、K、Ca、Fe、Ti）的化学组成，用电感耦合等离子体-发射光谱仪（ICP-OES）测定稀土元素（La、Ce、Pr、Nd、Sm、Eu、Gd、Tb、Dy、Ho、Er、Tm、Yb、Lu）和特定的微量元素（Be、B、P、Sc、Mn、Ni、Zn），用电感耦合等离子体质谱（ICP-MS）测定其他的微量元素（V、Cr、Co、Cu、Sr、Y、Sn、Cd、Mo、Ba、Pb、Bi、Th），用原子荧光光谱（AFS）测定 As、Se、Hg、Sb 元素。

对于水样 pH 的测定，采用玻璃电极法：参考水质 pH 的测定《玻璃电极法》（GB 6920—1986）。首先通过配制的缓冲液校准电极，测定样品时，先用蒸馏水认真冲洗电极，然后将电极浸入样品中，小心摇动或进行搅拌使其均匀，静置，待读数稳定后记录 pH。

水的电导率与其所含无机酸、碱、盐的量有一定关系，当它们的浓度较低时，电导率随浓度的增大而增大，因此，该指标常用于推测水中离子的总浓度或含盐量。不同类型的水有不同的电导率。测定方法为：用标准的氯化钾溶液校准电极，测定样品时，先用蒸馏水认真冲洗电极，然后将电极浸入样品中，小心摇动或进行搅拌使其均匀，静置，待读数稳定后记录电导率值。

水体总氮含量是衡量水质的主要指标之一。其测定方法一般采用测定有机氮和无机氮化合物（氨氮、亚硝酸盐氮和硝酸盐氮）后进行加和的方法。水体中的磷以多种形式存在，除正磷酸盐外，还可以缩合磷酸盐形式和有机磷酸盐存在。测定方法为：吸取摇匀后的水样 20 mL 于 50 mL 比色管中，加入 20 mL 氧化剂溶液，加盖后摇匀，扎紧盖子，以防跳出，放入高压消毒器，与标准系列同时在 120 ℃下高压氧化 30 min（加热用的电炉直径一定要与消毒器的直径一样大，并设有开关可以控制到温后保持恒定，否则温度不均匀氧化效果不一致），然后冷却至室温，慢慢启盖，取出测定。N 在 200 nm 和 276 nm 处直接测定，P 用钼锑抗显色后，在 610 nm 处测定。

3.4 质量控制

质量控制是环境样品处理以及样品微量元素测试的重要环节。本次研究的所有样品在化学前处理和测试分析过程中均参照了美国环保局和中国环保局规定的环境样品分析及测试标准，严格要求质量。样品在测试过程中，平行带入美国国际煤标样 USA—1632b 和中国土壤标样 GB W07406（GSS-6），同时加入空白样品测试。通过国际标准样品及空白样品的测试结果分析，本次研究的测试结果完全达到国际标准 ASTM（1992，2002）要求，大部分元素的测试精度（相对偏差）在 ±5% 以内。

3.5　矿区水体中微量元素的分布规律

3.5.1　矿区塌陷区水体中微量元素的含量

由表 3.3 看出,煤矿塌陷区水体中 As、Zn、Pb、Cd(除潘一矿)含量均低于一类水标准,煤矿塌陷区水体中 Cr 和 Cu 均高于一类水标准而低于二类水标准。水标准参考《地表水环境质量标准》(GB 3838—2002)。

表 3.3　不同煤矿水体中微量元素的含量($mg \cdot L^{-1}$)

区域	As	Zn	Pb	Cd	Ni
泥河	0.00544	0.02278	0.00451	0.00013	0.02105
($n=3$)	(n.d.～0.00922)	(0.01796～0.0261)	(n.d.～0.00685)	(n.d.～0.00013)	(0.01565～0.03035)
新庄孜矿	0.00517	0.02128	0.00169	0.00048	0.01496
($n=5$)	(n.d.～0.00597)	(0.00340～0.07035)	(n.d.～0.00470)	(0.00017～0.00079)	(0.0060～0.02625)
潘一矿	0.01776	0.00922	0.00421	0.00125	0.0156
($n=5$)	(0.01362～0.02642)	(0.00280～0.01380)	(0.00085～0.00820)	(0.00021～0.00182)	(0.00525～0.02480)
顾桥矿	0.01133	0.00922	0.00543	0.00033	0.01013
($n=5$)	(0.00208～0.01907)	(0.00317～0.01760)	(n.d.～0.00650)	(n.d.～0.00047)	(0.00465～0.02485)
一类水标准	0.05	0.05	0.01	0.001	
二类水标准	0.05	1	0.01	0.005	
三类水标准	0.05	1	0.05	0.005	
四类水标准	0.1	2	0.05	0.005	
五类水标准	0.1	2	0.1	0.01	
区域	Mn	Cr	V	Cu	
泥河	0.00365	0.03713	0.00285	0.02103	
($n=3$)	(0.00255～0.00540)	(0.02260～0.05490)	(0.00195～0.00396)	(0.01000～0.02770)	
新庄孜矿	0.04739	0.01459	0.03925	0.01044	
($n=5$)	(0.00030～0.23015)	(0.00510～0.04590)	(0.00240～0.16861)	(0.00480～0.02435)	
潘一矿	0.08365	0.04278	0.00543	0.01848	
($n=5$)	(0.03915～0.23665)	(0.00635～0.07540)	(0.00367～0.00956)	(0.00680～0.02960)	
顾桥矿	0.00497	0.0136	0.00142	0.01093	
($n=5$)	(0.00072～0.01280)	(0.00320～0.04490)	(0.00049～0.00286)	(0.00415～0.02670)	
一类水标准		0.01		0.01	
二类水标准		0.05		1	
三类水标准		0.05		1	
四类水标准		0.05		1	
五类水标准		0.1		1	

具体而言：

对于 As，水体中 As 都低于一类水标准，新庄孜煤矿水体中 As 含量低于泥河，而潘一矿和顾桥矿水体中 As 均高于泥河，煤矿水体中 As 含量排序如下：潘一矿＞顾桥矿＞新庄孜矿。

对于 Zn，水体中 Zn 均低于一类水标准，煤矿水体中 Zn 均低于泥河，煤矿水体中 Zn 含量排序如下：新庄孜矿＞潘一矿＝顾桥矿。

对于 Pb，水体中 Pb 均低于一类水标准，顾桥矿水体 Pb 高于泥河，新庄孜矿和潘一矿 Pb 低于泥河，煤矿水体中 Pb 含量排序如下：顾桥矿＞潘一矿＞新庄孜矿。

对于 Cd，除潘一矿水中 Cd 高于一类水标准而低于二类水标准，其余区域水体中 Cd 均低于一类水标准，煤矿水体中 Cd 含量均高于泥河，煤矿水体中 Cd 含量排序如下：潘一矿＞新庄孜矿＞顾桥矿。

对于 Ni，煤矿水体中 Ni 均低于泥河，煤矿水体中 Ni 含量排序如下：潘一矿＞新庄孜矿＞顾桥矿。

对于 Mn，煤矿水体中 Mn 均高于泥河，煤矿水体中 Mn 含量排序如下：潘一矿＞新庄孜矿＞顾桥矿。

对于 Cr，水体中 Cr 均高于一类水标准而低于二类水标准，潘一矿水体中 Cr 高于泥河，而新庄孜矿和顾桥矿水体中 Cr 低于泥河，煤矿水体中 Cr 含量排序如下：潘一矿＞新庄孜矿＞顾桥矿。

对于 V，新庄孜矿和潘一矿水体中 V 高于泥河，而潘一矿水体中 V 低于泥河，煤矿水体中 V 含量排序如下：新庄孜矿＞潘一矿＞顾桥矿。

对于 Cu，水体中 Cu 均高于一类水标准而低于二类水标准，煤矿水体中 Cu 均低于泥河，煤矿水体中 Cu 排序如下：潘一矿＞顾桥矿＞新庄孜矿。

3.5.2　不同煤矿排污渠水中微量元素的含量

由表 3.4 可得，煤矿排污渠水体中 As、Zn、P、Cd、Cr、Cu 均低于三类水标准，而且排污渠水体中 As、Zn、Cu 含量要高于煤矿塌陷区水体中相应微量元素含量。

表 3.4　不同煤矿排污渠水中微量元素的含量($mg \cdot L^{-1}$)

地点	As	Zn	Pb	Cd	Ni	Mn	Cr	V	Cu
新庄孜矿排污渠	0.14192	0.02615	0.00550	0.00249	0.01250	0.01030	0.02790	0.00441	0.01360
潘一矿排污渠	0.02732	0.01255	0.00212	0.00039	0.02365	0.02095	0.04340	0.00278	0.02545
顾桥矿排污渠	0.03667	0.02370	0.01915	0.00418	0.02235	0.00145	0.04940	0.01706	0.02360
一类水标准	0.05	0.05	0.01	0.001			0.01		0.01
二类水标准	0.05	1	0.01	0.005			0.05		1
三类水标准	0.05	1	0.05	0.005			0.05		1
四类水标准	0.1	2	0.05	0.005			0.05		1
五类水标准	0.1	2	0.1	0.01			0.1		1

具体而言：

对于 As,新庄孜矿排污渠中 As 超过五类水标准,而潘一矿和顾桥矿排污渠水中 As 均在一类水标准内,排污渠中 As 含量排序如下:新庄孜矿＞顾桥矿＞潘一矿。

对于 Zn,煤矿排污渠水中 Zn 均超过一类水标准而在二类水标准内,排污渠中 Zn 含量排序如下:新庄孜矿＞顾桥矿＞潘一矿。

对于 Pb,新庄孜矿和潘一矿排污渠中 Pb 均在一类水标准之内,而顾桥矿排污渠中 Pb 超过二类水标准,但在三类水标准之内,排污渠中 Pb 含量排序如下:顾桥矿＞新庄孜矿＞潘一矿。

对于 Cd,新庄孜矿和顾桥矿排污渠中 Cd 均高于一类水标准而在二类水标准之内,潘一矿排污渠中 Cd 低于一类水标准,排污渠中 Cd 含量排序如下:顾桥矿＞新庄孜矿＞潘一矿。

对于 Ni,排污渠中 Ni 含量排序如下:潘一矿＞顾桥矿＞新庄孜矿;对于 Mn,排污渠中 Mn 含量排序如下:潘一矿＞新庄孜矿＞顾桥矿;对于 V,排污渠中 V 含量排序如下:顾桥矿＞新庄孜矿＞潘一矿。

对于 Cr,排污渠中 Cr 均超过一类水标准而在二类水标准之内,排污渠中 Cr 含量排序如下:顾桥矿＞潘一矿＞新庄孜矿。

对于 Cu,排污渠中 Cu 均超过一类水标准而在二类水标准之内,排污渠中 Cu 含量排序如下:潘一矿＞顾桥矿＞新庄孜矿。

3.5.3　矿区水体中微量元素的分布规律

煤矿塌陷区水体中 As、Zn、Pb、Cd(除潘一矿)含量均低于一类水标准,煤矿塌陷区水体中 Cr 和 Cu 含量均高于一类水标准而低于二类水标准。煤矿排污渠水体中 As、Zn、Pb、Cd、Cr、Cu 均低于三类水标准,且排污渠水体中 As、Zn、Cu 含量要高于煤矿塌陷区水体中相应微量元素含量。

3.6　矿区水体中微量元素的潜在生态风险

3.6.1　评价模型

水环境健康风险评价主要是针对水环境中对人体有害的物质,这种物质一般可分为两类:基因毒物质和躯体毒物质,前者包括放射性污染物和化学致癌物;后者则指非致癌物。根据污染物对人体产生的危害效应,以及人类几十年来对有害物质即基因毒物质和躯体毒物质的大量研究结果,可建立起不同类型污染物(饮用途径)对人体健康危害影响的风险评价模型。

水环境健康风险评价是 20 世纪 80 年代后兴起的健康风险评价的重要组成部分,是建立水体污染与人体健康定量联系的一种评价方法,其目的是通过水体污染物危害鉴定、污染物暴露评价和污染物与人体的剂量-反应关系分析等定量评估水体污染物对人体健康危害的潜在风险。尽管当前各国对水体污染健康风险评价的方法和模型的表现形式不尽相同，但其原理基本一致，并且都包括致癌与非致癌风险评价模型两部分。化学致癌物所致健康危害的风险模式为

$$R^c = \sum_{i=1}^{k} R_{ig}^c \tag{3.1}$$

$$R_{ig}^c = \frac{[1 - \exp(- D_{ig} \cdot q_{ig})]}{70} \tag{3.2}$$

式中，R_{ig}^c 为化学致癌物 i（共 k 种化学致癌物质）经食入途径的平均个人致癌年风险（单位：a^{-1}）；D_{ig} 为化学致癌物 i 经食入途径的单位体重日均暴露剂量（单位：$mg \cdot kg^{-1} \cdot d^{-1}$）；$q_{ig}$ 为化学致癌物 i 的食入途径致癌强度系数（单位：$mg \cdot kg^{-1} \cdot d^{-1}$）；70 为人类平均寿命（单位：a）。

饮水途径的单位体重日均暴露剂量 D_{ig} 为

$$D_{ig} = \frac{2.2 \times \Delta C_i(x)}{70} \tag{3.3}$$

式（3.3）中，2.2 为成人每日平均饮水量（单位：L）；$\Delta C_i(x)$ 为年均浓度增量（单位：$mg \cdot L^{-1}$）；70 为人均体重（单位：kg）。

非致癌污染物所致健康危害的风险模式为

$$R_n = \sum_{i=1}^{k} R_{ig}^n \tag{3.4}$$

$$R_{ig}^n = \frac{(D_{ig} \cdot 10 - 6)}{(\text{RfD}_{ig} \cdot 70)} \tag{3.5}$$

式（3.5）中，R_{ig}^n 为非致癌物 i（共 k 种非致癌物质）经食入途径所致健康危害的个人平均年风险（单位：a^{-1}）；D_{ig} 为非致癌污染物 i 经食入途径的单位体重日均暴露剂量（单位：$mg \cdot kg^{-1} \cdot d^{-1}$）；$\text{RfD}_{ig}$ 为非致癌污染物 i 的食入途径参考剂量（单位：$mg \cdot kg^{-1} \cdot d^{-1}$）；70 为人类平均寿命（单位：a）。

假设各有毒物质对人体健康危害的毒性作用呈相加关系，而不是协同或拮抗关系，则水环境总的健康危害的风险 R_s 为

$$R_s = R^c + R_n \tag{3.6}$$

根据国际癌症研究机构（IARC）和 WHO 标准，化学致癌物 Cr、Cd、As 的致癌强度系数（q_{ig}）分别为 41 $mg \cdot kg^{-1} \cdot d^{-1}$、6.1 $mg \cdot kg^{-1} \cdot d^{-1}$ 和 15 $mg \cdot kg^{-1} \cdot d^{-1}$；非致癌物 Pb、Zn、Cu、Ni、Mn 的参考剂量（RfD_{ig}）分别为 1.4×10^{-3} $mg \cdot kg^{-1} \cdot d^{-1}$、3×$10^{-1}$ $mg \cdot kg^{-1} \cdot$ d^{-1}、5×10^{-3} $mg \cdot kg^{-1} \cdot d^{-1}$、2×$10^{-2}$ $mg \cdot kg^{-1} \cdot d^{-1}$ 和 10 $mg \cdot kg^{-1} \cdot d^{-1}$。

3.6.2　塌陷区水体生态风险分析

参考国际辐射防护委员会推荐的最大可接受风险水平为 5.00 E-05（见表 3.5），从表 3.7 可以看出，水体产生的化学致癌微量元素个人年风险在各个区域主要由 As 和 Cr 产生（除潘一矿主要由 Cr 产生）。另外，矿区水体产生的 As 和 Cr 的健康危害排序如下：潘一矿＞新庄孜矿＞顾桥矿；从表 3.6 可以，水体产生的非化学致癌微量元素个人年风险均在可接受范围之内。另外，在相同区域均有水体中化学致癌微量元素产生的健康风险，排序为

Cr>As>Cd。而塌陷区水中微量元素产生的总的个人健康年风险在矿区大小排序如下：潘一矿>顾桥矿>新庄孜矿。

表 3.5　部分机构推荐的最大可接受风险水平和可忽略风险水平

机构	最大可接受风险水平(a^{-1})	可忽略风险水平(a^{-1})	备注
瑞典环境保护局	1.00×10^{-6}	—	化学污染物
荷兰建设和环境保护部	1.00×10^{-6}	1.00×10^{-8}	化学污染物
英国皇家协会	1.00×10^{-6}	1.00×10^{-7}	—
美国环境保护署	1.00×10^{-4}	—	—
国际辐射防护委员会	5.00×10^{-5}	—	辐射

表 3.6　各种风险水平及可接受程度

风险值	危险性	可接受程度
1.00×10^{-3}	危险性特别高，相当于人的自认死亡率	不可接受，必须采取措施改进
1.00×10^{-4}	危险性中等	应采取改进措施
1.00×10^{-5}	与游泳事故和煤气中毒事故属同一数量级	对此关心，愿意采取措施预防
1.00×10^{-6}	相当于地震和天灾风险	并不关心该类事故的发生
$1.00 \times 10^{-8} \sim 1.00 \times 10^{-7}$	相当于陨石坠落伤人	没人愿意为该类事故投资加以防范

表 3.7　塌陷区水体食入途径微量元素健康危害个人年风险

区域	化学致癌重金属个人年风险(a^{-1})				非化学致癌重金属个人年风险(a^{-1})					总个人年风险
	As	Cd	Cr	合计	Zn	Pb	Ni	Mn	Cu	
泥河	3.66×10^{-5}	3.42×10^{-7}	6.65×10^{-4}	7.02×10^{-4}	3.41×10^{-11}	1.45×10^{-9}	4.73×10^{-10}	1.64×10^{-13}	1.89×10^{-9}	7.02×10^{-4}
新庄孜矿	3.47×10^{-5}	1.30×10^{-6}	2.63×10^{-4}	2.99×10^{-4}	3.50×10^{-11}	6.52×10^{-10}	3.86×10^{-10}	2.61×10^{-12}	1.06×10^{-9}	2.99×10^{-4}
潘一矿	1.19×10^{-4}	3.40×10^{-6}	7.59×10^{-4}	8.81×10^{-4}	1.38×10^{-11}	1.35×10^{-9}	3.50×10^{-10}	3.76×10^{-12}	1.66×10^{-8}	8.81×10^{-4}
顾桥矿	7.60×10^{-5}	8.95×10^{-7}	2.45×10^{-4}	3.22×10^{-4}	1.38×10^{-11}	1.74×10^{-9}	2.27×10^{-10}	2.23×10^{-13}	9.81×10^{-10}	3.22×10^{-4}

3.6.3　排污渠水体生态风险分析

由表 3.8 数据对比表 3.7 的数据可知，排污渠水体产生的微量元素健康个人年风险均高于塌陷区水体（塌陷湖）。同样参考国际辐射防护委员会推荐的最大可接受风险水平 5.00E-05，排污渠水体化学致癌微量元素个人年风险主要由 As 和 Cr 产生，而在潘一矿还由 Cd 产生，非化学致癌微量元素个人年风险均在可接受范围之内。另外，相同化学致癌微量元素产生的健康风险在不同矿区的排污渠存在差异，As 所产生的健康风险排序为新庄孜矿>顾桥矿>潘一矿，Cr 所产生的健康风险排序为顾桥矿>新庄孜矿>潘一矿，Cr 所产生的健康风险排序为顾桥矿>潘一矿>新庄孜矿。而在相同区域中均有排污渠水中化学致癌微量元素产生的健康风险排序为 Cr>As>Cd。而排污渠水中微量元素产生的总的个人健康年风险在矿区大小排序为潘一矿>新庄孜矿>顾桥矿。

表 3.8　排污渠水体食入途径微量元素健康危害个人年风险

区域	化学致癌重金属个人年风险(a⁻¹)				非化学致癌重金属个人年风险(a⁻¹)					总个人年风险
	As	Cd	Cr	合计	Zn	Pb	Ni	Mn	Cu	
新庄孜矿	9.24×10^{-4}	6.80×10^{-6}	5.04×10^{-4}	1.44×10^{-3}	3.91×10^{-11}	1.76×10^{-9}	2.81×10^{-10}	4.62×10^{-13}	1.22×10^{-9}	1.44×10^{-3}
潘一矿	1.83×10^{-4}	1.05×10^{-6}	7.77×10^{-4}	9.61×10^{-4}	1.88×10^{-11}	6.80×10^{-10}	5.31×10^{-10}	9.41×10^{-13}	2.29×10^{-9}	9.61×10^{-4}
顾桥矿	2.45×10^{-4}	1.14×10^{-5}	8.81×10^{-4}	1.14×10^{-3}	3.55×10^{-11}	6.14×10^{-9}	5.02×10^{-10}	6.51×10^{-14}	2.12×10^{-9}	1.14×10^{-3}

小　结

对于煤矿塌陷区水体,煤矿塌陷区水体中 As、Zn、Pb、Cd(除潘一矿)含量均低于一类水标准,煤矿塌陷区水体中 Cr、Cu 含量均高于一类水标准而低于二类水标准。煤矿排污渠水体中 As、Zn、Pb、Cd、Cr、Cu 均低于三类水标准,且排污渠水体中 As、Zn、Cu 含量要高于煤矿塌陷区水体中相应微量元素含量。

第4章 淮河水体中污染物的环境地球化学

水体生态系统是构成环境系统的基本要素之一,也是人类赖以生存和发展的重要场所,然而,在人类社会发展的同时,水环境的污染和破坏已成为当今世界所关注的重要环境问题之一。来自工业、农业和生活等未经处理的污(废)水直接排入水体中,引起水生系统污染物增加和水体生态系统功能的下降。这不仅破坏了沿岸自然环境、危害了周围居民的身心健康,同时对区域经济的发展也产生了严重阻碍,这是我国当前一项重大环境问题,也是当今世界关注的环境问题之一。淮河的水体质量可较为直接地反映上游环境中纳入水体的污染种类和水平。因此,本章主要对采集于淮河表层水体的微量污染物(有机氯农药、脂肪烃和重金属)及常规理化指标进行了分析,为该区域的环境污染特点和潜在生态风险提供参考数据,也为该区域水环境防治工作提供基础理论支持。

4.1 水体中溶解态微量元素的环境地球化学

本节以淮河中游(安徽段)从寿县正阳关至蚌埠闸区段系统采集的 211 个水体样品为研究对象,利用多元统计分析方法(相关性分析、主成分分析及聚类分析)、水质量评价及健康风险评价方法分析了水样中 13 种溶解态微量元素(Cu、Pb、Zn、Ni、Cr、Cd、Co、B、Mn、Fe、Al、Ba、Mg)的空间分布规律(垂向分布和水平分布),探索了微量元素的来源及其对水环境质量及人体健康的危害。

4.1.1 概述

随着工业化、城镇化的发展以及农业活动的加剧,水环境系统中微量元素不断增加,导致地表水质严重恶化。一些自然过程,如火山活动和岩石风化以及人类活动(如冶金、矿山开采、煤炭燃烧、金属冶炼等),都会释放大量微量元素进入河流生态系统。水体中微量元素的富集不仅会造成工农业用水的缺失,同时也会造成饮用水的污染。此外,水体中的溶解态微量元素可以被有机体直接吸收,并通过层层食物链对人体健康造成危害。有文献报道,当人体摄入大量的微量元素可能导致癌症和精神疾病从而危及生命。由于水环境中微量元素污染对人体健康及水生生态系统的潜在威胁,微量元素污染将持续作为一种环境问题存在。因此,了解水体中微量元素的浓度特征、分布规律、来源解析、健康风险水平,以及水质量状况,能够更好地保护水资源和控制水污染。

多元统计分析方法,如相关性分析、因子/主成分分析(FA/PCA)及聚类分析(CA),是环境研究中常用的数据处理方法。多元统计分析方法能帮助我们更好地了解水质量状况,并且通过探索大量复杂的数据之间的关系,提取少量变量代表该研究系统所反映的信息,是对微量元素来源解析的有效手段。

在中国,对地表河流系统中微量元素的研究主要集中在长江和黄河两大流域。有关淮河水质微量元素污染、来源解析、健康风险评估和水质评估的信息却很少,尽管这些信息对淮河水管理有重要的价值。本章旨在通过对淮河中游(安徽段)水体中13种微量元素的研究:① 分析水体中溶解态微量元素的空间分布规律;② 应用多元统计分析方法探索微量元素来源;③ 应用水质量指数(WQI)和危害系数/指数(HQ/HI)分别评估淮河水质量状况和对人体的健康风险评价。本章研究结果能够为淮河水管理者保护水资源及控制微量元素的排入提供依据。

4.1.2 样品采集和前处理

4.1.2.1 样品采集

本研究根据淮河干流两岸污染源的分布及淮河河道的形态特征,选择比较平直,水流速度相对缓慢的河道进行采样。2013年7月5日至12日,在淮河干流(安徽段)选取53个采样点,西起寿县境内的正阳关,东至蚌埠闸,总长度为131.5 km,主要流经的两岸县市有寿县、风台县、淮南市及怀远县,在这4个县市所属淮河干流分别设置10、11、20、12个采样点,编号为S1~S10,F11~F21,H22~H41及Y42~Y53。每一个采样点均在水动力条件相对较弱的河流中心的不同水深处(0 m、2 m、4 m、8 m)采集水样,即每个采样点共采集4个水样,并储存在1 L容量的高密度聚乙烯瓶中(HDPE)。由于在第35个采样点水深不足8 m,只采集到3个水样。所以共采集211个水样品,编号为S1a(b,c,d)~Y53a(b,c,d)。例如,在采样点S10,0 m处的水样编号为S10a,8 m处的水样编号为S10d。

4.1.2.2 样品前处理

为了测量淮河水体中溶解态微量元素,水样品首先通过0.45 μm滤膜,弃去最开始的50 mL过滤水样,将接下来的50 mL过滤水样储存在提前清洗过的聚乙烯瓶中,并在过滤水样中加入超纯浓硝酸至pH≤2,剩余未过滤水样中加入浓硫酸至pH≤2,分别用以测量溶解态微量元素及总氮、总磷和总有机碳。所有的样品在分析之前储存在4 ℃条件下。

4.1.3 测试与分析

采用电感耦合等离子体原子发射光谱测定211个水样中溶解态微量元素(Cu、Pb、Zn、Ni、Co、Cr、Cd、B、Mn、Fe、Al、Mg、Ba),54个表层沉积物中微量元素总量(Cu、Pb、Zn、Ni、Cr、Cd、As、Mn、Fe、Al),29个沉积柱子样品中微量元素总量(Cu、Pb、Zn、Ni、Cr、Cd、As、Co、Mn、Fe、Al),以及54个表层沉积物(Cu、Pb、Zn、Ni、Cr、As、Mn、Fe)和25个沉积柱A子样品(Pb)微量元素形态(ICP-OES,Perkin Elmer Optima,2100DV)。采用电感耦合等离子体质谱法测定沉积柱样品中铅稳定同位素(^{204}Pb、^{206}Pb、^{207}Pb、^{208}Pb)。由于^{206}Pb/^{207}Pb及^{208}Pb/^{206}Pb同位素比值在不同源中具有明显的变异性及更精确的测量,所以在本研究中,重点讨论了^{206}Pb/^{207}Pb及^{208}Pb/^{206}Pb。

实验中用到的所有容器都在10%的硝酸中浸泡至少24 h,并且用去离子水润洗3遍。实验室中所用试剂都是分析纯。微量元素的标准工作曲线通过用2%HNO$_3$稀释1000 mg·L^{-1}

储备液获取。

对于水体样品,在每 20 个样品之间通过测量标准参考物质(GSB 04—1767—2004)及空白样品来控制方法准确度,通过测定随机选取的重复样来控制方法精度。测得标准物质中微量元素含量与标准参考值对比表明测量方法准确,回收率为 82.3%～108.14%。有关标准参考物质的具体信息见表 4.1。随机选取的重复样测量相对标准偏差为 0.03%～3.94%。

表 4.1　相关标准参考物质的具体信息表

元素	观察值	测量值($\mu g \cdot mL^{-1}$)			回收率
		参考值 0.01	参考值 0.2	参考值 1	
Cu	11	0.009681	0.209950	0.824543	82.45%～104.98%
Pb	11	0.008231	0.211239	1.028158	82.31%～105.62%
Zn	11	0.008662	0.187268	1.077470	86.62%～107.75%
Ni	11	0.010756	0.202562	1.063731	101.28%～107.56%
Co	11	0.010336	0.203295	1.020476	101.65%～103.36%
Cr	11	0.010137	0.175240	1.034077	87.62%～103.41%
Cd	11	0.010697	0.171266	1.018811	85.63%～106.97%
Mn	11	0.010232	0.200950	1.016295	100.48%～102.32%
Fe	11	0.010769	0.194022	1.023046	97.01%～107.69%
Al	11	0.008393	0.193628	1.015155	83.93%～101.52%
B	11	0.010414	0.216280	0.916263	91.63%～108.14%
Mg	11	0.009998	0.209939	0.910351	91.04%～104.97%
Ba	11	0.010500	0.203745	0.921842	92.18%～105.00%

水样品的 pH 及水温在采样时用便携式电子仪器现场测定(XB89-M267)。水质总氮、总磷及总有机碳的测定严格按照国家标准的要求进行。总氮的测定采用《碱性过硫酸钾消解紫外分光光度法》(GB 11894—1989);总磷的测定采用《钼酸铵分光光度法》(GB 11893—1989),样品消解采用混合酸法(HNO_3—$HClO_4$);总有机碳的测定在去除无机碳后,采用燃烧氧化-非分散红外吸收法(HJ 501—2009)。

淮河水的水质参数(水温(T,℃)、pH、TOC、TN、TP)见表 4.2。水温表现出较小变化,平均温度为 27.7 ℃,表层水(0 m)温度为 26.3～28.6 ℃,水深 2 m 时水温为 26.1～28.2 ℃,水深 4 m 时水温为 25.4～27.9 ℃,水深 8 m 时水温为 25.5～27.7 ℃。pH 变化从 7.3～8.7,平均为 8,呈弱碱性。TOC 含量范围为 18.9～39.79 mg · L^{-1}(在水深 0 m,2 m,4 m,8 m 时的含量分别为 29.65～37.99 mg · L^{-1}、29.80～38.12 mg · L^{-1}、28.94～39.79 mg · L^{-1}、18.98～37.89 mg · L^{-1})。TP 含量范围为 0.02～1.22 mg · L^{-1}(在水深 0 m,2 m,4 m,8 m 时的含量分别为 0.02～0.38 mg · L^{-1}、0.03～0.70 mg · L^{-1}、0.04～0.97 mg · L^{-1}、0.03～1.22 mg · L^{-1})。水体中 TN 浓度高,表层水(0 m)中含量为 0.09～5.28 mg · L^{-1},水深 2 m 时含量为 0.05～4.30 mg · L^{-1},水深 4 m 时含量为 0.21～11.4 mg · L^{-1},水深 8 m 时含量为 0.06～4.89 mg · L^{-1}。将我们的结果与《中华人民共和国地表水环境质量标准》(GB 3838—2002)比较发现淮河水体中 TP 和 TN 位于 Ⅱ 级和 Ⅴ 级,说明淮河水受到一定程度的氮污染(见表 4.3)。

表 4.2　淮河水样本的水质参数

水深		T	pH	TOC	TN	TP	Cu	Pb	Zn	Ni	Co	Cr	Cd	B	Mn	Fe	Al	Ba	Mg
		℃		mg·L⁻¹			μg·L⁻¹												
0 m	最小值	26.3	7.3	29.65	0.09	0.02	6.35	11.97	57.77	2.01	2.00	1.18	11.61	1.77	0.11	19.17	1.53	32.91	1808.13
	最大值	28.6	8.6	37.99	5.28	0.38	218.52	595.77	72073.15	193.94	170.47	115.62	300.02	840.93	224.51	1845.07	2144.34	288.60	25310.00
	中位值	27.9	7.8	33.45	1.69	0.07	29.20	90.15	1361.00	16.00	23.00	19.04	32.40	22.16	359.60	417.61	122.45	138.18	11920.45
	均值	28.0	7.7	33.69	1.69	0.09	50.38	155.60	10669.94	49.25	45.80	22.13	69.54	155.96	50.85	430.52	529.16	136.81	11991.12
	标准差	1.2	1.3	2.19	1.25	0.07	45.35	176.81	21133.91	69.89	61.91	21.88	98.67	137.14	66.55	349.15	473.88	65.21	6786.58
2 m	最小值	26.1	7.6	29.80	0.05	0.03	6.12	10.71	1.36	3.95	2.66	1.24	4.69	2.91	0.03	22.02	7.80	27.93	271.84
	最大值	28.2	8.4	38.12	4.30	0.70	180.14	844.71	106930.33	193.49	170.92	159.67	297.51	281.57	186.74	741.00	1890.61	270.67	25860.00
	中位值	27.6	8.1	33.91	1.76	0.06	28.56	112.14	1029.94	14.43	23.45	19.99	32.15	23.11	230.20	201.74	138.93	124.93	10542.75
	均值	27.9	8.0	33.72	1.76	0.08	44.96	174.93	8181.19	40.98	40.55	22.85	55.33	131.68	43.82	282.45	334.13	124.58	11304.84
	标准差	1.4	1.4	2.18	1.08	0.10	37.78	219.63	20565.94	62.31	55.59	26.47	82.78	83.61	56.25	198.85	345.21	61.94	7727.09
4 m	最小值	25.4	7.3	28.94	0.21	0.04	1.07	3.25	6.52	2.81	2.58	1.13	7.11	4.61	1.93	35.46	5.28	14.84	272.06
	最大值	27.9	8.7	39.79	11.40	0.97	315.11	1165.42	82939.25	194.63	170.44	92.76	296.93	296.05	204.65	2487.00	3153.00	297.54	29498.94
	中位值	26.8	8.1	34.03	1.19	0.06	42.35	94.26	1565.25	17.17	23.62	19.48	22.79	24.78	317.48	397.95	141.54	125.50	9324.80
	均值	27.5	8.1	34.04	1.73	0.10	63.28	181.64	11688.61	55.67	50.60	21.79	71.97	131.51	58.98	466.79	602.55	132.26	10965.35
	标准差	1.2	2.4	2.41	2.02	0.13	65.93	256.82	22360.86	72.59	65.43	21.06	100.86	87.28	68.86	507.44	732.67	74.25	7266.74
8 m	最小值	25.5	7.9	18.98	0.06	0.03	6.90	10.88	8.91	2.17	2.15	2.50	15.54	2.84	0.26	29.11	6.19	25.81	1776.66
	最大值	27.7	8.7	37.89	4.89	1.22	276.87	599.34	183529.44	199.08	170.23	187.91	299.02	519.12	210.60	3903.02	4687.80	455.87	35273.45
	中位值	27.0	8.3	33.95	1.03	0.06	26.09	98.50	1552.20	15.86	22.00	18.74	25.38	19.28	357.37	368.04	124.59	135.68	14984.14
	均值	27.2	8.3	33.62	1.40	0.10	50.64	107.66	11476.66	38.88	33.01	25.55	50.14	137.76	42.43	582.83	745.60	136.18	13845.30
	标准差	2.2	1.1	3.22	1.12	0.16	56.93	120.10	34830.19	58.53	50.62	39.54	78.18	109.90	60.04	769.77	1024.55	78.10	7634.64

续表

水深		T	pH	TOC	TN	TP	Cu	Pb	Zn	Ni	Co	Cr	Cd	B	Mn	Fe	Al	Ba	Mg
		℃		mg·L^{-1}			μg·L^{-1}												
	最小值	25.4	7.3	18.98	0.05	0.02	1.07	3.25	1.36	2.01	2.00	1.13	4.69	1.77	0.03	19.17	1.53	14.84	271.84
	最大值	28.6	8.7	39.79	11.40	1.22	315.11	1165.42	83529.44	199.08	170.92	187.91	300.02	840.93	224.51	3903.02	9965.87	455.87	35273.45
合计	中位值	27.9	7.9	33.86	1.36	0.06	28.61	97.83	1429.00	16.00	23.02	19.07	26.25	22.16	294.81	354.79	128.73	131.72	11839.99
	均值	27.7	8.0	33.77	1.64	0.09	52.32	154.96	10504.10	46.19	42.49	23.08	61.74	139.23	49.02	440.65	552.86	132.46	12026.65
	标准差	1.5	1.6	2.50	1.37	0.12	51.50	193.34	24722.72	65.83	58.39	27.24	90.12	104.48	62.93	456.30	644.08	69.87	7353.76
	K-S 测试	0.574	0.739	0.816	0.302	0.000	0.000	0.000	0.000	0.000	0.000	0.000	0.000	0.000	0.000	0.000	0.153	0.349	0.232

表 4.3　饮用水和地表水水质标准(微量元素单位为 µg·L⁻¹,总氮和总磷单位为 mg·L⁻¹)

	中国[a]	WHO[b]	美国[c]		登记[d]				
			MCLG	MCL	I	II	III	IV	V
TN					0.20	0.50	1.00	1.50	2.00
TP					0.02	0.1	0.2	0.3	0.4
Cd	5	3	5	5	1	5	5	5	10
Pb	10	10	0	15	10	10	50	50	100
Ni	20	70							
Cr	50	50	100	100	10	50	50	50	100
Mn	100	400							
Al	200	200							
B	500	2400							
Fe	300	300							
Ba	700	700	2000	2000					
Co	1000								
Zn	1000				50	1000	1000	2000	2000
Cu	1000	2000	1300	1300	10	1000	1000	1000	1000

注:a 表示《中华人民共和国饮用水标准》(GB 5749—2006),b 表示世界卫生组织(2011),c 表示饮用水指南美国环保署(2003)饮用水标准,d 表示《中华人民共和国地表水环境质量标准》(GB 3838—2002)。

4.1.4　微量元素的空间分布

4.1.4.1　垂直分布特征

溶解态微量元素在 53 个采样点 4 个不同水深时的浓度分布见表 4.2 及图 4.1。方差分析(ANOVA,见表 4.4)表明除 Fe 以外,p 值为 0.024($p < 0.05$),所有变量在 4 个不同水深时的浓度没有明显差异,说明淮河水体具有较强的垂直混合能力。Fe 浓度在水深 8 m 时的浓度远大于水深 2 m 时的浓度。Fe 在水深 8 m 时的高浓度可能受到氧化还原点位的影响。在还原环境下,河流沉积物中的 Fe(浓度比水体中 Fe 浓度高 2 个数量级)可以被还原成溶解态,并向上层水体扩散。因此,Fe 在水深 8 m 时的高浓度可能是由河底沉积物导致的。本研究中微量元素的最大浓度都出现在表层水中(Co、Cd、B、Mn、Al),或者在水深为 8 m 处(Zn、Ni、Cr、Fe、Ba、Mg),分别来自外部环境或底部沉积物扩散。然而,Cu 和 Pb 的最大浓度和最低浓度都在水深 4 m 的样品中。我们通过对淮河沉积物中 Cu 和 Pb 的形态分析发现,Cu 和 Pb 的铁锰氧化态分别占总含量的 8.09% 和 45.36%。所以,当铁和锰氧化物被还原时,Cu 和 Pb 被重新释放,并向上层水体扩散迁移。

4.1.4.2　水平分布特征

微量元素的水平分布呈现出较大的变异性(见图 4.1)。根据微量元素的平均值,将其分为三组:① 浓度含量最丰富的元素(Zn 和 Mg),平均值大于 $1000\,\mu g \cdot L^{-1}$;② 平均浓度含量为 $100 \sim 1000\,\mu g \cdot L^{-1}$ 的主要元素有 Pb、Fe、Al、B、Ba;③ 平均浓度含量小于 $100\,\mu g \cdot L^{-1}$ 的元素主要有 Cu、Ni、Co、Cr、Cd、Mn。

　　基于 13 个元素沿河流的空间分布特征(见图 4.1),我们发现,B,Ba,Mg 分别在水深为 0 m、2 m、4 m、8 m 时沿河流的水平分布都表现出相同的分布规律,即在这 53 个采样点都没有显著的变化,表明这 3 种元素具有相同的来源。元素 Ni、Cd、Co、Mn、Pb、Zn 在淮南市、寿县和凤台县呈现出较高的浓度;Cu 和 Cr 元素在凤台和淮南地区浓度较高;Fe 和 Al 元素在怀远县的浓度较高。可见,在这 13 种元素中,61.5%高浓度的微量元素在淮南和凤台地区,这两个区域是研究区中采矿活动及燃煤电厂分布较集中的区段,因此,此区域人为活动对微量元素的贡献较大。而怀远县具有一定的磁铁矿资源,可能导致该地区淮河水体中 Fe 含量较高。总之,河流两岸不同地区不均衡的人为活动(工业、农业、家庭生活)和经济发展导致微量元素在不同地区具有不同的分布特征。

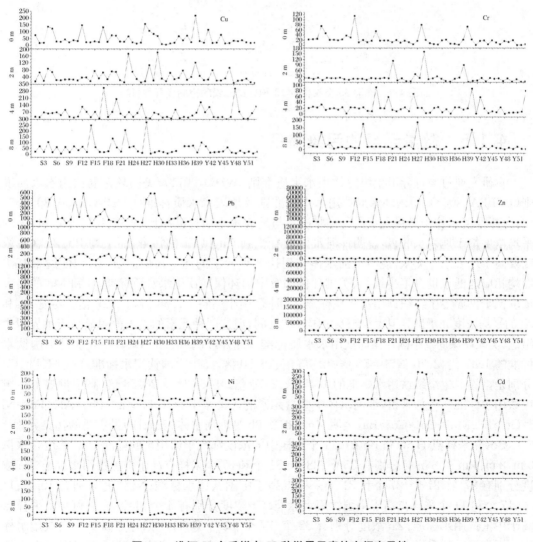

图 4.1　淮河 53 个采样点 13 种微量元素的空间变异性

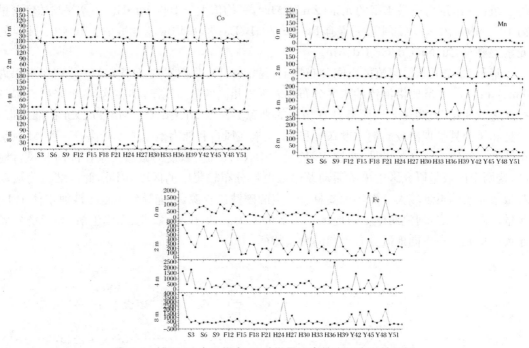

图 4.1　淮河 53 个采样点 13 种微量元素的空间变异性(续)

4.1.5　微量元素的污染特征

本研究通过与世界卫生组织饮用水水质准则(WHO,2011)、美国环保局饮用水水质准则(USEPA,2003)、中国环保局饮用水水质准则及地表水水质标准(CSEPA,2006,2002)对比,分析淮河水体中微量元素的污染状况。与地表水水质标准相比(见表 4.3),Cu 和 Cr 的平均浓度位于地表水 Ⅱ 级,说明淮河水体没有受到 Cu 和 Cr 的污染;而平均 Pb、Zn、Cd 浓度要高于地表水 Ⅴ 类水,说明淮河水体受到这 3 种元素的严重污染。Cu、Co、Ba 的最高浓度均相应地低于世界卫生组织、美国环保局及中国环保局饮用水水质标准;B 和 Mn 的最大浓度低于世界卫生组织饮用水水质标准,分别是中国标准的 1.68 倍和 2.25 倍。尽管 Cr 和 Ni 的平均浓度介于世界卫生组织及中国标准之间,但这两种元素的最大值明显高于世界卫生组织、美国环保局及中国环保局饮用水水质标准。此外,Fe、Al、Zn、Cd、Pb 分别是中国饮水标准的 1.47 倍、2.76 倍、10.50 倍、12.35 倍、15.50 倍,高于中国饮用水标准;Fe、Al、Pb、Cd 分别是世界卫生组织饮用水标准的 1.47 倍、2.76 倍、15.50 倍及 20.58 倍,高于世界卫生组织饮用水标准。概括来讲,淮河水体中微量元素的污染水平为:Cd>Zn>Pb>Al>Fe>Ni>Cr>B>Mn>Cu>Co>Ba,表明 Zn、Cd 及 Pb 是淮河水体(安徽段)最主要的污染元素。

Cd(除采样点 H23)和 Pb 在 211 个水样中的浓度都高于饮用水的标准。Al 浓度在水深 0 m、2 m、4 m 和 8 m 时分别有 35 个、28 个、31 个和 37 个采样点高于中国饮用水标准;Fe 浓度分别有 27 个、21 个、27 个和 31 个采样点高于中国饮用水标准;Ni 浓度分别有 15 个、11 个、17 个和 11 个采样点高于中国饮用水标准;Cr 浓度分别有 4 个、3 个、6 个和 4 个采样点高于中国饮用水标准;Zn 浓度分别有 33 个、27 个、33 个和 34 个采样点高于中国饮用水标准。污染严重的采样点主要集中在凤台、淮南及怀远,归因于该地区沿河流密集的人为活动。中国及美国将 Pb、Cd、Zn、Cr 及 Ni 列为优先控制污染物,同时由于淮河(安徽段)水体中 Pb、Cd、Zn、Cr 及 Ni 的高污染，应加强对 Pb、Cd、Zn、Cr 及 Ni 的重视。

4.1.6　微量元素的相关性分析

在本研究中，应用统计学方法，如相关性分析、因子/主成分分析及聚类分析获取有关淮河水体中微量元素的描述性统计方面的信息进行来源解析。

4.1.6.1　微量元素与理化参数相关矩阵分析

相关性分析是通过不同数据之间的相似性，探索不同变量之间关系的有效工具。在本研究中，相关性分析用来探索 13 种微量元素、TN、TP 及 TOC 之间的相关性。对于 Cu、P、Zn、Ni、Co、Cr、Cd、Mn、Ba，两两之间都呈现出较好的正相关性（$p < 0.01$），相关系数为 $0.471 \sim 0.959$（见表 4.5）。Ba 和 B(0.509)，Fe 和 Al(0.682) 之间也呈现较高的相关性。在水体中具有较好相关性的元素可能具有相似的水化学特性。

4.1.6.2　微量元素因子与主成分分析

PCA 通过从数据集中提取变量对微量元素的来源进行探索。FA 通过最大方差旋转法进一步将 PCA 提取出的贡献较小的变量去除。对进行因子分析的数据进行了 Kaiser Meyer Olkin(KMO) 和 Bartlett's sphericity 检验。结果显示 KMO and Bartlett's sphericity 检验 < 0.001。在执行 FA/PCA 之前，首先对数据进行标准化。

FA/PCA 的结果，包括特征值、方差分析和共同性见表 4.4。

表 4.4　淮河四种不同水深水质方差分析

	平方和	df	均方	F	p 值
TOC	5.54	3	1.85	0.29	0.834
TN	4.24	3	1.41	0.70	0.554
TP	0.01	3	0.00	0.14	0.933
Cu	9577.39	3	3192.46	1.15	0.328
Pb	175219.68	3	58406.56	1.46	0.227
Zn	410985526.00	3	136995175.33	0.21	0.887
Ni	9469.85	3	3156.62	0.72	0.540
Co	8798.72	3	2932.91	0.85	0.466
Cr	456.33	3	152.11	0.19	0.902
Cd	17952.27	3	5984.09	0.73	0.537
B	21130.26	3	7043.42	0.62	0.603
Mn	9130.13	3	3043.38	0.76	0.516
Fe	2419165.61	3	806388.54	3.21	0.024
Al	5362241.68	3	1787413.89	1.98	0.118
Ba	5017.95	3	1672.65	0.34	0.796
Mg	259351575.18	3	86450525.06	1.60	0.192

注：df 表示自由度。$p < 0.05$ 时的显著性。

表 4.5　淮河流域微量元素与理化参数相关矩阵

	TOC	TN	TP	Cu	Pb	Zn	Ni	Co	Cr	Cd	B	Mn	Fe	Al	Ba	Mg
TOC	1															
TN	-0.031	1														
TP	-0.014	-0.010	1													
Cu	0.083	-0.097	0.014	1												
Pb	0.083	0.024	-0.012	0.534**	1											
Zn	0.044	-0.106	-0.025	0.758**	0.514**	1										
Ni	0.075	-0.081	0.004	0.672**	0.737**	0.786**	1									
Co	0.134	-0.080	-0.009	0.678**	0.796**	0.802**	0.948**	1								
Cr	0.148*	-0.111	0.003	0.657**	0.471**	0.867**	0.632**	0.671**	1							
Cd	0.073	-0.068	0.001	0.551**	0.580**	0.703**	0.875**	0.877**	0.482**	1						
B	0.240**	0.018	-0.023	0.341**	0.347**	0.411**	0.339**	0.432**	0.457**	0.333**	1					
Mn	0.161*	-0.058	-0.002	0.653**	0.759**	0.787**	0.926**	0.959**	0.685**	0.850**	0.444**	1				
Fe	0.208**	-0.004	0.011	0.103	0.034	0.080	-0.024	0.047	0.183**	0.008	0.208**	0.207**	1			
Al	0.194**	-0.041	0.106	0.039	0.037	0.062	-0.018	0.040	0.171*	0.006	0.245**	0.148	0.682**	1		
Ba	0.250**	-0.101	-0.063	0.545**	0.489**	0.673**	0.567**	0.654**	0.675**	0.535**	0.509**	0.669**	0.387**	0.241**	1	
Mg	0.283**	-0.043	-0.043	-0.049	-0.218**	-0.056	-0.319**	-0.242**	0.070	-0.265**	0.180**	-0.218**	0.417**	0.298**	0.526**	1

在本研究中,一共提取 3 个特征值超过 1 的独立因子,占总方差的 79.31%。根据绝对负荷值＞0.75、0.75～0.50 和 0.50～0.30,因子载荷被分为"强""中等""弱"3 类。第 1 个变量,占总方差的 49.50%,对 Pb(0.80)、Zn(0.82)、Cd(0.88)、Mn(0.96)、Co(0.97)和 Ni(0.97)具有较强的正负荷;对 Ba(0.55)、Cr(0.67)和 Cu(0.71)具有中度负荷;对硼(0.39)具有弱负荷。由于以上微量元素在本研究区中的高浓度,因子 1 归因于工业废弃物、煤炭燃烧和汽车尾气等的贡献。位于研究区河流两岸的金属冶炼厂,平圩、田家庵及洛河发电厂,可能对淮河(安徽段)水体中的微量元素具有一定的影响。有相关文献报道,元素 Cr、Cu、Zn、Ni、Co、Ba、B、Mn 在金属冶炼厂排放的废弃物中富集,而 Cd、Pb、Cu、Ni、Co 在燃煤电厂飞灰中的含量要高于这些元素在土壤中的背景值。平圩和洛河发电厂飞灰中微量元素的含量及其相应的淮南市土壤背景值见表 4.6。因子 2 解释了总方差的 15.90%,与 Mg(0.81)、Ba(0.73)、Cr(0.53)、B(0.45)及 Cu(0.35)具有较好的相关性,这几种元素的最大浓度均低于世界卫生组织或者中国饮用水水质标准。因此,因子 2 可能来源于岩石风化。因子 3 解释了总方差的 13.91%,其中 Al(0.91)和铁(0.87)对因子 3 贡献最大。由于 Al 和 Fe 是地壳物质的主要组成部分,所以本研究中 Al 和 Fe 可能来源于地壳物质。

表 4.6 淮南市平圩、洛河电厂飞灰中微量元素含量及背景值(mg·kg^{-1})

	Cd	Co	Cr	Cu	Mn	Ni	Pb	Zn	B
飞灰[a]	0.36～2.12	37.9～60.4	76.2～94	105～186	50～106.8	44.4～66.6	35.3～113	43～75.3	53.4～92.8
土壤中背景值[b]	0.18	12.02	91.53	30.69	825.63	32.03	23.52	58.35	70.28

注:[a] Tang et al.,2013;[b] Yang and Cai,1997。

4.1.6.3 微量元素聚类分析

聚类分析(CA)可以根据不同采样点化学组成的空间相似性将其分成不同的组。本研究通过层次凝聚算法中加权均连法实现采样点的分组,结果以树状图表示,(Dlink/Dmax)×100＜25 时一共提取 3 个分类,每一类又包括两个小组(见图 4.2)。类 1、类 2 和类 3 分别代表了 10 个(S4～S5、H23、H28～H30、H33、H39、Y43、Y47)、39 个(除去类 1 和类 3 中的采样点)和 4 个(S6、F14、F19、H27)采样点。表 4.7 中是 53 个地点不同水深微量元素的 Varimax 旋转分量矩阵[Kaiser-Meyer-Olkin(KMO)和 Bartlett 球度检验的显著性＜0.001]。

通过对周围环境的记录分析,类 3 中的水样主要采集于淮河干流与其支流交汇处。有文献报道淮河支流已经被两岸工业污废水及生活污水严重污染。因此,类 3 可以认为代表了受到淮河支流影响的采样点。类 1 中的水样主要采集于电厂和淮河大桥附近。淮南是一个典型的工业城市,煤炭储量丰富,煤矿开采活动频繁。平圩电厂、田家庵电厂、洛河电厂这 3 个大型发电厂坐落于淮南地区淮河两岸。据报道,火力发电厂每年消耗约近 1000×10^4 t 来自淮南煤田的煤,产生约 10 t 燃煤灰分,其中含有丰富的微量元素(Cd、Pb、Cu、Ni、Co)。此外,采样区寿县、凤台和淮南分别建造了 3 座跨河淮河大桥,因此,微量元素污染可能来源于汽车尾气。

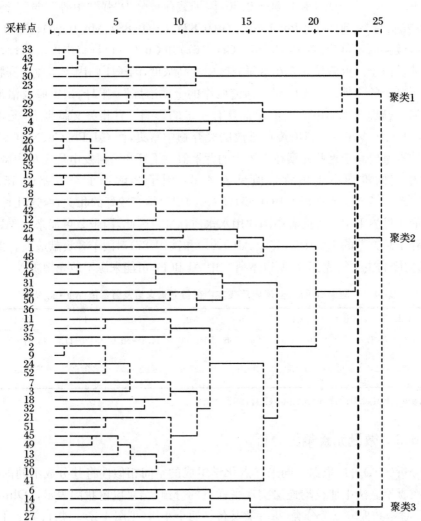

使用平均连锁(组间)重标距离聚类组合的树状图

图 4.2 淮河 53 个采样点聚类分析

类 2 中的水样主要采集于以农业及生活区为主的淮河区段,因此此类水样中微量元素可能受到农业活动、生活垃圾及生活污废水的影响。有文献报道,农业活动中使用的农药和化肥富含 Zn 和 Cd,这些元素会通过农业灌溉水或雨水冲刷等径流进入河流系统。

总之,河流两岸不同地区不均衡的人为活动(工业、农业、生活)和经济发展导致微量元素在不同地区具有不同的污染源。基于 3 个分组中微量元素的平均浓度特征,类 3、类 1 及类 2 分别对应微量元素重污染、中等污染及低污染。

表 4.7　53 个地点不同水深微量元素的 Varimax 旋转分量矩阵(检验的显著性＜0.001)

特征值	6.91	2.37	1.03	
方差	49.50%	15.90%	13.91%	累计值
累计	49.50%	65.40%	79.31%	
因子	因子 1	因子 2	因子 3	
Co	0.97	0.11	0.02	0.63
Ni	0.97	0.03	−0.05	0.64
Mn	0.96	0.10	0.17	0.84
Cd	0.88	0.00	0.00	0.94
Zn	0.82	0.41	−0.06	0.96
Pb	0.80	−0.02	0.07	0.73
Cu	0.71	0.35	−0.06	0.78
Cr	0.67	0.53	0.04	0.41
Mg	−0.38	0.81	0.28	0.95
Ba	0.55	0.73	0.22	0.82
B	0.39	0.45	0.22	0.84
Al	0.03	0.09	0.91	0.89
Fe	0.01	0.25	0.87	0.88

4.1.7　微量元素的健康风险评价

4.1.7.1　水质量评价

水质指数(WQI)是河流水质评价中常用的一种有效工具,通过综合水质中不同变量全面了解河流水质状况。计算公式如下:

$$\text{WQI} = \sum \left[W_i \times (C_i / S_i) \right] \times 100 \tag{4.1}$$

式中,W_i 代表参数 i 在水质综合评价中的权重,是基于主成分分析中提取出的每个主成分的特征值及其所代表的微量元素的因子载荷而获取,反映了饮用水水质中每个独立参数的相对重要性。C_i 是水样中微量元素的浓度。S_i 是中国饮用水水质中微量元素 i 标准(GB 5749—2006)。根据 WQI 计算数值,水质可划分为 5 类:$0 \leqslant \text{WQI} < 50$ 表明水质优,$50 \leqslant \text{WQI} < 100$ 表明水质良好,$100 \leqslant \text{WQI} < 200$ 表明水质较差,$200 \leqslant \text{WQI} < 300$ 表明水质极差,$\text{WQI} \geqslant 300$ 代表水质不适合饮用。

基于因子/主成分分析结果得到的每个参数的权重见表 4.8。在本研究中,通过式 4.1 计算出的 0 m、2 m、4 m、8 m 不同水深处水质指数分别为 59.40~1734.79、61.85~1803.64、57.82~1691.85、55.14~2204.90。应用每一个采样点在 4 层不同水深微量元素平均值计算出淮河水质在 53 个采样点的水质指数变化为 90.52~1209.35,平均值为 372.12,这说明淮河水质不适宜饮用。只有采样点 H36 和 Y50 的水样具有较好的水质。53 个采样点中分别有 18 个、8 个和 25 个点的水质属于"较差""极差"和"不适宜饮用",表明从正阳关到蚌埠闸的淮河水质受到本书所选取的微量元素的严重污染(见表 4.9)。该地区密集的人为活动和经济发展可能导致在淮河水体中微量元素的增加。

表 4.8　淮河水样 13 个变量权重

PC	特征值	相对特征值	变量	加载值	相对负荷值	重量(相对特征值×相对载荷值)
			Co	0.97	0.14	0.10
			Ni	0.97	0.14	0.10
			Mn	0.96	0.14	0.09
			Cd	0.88	0.13	0.09
1	6.91	0.67	Zn	0.82	0.12	0.08
			Pb	0.8	0.12	0.08
			Cu	0.71	0.10	0.07
			Cr	0.67	0.10	0.07
			合计	6.78	1.00	
			Mg	0.81	0.41	0.09
2	2.37	0.23	Ba	0.73	0.37	0.08
			B	0.45	0.23	0.05
			合计	1.99	1.00	
3	1.03	0.10	Al	0.91	0.51	0.05
	10.31		Fe	0.87	0.49	0.05
			合计	1.78	1.00	1.00

表 4.9　淮河水样水质指数

位置	0 m	2 m	4 m	8 m	均值
1	1105.88	177.94	217.63	333.81	458.82
2	152.91	147.46	152.40	170.09	155.72
3	108.20	164.89	202.18	120.67	148.98
4	1566.15	1265.95	940.41	1064.89	1209.35
5	1344.44	214.32	130.56	201.22	472.64
6	207.91	130.81	77.40	945.93	340.51
7	209.17	253.02	241.45	218.92	230.64
8	122.24	139.54	801.43	205.85	317.27
9	182.23	190.98	182.27	178.18	183.41
10	533.95	196.11	79.02	235.02	261.02
11	224.74	278.61	199.31	129.91	208.14

续表

位置	0 m	2 m	4 m	8 m	均值
12	1107.11	241.70	1405.76	229.98	746.13
13	251.85	234.25	215.84	217.59	229.88
14	137.55	98.54	189.36	2204.90	657.59
15	224.07	71.10	1399.46	208.68	475.82
16	234.98	174.66	68.29	194.35	168.07
17	1323.39	198.16	1323.17	203.29	762.00
18	147.84	273.96	127.40	128.12	169.33
19	119.36	103.49	108.13	1439.33	442.58
20	114.88	206.13	1508.50	122.56	488.02
21	206.20	172.58	57.82	67.41	126.00
22	132.27	74.54	211.20	204.05	155.51
23	254.77	1362.81	1317.99	221.64	789.30
24	186.23	231.85	202.85	207.48	207.11
25	96.44	179.80	137.13	358.98	193.09
26	66.02	67.06	1379.06	79.71	397.96
27	1462.74	80.79	206.65	2101.05	962.81
28	1734.79	1252.44	187.39	61.11	808.93
29	1244.58	172.52	227.36	70.22	428.67
30	211.28	1803.64	223.65	168.61	601.80
31	70.37	172.45	209.18	211.91	165.98
32	63.89	220.90	220.30	70.22	143.83
33	184.84	1432.52	59.43	92.85	442.41
34	204.84	174.21	1530.99	179.22	522.32
35	245.46	78.37	87.49		118.99
36	64.88	72.94	177.96	68.36	96.03
37	109.91	259.41	281.91	215.52	216.69
38	194.57	204.27	73.99	73.92	136.69
39	1544.16	1212.27	170.59	108.00	758.76
40	193.18	80.67	1667.24	1557.87	874.74
41	93.40	61.85	64.15	274.20	123.40
42	1364.03	89.89	1691.85	120.36	816.53
43	88.12	1551.21	76.23	257.91	493.37
44	96.72	96.12	111.15	104.26	102.06
45	158.80	190.28	234.47	254.66	209.55
46	69.20	174.81	74.98	198.21	129.30

续表

位置	0 m	2 m	4 m	8 m	均值
47	67.60	1463.74	178.12	90.18	449.91
48	170.54	64.45	165.49	101.82	125.57
49	269.31	271.72	77.43	297.93	229.10
50	176.78	72.18	57.97	55.14	90.52
51	91.25	173.60	61.33	176.64	125.71
52	78.86	82.40	205.82	63.00	107.52
53	59.40	74.26	1584.05	66.61	446.08
中位值	184.84	174.81	199.31	196.28	230.64
平均值	390.08	347.81	429.87	325.62	372.12
最小值	59.40	61.85	57.82	55.14	90.52
最大值	1734.79	1803.64	1691.85	2204.90	1209.35

4.1.7.2　健康风险评价

由于水环境中微量元素难以消除,会随着理化及生物过程循环,并且通过食物链的生物富集作用对水环境生态系统及人体健康产生危害。因此,评估水环境系统中微量元素的毒性程度,对于制定适当的管理措施具有重要作用。危害系数(HQ)和危害指数(HI)是美国环保局用来评估水环境中风险的方法,在过去的几十年,该方法被广泛应用。在河流系统中,注射和皮肤吸收(不包括通过口、鼻吸入)是人类最常见的两种从河水中摄取微量元素的途径。危害系数是指通过单个途径暴露与参考计量(RfD)的比值。危害指数是单个微量元素通过上述两种暴露途径的危害系数之和,用来分析微量元素的非致癌风险。当 HQ/HI 小于1时,微量元素不会对人体健康产生不利影响;当 HQ/HI 等于或大于1时,该微量元素将会对人体产生非致癌风险,对人体健康产生不利影响。用于计算 HQ 和 HI 的方程式如下:

$$\text{ADD}_{\text{ingestion}} = \frac{(C_{\text{w}} \times \text{IR} \times \text{EF} \times \text{ED})}{(\text{BW} \times \text{AT})} \tag{4.2}$$

$$\text{ADD}_{\text{dermal}} = \frac{(C_{\text{w}} \times \text{SA} \times K_{\text{p}} \times \text{ET} \times \text{EF} \times \text{ED} \times 10^{-3})}{(\text{BW} \times \text{AT})} \tag{4.3}$$

$$\text{HQ} = \frac{\text{ADD}}{\text{RfD}} \tag{4.4}$$

$$\text{RfD}_{\text{dermal}} = \text{RfD} \times \text{ABS}_{\text{GI}} \tag{4.5}$$

$$\text{HI} = \sum \text{HQs} \tag{4.6}$$

式中,$\text{ADD}_{\text{ingestion}}$ 和 $\text{ADD}_{\text{dermal}}$ 分别是通过注射和皮肤吸收两种途径摄入的微量元素的平均日剂量,单位是 $\mu\text{g} \cdot \text{kg}^{-1} \cdot \text{d}^{-1}$;$C_{\text{w}}$ 是水样中微量元素的平均浓度($\mu\text{g} \cdot \text{L}^{-1}$);BW 是平均体重(成人 70 kg,儿童 15 kg);IR 是摄食率(成人 2 $\text{L} \cdot \text{d}^{-1}$,儿童 0.64 $\text{L} \cdot \text{d}^{-1}$);EF 是暴露频率(350 $\text{dat} \cdot \text{a}^{-1}$);ED 是暴露时间(成人 30 年,儿童 6 年);AT 是平均暴露时间(ED×365 $\text{dat} \cdot \text{a}^{-1}$);SA 是暴露皮肤面积(成人 18000 cm^2,儿童 6600 cm^2);ET 是每天暴露时间(成人 0.581 $\text{h} \cdot \text{d}^{-1}$,儿童 11 $\text{h} \cdot \text{d}^{-1}$);$K_{\text{p}}$ 是水在皮肤中的渗透系数(6 $\text{cm} \cdot \text{h}^{-1}$,见表 4.10);RfD

是日参考剂量($\mu g \cdot kg^{-1} \cdot d^{-1}$，见表 4.10)；$ABS_{GI}$ 是胃肠道吸收系数(无量纲)。

　　成人和儿童通过注射及皮肤吸收两种途径摄入微量元素的危害系数和危害指数见表 4.10。对于成人和儿童通过注射途径摄入微量元素时，Cu、Zn、Ni、Cr、Mn、Fe、Al、B、Ba 的危害系数小于 1，而 Pb、Co、Cd 的危害系数大于 1，表明日常摄入的这 3 种元素会对人体健康产生不利影响或潜在非致癌性风险。对于成人和儿童，通过皮肤吸收这种途径摄入微量元素时，本书所研究的微量元素的危害系数都小于 1，说明通过皮肤吸收途径微量元素不会对人体健康产生不利影响。与成年人相比，无论是通过注射还是真皮吸收途径，微量元素对儿童危害系数更高，表明儿童对暴露在水中的微量元素更敏感。Co、Cd、Pb 对成人和儿童的危害指数均大于 1。

　　通过以上分析，我们发现淮河中游(安徽段)水体中微量元素 Co、Cd、Pb 对造成人类健康慢性疾病具有较大的威胁。尽管淮河水体中 Zn 的浓度较高，但是却表现出较小的健康威胁；而尽管水体中 Co 的含量水平很低，但是对人体健康具有潜在非致癌风险。造成这种结果的原因可能是由于 Co 的参考剂量很低；Pb 对人体神经系统、造血系统、心血管及内分泌系统有不良影响；Cd 对肾脏系统有不良影响，并且会造成免疫缺陷和骨损伤；Co 会造成人体过敏性皮炎。因此，为保护人类健康和水生生态系统，应采取措施控制 Co、Cd 及 Pb 排入淮河。此外，由于 Zn 在研究区的高浓度，也要控制排入河流的 Zn 含量。

4.1.8　小结

　　研究表明，当数据量较多时，应用多元统计分析方法，如方差分析、相关性分析、因子/主成分分析及聚类分析，能够在微量元素来源解析及采样点不同特征方面提供有用信息。淮河中游(安徽段)微量元素含量在不同水深(0 m、2 m、4 m 和 8 m)表现出较小的差异性，表明淮河水具有较强的混合能力。水体中微量元素沿河分布浓度变化较大，河流两岸不同地区不均衡的人为活动(工业、农业、生活)和经济发展导致微量元素在不同地区具有不同的分布特征。根据微量元素的平均值，可以分为 3 类，浓度含量最丰富的元素($>1000\ \mu g \cdot L^{-1}$，主要有 Zn 和 Mg)；中等丰富的元素($100 \sim 1000\ \mu g \cdot L^{-1}$，主要有 Pb、Fe、Al、B、Ba)；不丰富的元素($<100\ \mu g \cdot L^{-1}$，主要有 Cu、Ni、Co、Cr、Cd、Mn)。与 WHO、USEPA、CSEPA 饮用水水质标准比较发现，Zn、Cd、Pb 是淮河水体中的主要污染物，浓度分别高于中国饮用水水质标准 10.50 倍、12.35 倍和 15.50 倍。同时，Pb 和 Cd 分别高于 WHO 饮用水水质标准 15.50 倍和 20.58 倍。因子/主成分分析提取 3 个主成分，解释了总方差的 79.31%，表明 Zn、Cd、Pb、Ni、Co、Mn 来源于工业废弃物煤炭燃烧、汽车尾气和农药的使用；Ba、B、Cr、Cu 来源于自然源与人为源；而 Mg、Fe、Al 分别来源于岩石风化和地壳物质。

　　此外，本书研究应用聚类分析(CA)将 53 个采样点划分为 3 组，代表不同污染程度，其中重污染采样点受到支流汇入污水的影响，中等污染采样点受到电厂及汽车尾气的影响，低污染采样点受到农业活动的影响。水质评价(WQI)的结果表明，淮河河水在正阳关至蚌埠闸区段受到微量元素的严重污染，约 96% 的淮河水(安徽段)不适宜直接饮用。应用危害系数/指数(HQ/HI)进行健康风险评价，结果表明水体中 Co、Cd 及 Pb 会对人体健康产生潜在的非致癌性风险。因此，为保护人类健康和水生生态系统，应采取措施控制微量元素排入淮河，尤其是 Co、Cd、Pb、Zn 的排放。

表 4.10　淮河中游微量金属的皮肤渗透系数、参考剂量和危险系数

	K_{pa}	$RfD_{ingestion}$	RfD_{dermal}	$HQ_{ingestion}$		HQ_{dermal}		HI	
	$cm \cdot h^{-1}$	$ug \cdot kg^{-1} \cdot d^{-1}$		成人	儿童	成人	儿童	成人	儿童
Cub	$1*10^{-3}$	40	8	1.96×10^{-2}	2.93×10^{-2}	1.51×10^{-3}	5.11×10^{-4}	2.01×10^{-2}	3.08×10^{-2}
Pbb	$1*10^{-4}$	1.4	0.42	1.91×10^{0}	2.86×10^{0}	9.83×10^{-3}	3.33×10^{-3}	1.92×10^{0}	2.87×10^{0}
Bab	$1*10^{-3}$	200	14	1.80×10^{-2}	2.69×10^{-2}	3.97×10^{-3}	1.35×10^{-3}	1.94×10^{-2}	3.09×10^{-2}
Nib	$2*10^{-4}$	20	0.8	2.19×10^{-2}	3.27×10^{-2}	1.69×10^{-3}	5.72×10^{-4}	2.25×10^{-2}	3.44×10^{-2}
Cob	$4*10^{-4}$	0.3	0.06	2.10×10^{0}	3.14×10^{0}	6.48×10^{-2}	2.20×10^{-2}	2.12×10^{0}	3.20×10^{0}
Crb	$1*10^{-3}$	3	0.075	1.74×10^{-1}	2.60×10^{-1}	1.07×10^{-1}	3.64×10^{-1}	2.11×10^{-1}	3.67×10^{-1}
Cdb	$1*10^{-3}$	0.5	0.025	1.44×10^{0}	2.15×10^{0}	4.43×10^{-1}	1.50×10^{-1}	1.59×10^{0}	2.59×10^{0}
Mnb	$1*10^{-3}$	24	0.96	2.53×10^{-2}	3.78×10^{-2}	9.74×10^{-3}	3.30×10^{-3}	2.86×10^{-2}	4.75×10^{-2}
Feb	$1*10^{-3}$	700	140	1.15×10^{-2}	1.72×10^{-2}	8.88×10^{-4}	3.01×10^{-4}	1.18×10^{-2}	1.81×10^{-2}
Alb	$1*10^{-3}$	1000	200	9.72×10^{-3}	1.45×10^{-2}	7.48×10^{-4}	2.54×10^{-4}	9.97×10^{-3}	1.53×10^{-2}
Znc	$6*10^{-4}$	300	60	1.31×10^{-1}	1.95×10^{-1}	6.03×10^{-3}	2.04×10^{-3}	1.33×10^{-1}	2.01×10^{-1}
Bc	$1*10^{-3}$	200	180	1.76×10^{-2}	2.63×10^{-2}	3.02×10^{-4}	1.02×10^{-4}	1.77×10^{-2}	2.66×10^{-2}

4.2　水体中多环芳烃的环境地球化学

4.2.1　概述

淮河是中国七大河流之一,是主要的渔业基地、农业灌溉和工业水源地以及旅游景点。随着淮河流域周围城镇和工业的发展,淮河流域目前主要受到有机污染物和重金属的严重污染(如 Hg、Cd、As、Pb)。沿着淮河流域中游,淮南煤田拥有大量的煤炭储量。为了适应中国东部日益增长的电力需求,最近 10 年间,当地政府已经建造额外的火力发电站和相关的原煤加工厂,而原煤中及煤燃烧过程中都会产生大量的多环芳烃(PAHs)。因此,本次研究我们调查了淮河流域中游水中的 PAHs 含量和分布,分析了其潜在的人为来源并且最终评估它们的潜在生态风险。

4.2.2　样品采集与前处理

2009 年 8 月在淮河流域设置了 11 个表层水样品(0.3~0.5 m)采样点。采样位置处于工业城市淮南和凤台附近。2011 年 8 月,在淮河流域中游(130 km)共设置了 40 个采样点采集了 120 个水样。采样点位于工业城市,蚌埠、怀远、淮南和凤台附近。每个采样点采集了不同层水样,如表层水(0.05~0.10 m)、中层水(4 m)和底层水(8 m)。除此之外,2013 年 8 月在淮河流域中游设置了 53 个采样点采集了 212 个水样。每个采样点采集了 4 个不同水层的水样,例如表层水(0.05~0.10 m)、4 m、6 m 和底层水(8 m)。每个水样共采集 1 L。所有水样通过 0.45 μm 的微孔膜进行过滤并储存在于 4 ℃。

4.2.3　测试与分析

4.2.3.1　有机碳测试

用硫酸(1.84 g·mL^{-1})调节水样到 pH 为 3,然后用氮气充溢样品 10 min 并转移其中的非有机碳。水中的溶解性有机碳(TOC)用 TOC 分析仪进行分析(HJ 501—2009)。

4.2.3.1　多环芳烃的测试

PAHs 在水样中的提取使用固相萃取(SPE)系统,流量为 10 mL·min^{-1}。C$_{18}$小柱用 10 mL 二氯甲烷、10 mL 甲醇和 10 m 去离子水预清洗,以减少干扰的有机和无机污染物。每个水样进样之后,C$_{18}$小柱用 10 mL 的去离子水清洗以除去所吸附在上面的其他杂质,然后真空干燥 10 min。C$_{18}$小柱中的 PAHs 用 10 mL 二氯甲烷洗脱,流速为 1 mL·min^{-1}。洗脱液用旋转蒸发仪浓缩定溶。所有样品采用自动进样热示踪气相色谱-超气相色谱仪耦合热 DSQ Ⅱ 质谱仪(GCMS)。TR-5MS 毛细管柱为 30 m(L)×0.25 mm(ID),内径为 0.25

μm 薄膜。氦作为 GC 的载气,恒定流为 $1\,mL \cdot min^{-1}$。在无分流模式下注入的量为 $1\,\mu L$。对 GC-MC 内部温度控制在 50 ℃,保持 2 min,然后用缓变动态温度:80 ℃~180 ℃,20 ℃ $\cdot min^{-1}$;180 ℃~250 ℃,8 ℃ $\cdot min^{-1}$,250 ℃,3 min;250 ℃~265 ℃,2 ℃ $\cdot min^{-1}$;265 ℃~275 ℃,5 ℃ $\cdot min^{-1}$;275 ℃~285 ℃,1 ℃ $\cdot min^{-1}$,然后保持 5 min。MSD 在 70 eV 的电子影响模式下操作。质谱使用选择离子监测模式记录。水样中多环芳烃浓度采用外部校准峰面积法和六点校准曲线获得。

　　所有分析操作按美国环境保护部(1994)推荐的质量保证和质量控制程序进行。方法空白(溶剂)、加标空白、样品平行样都添加到所有样本中分析。采用 NaP-d8、Ph-d10 和 Chry-d12 标准溶液进行样品回收率的计算,2009 年结果分别为 $71.8\% \pm 6.9\%$、$88.5\% \pm 8.7\%$ 和 $91.2\% \pm 5.7\%$;2011 年结果为 $75.3\% \pm 9.5\%$、$93.1\% \pm 10.7\%$ 和 $82.7\% \pm 8.6\%$;2013 年结果为 $82.5\% \pm 7.3\%$、$91.7\% \pm 8.6\%$ 和 $89.1\% \pm 9.2\%$。

4.2.4　多环芳烃的含量和分布

　　在 2009 年的水样中,PAHs 的总浓度变化范围在 $1.2\sim5.1\,\mu g \cdot L^{-1}$ 之间,平均值为 $3\,\mu g \cdot L^{-1}$。致癌性 PAHs 的浓度变化范围在 $0.1\sim0.9\,\mu g \cdot L^{-1}$ 之间,平均值为 $0.3\,\mu g \cdot L^{-1}$。在 2011 年所研究的水样中,PAHs 的浓度变化范围在 $0.86\sim408\,ng \cdot L^{-1}$ 之间,平均值为 $77\sim80\,ng \cdot L^{-1}$。此外,在 2013 年的水体中 PAHs 的总浓度变化范围为 $47.9\sim114.8\,ng \cdot L^{-1}$,平均值为 $69.8\,ng \cdot L^{-1}$。

　　在 2009 年水体中,PAHs 的组成模式是按照 PAHs 环的大小来分的,如图 4.3 所示。由两环以及三环构成的低分子量 PAHs 拥有最高的总丰度值。相对于低水溶性、高辛醇-水分配系数的高分子量 PAHs 而言,这一现象的出现可能是由低分子量 PAHs 的热不稳定性所造成的。在 2011 年的水样中,由两环(NaP)和三环(Ace、Ac、Fl、Ph、An)构成的低分子量 PAHs 具有最高的总丰度值。将已分析的 10 个 PAHs 单体和总 PAHs 的相关矩阵总结在表 4.11 中。所有的 PAHs 都显著相关,而且大部分的 PAHs 的相关因子超过了 0.8。在 2013 年的水样中,由两环(NaP)和三环(Ace、Ac、Fl、Ph、An)构成的低分子量 PAHs 拥有最高的总丰度值。

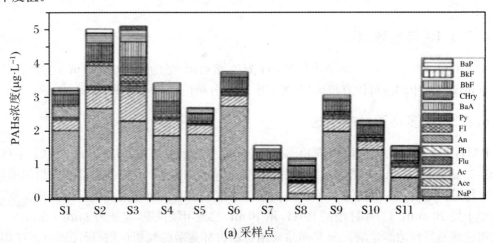

(a) 采样点

图 4.3　水体中 PAHs 的组成模式 2009(a)、2011(b)和 2013(c)

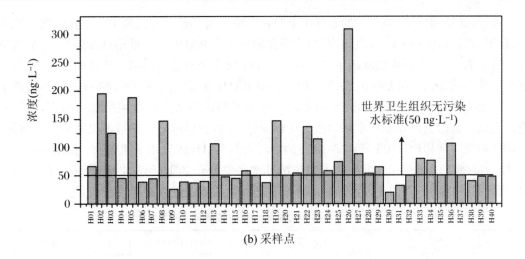

(b) 采样点

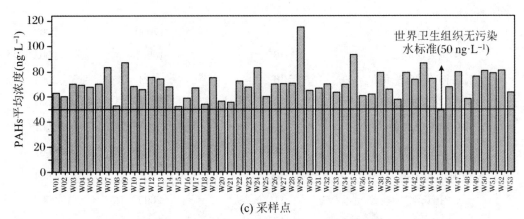

(c) 采样点

图 4.3　水体中 PAHs 的组成模式 2009(a)、2011(b)和 2013(c)(续)

表 4.11　PAHs 单体和总 PAHs 的相关矩阵

	Nap	Ace	Ac	Fi	Ph	An	Flu	Py	BaA	Chry	PAHs
Nap	1.000										
Ace	0.933	1.000									
Ac	0.938	1.000	1.000								
Fi	0.970	0.816	0.826	1.000							
Ph	0.990	0.974	0.978	0.926	1.000						
An	0.980	0.843	0.852	0.999	0.943	1.000					
Flu	0.968	0.811	0.821	1.000	0.923	0.998	1.000				
Py	0.942	0.758	0.768	0.995	0.886	0.990	0.996	1.000			
BaA	0.754	0.466	0.481	0.892	0.655	0.869	0.895	0.931	1.000		
Chry	0.994	0.887	0.894	0.991	0.968	0.996	0.990	0.974	0.823	1.000	
PAHs	0.997	0.904	0.911	0.985	0.977	0.992	0.983	0.964	0.800	0.999	1.000

表 4.12 中列出了 2009 年的水样中 PAHs 的浓度与其他研究领域中的对比情况。除了印度的贡蒂河($10~\mu g \cdot L^{-1}$)之外,在当前研究的水体中 PAHs 的含量相对提高 1~3 个数量级。这表明,目前所研究的水域中 PAHs 的污染量级在全球范围内都是较高的。另外,与中国的其他水域相比,2011 年和 2013 年的水体中 PAHs 含量除深海湾外($69~ng \cdot L^{-1}$)降低了 1~3 个数量级。然而,欧洲和北美国家的水体中 PAHs 的浓度与淮河的相比而言,显得相近或更低。而南美洲和非洲水域的数据比较少见,并且它们所报告的数值也明显高于黄河。与印度的贡蒂河相比,2011 年和 2013 年的淮河水的 PAHs 浓度水平比较低。据淮河水样中 PAHs 的时间分布表明,2009 年的 PAHs 浓度水平要高于 2011 年和 2013 年的。这很可能是由于在这 4 年间,人们在淮河中游的环境管理方面做出了巨大的努力。

表 4.12 世界各地收集的水体中多环芳烃的平均值

地区	多环芳烃的数量	平均值($ng \cdot L^{-1}$)	年份
亚洲			
中国九龙江口	16	17050	2002
中国大亚湾	16	10984	2003
中国南方澳门珠江三角洲	16	4124	2004
中国南方白尔塘珠江三角洲	16	1796	2004
中国南方后海湾	15	69	2007
中国厦门湾	16	335	2001
中国北京通回江	16	762	2004
中国长江	11	2095	2007
中国黄河	15	248	2006
中国淮河上游	16	283	2010
中国黄河	14	164	2008
中国北京乌特兰河	16	256	2011
中国钱塘江	15	283	2007
中国台湾焦平河	16	430	2014
中国淮河	13	3	2009
中国淮河	10	77	2011
中国淮河	16	69.8	2013
印度贡蒂河	16	10330	2011
欧洲			
英国英格兰海岸	15	1001	1997
英国埃斯特韦特水湖	16	91	2011
希腊地表水	16	87	2010
德国易北河	16	116	2009

续表

亚洲	多环芳烃的数量	平均值($ng \cdot L^{-1}$)	年份
法国塞纳河	12	24	2008
意大利马焦雷湖	16	3.4	2007
北美			
美国密西西比河	16	115	2009
美国密西西比河	18	137	2011
美国切萨皮克湾	17	33	2005
加拿大圣劳伦斯河	16	326	2004
南美			
阿根廷贝恩布朗卡	17	694	1999
非洲			
加纳登苏河	16	37	2008
水质清洁标准	16	50	1998
澳大利亚			
澳大利亚布里斯班河	15	8	2004

4.2.5　多环芳烃的空间分布

关于 PAHs 的总浓度情况,在图 4.3(a)中可以观察到其空间形态。凤台县城中心的采样点以及接近城市水源地 PAHs 污染程度最为严重。S5 和 S3 处于乡村以及几乎未被城市化的地区,PAHs 污染的最低水平可以在取自这两处的水样中检测出来。表 4.3(b)给出了2011 年的 PAHs 的空间分布,水样中的 PAHs 的含量明显高于世界卫生组织 1998 年规定的未污染水体的标准值(50 $ng \cdot L^{-1}$),可以推测这可能是由周围工业活动,如原煤加工厂、火力发电厂造成的。此外,选定富含 PAHs 的样品采样点位于河流汇合处。图 4.3(c)给出了2013 年的 PAHs 的空间分布,靠近煤矿和火力发电厂的采样点污染程度最为严重。然而靠近农村及几乎未被城市化的地区的样品中得出 PAHs 污染最低结果。2013 年 PAHs 分布与2009 年的 PAHs 分布相类似。

图 4.4(a)展示了 2011 年淮河中游 PAHs 的垂直分布情况。表层水具有最高的 PAHs浓度水平,紧接着则是底层水。表层水 PAHs 的富集可能与大气中 PAHs 的沉降有关,而这些 PAHs 则来源于燃煤锅炉以及工业污水的径流。底层水中 PAHs 的富集可归因于上覆水体中沉积物 PAHs 的迁移。每一层水样均出现 2～3 环 PAHs 富集而 4 环 PAHs 亏缺的现象。这是由于 PAHs 的水溶性低且随着 PAHs 的分子量增加 PAHs 水溶性降低造成的。然而,2013 年的水样中 PAHs 的垂直分布与淮河中游的相似。

由于 PAHs 尤其是高分子量的 PAHs 有较强的疏水性,PAHs 通常与胶体和溶解性有机物相结合,并最终储存到沉积物中。在沉积之后,水柱的化学条件和 PAHs 的生物利用性也影响到溶解相 PAHs 的行为。TOC 指有机物中碳的总量,它在 PAHs 的划分与保留中起到了重要的作用。2009 年水体中的 TOC 与 PAHs 总浓度的关系如图 4.5 所示。结果表明,水样中 TOC 与 PAHs 总浓度的关系呈弱相关。由于 PAHs 的低水溶性和高辛醇-水分配系数,PAHs 更易于与颗粒物质结合,并最终沉积到沉积物中。这些研究结果表明了 TOC 并不是控制水中 PAHs 的主要因素。在 2011 年这项研究中,发现了 2 环、3 环和 4 环 PAHs 与 TOC 呈正相关。如图 4.6 所示,不同水层的总 PAHs 和 TOC 也明显相关。这表明了在淮河中游 TOC 是控制 PAHs 的一个主要因素。

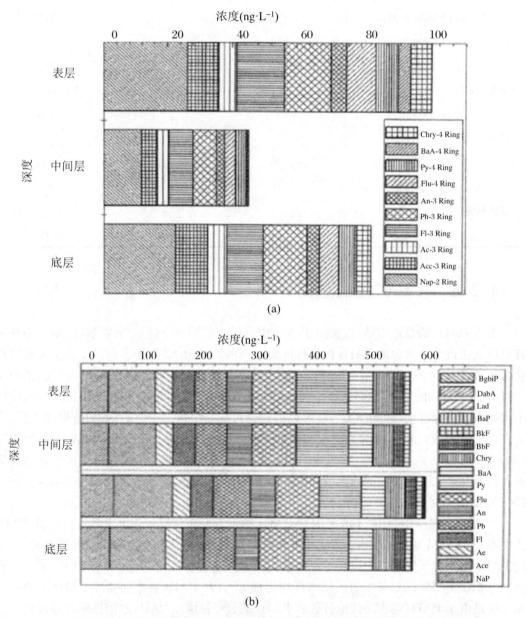

图 4.4　2011 年(a)和 2013 年(b)淮河中游水样中多环芳烃的垂直分布

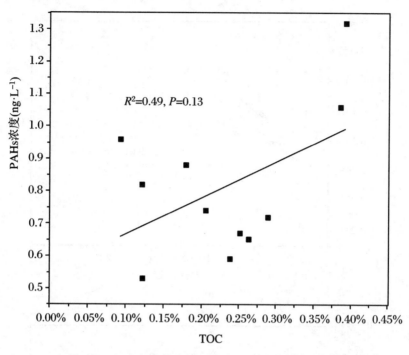

图 4.5　2009 年水体中的 TOC 与 PAHs 总浓度的关系

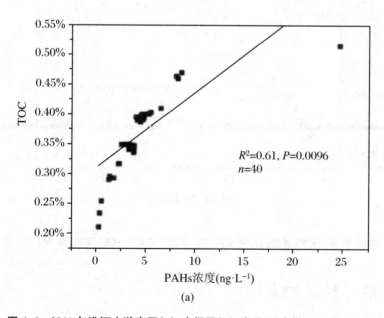

(a)

图 4.6　2011 年淮河中游表层(a)、中间层(b)、底层(c)水样 TOC 与 PAHs 交汇图

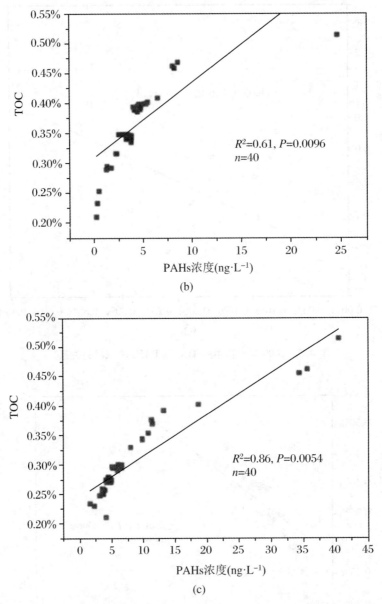

图 4.6　2011 年淮河中游表层(a)、中间层(b)、底层(c)水样 TOC 与 PAHs 交汇图(续)

4.2.6　多环芳烃的来源

为了追踪淮河中游 PAHs 的来源,在图 4.7 中标绘出了 Ph/An 与 Fl/Py 的比值图。在图 4.7(a)中,结果表明水样中的 PAHs 主要来源于热解和成岩排放的混合物。低分子量 PAHs 与高分子量 PAHs 的比例揭示了水样中的 PAHs 主要是来自于热解。2011 年所研究水样的 Ph/An 与 Fl/Py 对比辨别图解(图 4.7(b))表明了 PAHs 主要来自于热解。此外,2013 年淮河中游的 PAHs 来源于热解和成岩排放的混合物(图 4.7(c))。

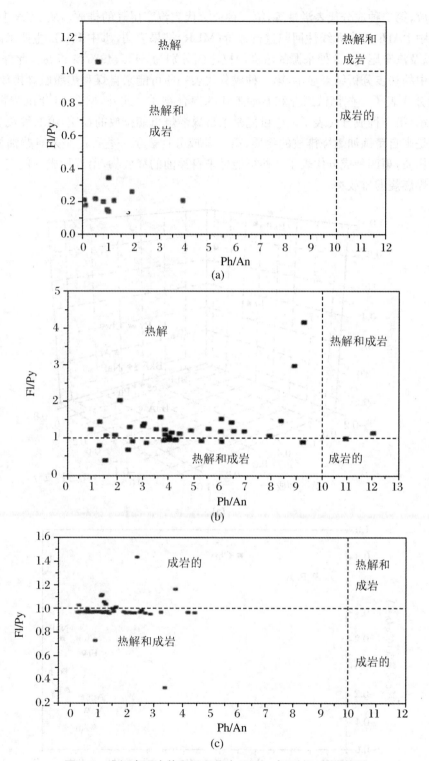

图 4.7　淮河表层水体和沉积物中 Ph/An 与 Fl/Py 的比值图

　　然而,每一个因子之间的相互关系和贡献 PAHs 的源尚不清楚。本次研究中,利用 SPSS 20.0 软件包中的主成分分析模式(PCA)以更好地去获悉淮河中游 PAHs 的来源。在 2009 年的沉积物中,图 4.8(a)中 PCA 载荷图显示出第一种成分代表煤燃烧过程中的一类可能的排放,第二种成分代表溢油等,第三种成分代表汽车尾气的排放。从 PCA 中来看,淮河中游水中 PAHs 用多元线性回归进行评价(MLR)结果表明,水中 PAHs 主要来源于煤燃烧、溢油以及汽车尾气。3 处来源的浓度加权比例分别为 34%、49% 和 17%。此外,据 2011年沉积物中的初步分析结果显示,第一种成分代表一些可能来自煤和焦粉燃烧排放的物质,第二种成分代表了一些钢铁工业和石油工业的混合物质。此外,据 2013 年沉积物的 PCA载荷图显示,第一种成分代表了一些可能是来自煤燃烧可能排放的物质,第二种成分代表了一些可能是来自精炼油燃烧排放的物质,第三种成分代表了一些可能是来自柴油机动车尾气排放的物质,第四种成分代表了一些可能是来自浮油的释放物,第五种成分代表了一些可能是来自煤燃烧的排放物。

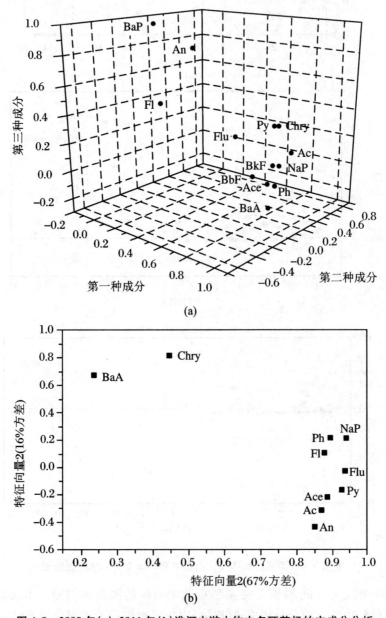

图 4.8   2009 年(a)、2011 年(b)淮河中游水体中多环芳烃的主成分分析

4.2.7　多环芳烃的生态风险评估

利用毒性当量因子方程测定出了 2009 年水样的 5 种致癌 PAHs(BaA、BaP、BbF、BkF、Chry),其中毒性含量最高的是 BaP(80%),最低的是 Chry(0.3%)。然而,在 2011 年的水样中只能观察到 BaA 和 Chry。此外,2013 年的沉积物 TEQ 值为 BaA(53.3%)、BaP(0.58%)、BbP(22.65%)、BkF(13.32%)、Ind(1.21%)、DahA(8.49%)、Chry(0.45%)。

为了保护人类的健康,美国国家环保局、美国新罕布什尔州和加拿大制定并形成了以潜在致癌性 PAHs 为基础的环境水质标准,表 4.13 中列出了沉积物中 7 种 BaA、BaP、BbF、BkF、Chry、DahA 和 Ind 致癌性 PAHs 的最大污染水平。在 2009 年的样品中,除了 S7 和 S8 处的 BaA,S2、S7 和 S8 处的 Chry,测量 BaP、BbF、BkF 的水平均低于美国国家环保局 1980 年规定的最大污染水平。本次研究区域的水样中,绝大部分 PAHs 水平都高于加拿大标准。用美国新罕布什尔州地表水水质标准进行对比,采样点 S1~S11 处的 BaA、Chry 含量均超标,而 S3 处的 BbF,S1、S3 和 S8 处的 BkF,S1、S2、S3、S5、S7、S8、S10 以及 S11 处的 BaP 均超过了美国新罕布什尔州地表水水质标准。2011 年水样中 PAHs 的浓度都低于美国国家环保局的最大污染水平。此外,一些采样点的 BaA、An 和 Fl、Py 低于加拿大标准。另一方面,一些采样点处的 BaA 和 Chry 超过了美国新罕布什尔州地表水水质标准。另外,2013 年水样中的 PAHs 水平低于美国国家环保局的标准。与美国新罕布什尔州地表水水质标准的比较表明,大多数采样点的 BaA 都超过了标准值,而有 4 个采样点的 Chry 低于标准值,并且绝大部分采样点的 BkF 均低于标准值。通过利用加拿大标准发现一些采样点的 An、Fl、Py 和 BaA 都低于该标准。

表 4.13　表层水体中 PAHs 的环境水质标准

成分	地表水标准($\mu g \cdot L^{-1}$)		
	美国环保局标准	美国新罕布什尔州标准	加拿大标准
Nap	—	—	—
Ace	—	1200	—
Ac	—	—	5.8
Flu	—	1300	3
Ph	—	—	0.4
An	—	9600	0.012
Fl	—	300	0.04
Py	—	960	0.025
BaA	0.1	0.004	0.015
Chry	0.2	0.004	—

成分	地表水标准($\mu g \cdot L^{-1}$)		
	美国环保局 标准	美国新罕布什尔州 标准	加拿大标准
BbF	0.2	0.004	—
BkF	0.2	0.004	—
BaP	0.2	0.004	—
Ind	0.4	—	—
DahA	0.3	—	—
BghiP	—	—	—

通过中国地表水环境质量标准发现,2009 年大多数采样点的样品中 BaP 检测浓度均超过了标准值 $2.8 \text{ ng} \cdot L^{-1}$(GHZB 1—1999),但是在 2011 年和 2013 年所有的地表水样品中,均未检测到 BaP 的浓度。

4.2.8　小结

2009 年、2011 年、2013 年在淮河流域中游城市和工业发展区域设置了水样采集点。这一流域水体中 4 年来高含量的 PAHs 主要是来自于工业和能源利用产生的污染。2013 年水体中 PAHs 含量远远低于 2009 年和 2011 年,主要是由于政府的污染治理工作和复杂的水生环境造成的。PAHs 在水体中的空间分布和垂直分布的不均一性主要与当地污染源和 PAHs 通过大气、水体和沉积物的迁移有关。从 PAHs 比值和 PCA 分析得出,淮河中游水体中 PAHs 在 2009 年主要来自于煤炭的燃烧(34%)、石油溢油(49%)和车辆排放(17%)。另一方面,2011 年水体中 PAHs 主要来源于热解,例如煤炭和焦炭的燃烧、工业和汽油的排放。除此之外,2013 年淮河流域水体中 PAHs 主要来自于燃烧和原煤的共同作用。PAHs 的风险评估指出水体中 PAHs 对环境仅造成有限的污染。

4.3　水体中有机氯农药的环境地球化学

4.3.1　概述

随着经济和农业的快速发展,有毒有害的持久性有机化合物在社会环境中累积,并对自然环境和人体健康造成了重要的影响。自 20 世纪 50 年代以来,持久性有机污染物(POPs)被广泛地生产和使用,并在生产、使用和处理过程中进入环境。

众多持久性有机污染物中,有机氯农药(OCPs)是其中最为主要的一类,具有高毒性、难降解性和生物富集等特点,因此在全球受到广泛关注。污水排放、地表径流和大气沉降等是有机氯农药在自然环境中主要的迁移方式,通过这些途径有机氯农药可以进入水环境。由于有机氯农药对自然环境和人体健康的危害极大,我国于 20 世纪 60 年代已禁止一部分有机氯农药的使用,但其依然可以在水体、沉积物和土壤中被检测到。有机氯农药通过食物链影响着生态系统和人类健康。在之前的研究中,针对有机氯农药浓度及其健康风险评估的研究有很多,如选取鄱阳湖、巢湖、洪湖、长江为研究对象,但有关于淮河表层水中有机氯农药评估的研究却比较少。本研究旨在对中国淮河表层水中的有机氯农药进行调查,并将评估其环境质量以及有机氯农药的影响。

随着淮河地区经济的快速发展,大量工业和农业废物的排放使淮河水环境质量下降,它的污染问题已经引起了学者们的关注。然而,关于淮河安徽河段表层水中有机氯农药污染的信息却很少。因此,调查淮河安徽段表层水中有机氯农药水平,对于更好地了解其对淮河污染的贡献具有重要意义。

4.3.2　样品采集与前处理

2018 年 7 月共采集淮河表层水样 34 份。每隔 1 km 左右采集 1 个样品,用采水器在每个采样点采集 5 L 表层(0~0.5 m)深水样,每个采样点采集 3 次,然后将 3 次水样均匀混合后分析样品,采集好的样品运至实验室保存在 -20 ℃的冰箱内,以备处理和分析。为降低实验误差,实验中设备均用甲醇、二氯甲烷和正己烷清洗,以去除设备中残留的有机杂质。

从各水样中取 1 L 水样,使用真空泵使水样通过玻璃纤维滤膜过滤(之前在 450 ℃下加热 4 h)。将 4,4′-二氯联作为回收指标加入水中。采用固相萃取法(SPE)对各水样中的有机化合物进行萃取。萃取前,先用 5 mL 的二氯甲烷、5 L 的甲醇和 5 mL 的超纯水活化 SPE 小柱。装样品时 SPE 小柱不能烘干。每个 SPE 小柱加入 5 g 无水硫酸钠。用 10 mL 二氯甲烷(DCM)溶液对水样进行洗脱,每个样品洗脱 3 次。用旋转蒸发器将提取物浓缩至 1 mL。加入 10 mL 正己烷作为交换溶剂,再次浓缩至 1 mL,转移至瓶中以备分析。所有溶剂均为高效液相色谱(HPLC)级或优于分析级。

4.3.3　测试与分析

气相色谱仪为 Agilent 6890,质谱仪为 Agilent 5973;色谱柱采用 DB-5 MS 熔融石英毛细管柱(30 mm×0.25 mm×0.25 mm);载气采用氦气(99.999%);样品(1 μL)采用不分流进样。质谱仪操作为 EI+模式,选择离子电子能为 70 eV。柱流速维持在 1 mL·min⁻¹。温度变化程序如下:初始温度在 80 ℃,保持 1 min,然后以 12 ℃·min⁻¹ 上升到 200 ℃,保持 10 min,再以 1 ℃·min⁻¹ 上升到 220 ℃,保持 5 min,最后以 15 ℃·min⁻¹ 上升到 290 ℃,保持 5 min。

4.3.4　质量保证与控制

方法空白、加标空白和样品平行样都会进行分析,以减小实验的误差。分析空白中没有检测到有机氯农药的检出性污染。有机氯农药的加标回收率在 85%~102% 之间,相对标准偏差(RSD)值在 0.2%~10% 之间。

4.3.5　表层水中有机氯农药的浓度水平

地表水中 HCHs 和 DDTs 的浓度见表 4.14。HCHs 和 DDTs 的检出率分别为 87.5% 和 21.56%,这表明淮河的表层水中 HCHs 分布较广。$\sum$HCHs 和 $\sum$DDTs 的浓度分别为 13.71 ng·L^{-1} 和 0.077 ng·L^{-1}。HCHs 的浓度要明显高于 DDTs。总体来说,HCHs 是水样中主要的有机氯农药。在我们之前的研究中,与沉积物中的有机氯农药相比,HCHs 的检出率和浓度都上升了,但是 DDTs 的检出率和浓度却下降了。这是由于 DDTs 具有较低的水溶性、较低的蒸气压和较高的亲脂性。因此,DDTs 比 HCHs 更容易在颗粒物中残留。此外,在中国的历史上,HCHs 的数量也远大于 DDTs,同时,在此研究区域,HCHs 的禁用时间比 DDTs 稍晚。

与世界其他地区相比(表 4.15),HCHs 在淮河表层水中的平均浓度高于圣劳伦斯河、埃布罗河、孟买海、城乡河盆地、巢湖和洪湖,但低于库科奇孟德尔河、马尔梅诺潟湖、国际安扎利湿地、闽江河口、苏州河、珠江口和大亚湾,但与晋江相似。水体中 DDTs 的浓度低于表 4.15 中除马尔梅诺潟湖外的所有河流。这表明,与世界其他地区的河流相比,淮河表层水中 HCHs 的污染水平相对较高,而 DDTs 的污染水平非常低。

表 4.14　地表水中的有机氯农药浓度($ng \cdot L^{-1}$)

样品编码	α-HCH	β-HCH	γ-HCH	δ-HCH	∑HCHs	o′p-DDE	p′p-DDE	o′p-DDT	p′p-DDT	o′p-DDD	p′p-DDD	∑DDTs
S1	2.12	5.07	1.05	0.03	8.27	n.d	0.04	n.d	n.d	n.d	n.d	0.04
S2	5.73	24.39	11.32	n.d	41.44	0.12	n.d	n.d	0.013	n.d	n.d	0.133
S3	5.18	13.02	4.13	n.d	22.33	n.d	n.d	n.d	n.d	n.d	0.19	0.19
S4	2.12	11.28	3.21	0.12	16.73	n.d	n.d	n.d	n.d	n.d	n.d	0
S5	1.79	15.26	2.85	0.06	19.96	n.d	n.d	n.d	0.163	n.d	n.d	0.163
S6	1.02	4.72	1.76	n.d	7.5	n.d	0.011	0.11	n.d	n.d	n.d	0.121
S7	1.11	5.54	2.36	n.d	9.01	n.d	n.d	n.d	n.d	n.d	n.d	0
S8	1.43	11.20	2.16	0.22	15.01	n.d	n.d	n.d	n.d	n.d	n.d	0
S9	1.34	5.43	1.85	0.08	8.7	n.d	n.d	n.d	n.d	0.011	n.d	0.011
S10	1.91	13.9	2.87	0.09	18.77	n.d	n.d	n.d	n.d	n.d	n.d	0
S11	n.d	12.99	2.67	n.d	15.66	0.012	n.d	n.d	n.d	n.d	0.013	0.013
S12	1.34	5.5	1.81	0.16	8.81	0.041	n.d	n.d	n.d	n.d	n.d	0
S13	1.67	5.64	2.74	0.11	10.16	n.d	n.d	n.d	n.d	n.d	0.013	0.013
S14	1.88	3.91	2.36	0.20	8.35	n.d	0.013	n.d	n.d	n.d	n.d	0.013
S15	1.45	3.53	2.56	n.d	7.54	n.d	0.03	n.d	0.12	0.02	n.d	0.17
S16	0.94	3.09	1.87	n.d	5.9	n.d	0.25	0.11	n.d	0.12	n.d	0.48
S17	1.22	5.07	2.15	0.13	8.57	0.13	n.d	0.04	0.09	0.05	n.d	0.18
S18	n.d	4.39	1.32	n.d	5.71	n.d	n.d	n.d	0.06	n.d	n.d	0.06
S19	0.28	3.02	1.13	n.d	4.43	0.014	n.d	0.05	n.d	0.05	n.d	0.05
S20	1.12	11.28	2.11	0.12	14.63	n.d	n.d	n.d	n.d	0.012	n.d	0.012

续表

样品编码	α-HCH	β-HCH	γ-HCH	δ-HCH	∑HCHs	o′p-DDE	p′p-DDE	o′p-DDT	p′p-DDT	o′p-DDD	p′p-DDD	∑DDTs
S21	1.19	10.16	1.85	0.05	13.25	n.d	n.d	0.03	0.013	n.d	n.d	0.043
S22	2.43	4.12	2.79	n.d	9.34	n.d	0.013	0.15	n.d	n.d	n.d	0.163
S23	3.18	3.59	4.36	n.d	11.13	n.d	n.d	n.d	n.d	n.d	n.d	0
S24	3.43	10.45	3.19	0.13	17.2	n.d	n.d	0.012	n.d	n.d	0.31	0.322
S25	5.54	6.43	1.95	0.01	13.93	n.d	n.d	n.d	0.02	0.01	n.d	0.03
S26	2.91	13.9	2.57	0.03	19.41	n.d	n.d	n.d	n.d	n.d	0.017	0.017
S27	2.11	11.98	2.67	n.d	16.76	n.d	n.d	0.01	n.d	n.d	0.013	0.023
S28	2.34	5.56	1.91	0.06	9.87	n.d	n.d	n.d	n.d	n.d	n.d	0
S29	0.67	4.64	2.07	0.13	7.51	n.d	n.d	n.d	n.d	n.d	0.019	0.019
S30	2.88	13.91	2.96	0.26	20.01	n.d	0.008	n.d	n.d	0.001	n.d	0.009
S31	3.45	3.53	4.56	n.d	11.54	0.06	n.d	n.d	n.d	0.02	n.d	0.02
S32	1.94	2.89	2.47	n.d	7.3	n.d	n.d	0.11	n.d	n.d	n.d	0.11
S33	1.02	15.07	8.05	0.92	25.06	n.d	0.01	n.d	n.d	0.05	0.13	0.19
S34	4.73	20.39	1.32	n.d	26.44	n.d	n.d	n.d	0.01	n.d	n.d	0.01

表 4.15　其他地区地表水有机氯农药的比较(ng・L^{-1})

地表水来源	ΣHCHs	ΣDDTs
西班牙埃布罗河	3.1	3.4
印度孟买海	0.16~15.92(5.42)	3.01~33.21(12.45)
加拿大圣劳伦斯河	0.06	0.9~22
土耳其库科奇孟德尔河	187~337	72~120
马尔梅诺潟湖	30~300	n.d
埃及哈拉姆	20.7~86.2	2.300~61
坦桑尼亚城乡河盆地	4.7	1.27
国际安扎利湿地,伊朗北部	57.73	108.83
中国巢湖	2.0	5.9
中国东南部闽江河口	205.5	142.0
晋江	14.04	3.56
洪湖	2.97(2.36)	0.24(0.41)
苏州河	17~90	17~99
珠江口	5.8~99.7	0.52~9.53
中国大亚湾	35.3~228.6	8.6~29.8
海河	13.71	0.077

4.3.6　有机氯农药之间的相互关系

不同类型的有机氯农药在环境中的迁移具有相互制约的关系。很多因素影响着它们在环境中的迁移,如农药的来源、大气沉降、水流、人类活动的污染等。这些农药的相关性是通过多元统计如主成分分析(PCA)来表示的,这种分析是利用 Windows 中的 SPSS 11.0 来进行的。主成分分析法主要用于探讨各污染物对环境污染的贡献以及测量参数之间的关系。

主成分分析结果如图 4.9 所示。3 个主要成分占据了总方差的 59.02%。成分 1 中,α-HCHs、β- HCHs、γ- HCHs 和 o′p-DDE 拥有高载荷,表明这几种有机氯农药可能来自同一来源。成分 2 占总方差的 21.80%,其中主要为 p′p-DDE、o′p-DDT、o′p-DDD,这一成分中的农药残留物可以显示海岸地区的污染水平,成分 2 同时也反映了 DDTs 及其降解产物在该地区的历史性输入的存在。成分 3 中 δ-HCHs 和 p′p-DDD 的载荷表明这几种类型的有机氯农药可能有相似的迁移特征。

4.3.7　环境质量评价

评价模式:

$$P_i = \frac{C_i}{S_i} \tag{4.7}$$

式中，P_i 为污染物的单因素污染指数；C_i 为污染物浓度；S_i 为污染物评估标准浓度。当 $P_i > 1$ 时，表示超过标准值；当 $P_i < 1$ 时，表示低于标准值。

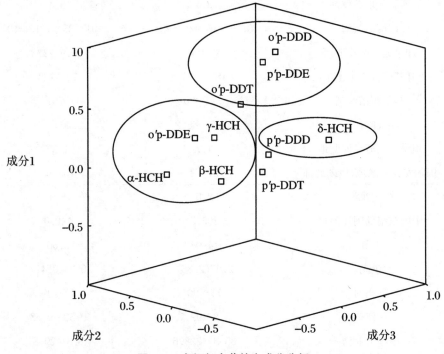

图 4.9 有机氯农药的主成分分析

环境质量评价：根据《地表水环境质量标准》(EOSs)，其适用于中国境内江河、湖泊、水渠、渠道、水库等地表水。我们根据三级水质标准对淮河水环境质量进行评价，标准值见表4.3。根据式4.7，我们计算出了地表水有机氯农药的单因素污染指数（见表4.16）。34 个水样中，所有有机氯农药的单因素污染指数均小于 1，这表明淮河流域水环境质量较好。

表 4.16 地表水中有机氯农药的质量评价

有机污染物	P_i	高于标准值	样品数量	标准值
HCHs	0.0002~0.013(0.001)	0	34	5000
DDTs	0.002~0.053(0.017)	0	34	1000

4.3.8 健康风险评估

健康风险评估方法：有机氯农药的暴露途径是食物链、饮用水和蒸汽吸收。本研究采用美国环保署提出的方法计算暴露剂量。该方法将暴露人群分为两组：儿童组（0~6 岁）和成人组（>18 岁）。计算公式如下：

$$\mathrm{CDI} = \frac{(C \times \mathrm{IR} \times \mathrm{EF} \times \mathrm{ED})}{(\mathrm{BW} \times \mathrm{AT})} \tag{4.8}$$

$$R = \mathrm{CDI} \times \mathrm{SF} \tag{4.9}$$

$$\mathrm{HI} = \mathrm{CDI} \times \mathrm{RfD} \tag{4.10}$$

式中,CDI 为长期暴露计量;C 为有机氯农药的浓度($mg \cdot L^{-1}$);IR 为每日饮用水的剂量（儿童 $1 L \cdot d^{-1}$,成人 $2.2 L \cdot d^{-1}$）;EF 为暴露频率（$350 d \cdot a^{-1}$）;ED 为暴露时间（儿童 6 a,成人 76.27 a）;BW 为平均体重（儿童 14 kg,成人 60 kg）;AT 为平均时间（儿童 2190 d,成人 26280 d）;R 为致癌风险;SF 为癌症系数（$2 kg \cdot d \cdot mg^{-1}$）;HI 为非致癌风险;RfD 为参考剂量（$0.02 mg \cdot kg^{-1} \cdot d^{-1}$）。

根据上述的式(4.8)、式(4.9)、式(4.10),我们计算了淮河表层水中有机氯农药的致癌和非致癌风险的年平均值(见表 4.17)。成人和儿童的致癌和非致癌风险如图 4.10 所示。从图 4.10 可以看出,儿童的致癌风险和非致癌风险均高于成人。结果与之前的研究结果一致。

表 4.17　地表水中有机氯农药的致癌和非致癌风险的年平均值

有机污染物	$R(\times 10^{-6})$		$HI(\times 10^{-6})$	
	儿童	成人	儿童	成人
α-HCH	0.31	0.17	7.65	4.16
β-HCH	1.19	0.65	29.69	16.15
γ-HCH	0.39	0.21	9.77	5.31
δ-HCH	0.02	0.011	0.52	0.29
ΣHCH	1.878	1.02	46.96	25.54
o′p-DDE	0.01	0.005	0.22	0.12
p′p-DDE	0.01	0.003	0.16	0.09
o′p-DDT	0.01	0.005	0.24	0.13
p′p-DDT	0.01	0.004	0.21	0.11
p′p-DDD	0.01	0.007	0.30	0.16
o′p-DDD	0.004	0.002	0.11	0.06
ΣDDT	0.01	0.006	0.26	0.14

从表 4.17 可以看出,儿童的致癌风险在 $0.004 \times 10^{-6} \sim 1.19 \times 10^{-6}$。除了 β-HCH 的风险值(1.19×10^{-6}),本研究区域的风险值均低于美国环保署(USEPA)规定的风险值的阈值(1×10^{-6}),这表明表层水中的有机氯农药的健康风险非常小,并且对儿童几乎没有致癌风险。但是,我们应该重视 β-HCH 的致癌风险。从图 4.10 中可以看出,HCHs 的风险值高于 DDTs,此外,HCHs 的风险值超过了 USEPA 规定的风险值的阈值(1×10^{-6}),这表示 HCHs 增加了儿童的致癌风险。DDTs 的风险值低于 USEPA 规定的风险值阈值,表示本研究区域水中的 DDTs 不会增加儿童的致癌风险。从表 4.17 可以看出,成人的致癌风险在 $0.002 \times 10^{-6} \sim 0.65 \times 10^{-6}$。在本研究区域,所有致癌风险值均低于 USEPA 规定的风险值阈值,表明本研究区域内水中有机氯农药对成人没有致癌风险。类似的,HCHs 的风险值也超过了风险值阈值,表明 HCHs 会增加成人的致癌风险。

淮河流域地表水中的非致癌风险的年平均值见表 4.17。有机氯农药对于儿童和成人的非致癌风险分别在 $0.11 \times 10^{-6} \sim 0.29.69 \times 10^{-6}$、$0.06 \times 10^{-6} \sim 16.15 \times 10^{-6}$。根据 USEPA 的规定,如果有机氯农药的风险值大于 1,表明其对人体有害。在本研究中,有机氯农药的非致癌风险均小于1,这表示在本研究区域内,水中有机氯农药对儿童和成人不存在非致癌风险。

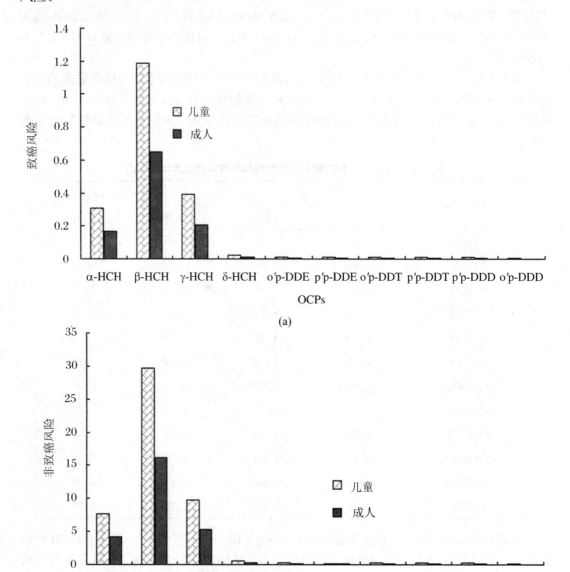

图 4.10　有机氯农药的致癌和非致癌风险($\times 10^{-6}$)

4.3.9　小结

　　本节对中国淮河表层水中有机氯农药的环境质量和健康风险进行了评价。与世界上其他地区的河流相比,HCHs 的污染水平相对较高,DDTs 的污染水平非常低。HCHs 是表层水中主要的有机氯农药。采用主成分分析法的结果表明,不同类型的有机氯农药在环境中的迁移存在着相互制约的关系。环境质量评价的分析结果表明淮河水环境质量较好。健康风险评估显示，儿童的致癌性风险和非致癌性风险均高于成人。我们应该重视 β-HCHs 的致癌风险。对儿童致癌风险的分析表明其健康风险非常低。对成人致癌风险的分析表明有机氯农药对成年人没有致癌风险。水中有机氯农药对儿童和成人不存在非致癌风险。

第 5 章　淮北矿区水体沉积物中污染物环境地球化学

本章的研究载体为淮北矿区塌陷塘中的表层沉积物样品,应用多种地球化学分析方法对沉积物样品中的微量元素进行了综合研究,主要包括样品中元素总量、空间分布特征、形态分布特征,并通过多元统计分析方法解析了沉积物中元素的可能来源,同时运用多种风险评价方法对该区域的微量元素污染等级及生态风险进行了评估。

5.1　概　　述

As、Cd、Cr、Cu、Ni、Pb 和 Zn 等金属性微量元素,由于其持久性、毒性、生物累积性和普遍性,被认为是水生生态系统的主要污染物。悬浮颗粒、地表水、孔隙水和沉积物是水生生态系统中 4 个主要的微量元素储集库。沉积物可以随着时间的推移通过吸附、结合及螯合作用从上覆水体中富集微量元素。与此同时,若环境条件发生变化,如水体 pH 变化或沉积物颗粒发生再悬浮,沉积物中微量元素可以被重新迁移和释放至上覆水体中。因此,沉积物可以作为评估水生态系统中微量元素污染。

沉积物中微量元素来源于自然和人为。人为来源有多种途径,包括工农业活动、交通和生活废物排放。大多数情况下,人为来源对沉积物中的微量元素富集贡献更为显著。已有大量研究分析了微量元素来源,旨为污染监测和管理提供有用的信息。

微量元素的总浓度仅能反映其污染程度。为了准确评估元素的潜在风险,元素形态分析已被用作评估其生物可利用性、迁移性及生态毒性的指标。通常使用两种方法来提取不同化学形态的金属元素,包括单级萃取法和逐级提取方法。目前已研究出一些专门应用于提取沉积物中微量元素 Sungur 形态的逐级提取方法。

沉积物中迁移性较强的微量元素可以通过水生生物,尤其是底栖鱼和沉水植物的生物富集作用进入食物链,并最终影响人类的健康。微量元素对生物的毒性是极受关注的。Cr、Cu、Ni 和 Zn 等生物必需金属,在生命活动中(如酶活性和其他生物过程中)起关键作用,它们在阈值内对生物体有益,但若超过容许的阈值则是有害的。Cd 和 Pb 等生物非必需元素对生命活动无已知作用,即使在极低浓度下也被认为具有生物毒性。

近几十年来,采矿活动导致煤矿区环境中微量元素含量较高。根据前人研究,煤矿区微量元素污染可能具有时间积累性和空间广阔性。采矿作业、工业活动、煤矸石堆积及燃煤电厂排放的气体与飞灰而产生的干湿沉降会导致水生系统中元素含量的升高。采煤造成的地表沉陷区经降水及地下水作用形成底部遍布淤泥的塌陷塘,成为微量元素的重要储存库。这些塌陷塘被用作灌溉水和渔业养殖。因此,塌陷塘沉积物中的微量元素分析可以帮助了解水生生态系统的污染状况以及微量元素对水生生物的潜在威胁。

本章研究中测试分析了淮北矿区几个塌陷塘沉积物中微量元素（As、Cd、Cr、Cu、Ni、Pb 和 Zn）总量及化学形态。主要目标是：① 评估沉积物中 As、Cd、Cr、Cu、Ni、Pb 和 Zn 的浓度；② 量化沉积物样品中微量元素的不同化学组分；③ 确定沉积物样品中微量元素的潜在来源；④ 评估塌陷塘中微量元素的生态风险。

5.2　样 品 采 集

2015 年，以淮北矿区的任楼矿（RL）、五沟矿（WG）、百善矿（BS）、朱仙庄（ZXZ）、祁东矿（QD）和芦岭矿（LL）为采样地区，每个子样区选取 1 个典型塌陷塘，并选取 1 个自然水体（CK）为对照，采集表层沉积物样品（$n=7$）（$0\sim5$ cm）。样品装袋编号，带回实验室储存于合适的条件下，待分析用。所有样品采集过程中用到的器具和储存容器事先于 5% 硝酸溶液中浸泡过夜并用超纯水冲洗干净。

5.3　样 品 处 理

把野外取来的块状样品进行分样、研磨，以达到测试分析所需要的样品粒度。具体物理处理过程如下：① 把室外采集的样品放在滤纸上置于通风橱中，使其自然干燥；② 将样品均匀地一分为二，1 份作为备用样品，1 份用于制样；③ 将制样的样品在研磨机上破碎，破碎后的样品采用四分法选取。每次破碎后都要用纯酒精把研磨机内部擦拭干净，待其自然晾干后，再进行下一个样品的处理；④ 将选取后的样品用玛瑙研钵磨至 100 目全部过筛，每次研磨后，都要用纯酒精把玛瑙研钵和研杆擦拭干净，待其自然晾干后，再进行下一个样品的研磨处理；⑤ 将研磨后的样品置于棕色玻璃瓶中，以备分析使用；⑥ 研磨后的样品，标注好样品编号、制样日期、制作人及简单的样品描述，以备多种分析使用。

5.4　样 品 测 试 与 分 析

本测试运用了电感耦合等离子体质谱仪（ICP-MS）、电感耦合等离子体-发射光谱仪（ICP-OES）、原子荧光光谱（AFS）、X 射线衍射仪（XRD）、X 射线荧光光谱仪（XRF）、热分析仪（DSC-DTA）、傅里叶变换红外光谱仪（FTIR）和岛津万能材料试验机（DCS）等，仪器测试工作条件分别如下：

1. ICP-MS

系统：Elan DRC Ⅱ。

条件：射频功率 1100 W；等离子体气 16 L・min^{-1}，辅助气 1.2 L・min^{-1}，雾化气

$1.0\,L\cdot min^{-1}$,试样流量 $1.5\,mL\cdot min^{-1}$,积分时间 $0.5\,s$,读数延迟 $30\,s$。

2. ICP-OES

系统:Optima 2100。

条件:射频功率 $1300\,W$,等离子气 $15\,L\cdot min^{-1}$,辅助气 $0.2\,L\cdot min^{-1}$,雾化气 $0.8\,L\cdot min^{-1}$,试样流量 $1.5\,mL\cdot min^{-1}$,积分时间 $1\sim5\,s$,读数延迟 $50\,s$。

3. AFS

系统:北京吉天 9230。

条件:负高压 $270\,V$,载气流量 $400\,mL\cdot min^{-1}$,屏蔽气流量 $800\,mL\cdot min^{-1}$,读数时间 $9\,s$,延时时间 $3\,s$。

4. XRD

系统:日本马克公司 MXPAHF。

性能指标:加速电压 $\leqslant60\,kV$,管流 $\leqslant450\,mA$,功率 $\leqslant18\,kW$,测定范围为 $-3°\sim+150.50°(2\theta)$,重复精度为 0.0010。

5. XRF

系统:日本岛津 XRF-1800。

性能指标:X 射线管靶为铑靶(Rh);X 射线管压为 $60\,kV$(Max);X 射线管流为 $140\,MA$(Max);检测元素范围为 $4\,Be\sim92\,U$;检测浓度范围为 $10^{-6}\sim100\%$;最小分析微区为直径 $250\,\mu m$。

6. DSC-DTA

系统:日本岛津 DSC-60。

性能指标:DGA 温度范围为室温至 $1500\,℃$;DSC 温度范围为 $-150\sim600\,℃$;DTA 温度范围为室温至 $1500\,℃$。

7. FTIR

系统:Thermo Nicolet 8700。

性能指标:光谱范围为中红外 $7800\sim350\,cm^{-1}$,远红外 $600\sim50\,cm^{-1}$;光谱分辨率为优于 $0.09\,cm^{-1}$ 分辨率(中红外);扫描速度为 $0.0016\sim8.8617\,cm\cdot s^{-1}$,步进扫描,相位调制功能。

8. DCS

系统:日本岛津 DCS-5000。

性能指标:静载 $1\,g\sim5000\,kg$;动载 $10\,g\sim5000\,kg$;载荷测量精度:载荷指示的 0.5%,加速速度和方式 $0\sim500\,mm\cdot min^{-1}$,连续可调范围为 $0.005\sim500\,mm\cdot min^{-1}$,机器速度精度为 1%。

5.4.1 C、H、O、N、S 元素的测定

对样品的 C、H、O、N、S 元素分别利用 Vario Elementar Ⅲ型元素分析仪(C、H、N、S)和 Heraeus CHN-O-RAPID 型元素分析仪(O)进行了测试分析。其分析过程如下:① 在烘箱内 $70\,℃$ 烘烤样品 $12\,h$,取出后冷却;② 用镊子夹取锡舟放入专用电子秤,归零;③ 用药品勺取 $1\sim2\,mg$ 冷却过的样品小心放入锡舟;④ 用镊子和药品勺小心包紧锡舟,在镜面上摔几次,看是否有样品漏出,若有漏出,须重新称量;⑤ 用镊子夹取包好的锡舟放入电子秤中称量;⑥ 每个样品做两次平行测定;⑦ 按上述方法称取 10 个苯磺酸钾(Sul)标样,标样称量要

求准确;⑧ 实验开始做 4 个标样检查仪器的稳定性,仪器稳定后,每 20 个样品带 3 个标样测试分析。

5.4.2　Mg、Al、Si、K、Fe、Ti、Ca、Na 及微量元素的测定

用 X 射线荧光光谱仪(XRF)测定常量元素(Na、Mg、Al、Si、K、Ca、Fe、Ti)的化学组成;用电感耦合等离子体-发射光谱仪(ICP-OES)测定稀土元素(La、Ce、Pr、Nd、Sm、Eu、Gd、Tb、Dy、Ho、Er、Tm、Yb、Lu)和特定的微量元素(Be、B、P、Sc、Mn、Ni、Zn);用电感耦合等离子体质谱(ICP-MS)测定其他的微量元素(V、Cr、Co、Cu、Sr、Y、Sn、Cd、Mo、Ba、Pb、Bi、Th);用原子荧光光谱(AFS)测定 As、Se、Hg 和 Sb 元素。

5.5　沉积物中微量元素总量特征

淮北矿区塌陷塘表层沉积物中元素(As、Cd、Cr、Cu、Pb、Zn)总量的描述性统计参数见表 5.1。此外,还引用了区域土壤背景值和基于生物效应的沉积物质量评价标准进行比较。

表 5.1　淮北矿区沉陷区表层沉积物中微量元素含量(mg·kg^{-1}干重)的统计分析

	As	Cd	Cr	Cu	Ni	Pb	Zn
平均值±标准差	9.52±0.95	0.35±0.04	86.76±24.99	27.75±5.16	26.76±3.44	27.79±7.06	73.55±8.81
范围	8.14~10.67	0.31~0.40	52.82~120.62	21.98~37.20	22.70~31.51	19.97~36.36	63.58~87.10
安徽的背景值	9.00	0.10	66.50	20.40	29.80	26.60	62.00
风险阈值	7.24	0.68	52.30	18.70	15.90	30.20	124.00
允许暴露限值	17.00	3.53	90.00	197.00	36.00	91.30	315.00

除 Ni 外,塌陷塘沉积物中元素的平均含量均高于背景值。沉积物中 As、Cr、Cu、Pb 和 Zn 含量略高于相应的背景值(分别为背景值的 1.06 倍、1.30 倍、1.36 倍、0.90 倍、1.05 倍、1.19 倍)。然而,Cd 的平均浓度(0.35 mg·kg^{-1})比其背景值高出 2.5 倍以上,表明沉积物可能遭受人为来源的 Cd 污染。Li et al(2008)提出芦岭矿采矿塌陷区沉积物中 As、Cr、Cu、Ni、Pb 和 Zn 的平均含量分别为 16.00 mg·kg^{-1}、78.30 mg·kg^{-1}、23.50 mg·kg^{-1}、35.8 mg·kg^{-1}、21.40 mg·kg^{-1}和 66.00 mg·kg^{-1},与我们的研究结果处于同一水平,在他们的研究中沉积物所含 As、Ni 和 Zn 的含量亦较低。

塌陷塘和自然水体中采集的表层沉积物中微量元素的总浓度如图 5.1 所示。显然,塌陷塘大多数沉积物样品中的元素浓度明显高于对照样品。值得注意的是,来自 RL 和 LL 矿塌陷塘沉积物中所有元素均高于自然水体沉积物(RL 中的 Cr 和 LL 中的 Ni 除外),表明这两个塌陷塘遭受微量元素污染程度较大。As 和 Cd 元素在 RL、WG 和 QD 矿塌陷塘中显示出较高的含量。采自 WG 矿沉积物中的 As(10.67 mg·kg^{-1})和 Cd(0.40 mg·kg^{-1})的浓

度在所有采样区中最高。此外,Cr 和 Cu Ni 和 Pb 显示出类似的分布特征,且在从 LL 和 QD 采集的样品呈现出这几种元素的最高值。沉积物中微量元素浓度显示出较大的空间变化,表明沉积物中的这些元素具有复杂的来源,受到多种生物地球化学过程的影响。

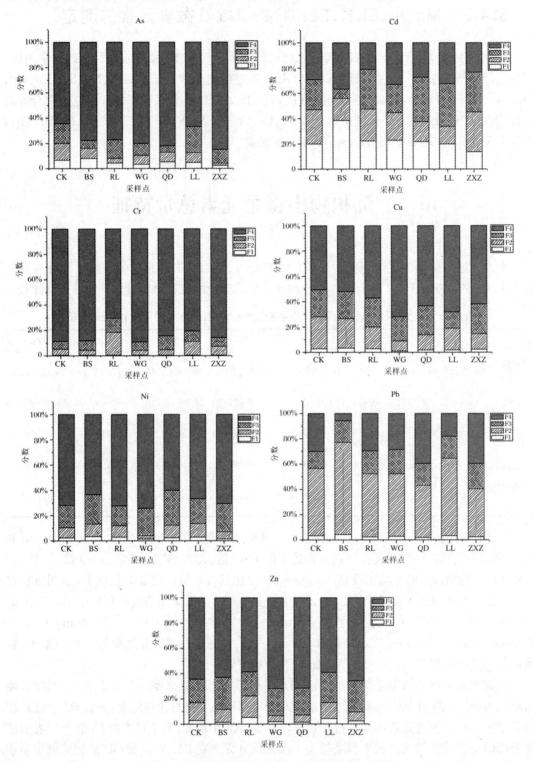

图 5.1　各采样点沉积物中各组分元素的相对丰度

5.6　沉积物中微量元素形态分析

BCR 顺序提取方法将微量元素分离成不同溶解度和迁移率的组分,并为预测沉积物中微量元素的可利用性和移动性提供有用信息。各形态分别为:① 弱酸提取态(F1),包括元素的可交换和碳酸盐结合态;② 可还原态(F2),即与 Fe/Mn 氧化物结合的元素;③ 可氧化态(F3),即与有机物和硫化物结合的元素形态,以及残渣态(F4),即元素与矿物结合的形态。表层沉积物中不同结合态元素的分布模式如图 5.1 所示。本研究中不同沉积物中微量元素的化学形态差异显著。

通常,元素的 F1 形态(可交换态和碳酸盐结合态)最小。然而,所有沉积物样品中,Cd 的 F1 百分比(占总 Cd 浓度的 13.55%～38.41%)明显高于其他元素,表明沉积物中 Cd 的迁移性和生物利用度高。这一观察结果与许多其他研究者结论一致。此外,沉积物中 As 的 F1 比例(2.19%～7.89%)也较高。其他 5 种元素的 F1 百分比一般较低,分别为 Cr(0.21%～3.36%)、Cu(1.12%～3.37%)、Ni(1.14%～3.45%)、Pb(1.83%～4.31%)和 Zn(1.16%～5.20%)。因此,沉积物中 F1 含量低的这些元素的迁移率和生物利用度是可以忽略的。虽然沉积物中 Cr 的总量最高,但其在沉积物中迁移性最低。

F2 是与 Fe/Mn 氧化物结合态,可利用率仅次于 F1。如图 5.1 所示,观察到 F2 百分比如下:Pb(38.44%～72.91%)＞Cd(14.16%～31.75%)＞Cu(7.89%～23.39%)＞Cr(3.94%～18.17%)＞Zn(4.62%～17.24%)＞Ni(3.31%～10.17%)＞As(2.29%～8.46%)。Pb 对可还原态的亲和度最高,与 Xu et al.(2016)的研究结论一致,这可能是由于 Fe/Mn 氧化物较大的比表面积促进了它们对 Pb 的吸附。

与有机和硫化物结合的微量元素是其可氧化态(F3)。Sekhar et al.(2004)和 de Andrade Passos et al.(2010)研究指出,稳定和不溶的有机和硫化物组分是沉积物中微量元素的重要载体。Cd、Cu、Ni、Pb 和 Zn 对有机和硫化物具有高亲和力,其 F3 百分比约为 20%。沉积物中的这部分元素在有机物降解或硫化物氧化后可以释放到水中。

与硅酸盐结合的组分(F4)是最稳定和不可利用的。除 Cd(20.81%～32.75%)和 Pb(5.57%～39.55%)外,其他元素的 F4 组分均在 50%以上。As、Cr、Cu、Ni 和 Zn 的 F4 高百分比表明,这些元素在研究区沉积物中的污染水平较低,自然来源组分较高。

F1、F2 和 F3 元素占总量百分比的总和反映了沉积物中微量元素的可提取性和可移动性。分析结果表明,Cd 和 Pb 是其中最易提取和迁移的元素。

5.7　沉积物中微量元素来源解析

运用皮尔逊相关分析确定沉积物中元素总量间相互关系,所得相关系数见表 5.2。一般来说,具有显著正相关关系的元素可能具有相同的起源以及相似的地球化学行为。As 和 Cd 呈显著正相关($R^2 = 0.88, p < 0.01$),说明它们具有共同来源。同时,另几对元素间也发

现显著正相关: Cr-Cu ($R^2 = 0.861$, $p < 0.05$), Cu-Zn ($R^2 = 0.808$, $p < 0.05$) 和 Pb-Zn ($R^2 = 0.962$, $p < 0.01$)。然而, 沉积物中 Ni 的浓度与其他元素间无显著相关性。

表 5.2　沉积物中微量元素总含量的相关系数

	As	Cd	Cr	Cu	Ni	Pb	Zn
As	1						
Cd	0.881**	1					
Cr	−0.325	−0.083	1				
Cu	−0.313	0.085	0.861*	1			
Ni	0.422	0.188	−0.157	−0.287	1		
Pb	−0.157	0.165	0.406	0.699	0.247	1	
Zn	−0.166	0.22	0.502	0.808*	0.056	0.962**	1

注: * 表示相关性在 0.01 水平显著; ** 表示相关性在 0.05 水平显著。

通过分层聚类分析可以进一步分析沉积物中微量元素的来源。图 5.2 显示研究的微量元素被分为 3 类。第一类中的元素 (As 和 Cd) 与第二类 (Cr, Cu, Pb 和 Zn) 和第三类 (Ni) 中元素相比具有较高的 F1 的百分比值。此外, 沉积物中 As 和 Cd 含量与区域背景值相比较为显著, 表明它们主要来自于人类活动, 如工业和农业活动, 农业活动中使用的化肥和农药中常含有这两种元素。大量研究表明, 沉积物中 Cd 的富集可能归因于农业活动。实际上, 本研究中的塌陷塘被大片农田包围, 存在潜在的农业来源。此外, 淮北矿区内各种工业和采矿活动也可能导致沉积物中 As 和 Cd 含量的增高。第二类中的 Cr, Cu, Pb 和 Zn 元素浓度略高于其对应的背景值, 而第三类中的 Ni 浓度低于背景值。这表明沉积物中的 Ni 主要为自然来源, 包括自然侵蚀和母岩退化。沉积物中的可提取态的 Pb 元素所占百分比, 即 ($\sum$F1 + F2 + F3)%, 显著高于总量的 60%, 表明它可能主要来源于人为活动。Cu, Pb 和 Zn 的正相关关系表明, 它们有相似的来源。根据其他文献的表述, Cr, Cu, Pb 和 Zn 元素一般来自交通污染。燃煤也会向环境中释放微量元素, 元素可以通过干湿沉降从大气进入水生系统, 富集在沉积物和水生生物中。经调查, 包括车辆材料的磨损和废气排放等交通污染是造成沉积物中 Cu, Pb 和 Zn 元素富集的主要原因之一。Cr 也用于汽车零部件的生产, 可能导致其在沉积物中的富集。As, Cr, Cu 和 Zn 的残渣态在 4 种形态中所占比例最大, 表明它们亦有自然来源的部分。来自 RL, WG 和 QD 的沉积物中 As 和 Cd 的水平升高可能反映了该样区农业活动造成的点源污染。然而, 由于其他矿区的 As 含量与背景值相当, 表明了这些样区沉积物中 As 元素主要为自然来源。因此, 第一类的两个元素 As 和 Cd 为地质成因和农业活动点源污染元素。同样, 沉积物中 Cr, Cu, Pb 和 Zn 含量在部分矿区较高, 而在部分矿区含量较低, 因此这 4 种元素也来自地质活动和交通污染的混合源。最后, 第三类的元素 Ni 主要为自然来源。

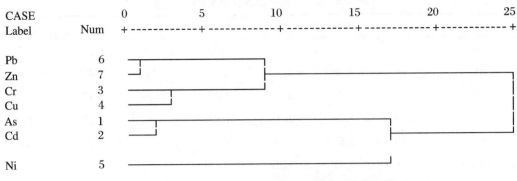

图 5.2　基于采样点表层沉积物总含量的元素树状图

5.8　沉积物中微量元素环境风险评价

5.8.1　微量元素的富集因子

富集因子法可用于判断特定元素的富集程度,从而推断出其受人为活动影响的程度。利用 Al、Fe、Co 及 Sc 等保守元素将样品中元素标准化,以排除元素粒度差异的影响。本研究中选用 Al 作为标准化元素,富集因子计算公式如下:

$$EF = \frac{(C_i/C_{Al})_{样本值}}{(C_i/C_{Al})_{基值}} \tag{5.1}$$

式(5.1)中,$(C_i/C_{Al})_{样本值}$为沉积物样品中元素 i 含量与 Al 元素含量的比值;$(C_i/C_{Al})_{基值}$为采样区域地壳中元素 i 含量与 Al 元素含量的比值,地壳中各元素含量值参考华东腹地地壳元素丰度值(CEC)。

EF 值根据大小分为 5 个等级:EF<2,轻度富集;EF = 2~5,中度富集;EF = 5~20,重度富集;EF = 20~40,高度富集;EF>40,极高度富集。

淮北矿区塌陷塘沉积物中 EF 的值见表 5.3。沉积物样品中 As、Cd、Cr、Cu、Ni、Pb 和 Zn 的平均 EF 值分别为 2.84、5.84、1.48、1.16、1.02、2.20 和 1.56。沉积物中 Cd 元素呈中度到高度富集。所有矿区沉积物中 As 和 Pb 的 EF 值都在 2~5 之间,呈中度富集,而 Cr、Cu、Pb、Zn 元素呈低度富集。据 Zhang 和 Liu(2002)及 Hu et al.(2013)所述,EF 值为 0.5~1.5 的元素可能来源于地壳物质或岩石风化过程,而元素 EF>1.5 则表明其人为来源的部分较为显著。所有样区沉积物中 As、Cd 和 Pb 的 EF 值均高于 1.5(除了 BS 矿沉积物中的 Pb),表明塌陷塘表层沉积物中 As、Cd 和 Pb 元素的富集主要来自人为污染。Ni 的 EF 值均低于 1.5,表明塌陷塘中的 Ni 来自天然源。同时,Cr、Cu 和 Zn 元素在部分沉积物样品中 EF 值超过 1.5,反映它们可能为自然和人为的混合来源。

表 5.3　淮北矿区采样点微量元素的 EF 值

	As	Cd	Cr	Cu	Ni	Pb	Zn
BS	2.14	4.11	0.70	0.73	0.71	1.24	1.07
RL	3.90	8.32	1.59	1.41	1.37	3.13	2.00
WG	3.57	7.44	1.59	1.17	1.08	1.77	1.57
QD	2.85	5.76	1.19	1.04	1.16	2.52	1.62
LL	2.83	6.57	2.30	1.77	0.99	3.26	2.11
ZXZ	2.78	5.41	1.82	1.18	1.06	1.90	1.43
均值	2.84	5.84	1.48	1.16	1.02	2.20	1.56
标准差	0.63	1.50	0.55	0.35	0.22	0.80	0.38
CK	1.79	3.45	1.17	0.82	0.79	1.56	1.13
CEC(ng・g^{-1})	4.40	0.08	80.00	32.00	35.00	17.00	63.00

5.8.2　微量元素的潜在危害指数

Hakanson(1980)提出潜在生态危害指数法可评价土壤和沉积物中微量元素的危害程度。根据这个评价方法,单个元素产生的潜在风险指数(E_r^i)与多元素产生的潜在风险指数(RI)可由下列方程计算得出:

$$\mathrm{RI} = \sum_{i=1}^{n} = \sum_{i=1}^{n} T_r^i \times (C^i / C_b^i) \tag{5.2}$$

式(5.2)中,C^i 为沉积物中元素 i 总浓度;C_b^i 为元素 i 对应的区域土壤背景值;T_r^i 为元素 i 的毒性系数,本研究分析的元素毒性系数分别如下:As = 10、Cd = 30、Cr = 2、Cu = 5、Ni = 5、Pb = 5 以及 Zn = 1;E_r^i 为元素 i 单独的潜在风险指数;RI 为所有分析元素总的潜在风险指数,即所有 E_r^i 的和。

潜在风险指数根据数值大小分为几个等级,具体见表 5.4。

表 5.4　潜在风险指数根据数值等级

E_r^i		RI	
范围	程度	范围	程度
<40	低	<150	低
40~80	适度	150~300	适度
80~160	高	300~600	高
160~320	很高	>600	很高
>320	危险		

本研究表层沉积物中单个元素和多元素的生态风险指数见表 5.5。元素的 E_r^i 值排序如下:Cd>As>Pb>Cu>Ni>Cr>Zn。研究区沉积物中的 Cd 的 ER 值均在 80~160 之间,而其他元素的 ER 值均在 40 以下。除了来自 RL 和 WG 矿样品外,多元素的 PERI 指数均

低于 150,表明矿区沉积物中微量元素具较低生态风险。从 RL 和 WG 矿采集的沉积物样品中元素呈现中度风险。沉积物样品的平均 RI 值为 140.23,表明塌陷池沉积物中微量元素在总体上呈现较低的潜在生态风险。然而,沉积物中的 Cd 元素在研究区域呈现出高风险,与 Xie et al.(2016)的研究结论一致。

表 5.5　表层沉积物中微量元素潜在生态风险评价结果

E_r^i	As	Cd	Cr	Cu	Ni	Pb	Zn	RI
CK	8.59	82.75	2.75	6.31	4.54	4.89	1.12	110.96
BS	9.85	94.82	1.59	5.39	3.91	3.75	1.03	120.34
RL	11.56	123.12	2.32	6.71	4.87	6.06	1.23	155.87
WG	11.85	123.33	2.59	6.25	4.31	3.84	1.08	153.25
QD	10.81	109.17	2.21	6.30	5.29	6.25	1.27	141.29
LL	9.05	105.17	3.63	9.12	3.81	6.83	1.40	139.01
ZXZ	10.34	100.45	3.32	7.05	4.75	4.62	1.10	131.62
均值	10.58	109.34	2.61	6.80	4.49	5.23	1.19	140.23

5.8.3　微量元素的风险评价指数

风险评价指数法(RAC)也是评价环境风险的方法之一,可由计算沉积物样品中元素形态占元素总量的百分比得到。风险评价指数可分为 5 个等级:无风险(<1%)、低风险(1%～10%)、中度风险(11%～30%)、高风险(31%～50%)和极高风险(>50%)。

Sundaray et al.(2011)提出沉积物中微量元素的形态分析可反映其生物有效性,也是评估其环境风险的有效方法。RAC 的结果见表 5.6,各元素平均值排序如下:Cd>As>Pb≈Zn≈Ni≈Cu>Cr。沉积物中 Cd 元素 F1 占总量的百分比为 13.55%～38.41%,表明其呈现高度生态风险,而 As、Cu、Ni、Pb 和 Zn 元素 F1 百分比均低于 10%,呈现中等风险。所有样品中 Cr 的 RAC 值均低于 1%,表明沉积物中 Cr 元素无生态风险。

表 5.6　表层沉积物中微量元素风险评价结果分析

RAC	As	Cd	Cr	Cu	Ni	Pb	Zn
CK	6.72	19.94	0.36	3.06	2.33	3.43	2.70
BS	7.89	38.41	0.25	3.37	3.45	4.31	1.16
RL	4.29	22.47	0.28	2.86	2.93	2.25	5.20
WG	3.41	22.95	0.33	1.12	1.14	2.91	2.02
QD	5.12	22.05	0.26	1.89	2.31	1.83	1.25
LL	4.74	19.80	0.21	2.02	3.05	3.23	4.08
ZXZ	2.19	13.55	0.31	2.20	1.31	2.21	2.51
均值	4.91	22.74	0.29	2.36	2.36	2.88	2.70

小　结

本章分析了采煤塌陷塘表层沉积物中 As、Cd、Cr、Cu、Ni、Pb 和 Zn 等微量元素的含量及形态分布特征,旨在剖析元素来源和评估其生态风险。沉积物中元素平均浓度按降序排列为:Cr>Zn>Pb≈Cu≈Ni>As>Cd。Cd 的平均浓度最高,比区域土壤背景值高出约 2.64 倍。沉积物中各微量元素呈现出不同的分布特征。根据沉积物质量标准(TEL 和 PEL),沉积物中 As、Cr 和 Pb 元素可能会导致不良生物效应。与其他元素相比,Cd 和 Pb 元素在形态分析中表现出较高的可提取能力。其余元素主要以残渣态存在于沉积物中,表明它们的迁移性低。沉积物中 Cd 的 F1 占总量百分比很高。通过聚类统计分析获得 3 个类别,结果表明,沉积物中的 As 和 Cd 元素起源于农业活动和自然活动。同时,交通污染、工业活动和自然来源造成沉积物中 Cr、Cu、Pb 和 Zn 元素的积累,而沉积物中的 Ni 仅为自然来源。富集因子、皮尔森相关性分析及聚类分析的来源鉴定结果一致。微量元素的生态风险评价结果表明,淮北矿区塌陷塘沉积物中 Cd 元素呈高度风险水平,但所有元素的综合潜在生态风险较低。本书得出的结论可为淮北矿区塌陷塘的污染治理和修复提供有效参考信息,且特别提出应对塌陷塘沉积物中 Cd 等微量元素加以关注。

第6章　淮河表层沉积物中污染物的
环境地球化学

沉积物是地球化学循环中的一类重要载体,能对多种物质组分进行存储,它们能较好地反映人类活动对水生环境的影响,常被用来鉴别污染物的时空来源,因此,沉积物在环境污染领域有着重要的地球化学指示作用。河流是陆地径流与河水的交汇区,也是物质交换最活跃的区域,该区域是河陆物质动态互换的沉淀区和重要理化信息的储存区。相对于河流区水体存留时间较短的特点,水体中污染物浓度因受到多种因素的影响,具有综合动态变化的特点。沉积物中污染物的含量是长时期与水生系统交换积累的结果,因而能更好地反映研究区域污染物较长时期的变化。因此,对沉积物中污染物的分析评价更具意义。本章主要研究有机氯农药、多环芳烃、多氯联苯、多溴联苯醚及微量元素的分布特征与迁移特点。

6.1　表层沉积物中微量元素的环境地球化学

6.1.1　概述

河流系统中的微量元素不能被生物降解,具有环境持久性,并且能通过生物地球化学循环及生物富集,对水环境质量及人类健康造成威胁。大部分进入水体的微量元素通过物理、化学及生物过程富集在悬浮颗粒物及沉积物中,悬浮颗粒物最终会在适宜的水动力条件下沉降。沉积物中微量元素的含量要远高于上层水体,因此,沉积物被认为是微量元素重要的储存库,在微量元素分布与循环过程中起着重要的作用,同时沉积物可以指示水污染事故。然而,当沉积环境,如盐分、pH、氧化还原电位等发生变化时,富集于沉积物中的微量元素又会被重新释放到水体中,导致水质下降。另外,沉积物是生态系统的主要组成,同时也是底栖生物的营养来源,是化学过程与生物过程的重要链接。因此,河流沉积物质量下降将会影响底栖生物的活动。研究沉积物中微量元素的地球化学分布对于采取有效措施控制微量元素污染具有重要的指导意义。

通常沉积物中微量元素的总量是用来评价微量元素环境影响的最基本的标准,然而,微量元素的迁移性、生物可利用性及潜在毒性不仅与其总量有关,而且与其化学形态也有密切的关系,而微量元素的形态通常受到化学及地质条件的控制。微量元素形态研究通常能够提供更加真实的环境影响评估。

目前有关淮河沉积物中微量元素的分布、形态、污染评价及风险评价的研究很少。本章主要通过对淮河(安徽段)从正阳关至蚌埠闸(流经寿县、凤台、淮南及蚌埠)共54个表层沉积物样品中微量元素（Cu、Pb、Zn、Ni、Cr、Cd、As、Fe、Mn、Al）的总量及形态的分析，探索微量元素的空间分布规律及形态特征（迁移性、生物可利用性、毒性），并应用沉积物质量基准（SQGs）、地积累指数（I_{geo}）、富集因子（EF）、污染负荷指数（PLI）、潜在生态风险指数（RI）及风险评价指数（RAC），评价表层沉积物中微量元素的污染状况及潜在风险水平。此外，应用多元统计分析方法探索微量元素的可能来源，本章研究结果为淮河管理者评估沉积物环境提供了依据。

6.1.2　样品采集与前处理

采集水样的同时，在相应的采样点（S1～Y53）用抓斗式采样器采集河底表层沉积物样品（表层 0～10 cm），每份沉积物样品采集约 1 kg。因此，与水样品相对应的表层沉积物样品共 53 个。因受具体条件限制，在蚌埠闸处，由于大量船只的停泊，导致采样船无法前行，第 54 个表层沉积物采集于淮河北岸。样品采集后储存在密封袋中，编号为 S1～S10（寿县）、F11～F21（凤台）、H22～H41（淮南）、Y42～Y54（怀远），并详细记录了每个采样点的周围环境及具体地理信息（见表 6.1）。为了避免微量元素的污染，采样仪器在每个样品采样前用上层淮河水清洗 3 次。

表 6.1　淮河流域采样的 GPS 详细资料

采样点	纬度（N）	经度（E）	采样点	纬度（N）	经度（E）
S1	32°28′30.04″	116°30′54.57″	H29	32°39′28.8″	116°54′25.32″
S2	32°34′9″	116°39′46.56″	H30	32°40′3.96″	116°54′46.14″
S3	32°35′11.76″	116°41′11.76″	H31	32°40′25.98″	116°55′50.1″
S4	32°35′43.86″	116°41′45.06″	H32	32°40′35.7″	116°56′35.64″
S5	32°36′24.78″	116°42′50.28″	H33	32°40′43.08″	116°58′03.6″
S6	32°36′38.22″	116°43′29.28″	H34	32°40′33.84″	116°59′05.7″
S7	32°37′53.04″	116°44′34.32″	H35	32°40′11.94″	117°00′12.36″
S8	32°38′51.66″	116°44′18.18″	H36	32°40′09.6″	117°00′41.94″
S9	32°39′23.28″	116°43′53.4″	H37	32°40′41.22″	117°01′26.7″
S10	32°39′52.14″	116°43′25.5″	H38	32°41′18.48″	117°02′41.58″
F11	32°40′23.64″	116°42′14.04″	H39	32°41′36.9″	117°04′8.04″
F12	32°41′26.94″	116°41′45.00″	H40	32°43′10.02″	117°05′37.08″
F13	32°42′8.76″	116°42′30.3″	H41	32°45′0.42″	117°04′47.76″
F14	32°41′29.04″	116°43′39.78″	Y42	32°46′35.82″	117°05′37.38″
F15	32°42′22.98″	116°43′54.78″	Y43	32°47′33.42″	117°06′2.64″
F16	32°42′55.02″	116°43′55.02″	Y44	32°49′46.92″	117°06′31.68″
F17	32°43′45.12″	116°44′14.1″	Y45	32°51′8.52″	117°07′47.46″
F18	32°43′13.68″	116°45′32.52″	Y46	32°51′16.74″	117°10′30.48″

采样点	纬度（N）	经度（E）	采样点	纬度（N）	经度（E）
F19	32°43′8.52″	116°46′18.66″	Y47	32°53′48.42″	117°10′59.7″
F20	32°42′42.96″	116°47′18.84″	Y48	32°55′39.3″	117°10′10.74″
F21	32°42′25.14″	116°48′6.66″	Y49	32°56′6.96″	117°10′46.44″
H22	32°41′57.96″	116°49′6.48″	Y50	32°56′36.66″	117°12′1.44″
H23	32°41′21.72″	116°49′13.86″	Y51	32°57′17.94″	117°12′37.32″
H24	32°40′47.46″	116°49′24.6″	Y52	32°57′32.28″	117°13′15.42″
H25	32°39′54.06″	116°50′26.82″	Y53	32°57′26.16″	117°14′48.18″
H26	32°39′35.22″	116°51′8.70″	Y54	32°57′17.94″	117°15′40.44″
H27	32°38′32.16″	116°52′47.34″	Core A	32°43′57.97″	116°46′56.89″
H28	32°38′32.16″	116°54′21.78″	Core B	32°40′52.52″	117°1′54.23″

所有沉积物样品带回实验室进行理化分析前，在室温下自然风干，并根据实验内容的要求，通过 2 mm 的筛子去除植物残体、砂砾等粗颗粒物，然后用玛瑙研钵研磨沉积物样品，直至通过 100 目的尼龙筛，样品储存在聚乙烯容器中，并保存在 4 ℃条件下，待进一步实验。

6.1.3　样品分析与测试

6.1.3.1　理化指标

将沉积物与超纯水按 1∶2.5(w/v) 的比例混合，静置分层后，用 pH 计测量沉积物的 pH。采用烧失量法（L.O.I.）测定沉积物的有机质含量，称取一定量的沉积物，在马弗炉中于 550 ℃灼烧 2.5 h 后，称重，计算其失去的重量，重复此操作，直至重量不变。

应用激光粒度仪（Malvern，JSM-5610LV）测定沉积物样品的颗粒粒径。此仪器的测量范围为 $0.02\sim2000~\mu m$。在进行测量沉积物颗粒粒径之前，先用 $1~mol \cdot L^{-1}$ 的 HCl 和 30% 的 H_2O_2 去除沉积物中碳酸盐及有机质含量。在本研究中，颗粒粒径被分为 3 类：$<2~\mu m$（黏土）、$2\sim63~\mu m$（粉质土）及 $63~\mu m\sim2~mm$（砂土）。沉积物颗粒粒径的测定在南京师范大学完成。

6.1.3.2　样品消解

称取 0.10 g 沉积物样品放入聚四氟乙烯瓶中，加入 2 mL 硝酸（分析纯）、1 mL 高氯酸（分析纯）和 5 mL 氢氟酸（分析纯），在电热板上加热消解，具体消解方法参考李向东等人（2000）的研究。样品消解完成后，将聚四氟乙烯瓶中的残留液体过滤到聚乙烯管中，并用去离子水定容到 25 mL。样品保存以便进一步测定微量元素总量及铅稳定同位素。

本书采用修饰过的 BCR 连续逐级提取法提取沉积物中微量元素的不同形态，一共可提取 4 种形态，即 F1：弱酸提取态（可交换态及碳酸盐结合态）；F2：可还原态（铁锰氧化物）；

F3:可氧化态(有机物-硫化物结合态);F4:残渣态。称取 1 g 沉积物样品到 50 mL 离心管中,见表 6.2。对于所有样品,在每一步加入提取剂之后,都要在$(180 \pm 20) r \cdot min^{-1}$的速度下震荡 16 h,然后在 7000 $r \cdot min^{-1}$条件下离心 10 min,用移液管获取上清液保存在聚乙烯管中待测。然后加 8 mL 去离子水到离心管中,离心 10 min,弃去上清液,继续下一步的提取。

表 6.2 修饰过的 BCR 连续逐级提取法提取沉积物中微量元素不同形态

步骤	Fraction	提取剂	提取条件
F1	弱酸提取态	1.0 g + 40 mL 过氧乙酸 (0.11 M)	16 h, 22 ± 5 ℃, 离心
F2	可还原态	40 mL 盐酸羟胺(0.5 M, pH = 1.5)	16 h, 22 ± 5 ℃, 离心
F3	可氧化态	10 mL 过氧化氢(8.8 M, pH = 2,两次) 再加入 50 mL 乙酸铵(1 M, pH = 2)	在 85 ℃ 加热 1 h,在水浴温度 22 ± 5 ℃ 加热 16 h,离心
F4	残渣态	0.1 g + 8 mL 王水	在电热板上加热至干燥

6.1.3.3 微量元素测试

采用电感耦合等离子体原子发射光谱测定 54 个表层沉积物中微量元素总量(Cu、Pb、Zn、Ni、Cr、Cd、As、Mn、Fe、Al)。

6.1.3.4 理化性质分析

淮河(安徽段)54 个表层沉积物中 pH 及有机质(OM)含量参见表 6.3 及图 6.1。pH 是水环境系统中环境质量与污染程度的重要指示剂。沉积物中 pH 变化范围为 6.70~8.73,平均值为 7.92,因此,淮河(安徽段)沉积物总体呈弱碱性,而位于寿县的采样点 S10,pH 为 6.7,呈弱酸性。酸性水对水质及有机体的危害较大,因此,应重视造成该采样点呈酸性的原因。

有机质是沉积物的重要组成,本研究中其含量变化为 1.40%~7.49%,与工业污泥比较(32% ± 5.7%),沉积物中的有机质含量较低,而与河口沉积物比较(<1%),沉积物中微量元素含量较高。由于微量元素可以与有机质形成各种复杂的化合物,因此沉积物中有机质含量水平是微量元素迁移性及生物可利用性的指示剂。

表 6.3　淮河表层沉积物中微量金属的理化特征、含量及其背景值(mg·kg⁻¹,干重)

元素	Cu	Pb	Zn	Ni	Cr	Cd	As	Mn	Fe (g·kg⁻¹)	Al (g·kg⁻¹)	OM (%)	pH
最小值	11.16	18.49	32.88	18.37	44.41	0.02	10.41	354.91	18.93	34.98	1.40	6.70
最大值	52.77	199.05	418.55	130.33	246.66	0.73	80.83	1952.07	46.28	95.35	7.49	8.73
平均值	31.30	53.43	183.57	32.79	101.73	0.28	36.09	876.49	33.39	68.20	4.18	7.92
标准差	7.83	28.74	106.20	15.34	35.55	0.18	13.47	336.94	69.14	99.06	1.43	0.47
CV(%)	25.02	53.78	57.85	46.78	34.94	63.86	37.31	38.44	20.71	14.52	—	—
安徽省土壤背景值	19.30	26	58	28.10	62.60	0.08	8.40	452	30.10	65.80	—	—
中国土壤背景值	20	23.60	67.70	23.40	53.90	0.074	9.20	482	27.30	64.10	—	—
淮河沉积物背景值	34	29.60	86.60	—	60.80	0.58	15.80	730	—	—	—	—
中国河流沉积物背景值	21	25	68	24	58	0.14	9.10	682	—	—	—	—
全球页岩平均值	45	20	95	68	90	0.30	13	850	47.20	88.00	—	—
阈值效应浓度	31.60	35.80	121	22.70	43.40	0.99	9.79	—	—	—	—	—
可能的影响浓度	149	128	459	48.60	111	4.98	33	—	—	—	—	—

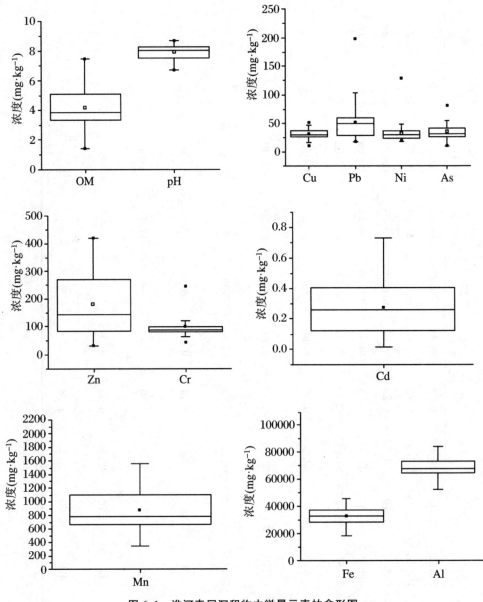

图 6.1 淮河表层沉积物中微量元素的盒形图

6.1.4 质量控制

实验中用到的所有容器都在 10% 的硝酸中浸泡至少 24 h, 并用去离子水润洗 3 遍。实验室中所用试剂都是分析纯。微量元素的标准工作曲线通过用 2% HNO_3 稀释 1000 mg · L^{-1} 储备液获取。

对于表层沉积物, 微量元素总量及形态提取的质量控制通过试剂空白、重复样品以及标准参考物来实现 (GSD—9) (GB W07309)。对于表层沉积物, 测得的微量元素含量与标准参考值具有较好的一致性, 回收率为 84.91%~108.79% (见表 6.4)。

表 6.4　表层沉积物微量元素测定质量控制标准物质(GB W07309)参数

mg · kg^{-1}	参考值	样品	重复样	均值	回收率(%)/标准偏差(%)
Cu	32	30.29	28.97	29.63	92.59/0.93
Pb	23	22.94	24.17	23.56	102.43/0.87
Zn	78	82.13	70.01	76.07	97.52/8.57
Ni	32	26.29	28.04	27.17	84.91/1.24
Cr	85	97.03	84.46	90.75	106.76/8.89
Cd	0.26	0.25	0.23	0.24	92.31/0.01
As	8.4	8.6	8.6	8.6	102.38/0
Mn	620	669	680	675	108.79/7.78
Fe(Fe$_2$O$_3$%)	4.86	4.47	4.51	4.49	92.39/0.03
Al(Al$_2$O$_3$%)	10.58	10.78	10.73	10.755	101.65/0.04

6.1.5　微量元素的浓度与分布特征

表层沉积物中微量元素的含量、背景值、页岩含量、沉积物基准值(SQGs),包括最低阈值(TEC)和可能效应浓度(PEC)见表 6.3 及图 6.1。

6.1.5.1　铝(Al)、铁(Fe)、锰(Mn)

表层沉积物中 Al、Fe、Mn 的总量变化范围分别为 34.98～95.35 g · kg^{-1}、18.93～46.28 g · kg^{-1}、354.9～1952 mg · kg^{-1},平均值分别为 68.20 g · kg^{-1}、33.39 g · kg^{-1}、876.49 mg · kg^{-1}。Al 的最大浓度值(Y51)是安徽省土壤背景值、中国土壤背景值及平均页岩含量的 1.45 倍、1.49 倍及 1.08 倍;Fe 的最大浓度值(F12)是安徽省土壤背景值和中国土壤背景值的 1.54 倍和 1.70 倍。Fe 在沉积物中的最大浓度值小于平均页岩含量。与各背景值相比(见表 6.4),Mn 呈现出较高的含量水平,Mn 的最大浓度(Y53)分别是安徽省土壤背景值、中国土壤背景值、淮河流域沉积物背景值、中国河流系统沉积物背景值及平均页岩含量的 4.32 倍、4.05 倍、2.67 倍、2.86 倍及 2.30 倍,说明 Mn 在采样点 Y53 具有明显的富集。Mn 的平均浓度是平均页岩含量的 1.03 倍,在 54 个采样点中,Mn 的含量高于平均值的采样点有 23 个(S1～S2、S7～S8、S10、F11～F12、F14～F15、F17～F19、H23、H25、H28、H36、H38、H40、Y47、Y50、Y52～Y54)。沉积物中 Al、Fe 和 Mn 的氧化物对微量元素的运输及归宿具有重要的影响。沉积物中的 Fe-Mn 氧化物能够参与氧化还原反应,并释放出与其结合的微量元素。淮河水体中 Al 和 Fe 的高浓度表明沉积物黏土及粉质土含量高,与粗颗粒相比,黏土及粉质土较大的比表面积导致其对微量元素有较强的吸附能力。

6.1.5.2　铜(Cu)、铅(Pb)、镍(Ni)、砷(As)

沉积物中 Cu 的含量变化范围为 $11.16 \sim 52.77$ mg·kg^{-1}，平均值为 31.30 mg·kg^{-1}，与淮河流域沉积物背景值(34 mg·kg^{-1})相当，但是要低于平均页岩中 Cu 的含量(45 mg·kg^{-1})。通常，将微量元素浓度与平均页岩含量比较是一种评价微量元素富集的既快速又实用的方法。沉积物中 Cu 平均浓度与页岩中 Cu 的比较表明，淮河(安徽段)沉积物没有明显的 Cu 富集。54 个采样点中高于 Cu 平均含量的采样点有 24 个(S2、S5~S8、S10、F11、F12、F15~F17、F19、H23、H25、H3、H32、H36、H38、Y43、Y47、Y48、Y50~Y52)。其中，在采样点 H32 (47.58 mg·kg^{-1})及 H36(52.77 mg·kg^{-1})，其 Cu 的含量较高。这两个采样点都位于采煤活动频繁的淮南市，且位于燃煤电厂附近。因此，采煤活动及这两个燃煤电厂可能对这两个采样点高含量的 Cu 具有一定的贡献。Cu 最大浓度(H36)分别是安徽省土壤背景值、中国土壤背景值、淮河流域沉积物背景值、中国河流系统沉积物背景值及平均页岩含量的 2.73 倍、2.64 倍、1.55 倍、2.51 倍及 1.17 倍。

Pb 的浓度范围为 $18.49 \sim 199.05$ mg·kg^{-1}，平均值为 53.43 mg·kg^{-1}，是平均页岩含量(20 mg·kg^{-1})的 2.67 倍。另外，Pb 的变异系数(53.78%)很高，表明 Pb 的空间分布不均衡，可能在一定程度上受到人为活动的影响。在 54 个采样点中，有 39% 的采样点 Pb 含量高于研究区平均 Pb 浓度，说明在这些采样点 Pb 比较富集(S4、S5、S9、F11、F14~F16、F18、F20、H23~H25、H29、H34~H36、H40、Y48、Y51、Y52、Y54)。Pb 最大浓度(199.05 mg·kg^{-1})在采样点 Y48，位于淮河大桥下，分别是安徽省土壤背景值、中国土壤背景值、淮河流域沉积物背景值、中国河流系统沉积物背景值及平均页岩含量的 7.66 倍、8.43 倍、6.72 倍、7.96 倍及 9.95 倍。该采样点高浓度的 Pb 可能来源于淮河大桥上过往交通排放的尾气。

Ni 的浓度范围为 $18.37 \sim 130.33$ mg·kg^{-1}，平均值为 32.79 mg·kg^{-1}，低于平局页岩含量(68 mg·kg^{-1})。在 54 个采样点中有 23 个采样点(S1、S3~S8、S10、F11、F12、F15~F17、F19、H24、H25、H32、H36、Y47、Y50、Y52~Y54)Ni 的含量高于研究区平均 Ni 浓度。Ni 的最大浓度在采样点 Y50，位于怀远县内，分别是安徽省土壤背景值、中国土壤背景值、淮河流域沉积物背景值及中国河流系统沉积物背景值的 4.64 倍、5.57 倍、5.43 倍及 1.92 倍。

As 的浓度范围为 $10.41 \sim 80.83$ mg·kg^{-1}，平均值为 36.09 mg·kg^{-1}，是平均页岩含量的 2.78 倍。As 比较容易通过理化作用与沉积物颗粒结合，或者直接吸附在有机或无机颗粒物上。在 54 个采样点中，有 21 个采样点(S1~S3、S5~S8、S10、F11、F12、F15、F17、F19、H23、H25、H32、Y50~Y54)As 的浓度高于研究区平均 As 含量。高浓度 As 主要集中在寿县与怀远县，这两个地区农业活动较多，所以高浓度的 As 可能来源于农业活动的贡献。最大的 As 浓度(80.83 mg·kg^{-1})在采样点 Y50，分别是安徽省土壤背景值、中国土壤背景值、淮河流域沉积物背景值、中国河流系统沉积物背景值及平均页岩含量的 9.62 倍、8.79 倍、5.12 倍、8.88 倍及 6.22 倍。

6.1.5.3　锌(Zn)、铬(Cr)

Zn 的浓度($32.88 \sim 418.55$ mg·kg^{-1})表现出较大的变化范围，变异系数为 57.85%。平均 Zn 浓度(183.57 mg·kg^{-1})要高于各背景值。在 54 个采样点中，有 22 个采样点(S1、S3~S7、F11、F12、F17、F19、H22、H30、H32~H34、H36、H38、H39、Y43、Y48、Y49、Y52)Zn

的浓度高于研究区平均 Zn 含量。在这 22 个采样点中,55%的采样点位于凤台和淮南。Zn
的最大浓度(418.55 mg·kg^{-1})在采样点 H38,位于淮南市田家庵电厂的下游,分别是安徽
省土壤背景值、中国土壤背景值、淮河流域沉积物背景值、中国河流系统沉积物背景值及平
均页岩含量的 7.22 倍、6.18 倍、4.83 倍、6.16 倍及 4.41 倍。

Cr 的浓度(44.41~246.66 mg·kg^{-1})表现出较大的变化范围,平均值为 101.73 mg·kg^{-1},
是平均页岩含量的 1.13 倍。在 54 个采样点中,有 13 个采样点(S2、F18、F21、H24~H27、
H34、H37、Y44、Y50、Y52、Y54)Cr 的浓度高于研究区平均 Cr 含量。高浓度 Cr 主要集中在
淮南与怀远。Cr 的最大浓度(246.66 mg·kg^{-1})在采样点 H37,分别是安徽省土壤背景值、
中国土壤背景值、淮河流域沉积物背景值、中国河流系统沉积物背景值及平均页岩含量的
3.94 倍、4.58 倍、4.06 倍、4.25 倍及 2.74 倍。

6.1.5.4　镉(Cd)

Cd 的浓度(0.02~0.73 mg·kg^{-1})表现出较大的变化范围,变异系数为 63.86%,是所
有元素中变异系数最大的元素,表明该元素在研究区不均衡的空间分布。Cd 浓度平均值
(0.28 mg·kg^{-1})低于平均页岩含量。在 54 个采样点中,有 19 个采样点(S1、S2、S4~S6、
F15、H22、H24、H27、H28、H31、H33、H35、H39、Y44、Y46、Y47、Y49、Y52)Cd 的浓度高于
研究区平均 Cd 含量。Cd 的最大浓度(0.73 mg·kg^{-1})在采样点 Y49,分别是安徽省土壤背
景值、中国土壤背景值、淮河流域沉积物背景值、中国河流系统沉积物背景值及平均页岩含
量的 9.13 倍、9.86 倍、1.26 倍、5.21 倍及 2.43 倍。

淮河表层沉积物中微量元素的含量与其他河流及世界平均含量水平的对比见表 6.5。
淮河(安徽段)表层沉积物中微量元素含量水平依次下降:Al>Fe>Mn>Zn>Cr>Pb>Cu
>Ni>As>Cd。与各背景值相比,Cr、Pb、Zn、Cd 及 As 呈现一定的污染,而 Cu、Ni、Mn、Fe
及 Al 与背景值含量相当。所以,应当重视淮河(安徽段)表层沉积物中微量元素 Zn、Pb、Cr、
Cd 及 As 的排入。

表 6.5　淮河表层沉积物中微量元素的含量与其他河流及世界平均含量水平的对比(mg·kg^{-1},干重)

位置	Cu	Pb	Zn	Ni	Cr	Cd	As	Mn
淮河	31.3	53.43	183.57	32.79	101.73	0.28	36.09	876.49
长江武汉段	51.64	45.18	140.27	40.91	87.82	1.53	15.85	—
长江江苏和上海段	48.61	50.77	129.73	41.49	98.32	2.82	13.54	—
底格里斯河	1334.33	380.45	509.84	284.00	135.81	3.02	5.90	1257.74
辛顿河	59.33	41.20	58.29		101.78	2.29		150.88
贡提河	12.50	40.33	41.67	15.17	8.15	2.43	—	148.13
世界平均值	100	150	350	90	100	1	—	1050

6.1.6　微量元素的形态特征

在本章中,应用修饰过的 BCR 连续提取法提取表层沉积物中微量元素的 4 种形态(弱
酸溶解态、可还原态、可氧化态、残渣态)。第一种形态(F1),弱酸提取态(可交换态和碳酸盐

结合态)：微量元素通过静电作用吸附在沉积物表面或者与碳酸盐共沉淀。由于微量元素的第一种形态迁移性最大，能够被水底有机体直接吸收，所以该种形态对水质量的潜在毒性最大。沉积环境如pH、盐分、水中离子组成等的变化都会影响微量元素弱酸溶解态的稳定性。第二种形态(F2)，可还原态：微量元素通过专性吸附与Fe-Mn氧化物结合，但是在还原条件下，与之吸附的微量元素又会被重新释放。第三种形态(F3)，可氧化态：微量元素与有机质或硫化物形成复合物。当氧化还原电位升高时，有机质及硫化物氧化会重新释放与之结合的微量元素，并向上层水体扩散。第四种形态(F4)，残渣态：微量元素镶嵌在原始矿物或次生矿物矿物晶格中，该种形态是化学稳定性最好，最不易被生物吸收利用的形态。

在沉积物中微量元素的4种形态中，由于弱酸提取态(可交换态和碳酸盐结合态)与沉积物的作用力较弱，最容易被生物利用，该种形态与上覆水中微量元素动态平衡。另外，前3种形态(F1、F2、F3)为生物有效态，这3种形态不稳定，当环境条件变化时，会释放与之结合的微量元素。因此，对沉积物中微量元素的研究很有意义，尤其是对生物有效态的研究。

淮河(安徽段)表层沉积物中微量元素的形态分布见表6.6和图6.2。微量元素不同形态分布为Cu：F4>F3>F1>F2；Ni：F4>F3>F2>F1；Cr、Fe和Zn的分布模式相似，为Cr：F4>F2>F3>F1；As：F2>F4>F1>F3；Pb：F2>F3>F4>F1；Mn：F1>F2>F4>F3。Cu、Zn、Cr、Fe及Ni主要位于残渣态中，平均含量分别为55.29%、55.54%、61.70%、69.18%及71.51%，说明沉积物中这5种元素含量主要固定在矿物晶格中。对于Cu和Ni，除去残渣态(生物有效态)，主要存在于有机物与硫化物结合态中，含量分别为28.40%和15.39%。可氧化态Cu含量高可能是由于Cu与沉积物中腐殖质具有较强的吸附力。另外，可氧化态Cu(0.567)和Ni(0.501)与沉积物中有机质(OM)有较好的相关性(见表6.7)。可氧化态Cu和Ni与沉积物中Fe和Mn较好的相关性可能是由于Fe-Mn有机复合物的原因。非残渣态中(生物有效态)Cu和Ni的Fe-Mn氧化物态也很高，含量分别为8.09%和11.25%。对于Cr、Zn和Fe非残渣态中，主要以Fe-Mn氧化物的形态存在，其次是有机物与硫化物结合态。可还原态的Cr、Zn、Fe与Fe和Mn的相关性要高于其可氧化态与Fe和Mn相关性。有关Fe形态分布，Morillo et al.(2002,2004)报告了相似的研究结果。

表6.6 淮河沉积物中微量元素的地球化学形态分布

		F1	F2	F3	F4
Fe	最小值	0.10%	8.12%	1.88%	56.62%
	最大值	5.52%	26.25%	17.05%	83.11%
	均值	1.71%	17.08%	12.03%	69.18%
	标准差	1.46%	4.10%	2.65%	5.30%
Ni	最小值	0.55%	0.83%	1.73%	54.06%
	最大值	6.46%	25.92%	26.32%	84.51%
	均值	2.02%	11.25%	15.39%	71.51%
	标准差	1.24%	4.91%	4.05%	7.24%

续表

		F1	F2	F3	F4
Cr	最小值	0.01%	1.97%	5.54%	45.16%
	最大值	1.60%	38.06%	35.94%	86.79%
	均值	0.71%	20.78%	16.80%	61.70%
	标准差	0.36%	9.43%	5.74%	10.69%
Zn	最小值	1.02%	3.16%	3.21%	39.97%
	最大值	17.65%	29.84%	25.63%	92.61%
	均值	8.87%	19.98%	15.61%	55.54%
	标准差	3.96%	5.34%	4.71%	9.71%
Cu	最小值	1.80%	2.60%	9.18%	37.04%
	最大值	30.00%	18.63%	49.54%	70.25%
	均值	8.33%	8.09%	28.40%	55.29%
	标准差	4.58%	3.12%	8.25%	8.42%
As	最小值	4.53%	15.28%	1.91%	9.43%
	最大值	33.34%	66.42%	27.30%	73.36%
	均值	16.30%	38.86%	11.07%	33.77%
	标准差	6.71%	9.70%	5.26%	11.78%
Pb	最小值	0.65%	11.66%	5.94%	8.83%
	最大值	15.88%	84.06%	59.25%	37.92%
	均值	5.89%	45.36%	28.55%	20.20%
	标准差	3.83%	20.48%	15.99%	7.42%
Mn	最小值	13.04%	9.89%	0.68%	5.01%
	最大值	64.27%	73.90%	8.32%	30.69%
	均值	46.52%	34.30%	4.20%	14.98%
	标准差	9.89%	10.59%	1.23%	5.44%

表 6.7　不同分馏金属与 Fe、Mn、OM、pH 总浓度的相关系数矩阵

		Fe	Mn	OM	pH
Cu	F1	0.130	0.159	− 0.063	0.079
	F2	0.244	0.279*	0.412**	− 0.102
	F3	0.417**	0.368**	0.567**	− 0.159
	F4	0.335*	0.177	0.615**	− 0.351
Pb	F1	0.093	− 0.061	0.139	0.094
	F2	0.194	0.180	0.256	0.017

续表

		Fe	Mn	OM	pH
	F3	0.001	0.112	− 0.119	0.295*
	F4	0.033	0.007	0.168	− 0.059
Zn	F1	0.571**	0.111	0.579**	− 0.274*
	F2	0.538**	0.143	0.577**	− 0.243
	F3	0.472**	0.118	0.487**	− 0.182
	F4	0.223	0.111	0.297*	− 0.124
Ni	F1	0.095	0.091	0.140	− 0.139
	F2	0.302*	0.173	0.328*	− 0.019
	F3	0.409**	0.447**	0.501**	− 0.030
	F4	0.279*	0.493**	0.400**	− 0.148
Cr	F1	0.009	− 0.079	0.124	0.070
	F2	0.387*	0.201	− 0.130	0.333*
	F3	0.103	0.141	− 0.093	0.179
	F4	− 0.057	0.011	− 0.092	0.099
As	F1	0.079	0.407**	0.070	− 0.191
	F2	0.313*	0.457**	0.272*	− 0.347*
	F3	0.333*	0.060	0.310*	− 0.006
	F4	0.109	0.509**	0.113	− 0.033
Fe	F1	0.150	0.118	0.009	0.171
	F2	0.688**	0.731**	0.546**	0.209
	F3	0.486**	0.473**	0.525**	0.035
	F4	0.568**	0.353**	0.689**	− 0.062
Mn	F1	0.470**	0.832**	0.593**	0.047
	F2	0.326*	0.802**	0.394**	0.183
	F3	0.088	0.797**	0.382**	0.030
	F4	0.04	0.226	0.569**	0.017

注:＊表示相关系数在 0.05 水平上显著;＊＊表示相关性在 0.01 水平上显著。

　　Pb 主要以 Fe-Mn 氧化物的形态存在(45.36%),其次是有机物与硫化物结合态(28.55%)、残渣态(20.20%)及弱酸提取态(5.89%)。因此,在淮河沉积物中,Fe 和 Mn 在控制 Pb 的移动方面起着重要的作用。有关 Pb 形态的研究,Morillo et al.(2004)和 Dawson et al.(1998)也报告过相似的 Pb 形态分布。由于沉积物中 Pb 的高浓度及高 Fe-Mn 氧化物结合态,应该重视 Pb 对水体有机体及鱼类的毒性。

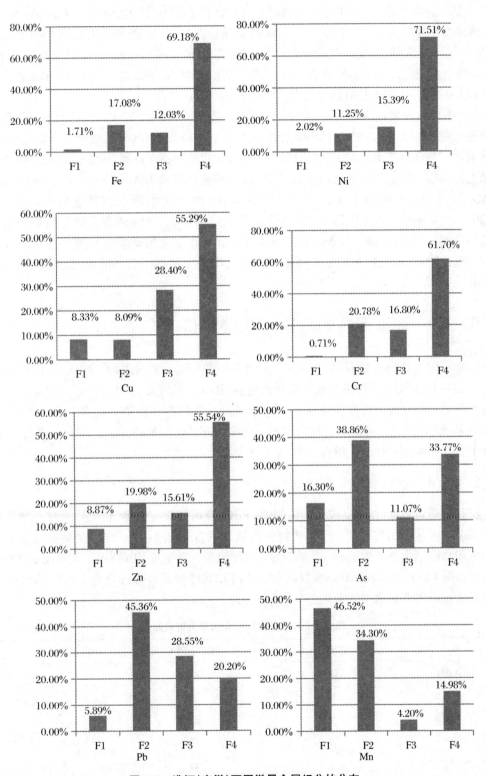

图 6.2 淮河(安徽)不同微量金属组分的分布

As 主要以 Fe-Mn 氧化物的形态存在(38.86%),其次是残渣态(33.77%)、弱酸提取态(16.30%)及有机物与硫化物结合态(11.07%)。因此,在淮河沉积物中,Fe 和 Mn 含量及氧化还原环境影响着 As 对生态系统的潜在风险。以 Fe-Mn 氧化物形态存在的 As 与 Fe 和 Mn 的相关性分别为 0.313 和 0.457。As 的化学特性使得 As 较易吸附在沉积物上或者与 Fe-Mn(氢)氧化物共沉淀。有关 As 形态的研究,其他学者(Roussel et al.,2000;Baig et al.,2009)也报告过相似的 As 形态分布。由于沉积物中 As 的高浓度及高 Fe-Mn 氧化物结合态,应该重视 As 对水体有机体及鱼类的毒性。

Mn 主要以弱酸提取态存在(可交换态和碳酸盐结合态,46.52%),该种形态是最不稳定的形态。由于 Mn 与 Ca 的离子半径相似,所以 Mn 可以取代 Ca 与碳酸盐化合物结合,并与之共沉降。与弱酸提取态的 Fe(1.71%)相比,Mn 此种形态含量高,可能受到沉积物的氧化还原电位影响。在低氧化还原电位条件下,有机质分解释放 Mn,而 Fe 主要受 pH 影响,所以 Mn 的可利用性要高于 Fe。在本研究中,Mn 的氧化物形态含量也较高,占总量的 34.30%,主要由于在高 pH 条件下含 Mn 胶体的运输导致。Mn 的有机物与硫化物结合态含量(4.20%)较低,可能是含 Mn 氧化物与含 Mn 有机复合物竞争的原因。另外,Mn 的有机物与硫化物结合态含量较低可能是由于低氧化还原状态下含 Mn 有机质的分解,释放出 Mn。

6.1.7 微量元素的污染与风险评价

本章应用沉积物质量基准(SQGs)、地积累指数(I_{geo})、富集因子(EF)、污染负荷指数(PLI)、潜在生态风险指数(RI)及风险评价指数(RAC),进一步定量分析评价表层沉积物中微量元素的污染状况及潜在风险水平。I_{geo} 和 EF 是常用的评价单个元素污染水平的方法,而 PLI 和 RI 是评价多种污染物共同作用下河流生态系统质量的方法。在本章研究中,微量元素的背景值采用安徽省土壤背景值(见表 6.3)。

6.1.7.1 沉积物质量基准评价

沉积物质量基准(SQGs)包括最低阈值(TEC)及可能效应浓度(PEC),通过预测沉积物毒性频率来评价沉积物质量。当沉积物中微量元素含量低于 TECs 时,该微量元素基本不会对沉积物底栖生物产生不利的影响,而当微量元素含量超过 PEC 时,该微量元素有很大可能会对底栖生物产生不利影响。所以,TEC 和 PEC 将微量元素含量分为 3 组(见图 6.3),每一种元素在不同含量水平的采样点个数见表 6.8。

表 6.8 各微量元素不同水平采样点数量

	<TEC	TEC~PEC	>PEC
Cu	30	24	0
Pb	14	39	1
Zn	19	35	0
Ni	7	45	2
Cr	0	44	10
Cd	54	0	0
As	0	30	24

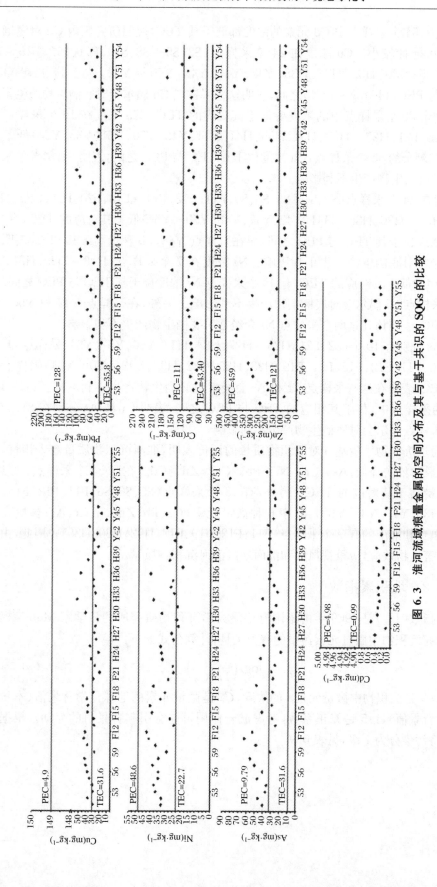

图 6.3　淮河流域痕量金属的空间分布及其与基于共识的 SQGs 的比较

在本书中,54 个采样点中 Cd 元素的浓度都低于其 TEC,说明研究区内 Cd 对底栖生物产生危害的可能性较小。Cu 浓度在 24 个采样点(S2、S5~S8、S10、F11、F12、F15~F17、F19、H23、H25、H30、H32、H36、H38、Y43、Y47、Y48、Y50~Y52)位于其 TEC(31.60 mg·kg^{-1})与 PEC(149 mg·kg^{-1})之间,表明这些采样点 Cu 偶尔会对底栖生物产生不利影响。Cu 在剩余 30 个采样点中的浓度要低于其对应的 TEC。Zn 浓度在 19 个采样点(S2、F13、F14、F16、F21、H23~H27、H31、H35、H41、Y44、Y45、Y50、Y51、Y53、Y54)低于其对应的 TEC,在剩余的 35 个采样点,Cu 浓度位于其 TEC 与 PEC 之间,表明 64.81%的采样点 Zn 偶尔会对底栖生物产生不利影响。

Pb 浓度在 14 个采样点(S2、S4~S6、S8、S9、F11、F12、F14~F18、F20、F21、H22~H29、H31、H32、H34~H36、H38~H41、Y42、Y47、Y48、Y50~Y54)低于其对应的 TEC,有 39 个采样点 Pb 浓度位于其 TEC 与 PEC 之间,而在采样点 Y48,Pb 含量高于其 PEC,表明该采样点 Pb 会经常对底栖生物产生不利影响。Ni 浓度在 7 个采样点(H28~H29、H31、H37、H40、Y42、Y44)低于其对应的 TEC,有 45 个采样点 Ni 浓度位于其 TEC 与 PEC 之间,表明 83.33%的采样点 Ni 偶尔会对底栖生物产生不利影响。另外,在采样点 Y47 和 Y50,Ni 含量高于其 PEC,表明该在这两个采样点 Ni 会经常对底栖生物产生不利影响。

Cr 和 As 分别有 10 个(S2、F21、H25~H27、H34、H37、Y50、Y52、Y54)采样点和 23 个(S1~S8、S10、F11、F12、F15、F17、F19、H23、H25、H32、H38、Y43、Y50~Y54)采样点高于其相应的 PEC,表明在这些采样点 Cr 和 As 会经常对底栖生物产生不利影响。另外,Cr 和 As 在剩余的采样点中,位于其相应的 TEC 与 PEC 之间,表明 Cr 和 As 分别在 81.48%和 55.56%的采样点偶尔会对底栖生物产生不利影响。

总之,通过沉积物质量基准对沉积物质量的评价表明,淮河沉积物质量令人担忧,微量元素的潜在风险依次降低:As>Cr>Ni>Pb>Cu>Zn>Cd。在这 54 个采样点,至少有 1 个元素的含量高于其对应的 TEC。另外,有 13 个采样点(S5、S6、S8、F11、F12、F15、F17、H32、H36、H38、Y47、Y48、Y52),其中 6 种微量元素(Cu、Pb、Zn、Ni、Cr、As)含量高于其 TEC,位于凤台和淮南的有 7 个采样点(F11、F12、F15、F17、H32、H36、H38)。因此,由于微量元素的有害生物效应,应重视凤台和淮南地区淮河沉积物质量。

6.1.7.2 地积累指数

地积累指数(I_{geo})是 1969 年由德国海德堡大学沉积物研究所的科学家 Muller 提出的一种用来研究沉积物中微量元素污染的有力工具,计算公式如下:

$$I_{geo} = \log_2\left(\frac{C_s}{1.5C_o}\right) \tag{6.1}$$

式(6.1)中,C_s 是沉积物中微量元素 s 的浓度,C_o 是微量元素的地球化学背景值(本章采用安徽省土壤背景值),1.5 是修正系数,考虑成岩作用可能会引起背景值的变动。根据地积累指数值,将污染分为 7 级,见表 6.9。

表 6.9　不同污染程度微量元素的地质堆积分类及采样点数量

微量元素	0 $I_{geo} \leqslant 0$ 几乎没有污染	1 $0 < I_{geo} \leqslant 1$ 无污染至中度污染	2 $1 < I_{geo} \leqslant 2$ 中度污染	3 $2 < I_{geo} \leqslant 3$ 中度至重度污染	4 $3 < I_{geo} \leqslant 4$ 严重污染	5 $4 < I_{geo} \leqslant 5$ 严重到极度污染	6 $5 < I_{geo}$ 严重污染
Al	54						
Fe	51	3					
Ni	51	2	1				
Cr	35	18	1				
Cu	23	31					
Pb	16	31	6	1			
Mn	15	36	3				
Zn	14	17	17	6			
Cd	10	15	20	8			
As	1	7	40	6			

　　微量元素评价结果见图 6.4 和表 6.10。Al 的地积累指数是所有元素中最低的,在 54 个采样点,Al 都位于 0 级,表明研究区内沉积物没有受到 Al 的污染。Fe 和 Ni 总体来讲没有污染,Fe 只存在于采样点 F11、F12 及 F14(凤台县),Ni 在采样点 Y47 及 Y52(怀远县)位于 1 级,说明 Fe 和 Ni 在这些采样点污染较弱。采样点 F11 和 F12 位于码头附近,周围停泊了很多船只,而采样点 F14 位于凤台电厂排水口附近。因此,Fe 在这 3 个采样点的高含量可能来自码头及电厂废水的贡献。采样点 Y47 位于淮河干流与其支流茨淮新河交汇处,采样点 Y52 位于淮河干流与支流涡河交汇处下游。另外,在采样点 Y50,Ni 呈现中等程度污染,该采样点位于涡河口。因此,Ni 在这 3 个采样点的高含量可能是受到支流来水的影响。

　　Cr 的地积累指数变化范围为 −1.08～1.39,平均值为 0.02,说明研究区 Cr 污染程度从无到中等污染。Cr 分别有 35、18 及 1 个采样点位于 0 级、1 级、2 级。在采样点 S2、F15、F18、F20、F21、H24～H27、H34、H36、H41、Y44 和 Y50～Y54 处,Cr 呈现出从无到中等污染,其中有 17 个采样点位于凤台、淮南和怀远,这 3 个市县的工业活动比较频繁。研究区高浓度的 Cr 归因于电厂废水的排放、农业活动、生活废水及支流涡河水的汇入。在采样点 H37(淮南市),Cr 呈现中等程度污染,该采样点位于田家庵电厂下游,该电厂排放的废水可能对 Cr 的高含量水平具有一定的贡献。通过测量田家庵电厂废水中微量元素含量,Cr 的浓度为 1.21 $\mu g \cdot L^{-1}$。

　　Cu 的地积累指数变化范围为 −1.38～0.87,平均值为 0.06,说明研究区 Cu 污染程度从无到中等污染。Cu 分别有 23 和 31 个采样点位于 0 级和 1 级。在采样点 S1～S8、S10、F11、F12、F15～F17、F19、H23、H25、H30、H32、H34～H36、H38、Y43、Y47、Y48 和 Y50～Y54 处,Cu 呈现出从无到中等污染,表明整个研究区(寿县、凤台、淮南、怀远)都受到一定程度的 Cu 污染。通过分析采样区周围环境,发现 Cu 含量较高可能是受到停泊船只、电厂废水、支流河水、交通尾气及煤矿堆的影响。通过测量田家庵电厂废水中微量元素含量,Cu 的浓度为 10.38 $\mu g \cdot L^{-1}$,比地表水 I 类水 Cu 含量还要高。

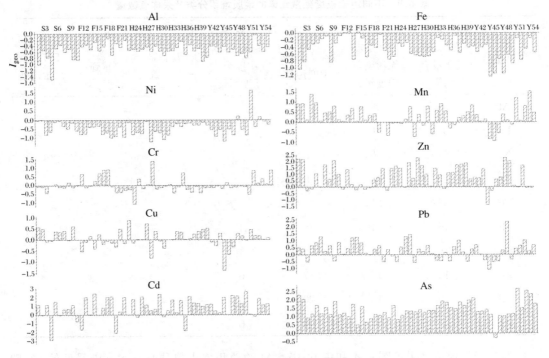

图 6.4 各个采样点的微量元素累积分布

Mn 的地积累指数变化范围为 -0.93~1.53,平均值为 0.27,说明研究区 Mn 污染程度从无到中等污染。Mn 分别有 15、36 及 3 个采样点位于 0 级、1 级和 2 级。在采样点 S1、S2、S5~S10、F11~F13、F15~F21、H22~H28、H35、H36、H38、H40、Y42、Y43、Y47、Y48、Y51、Y52 和 Y54 处,Mn 呈现出从无到中等污染,表明整个研究区(寿县、凤台、淮南、怀远)都受到一定程度的 Mn 污染。另外,采样点 F14、Y50 和 Y53、Mn 呈现中等污染。通过分析样品采集地的周围环境,采样点 F14 位于凤台淮河大桥,而且此处有 1 个排污口。因此,该采样点 Mn 的含量高可能受到生活污水的排放及交通尾气的影响。采样点 Y50 位于支流入河口,可能受到支流污水的影响,此外,农业活动、电厂及河岸煤矿堆对 Mn 含量可能具有一定的贡献。采样点 Y53 位于蚌埠闸附近,此处强烈的人为活动造成 Mn 含量较高。

Pb 的地积累指数变化范围为 -1.08~2.35,平均值为 0.30,说明研究区 Pb 污染程度从无到中等污染。Pb 分别有 16、31、6 及 1 个采样点位于 0 级、1 级、2 级和 3 级。在采样点 S2、S4、S6、S8、S9、F11、F12、F14、F15、F17、F18、F20、F21、H22、H25、H26、H28、H29、H31、H34、H38~H41、Y42、Y47 和 Y50~Y54 处,Pb 呈现出从无到中等污染,表明整个研究区(寿县、凤台、淮南、怀远)都受到一定程度的 Pb 污染。采样点 S5、F16、H23、H24、H35、H36 处,Pb 呈现中等污染,其中 4 个采样点位于淮南,该地区煤矿开采活动频繁,且几座大型燃煤发电厂坐落在该地区河流两岸。另外,采样点 Y48 呈现中等到重污染。Pb 污染水平较高的采样点多位于寿县和凤台淮河大桥,田家庵电厂及茨淮新河入河口,并且采样点周围有煤矿堆放。因此,交通尾气、采矿活动、燃煤飞灰及支流污水可能对该研究区 Pb 含量水平有一定的贡献。

表 6.10　不同采样点各微量元素的地质堆积分类及污染水平

采样点	0 $I_{geo} \leq 0$	1 $0 < I_{geo} \leq 1$	2 $1 < I_{geo} \leq 2$	3 $2 < I_{geo} \leq 3$	4 $3 < I_{geo} \leq 4$	5 $4 < I_{geo} \leq 5$	6 $5 < I_{geo}$
S1	Pb,Ni,Cr,Fe,Al	Cu,Zn,Cd,As,Mn					
S2	Ni,Fe,Al,Zn	Pb,Cr,Cu,Mn	Cd,As				
S3	Pb,Ni,Cr,Fe,Al,Cd,Mn	Cu	Zn,As				
S4	Ni,Cr,Fe,Al,Mn	Pb,Cu	Zn,As	Cd			
S5	Ni,Cr,Fe,Al	Cu,Mn	Pb,Zn,Cd,As				
S6	Ni,Cr,Fe,Al	Pb,Cu,Mn	Zn,Cd,As				
S7	Pb,Ni,Cr,Fe,Al	Cu,Cd,Mn	Zn,As				
S8	Ni,Cr,Fe,Al	Pb,Cu,Zn,Mn	Cd	As			
S9	Ni,Cr,Fe,Al,Cu	Pb,Zn,Mn	Cd,As				
S10	Pb,Ni,Cr,Fe,Al	Cu,Zn,Cd,Mn	As				
F11	Ni,Cr,Al	Pb,Fe,Cu,Mn	Cd	Zn,As			
F12	Cr,Cd,Al	Pb,Ni,Fe,Cu,Mn		Zn,As			
F13	Pb,Ni,Cr,Fe,Al,Cu,Zn,Cd	As,Mn	Cd				
F14	Ni,Cr,Al,Cu,Zn,Cd	Pb,Fe	As,Mn				
F15	Ni,Fe,Al	Pb,Cr,Cu,Mn	Zn,Cd,As				
F16	Ni,Cr,Fe,Al,Cd	Cu,Zn,Mn	Pb,As				
F17	Ni,Cr,Fe,Al	Pb,Cu,Cd,Mn	Zn,As				
F18	Ni,Fe,Al,Cu	Pb,Cr,Zn,Cd,Mn	As				
F19	Pb,Ni,Cr,Fe,Al	Cu,Mn	As,Cd	Zn			

续表

采样点	0 $I_{geo}\leq 0$	1 $0<I_{geo}\leq 1$	2 $1<I_{geo}\leq 2$	3 $2<I_{geo}\leq 3$	4 $3<I_{geo}\leq 4$	5 $4<I_{geo}\leq 5$	6 $5<I_{geo}$
F20	Ni,Fe,Al,Cu,Cd	Pb,Cr,Zn,Mn	As				
F21	Ni,Fe,Al,Cu,Zn,Cd	Pb,Cr,Mn	As				
H22	Ni,Cr,Fe,Al,Cu	Pb,As,Mn	Zn	Cd			
H23	Ni,Cr,Fe,Al	Cu,Zn,Cd,Mn	Pb,As				
H24	Ni,Fe,Al,Cu,Zn	Cr,As,Mn	Pb	Cd			
H25	Ni,Fe,Al	Pb,Cr,Cu,Zn,Cd,Mn	As				
H26	Ni,Fe,Al,Cu,Zn	Pb,Cr,Cd,As,Mn					
H27	Pb,Ni,Fe,Al,Cu,Zn	Cr,As,Mn	Cd				

Zn 的地积累指数变化范围为 -1.40~2.27,平均值为 0.83,说明研究区 Zn 污染程度从无到中等污染。Zn 分别有 14、17、17 及 6 个采样点位于 0 级、1 级、2 级和 3 级。在采样点 S8~S10、F16、F18、F20、H23、H25、H28、H29、H37、H40、H41、Y42、Y46、Y47 和 Y50 处,Zn 呈现从无到中等污染,采样点 S1、S3~S7、F15、F17、H22、H30、H32~H34、H36、H39、Y43 和 Y52 处,Zn 呈现中等污染,主要集中在寿县和淮南。另外,采样点 F11、F12、F19、H38、Y48 和 Y49 呈现中等到重污染。人为活动如交通尾气、农业、生活污水、船只、支流污水可能对该研究区 Zn 含量水平有一定的贡献。

Cd 的地积累指数变化范围为 -2.84~2.61,平均值为 0.82,说明研究区 Cd 污染程度从无到中等污染。Cd 分别有 10、15、20 及 8 个采样点位于 0 级、1 级、2 级和 3 级。在采样点 S7、S10、F17、F18、H23、H25、H26、H30、H37、H38、H41、Y42、Y43、Y45 和 Y50 处,Cd 呈现从无到中等污染,采样点 S1、S2、S5、S6、S8、S9、F11、F13、F15、F19、H22、H27、H31、H33、H36、Y44、Y48 和 Y52~Y54 处,Cd 呈现中等污染。另外,采样点 S4、H24、H28、H35、H39、Y46、Y47 和 Y49 呈现中等到重污染;高污染水平 Cd 归因于交通尾气和燃煤飞灰的大气沉降、生活污水及茨淮新河支流污水的汇入。

As 是所有元素中污染水平最高的元素,只有采样点 Y45 没有污染,其余 53 个采样点都受到不同程度的污染。As 的地积累指数变化范围为 -0.28~2.68,平均值为 1.41,说明研究区 As 污染程度为中等污染。As 分别有 7、40 及 6 个采样点位于 1 级、2 级和 3 级。在采样点 F13、H22、H24、H26~H27、H31 和 H33 处,As 呈现从无到中等污染,采样点 S1~S7、S9、S10、F14~F21、H23、H25、H28~H30、H32、H34~H41、Y42~Y44、Y46~Y49、Y51 和 Y54 处,As 呈现中等污染。另外,采样点 S8、F11、F12、Y50、Y52 和 Y53 呈现中等到重污染;高污染水平 As 归因于农业活动及涡河污水的汇入。

总而言之,微量元素污染水平依次下降:As>Zn>Cd>Pb>Mn>Cu>Cr>Fe>Ni>Al。54 个采样点,至少有 1 种元素呈现污染。在研究区,渡口和码头较多,且停泊许多船只,有居民常年居住在船上。另外,凤台和淮南,煤炭储量丰富,且燃煤电厂、凤台电厂、平圩电厂、洛河电厂和田家庵电厂坐落在河流两岸。因此,该区域煤矿开采活动,燃煤电厂对微量元素的污染具有一定的贡献。从各支流入河口采集的样品,除 Fe 和 Al 以外,其余微量元素都呈现不同程度的污染。根据采样点周围环境,各微量元素可能污染来源列于表 6.11。

表 6.11　淮河沉积物中微量元素的可能来源

元素	船舶	发电厂排放的废水	支流水	农业活动	家庭生活污水	交通释放	燃煤烟气	废弃煤渣
Fe	√	√						
Ni			√					
Cr		√	√	√	√			
Cu	√	√				√		
Mn		√	√	√	√		√	√
Pb			√			√	√	
Zn	√		√	√	√	√		
Cd			√		√			√
As			√	√	√			

6.1.7.3 富集因子

河流系统中微量元素的来源主要通过两种途径:自然来源和人为活动。沉积物中微量元素的自然来源贡献随着沉积物组成和结构不同而变化,如颗粒粒径、有机质及硫化物含量等。由于沉积物中微量元素的总量不仅来源于人为源,还来源于自然源,因此,评价水环境中由人为源导致的沉积物微量元素污染变得更加困难。在评估微量元素的人为贡献前,首先要评估自然来源。

在评价微量元素人为污染时,已经发展出许多地球化学方法来减少沉积物中微量元素的背景值变化。富集因子法(EF)是评估沉积物中微量元素人为贡献常用的一种重要的评价指数。EF 通过将每一个样品中微量元素与参考元素的浓度比,与未受污染的样品微量元素与参考元素的浓度比做比较来求得微量元素的人为贡献。在本章节,在微量元素(Cu、Pb、Zn、Ni、Cr、Cd、As)与 Fe 和 Al 的相关性的基础上(见表 6.12),Al 被选作参考元素。尽管 Cu 和 Al,Zn 和 Al 的相关性要小于 Cu 和 Fe,Zn 和 Fe,但是差异并不明显。许多研究者将 Al 作为参考元素主要出于两个原因:一是 Al 元素在地壳中的自然丰富大,通常不会受人为活动的影响;二是地壳中微量元素与 Al 的比值相对稳定。

Al 主要与沉积物中铝硅酸盐结合,该物质是沉积物中微量元素含量最高的形态。因此,选择 Al 作为参考元素能够同时补偿颗粒粒径和矿物学变化引起的微量元素的含量变化。并且本研究中,地积累指数(I_{geo})的结果显示 Fe 在凤台县受到一定程度的人为污染,所以,本章节选取 Al 作为参考元素。另外,当河流沉积环境变化时,Fe-Mn 氧化物中的 Fe^{3+} 会被还原成 Fe^{2+},后者的溶解性要高于前者。因此,如果 Fe 被选作参考元素,可能会导致一个错误的评价结果。EF 的计算公式如下:

$$EF = \frac{\left(\dfrac{C_{sed}}{C_{Al}}\right)_{样品值}}{\left(\dfrac{C_{bac}}{C_{Al}}\right)_{背景值}} \tag{6.2}$$

式(6.2)中,C_{sed} 是沉积物样品中微量元素的测定浓度,C_{bac} 是微量元素的背景值,本研究中,采用微量元素的安徽省土壤背景值。根据富集因子(EF)的大小将微量元素富集程度分为 5 类:EF≤2 表明微量元素呈无到弱富集;2<EF≤5 表明微量元素呈中等富集;5<EF≤20 表明微量元素呈高程度富集;20<EF≤40 表明微量元素呈非常高程度富集;40<EF 表明微量元素呈极高程度污染。

微量元素的富集因子分布如图 6.5 所示,每种微量元素不同富集程度时采样点的个数见表 6.13。9 种微量元素富集程度呈依次下降:As>Zn>Cd>Pb>Mn>Cu>Cr>Ni>Fe,与地积累指数法的评价结果相似。Fe 是所有元素中富集程度最低的元素。除去采样点 S4 之外,其余采样点的富集因子都低于 2,表明 Fe 在研究区呈无到弱富集。Ni 除在 S4(2.52)和 Y50(4.70)两个采样点呈中等富集外,其余采样点呈无到弱富集。

表 6.12　淮河表层沉积物微量元素与理化参数相关矩阵

	Cu	Pb	Zn	Ni	Cr	Cd	As	Mn	Fe	Al	OM	pH
Cu	1											
Pb	0.164	1										
Zn	0.520**	0.124	1									
Ni	0.702**	0.234	0.232	1								
Cr	-0.211	-0.014	0.369**	0.170	1							
Cd	-0.161	0.640**	0.166	-0.123	-0.139	1						
As	0.526**	0.211	0.240	0.671**	0.121	0.142	1					
Mn	0.439**	0.138	0.098	0.470**	0.062	-0.202	0.659**	1				
Fe	0.529**	0.191	0.330*	0.437**	0.088	0.272*	0.457**	0.574**	1			
Al	0.661**	0.220	0.290*	0.517**	0.183	0.352**	0.530**	0.601**	0.769**	1		
OM	0.753**	0.133	0.453**	0.318*	-0.245	-0.181	0.442**	0.481**	0.783**	0.830**	1	
pH	-0.289*	0.145	-0.139	0.080	0.136	0.159	-0.090	-0.155	-0.161	-0.028	-0.410**	1

注：* 表示相关性在 0.05 水平上显著；** 表示相关性在 0.01 水平上显著。

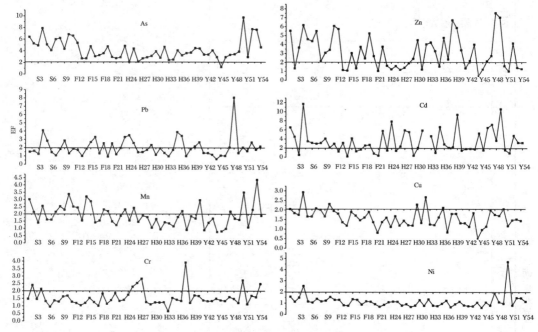

图 6.5　微量元素富集因子分布

表 6.13　不同富集度微量元素的采样点数量

微量元素	EF≤2 贫富不足	2<EF≤5 适度富集	5<EF≤20 显著富集	20<EF≤40 高富集度	40<EF 极高富集度
Fe	53	1			
Ni	52	2			
Cr	46	8			
Cu	45	9			
Pb	34	19	1		
Mn	33	21			
Zn	20	24	10		
Cd	19	22	11	2	
As	1	41	12		

　　Cr 的富集因子变化范围为 0.65～3.91,平均值为 1.56,表明研究区 Cr 的平均水平呈无到弱富集。Cr 有 8 个采样点(S2、S4、H25～H27、H37、Y50 和 Y54)呈中等富集,其中有一半的采样点位于工业活动频繁的淮南市。Cu 的富集因子变化范围为 0.52～2.93,平均值为 1.60,表明研究区 Cu 的平均水平呈无到弱富集。Cu 有 9 个采样点(S1、S4、S7、S8、S10、H30、H32、H36 和 Y50)呈中等富集,主要位于寿县和淮南市。尽管 Cu 和 Cr 的污染水平相似,但是 Cr 和 Cu 呈中等富集的采样点的位置表明这两种元素的富集因子分布不同,而从图 6.5 可以看出,Cu 和 Ni 的富集因子分布相似,并且 Cu 和 Ni 具有较好的相关性(见表 6.11),表明 Cu 和 Ni 可能受相同污染源的影响。

Mn、Pb、Zn、Cd 和 As 的富集因子明显高于 2,表明这几种微量元素的富集程度较大,另外,与 Cr、Ni 和 Cu 相比,这几种微量元素的富集因子变化范围大。Mn 的富集因子变化范围为 0.76~4.37,平均值为 1.90,表明研究区 Mn 的平均水平呈无到弱富集。Mn 有 21 个采样点(S1、S2、S4、S7~S10、F11、F12、F14、F15、F18、F19、H23、H25、H36、H40、Y47、Y50、Y52 和 Y53)呈中等富集,表明整个研究区(寿县、凤台、淮南、怀远)都呈现一定程度的 Mn 富集。Pb 的富集因子变化范围为 0.64~8.06,平均值为 2.02,表明研究区 Pb 的平均水平呈中等富集。Pb 有 19 个采样点(S4、S5、S9、F15、F16、F18、F20、H23~H25、H29、H35、H36、H39、H40、Y47、Y50、Y52 和 Y54)呈中等富集,主要集中在淮南市。另外,采样点 Y48,Pb 呈高富集水平。

Zn 的富集因子变化范围为 0.51~7.55,平均值为 3.14,表明研究区 Zn 的平均水平呈中等富集。Zn 有 24 个采样点(S3、S5、S6、S8~S10、F15、F17、F18、F20、H22、H29、H30、H32~34、H36、H37、H40、Y42、Y43、Y46、Y47 和 Y52)呈中等富集,10 个采样点(S1、S4、S7、F11、F12、F19、H38、H39、Y48 和 Y49)呈高水平富集。Cd 的富集因子变化范围为 0.17~11.73,平均值为 3.52,表明研究区 Cd 的平均水平呈中等富集。Cd 有 22 个采样点(S2、S5~S10、F11、F13、F15、F18、F19、H26、H30、H33、H36~H38、Y48 和 Y52~Y54)呈中等富集,11 个采样点(S1、H22、H24、H27、H28、H31、H35、H39、Y44、Y46 和 Y47)呈高水平富集,及 2 个采样点(S4 和 Y49)呈非常高水平富集。

As 是所有元素中富集程度最高的元素,只有在采样点 Y45 呈无到弱富集。As 的富集因子变化范围为 1.26~9.76,平均值为 4.19,表明研究区 As 的平均水平呈中等富集。As 有 41 个采样点呈中等富集,12 个采样点(S1、S2、S4、S5、S7、S8、S10、F11、F12、Y50、Y52 和 Y53)呈高水平富集。

总体来讲,在 54 个采样点中,有 53 个采样点都至少有一种微量元素呈中等富集。这些采样点多位于淮河大桥、电厂、码头及支流入河口附近。

6.1.7.4　污染负荷指数

I_{geo} 和 EF 是常用的评价单个元素污染水平的方法,为了评价多种污染物共同作用下河流沉积物质量,本书采用污染负荷指数(PLI)和潜在生态风险指数(RI)。污染负荷指数(PLI)是 1980 年由 Tomlinson 等人提出的用于微量元素污染评价的方法。本书用该方法评估由 8 种微量元素(Cu、Pb、Zn、Ni、Cr、Cd、As、Mn)共同作用下研究区的污染状况。计算公式如下:

$$C_f^i = \frac{C_s^i}{C_n^i} \tag{6.3}$$

$$\text{PLI}_{\text{site}} = \sqrt[i]{C_f^1 \times C_f^2 \times C_f^3 \times \cdots \times C_f^i} \tag{6.4}$$

$$\text{PLI}_{\text{total}} = \sqrt[i]{\text{PLI}_{\text{site}}^1 \times \text{PLI}_{\text{site}}^2 \times \text{PLI}_{\text{site}}^3 \times \cdots \times \text{PLI}_{\text{site}}^i} \tag{6.5}$$

上式中,C_f^i 是污染系数,是沉积物中微量元素 i 的实测含量与其地球化学背景值的比值,PLI_{site} 和 $\text{PLI}_{\text{total}}$ 分别是各采样点及整个研究区的污染负荷指数。当 PLI≥1 时,环境质量被认为受到一定恶化。

淮河沉积物污染负荷评价结果如图 6.6 所示。结果显示研究区 54 个采样点(PLI:1.12~3.15)及整个研究区污染负荷指数(PLI:1.99)都大于 1,表明在这 8 种微量元素(Cu、Pb、Zn、Ni、Cr、Cd、As、Mn)的共同影响下,整个研究区 54 个采样点已经出现恶化状况。最大污染负荷指数出现在采样点 Y52。研究区 4 个区域的平均污染负荷指数表明寿县(PLI:2.15)的污染程度最大,其次是凤台(PLI:2.00)、怀远(PLI:1.99)、淮南(PLI:1.91)。

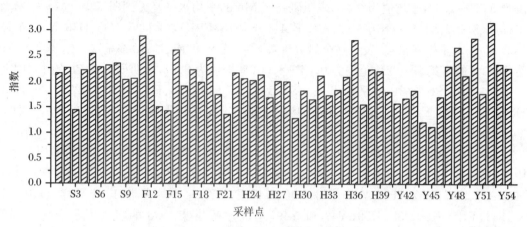

图 6.6 淮河沉积物污染负荷指数

6.1.7.5 潜在生态风险指数

潜在生态风险指数是 1980 年由 Hakanson 提出的用来评价由多种微量元素共同作用对河流沉积物中底栖生物潜在生态风险的方法。计算公式如下:

$$RI = \sum_1^i E_r^i = \sum_1^i T_r^i C_f^i = \sum_1^i T_r^i \left(\frac{C_s^i}{C_n^i} \right) \tag{6.6}$$

式(6.6)中,C_s^i 是沉积物中微量元素 i 的实测浓度,C_n^i 是微量元素 i 的地球化学背景值,C_f^i 是污染系数,T_r^i 是微量元素 i 的毒性影响系数,Cu、Pb、Zn、Ni、Cr、Cd、As、Mn 的毒性响应系数分别为 5、5、1、5、2、30、10。E_r^i 和 RI 分别是单个微量元素 i 和多种微量元素共同作用下的潜在生态风险指数。根据生态风险数值的大小,风险可分为 4 类,见表 6.14。

表 6.14 潜在生态风险指数类别

索引	类别	说明
Ei	Ei<40	低风险
	40≤Ei<80	中等风险
	80≤Ei<160	相当大的风险
	160≤Ei	高风险
生态风险(RI)	RI<150	低风险
	150≤RI<300	中等风险
	300≤RI<600	相当大的风险
	600≤RI	高风险

单个微量元素和多个微量元素综合作用下对采样点的潜在生态风险指数见图 6.7 和表 6.15。微量元素的平均潜在生态风险指数依次下降:Cd>As>Pb>Cu>Ni>Cr>Zn>Mn。其中,Cu、Pb、Zn、Ni、Cr、Mn 的 E_r^i 最大值都小于 40,表明研究区沉积物中这几种元素

对底栖生物的潜在风险较小。而 Cd 和 As 对底栖生物的潜在风险较大。Cd 的 E_r^i 变化范围为 6.27～274.9,平均值为 102.9,表明 Cd 在研究区的平均水平对底栖生物具有较高的潜在风险。有 18 个采样点(S10、F12、F16～F18、H23、H25、H26、H30、H36～H38、H41、Y42、Y43、Y45、Y50 和 Y51)Cd 呈中等潜在风险,15 个采样点(S1、S2、S5～S9、F11、F13、F15、F19、H33、Y48、Y53 和 Y54)Cd 呈较高潜在风险,13 个采样点(S4、H22、H24、H27、H28、H31、H35、H39、Y44、Y46、Y47、Y49 和 Y52)Cd 呈高风险。Cd 的 E_r^i 最大值在采样点 Y49。As 的 E_r^i 变化范围为 12.39～96.23,平均值为 42.54,表明 As 在研究区的平均水平对底栖生物具有中等潜在风险。在 54 个采样点中,有 74.19% 的采样点(S1～S8、S10、F11、F12、F15、F17、F19、H23、H25、H32、Y43 和 Y50～Y54)呈中等潜在风险。

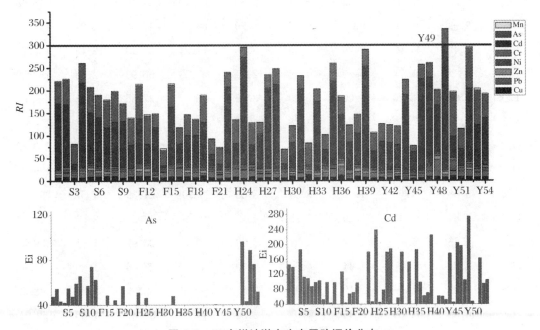

图 6.7　54 个样地潜在生态风险评价分布

表 6.15　单项微量元素潜在综合风险(RI)

	Cu	Pb	Zn	Ni	Cr	Cd	As	Mn	RI
S1	7.61	5.63	4.12	5.84	2.21	146.27	47.55	2.24	221.46
S2	9.51	8.24	1.38	5.83	4.93	139.51	54.41	2.20	226.02
S3	7.61	5.41	3.21	6.51	2.55	12.81	43.17	1.22	82.48
S4	7.79	10.88	3.28	6.71	2.27	187.00	41.98	1.36	261.26
S5	8.92	15.24	4.94	6.20	2.85	113.06	54.86	1.73	207.81
S6	9.67	8.46	5.11	6.19	2.21	109.18	47.66	1.86	190.33
S7	10.32	5.26	5.46	6.85	2.70	87.92	59.21	2.12	179.84
S8	10.70	9.74	2.29	6.16	2.73	99.00	65.68	2.68	198.99
S9	6.99	11.99	2.59	5.17	2.73	103.33	36.55	1.93	171.28

	Cu	Pb	Zn	Ni	Cr	Cd	As	Mn	RI
S10	9.68	5.49	2.85	6.52	2.81	52.75	57.04	2.82	139.96
F11	11.04	10.59	6.85	7.33	2.87	99.12	74.18	2.83	214.81
F12	10.52	9.97	6.70	7.58	2.79	44.01	62.44	2.85	146.85
F13	7.16	5.23	1.23	4.30	2.20	98.54	28.50	1.63	148.78
F14	7.29	11.58	1.36	4.78	2.99	6.27	33.66	3.96	71.90
F15	9.68	13.58	3.11	6.94	3.14	126.98	48.66	2.93	215.03
F16	9.53	18.27	1.52	7.21	2.80	43.40	34.19	1.57	118.48
F17	9.92	8.87	5.06	5.93	2.75	68.37	44.08	2.07	147.05
F18	7.42	11.63	2.29	5.40	3.36	71.24	33.13	2.14	136.62
F19	11.39	5.50	6.30	6.78	2.75	97.09	56.93	2.63	189.37
F20	7.53	13.70	3.00	5.00	3.06	26.97	32.55	1.63	93.44
F21	5.24	7.72	1.34	4.38	4.75	14.09	35.02	1.56	74.11
H22	7.05	10.05	3.89	4.44	2.76	180.01	30.03	1.93	240.18
H23	8.39	17.26	1.73	5.73	2.95	46.39	50.94	2.43	135.82
H24	5.68	17.68	1.28	5.84	3.53	239.06	21.39	1.57	296.02
H25	8.84	13.46	1.69	5.95	4.82	45.40	46.21	2.56	128.94
H26	6.56	8.02	1.32	4.37	5.59	78.12	23.91	1.61	129.51
H27	7.22	7.45	1.44	4.60	5.69	179.17	27.36	1.90	234.83
H28	6.81	9.82	2.19	3.80	2.85	188.17	32.73	2.01	248.38
H29	6.01	11.64	2.45	4.01	2.24	10.80	31.69	1.06	69.91
H30	10.48	5.23	4.13	5.79	2.27	57.20	35.70	1.50	122.29
H31	6.73	9.63	1.24	3.91	2.48	179.11	28.60	0.95	232.65
H32	13.67	6.98	4.12	6.82	2.54	—	47.95	1.45	83.53
H33	6.83	5.24	4.63	4.31	1.42	152.49	26.63	1.47	203.03
H34	7.62	10.84	4.13	4.70	3.86	37.90	31.64	1.44	102.13
H35	7.53	18.10	1.46	4.44	2.64	186.10	37.93	1.66	259.88
H36	12.33	19.91	5.54	7.16	3.11	98.69	37.69	2.57	187.00
H37	4.24	5.00	2.39	3.27	7.88	62.88	36.47	0.91	123.03
H38	9.66	9.74	7.22	4.86	2.59	70.71	39.74	1.97	146.48
H39	7.23	8.60	4.71	4.61	2.74	225.06	35.90	1.35	290.20
H40	5.76	11.58	2.97	3.57	2.91	38.77	38.69	2.59	106.83
H41	7.49	7.78	1.56	4.22	3.13	62.38	38.38	1.00	125.94

续表

	Cu	Pb	Zn	Ni	Cr	Cd	As	Mn	RI
Y42	6.21	7.53	2.43	4.01	2.92	61.21	37.47	1.55	123.32
Y43	9.12	5.69	3.96	5.20	2.64	52.46	40.31	1.65	121.03
Y44	2.89	3.6	0.57	3.34	3.32	176.45	32.71	0.84	223.68
Y45	4.75	5.18	1.21	5.30	2.70	45.20	12.39	0.79	77.51
Y46	5.97	5.32	2.25	4.22	2.79	204.25	30.78	1.02	256.61
Y47	9.08	9.22	2.50	8.69	2.90	196.02	30.44	1.97	260.80
Y48	8.38	38.28	7.18	5.25	2.81	104.86	32.93	1.60	201.29
Y49	7.33	5.87	6.08	4.20	2.08	274.91	33.80	1.38	335.64
Y50	10.17	9.96	1.60	23.19	5.36	47.37	96.23	3.45	197.33
Y51	8.46	11.57	1.47	5.78	3.24	39.79	42.98	1.57	114.87
Y52	8.40	15.02	4.76	8.37	3.85	163.54	88.56	2.62	295.11
Y53	7.54	8.75	1.42	7.15	3.14	95.49	76.06	4.32	203.87
Y54	7.94	11.91	1.43	6.32	5.47	105.23	51.52	2.07	191.90
最小值	2.89	3.56	0.57	3.27	1.42	6.27	12.39	0.79	69.91
最大值	13.67	38.28	7.22	23.19	7.88	274.91	96.23	4.32	335.64
平均值	8.11	10.28	3.17	5.83	3.20	102.87	42.54	1.94	176.03

　　研究区内淮河沉积物中多种微量元素(Cu、Pb、Zn、Ni、Cr、Cd、As 和 Mn)共同作用下的潜在生态风险指数(RI)变化范围为 69.91～335.6,平均值为 176.0,表明研究区在这 8 种微量元素共同作用对底栖生物具有中等风险。25 个采样点呈中等潜在风险,28 个采样点(S1、S2、S4～S9、F11、F15、F19、II22、II24、II27、H28、H31、H33、H35、H36、H39、Y44、Y46～Y48,Y50 和 Y52～Y54)呈较高潜在风险,1 个采样点(Y49)呈高风险。从图 6.8 可以看出,在每个采样点,As 和 Cd 对 RI 的贡献最大,尤其是 Cd。研究区内 4 个不同区域的潜在风险为:怀远(200.2)>寿县(187.9)>淮南(173.3)>凤台(141.5)。

　　通过对比 RI 和 PLI 的分布,我们发现受到微量元素污染的采样点可能不会对底栖生物造成潜在生态风险,而污染程度较低的采样点可能会对底栖生物造成较大的潜在生态风险。因此,对沉积物中微量元素的评价,要多种方法结合来获取更全面、更系统的了解。

6.1.7.6　风险评价

　　风险评价指数是 1985 年由 Perin 等人提出基于微量元素形态评价微量元素生态风险的方法。根据微量元素弱酸提取态的百分含量,RAC 可以分为 5 个等级(见表 6.16)。弱酸提取态的微量元素由于容易与水体中微量元素达到平衡,最易被生物吸收利用,而呈现最大的潜在环境毒性。研究区淮河沉积物中微量元素的弱酸提取态百分含量依次下降(见图 6.8):Mn>As>Zn>Cu>Pb>Ni>Fe>Cr。Mn 弱酸提取态(46.52%)含量最高,表明研究区 Mn 的平均水平对淮河生态系统具有高风险。在 54 个采样点中,92.59% 的采样点对河流生态系统具有高风险。剩余的 4 个采样点(H33、H40、Y48 和 Y51),Mn 的弱酸提取态含量变化为 13.04%～30.17%，呈中等风险。研究区内 As 的平均水平（F1：16.30%）呈中等风险，在采样点 F18（F1：30.19%）和 H22（33.34%）呈高风险。在 54 个采样点中，75.93% 的采样点（S2、S4、S7～S10、F11、F13～F16、F19～F21、H23～H31、H33～H34、H37～H41、Y42、Y44～Y50 和 Y52～Y54）F1 的含量水平为 10.17%～28.84%，呈中等风险。As 在剩余的采样点中呈低风险。Zn（8.87%）、Cu（8.33%）、Pb（5.89%）、Ni（2.02%）和 Fe（1.71%）在研究区的平均水平对淮河生态系统呈低风险。Cr（0.71%）弱酸提取态含量最低，在研究区的平均水平对淮河生态系统无风险。Cr 在采样点 S4、S7、H29、H30、H33、Y43、Y45～Y46、Y49、Y51 和 Y53（1.04%～1.60%）呈低风险。Cr 的弱酸提取态含量（可交换态和碳酸盐结合态）低的原因可能是由于 Cr^{3+} 与碳酸盐形成复合物或者共沉淀的能力较弱。另外，淮河沉积物高 pH（7.92）可能是微量元素（Cu、Pb、Zn、Ni、Fe、Cr）可交换态含量较低的原因。

表 6.16　风险评估准则（RAC）等级

风险	金属等级	F1 中的金属
0	<1%	Cr
低风险	1%～10%	Cu,Pb,Zn,Ni,Fe
中风险	11%～30%	As
高风险	31%～50%	Mn
非常高风险	>50%	—

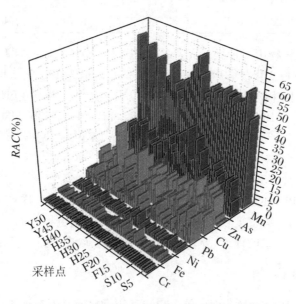

图 6.8　淮河表层沉积物微量元素风险评价规范

　　总之，在本研究中，Mn 和 As 呈现较高的迁移性和生物可利用性，并且比较容易进入食物链，对淮河底栖生物具有较高的潜在风险。由于 As 元素的高毒性特征，控制排入淮河的 As 含量意义重大。Kelderman et al.（2007）认为微量元素的弱酸提取态主要来源于人为活动的贡献。Jain et al.（2008）和 Pempkowiak et al.（1999）也指出人为源的微量元素主要以不稳定态（F1＋F2＋F3）存在，在适当的环境条件下，更易被底栖生物吸收利用。因此控制排入淮河的微量元素具有重要意义。

6.1.8　污染源识别

在本书中,应用统计学方法,如用因子/主成分分析和聚类分析获取有关淮河(安徽段)沉积物中微量元素的描述性统计方面的信息并进行来源解析。

6.1.8.1　因子分析

本书基于微量元素的总量与形态,应用因子/主成分分析法进一步探索微量元素的来源。为了消除颗粒粒径的影响,本书将总量/Al 应用到主成分分析中。在进行主成分分析之前,首先对数据进行标准化。主成分分析的结果包括特征值、方差分析和共同性见表 6.18。本研究中一共提取出 5 个主成分,解释了总方差的 77.09%,表明微量元素的来源可以分为5 类。

因子 1,占总方差的 20.58%,对 Ni(0.83)具有较强的正负荷,对 Cu(0.74)、Mn(0.70)和 Fe(0.68)具有中等强度正负荷,对 Cd(0.39)、As(0.36)、Cr(0.30)及生物有效态的 Mn(0.31)和 Ni(0.30)具有较弱的正负荷。另外,Cu、Ni、Mn、Fe 及 As(0.437~0.671,见表 6.17)互相表现出较好的相关性,表明这几种元素具有相同的来源。对 Cu、Ni、Mn 及 Fe的总量分析、地积累指数评价及富集因子评价都说明这 4 种微量元素在研究区呈无到弱污染;另外,Cu(55.29%)、Ni(71.51%)和 Fe(69.18%)主要以残渣态的形式存在,因此我们认为因子 1 代表微量元素自然来源。

因子 2,占总方差的 18.37%,对生物有效态的 Fe(0.88)和 Mn(0.88)具有较强的正负荷,对 Mn(0.63)和 OM(0.62)具有中等强度正负荷,对 As(0.42)及生物有效态 Cu(0.44)和 As(0.46)具有较弱的正负荷,表明 Fe 和 Mn(氢)氧化物对 Fe、Mn、As 和 Cu 具有一定的控制力。另外,Cu 和 As 与 Fe 和 Mn 具有较好的相关性(0.439~0.659,见表 6.17)。可还原态 As,可氧化态 As 和 Fe,与总量 Fe 具有较好的相关性;弱酸提取态,可还原态及可氧化态 Mn 与总量 Mn 具有较好的相关性($p<0.01$)。通过分析采样点周围环境,水上停泊及航行的船只、电厂排放废水、支流东淝河、茨淮新河、及涡河污废水可能对 Cu、Fe、Mn 和 As 具有一定的贡献。Cu 是造船厂最常使用的涂层。

因子 3,占总方差的 17.05%,对 Zn(0.93)和生物有效态 Zn(0.84)具有较强的正负荷,对 OM(0.56)和生物有效态 Cu(0.54)具有中等正负荷,对 Cu(0.47)、Fe(0.31)、Cr(0.43)及生物有效态 Ni(0.44)具有较弱的正负荷,表明有机质在 Zn、Cu、Ni 及 Cr 含量方面扮演着重要角色。从表 6.17 可以看出,Cu 和 Ni 的弱酸提取态、可还原态及可氧化态与 OM 的相关性较好。通过分析 Cu 和 Zn 的浓度分布特征及污染水平较高的采样点周围环境,Cu和 Zn 可能受到农业活动、生活污废水及支流东淝河、茨淮新河及涡河污水的影响。

因子 4,占总方差的 10.99%,对 Pb(0.95)和生物有效态 Pb(0.95)具有较强的正负荷,对 Cd(0.50)具有中等正负荷。Pb 与 Cd(0.64)具有较好的相关性。通过分析 Pb 和 Cd 的浓度分布特征及污染水平较高的采样点周围环境,Pb 和 Cd 可能受到交通尾气、电厂燃煤飞灰的沉降及淮河支流东淝河、茨淮新河和涡河的影响。在中国,工业排放是微量元素污染最主要的来源。洛河电厂和平圩电厂是淮南市两座大型燃煤发电厂,有研究指出,洛河电厂和平圩电厂燃煤飞灰中 Pb 和 Cd 的含量分别为 35.3~113.0 mg·kg^{-1}和 0.36~

$2.12 \text{ mg} \cdot \text{kg}^{-1}$。

表 6.17 54 个点微量元素的 Varimax 旋转成分矩阵

特征值	6.06	2.62	2.15	1.84	1.23	
方差	20.58%	18.37%	17.05%	10.99%	10.10%	公因子方差
累计	20.58%	38.96%	56.00%	66.99%	77.09%	
可行性	因子 1	因子 2	因子 3	因子 4	因子 5	
Ni	0.83	0.00	0.00	0.03	0.20	0.73
Cu	0.74	0.11	0.47	0.12	−0.18	0.82
Mn	0.70	0.63	−0.06	0.08	−0.01	0.90
Fe	0.68	0.25	0.31	0.13	−0.10	0.65
As	0.36	0.42	0.17	−0.09	0.17	0.85
Fe*	0.09	0.88	0.17	0.15	0.02	0.84
Mn*	0.31	0.88	0.04	0.05	0.11	0.89
OM	0.23	0.62	0.56	0.08	0.04	0.76
Cd	0.39	0.11	0.11	0.50	−0.21	0.47
Zn*	0.03	0.12	0.93	0.10	0.02	0.88
Zn	0.26	−0.11	0.84	0.10	−0.20	0.83
Cu*	0.26	0.44	0.54	0.13	0.00	0.57
Pb	0.17	−0.05	0.09	0.95	−0.05	0.95
Pb*	−0.05	0.17	0.09	0.95	0.08	0.95
Cr*	−0.25	0.13	−0.28	0.05	0.79	0.79
Ni*	0.30	0.26	0.44	0.03	0.64	0.78
Cr	0.34	−0.24	0.43	0.07	0.59	0.71
As*	0.19	0.46	0.19	−0.19	0.46	0.53

注: * 表示生物有效形式, F1 + F2 + F3。提取方法: 主成分分析法。旋转方法: 采用 Kaiser 标准化的 Varimax。

因子 5, 占总方差的 10.10%, 对生物有效态 Cr(0.79)具有较强的正负荷, 对 Cr(0.59)和生物有效态 Ni(0.64)具有中等正负荷, 对生物有效态 As(0.46)具有较弱的正负荷。通过分析周围环境, 因子 5 可能受到电厂废水、东淝河、茨淮新河和涡河废水及农业活动、生活污水的影响。

6.1.8.2 聚类分析

聚类分析(CA)可以根据不同采样点化学组成的空间相似性将其分成不同的组。本研究通过层次凝聚算法中 Ward's 欧氏距离平方方法实现采样点的分组, 结果以树状图表示, 一共提取 3 个分类, 每一类又包括 2 个小组(见图 6.9)。类 1、类 2 和类 3 分别代表了 18(S1~

S3、F13、F21、H24、H26、H27、H29、H31、H33、H37、H41、Y44～Y47 和 Y51)、19(S8～S10、F14、F16、F18、F20、H22、H23、H25、H28、H34、H35、H40、Y42、Y50 和 Y52～Y54)和 17(S4～S7、F11、F12、F15、F17、F19、H30、H32、H36、H38、H39、Y43、Y48、Y49)个采样点。每一类别中的采样点具有相似的来源。基于这 3 类采样点的污染负荷指数,类 1(1.65)、类 2(2.07)和类 3(2.32)分别代表微量元素低污染区、中等污染及高污染区域。

总之,河流两岸不同地区不均衡的人为活动(工业、农业、生活)和经济发展导致微量元素在不同地区具有不同的来源特征及污染状况。通过分析采样点周围环境,类 1 采样点主要受到停泊在渡口和码头船只及生活在船只上的居民的生活污废水的影响;类 2 采样点主要受到采矿活动、农业及工业活动的影响;类 3 采样点主要受到生活污水、电厂排放、淮河支流东淝河、茨淮新河及涡河污水的影响。

6.1.9　小结

本章应用沉积物质量基准、地积累指数、富集因子、潜在生态风险指数及风险评价指数分析了淮河(安徽段)沉积物中微量元素(Cu、Pb、Zn、Ni、Cr、Cd、Mn、As)的空间分布规律、污染特征及潜在生态风险。沉积物中微量元素 Al、Fe 及 Mn 含量较高,其次是 Zn、Cr、Pb、Cu、Ni、As、Cd。地积累指数及富集因子评价结果显示 As、Zn 及 Cd 呈现较高的污染水平,其次是 Pb、Mn、Cu、Cr、Fe、Ni、Al。因此,淮河(安徽段)沉积物中的主要污染元素是 As、Cd、Zn、Pb、Mn。我们的研究结果表明采矿活动、交通尾气和电厂燃煤飞灰大气沉降、农业活动、生活污水及支流污水是淮河沉积物中微量元素的主要污染源。污染负荷评价结果显示研究区 54 个采样点都受到微量元素不同程度的污染,其中寿县污染程度最大,其次是凤台、怀远及淮南。潜在生态风险评价结果表明 Cd 和 As 呈现较高和中等风险水平。在 8 种微量元素共同作用下,整个研究区淮河沉积物呈现中等风险水平,其中怀远风险水平最高,其次是寿县、淮南及凤台。

淮河沉积物中微量元素的形态分析可以提供微量元素迁移性、生物有效性方面的信息。在本书中,Mn 和 As 弱酸提取态含量较高,表现出较高的迁移性及潜在风险。Cu、Pb、Zn、Ni、Fe 弱酸提取态含量较低,呈现较低的潜在风险(RAC,$1\% < F1 < 10\%$)。淮河沉积物中,Cu、Zn、Ni、Cr、Fe 主要以残渣态形式存在,表明这 5 种元素与沉积物的结合力较强,不易被释放。Pb 主要以 Fe-Mn 氧化态为主。主成分分析共提取 5 个主成分,表明微量元素的 5 个来源。Cu、Ni、Mn、Fe 主要来源于自然来源,Fe、Mn、Cu、As 主要受 Fe-Mn 氧化物的控制,Cu 和 Zn 受有机物的控制,另外,Pb 和 Cd 主要受到交通尾气及电厂燃煤飞灰沉降的影响。54 个采样点根据其化学组成的空间相似性可以分为 3 类,代表高污染、中污染及低污染区,分别受电厂及支流污水、采矿活动、工农业活动及生活污水的影响。总而言之,在本书中,由于淮河(安徽段)沉积物中 As、Cd、Zn、Pb、Mn 的高污染水平及 As 和 Mn 的高潜在风险,应该采取有效措施控制这 5 种微量元素的排入。

平均连锁树状图(组间)

距离重新调整聚类合并

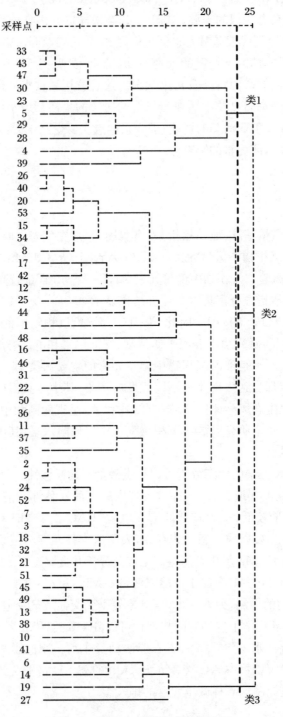

图 6.9 淮河 54 个采样点聚类分析

6.2　表层沉积物中多环芳烃的环境地球化学

本节以淮河流域中游沉积物为研究对象,分析了多环芳烃在沉积物中的含量、分布、来源,探索了多环芳烃在沉积物中的空间分布规律及其影响因素,揭示了多环芳烃所产生的生态风险,为淮河流域中游的环境治理和生态风险预警提供科学的指导和依据。

6.2.1　概述

多环芳香烃(PAHs)是一种持久性有机污染物(POPs),具有很强的致癌性、诱变性和毒性。沿淮河中游,淮南煤田拥有丰富的煤炭资源,在过去的几十年,淮河流域因燃煤电厂和原料煤加工厂的显著扩张,污染逐渐加剧。PAHs通过煤炭开采、加工、运输等相关活动被大量释放到环境中。目前,只有少数研究报道了淮河沉积物中PAHs污染程度,本研究的主要目标是调查淮河中游沉积物中PAHs的水平、分布、来源和在潜在毒性。

6.2.2　样品采集与前处理

2009年8月在淮河流域中游设置了11个沉积物样品(5 cm)采样点,2011年8月设置了40个采样点采集了40个沉积物样品,除此之外,2013年8月设置了52个采样点采集了52个沉积物样品。所有沉积物样品采集均使用抓斗并迅速转移到实验室,所有样品在室温下干燥并研磨过筛。

6.2.3　测试与分析

沉积物样品均用1.6% HCl酸化以移除碳酸盐,干燥后用TOC分析仪测试。

16种USEPA多环芳烃的分析采纳Zeng et al.(1999)描述的分析方法。20 g的样品中加入了标样,然后用120 mL二氯甲烷(DCM)索氏提取24 h,添加活性铜脱硫。通过柱色谱法纯化,使用二氧化硅和氧化铝凝胶(2∶1)作为吸附剂和无水硫酸钠(1 cm)作为顶层。填充柱用70 mL的己烷/DCM(v/v = 7∶3)洗脱。被洗脱的、含多环芳烃的DCM,经旋转蒸发浓缩为1 mL,并转移到1.5 mL安捷伦样品瓶供仪器分析。

所有样品采用自动进样热示踪气相色谱-超气相色谱仪耦合热DSQⅡ质谱仪(GCMS)。TR-5MS毛细管柱为30 m(L)×0.25 mm(ID),内径为0.25 μm的薄膜。氦气作为GC的载气,恒定流为1 mL·min^{-1}。在无分流模式下注入的量为1 μL。对GC-MC,内部温度控制在50 ℃,保持2 min,然后用缓变动态温度:80~180 ℃,20 ℃·min^{-1};180~250 ℃,8 ℃·min^{-1};250 ℃,3 min;250~265 ℃,2 ℃·min^{-1};265~275 ℃,5 ℃·min^{-1};275~285 ℃,1 ℃·min^{-1};然后保持5 min。MSD在70eV的电子影响模式下操作。质谱使用选择离子监测模式记录。土壤中多环芳烃浓度采用外部校准峰面积法和六点校准曲线获得。

6.2.4 质量控制

所有分析操作按美国环境保护部(1994)推荐的质量保证和质量控制程序进行。方法空白(溶剂)、加标空白、样品平行样都添加到所有样本中分析。采用 NaP-d8、Chry-d12 和 Phd-10 标准溶液进行样品回收率的计算结果 2009 年分别为 85.3%±7.5%、72.7%±9.6%、91.5%±6.3%;2011 年分别为 69.4%±8.1%、76.9%±8.3%和 96.5%±6.1%;2013 年分别为 87.5%±5.2%、93.2%±6.7%和 78.9%±8.5%。

6.2.5 多环芳烃的含量

在 2009 年,$\sum E_9 PAH$ 的沉积物浓度范围为 72~139 ng・g^{-1},平均浓度为 91 ng・g^{-1}(见图 6.10)。本研究中沉积物 PAHs 污染在全球范围较低。很明显,淮河中游具有工业化和城市化的历史很短,因此,研究区沉积物中 PAHs 含量较发达地区的河流的 PAHs 低。2011 年,沉积物总 PAHs 浓度范围为 83~2599 ng・g^{-1},平均值为 525 ng・g^{-1}。与中国其他河流沉积物样品相比,本研究中的多环芳烃低于 1~8 个数量级,除了在淮河江苏段。沉积物总 PAHs 浓度比在欧洲、北美洲大部国家和澳大利亚目前的研究高出 1~36 个数量级。另一方面,亚洲大多数国家的流域的 PAHs 低于淮河流域的 PAHs 浓度。此外,非洲沉积物中 PAHs 含量很低,本研究中的 PAHs 明显高于南非 Centurion 湖。同时,2013 年沉积物中总 PAHs 的浓度范围是 46~332 ng・g^{-1},平均值为 68 ng・g^{-1}。表 6.18 是世界各地沉积物中 PAHs 的含量,本研究中多环芳烃含量相对较低。此外,在 2013 年 PAHs 总浓度比 2009 年和 2011 年低,这可能是因为政府部门开始关注污染控制,以及水体环境较复杂的原因。然而,多环芳烃的浓度在 2011 年都处于较高的水平,因为本区域 8 月的暴雨,PAHs 从空气和水中的沉降的原因。

2009 年沉积物中 TOC 含量范围是 1.06%~3.21%,平均值为 1.70%。沉积物中 TOC 与 PAHs 相关性如图 6.11 所示。由于较低的水溶性和高辛醇-水分配系数,PAHs 吸附到颗粒物质并最终沉积到沉积物中。沉积物中 PAHs 受到有机物质的化学组成的影响。2013 年,沉积物中 PAHs 和 TOC 之间呈显著正相关($R^2 = 0.79, P = 0.004$)。结果表明,TOC 是控制沉积物中 PAHs 的主要因素。如图 6.12 所示,2011 年沉积物样品中 PAHs 和 TOC 不相关,HMW PAHs 和 TOC 含量之间也无显著相关性。TOC 与 PAHs 之间相关性较差,表明 PAHs 在沉积物中的不稳定。这可能是由多种因素造成的,如 PAHs 在水、沉淀物悬浮颗粒和沉积物之间的交换所造成的。此外,沉积物化学条件和多环芳烃的生物利用度影响沉积物中 PAHs 的分布。此外,如果多环芳烃是最近生成的,它们可能没有被沉积物中有机物质完全结合。

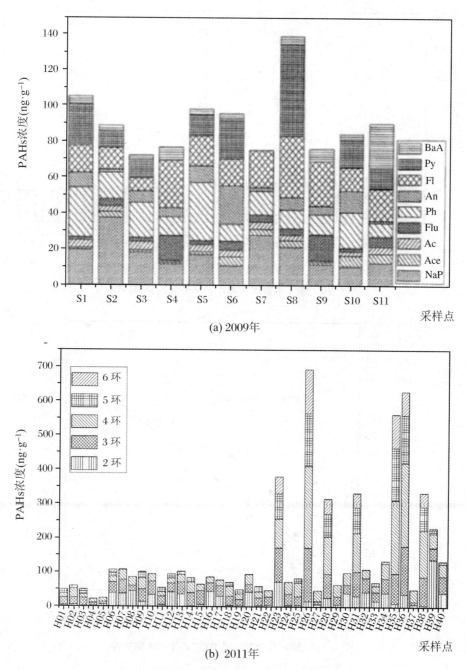

(a) 2009年

(b) 2011年

图 6.10　淮河中游沉积物中多环芳烃的分布

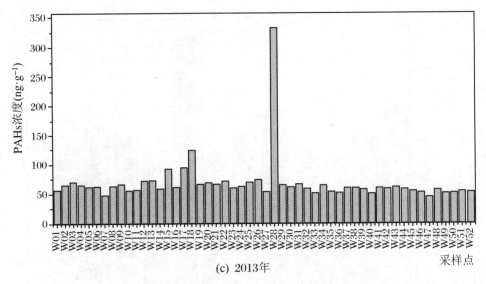

(c) 2013年

图 6.10　淮河中游沉积物中多环芳烃的分布(续)

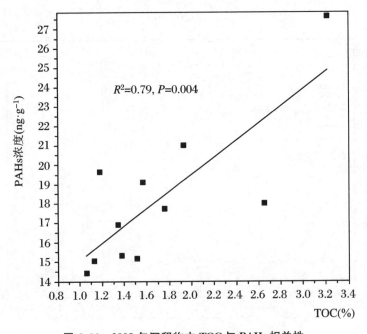

图 6.11　2009 年沉积物中 TOC 与 PAHs 相关性

有机碳与高环多环芳烃

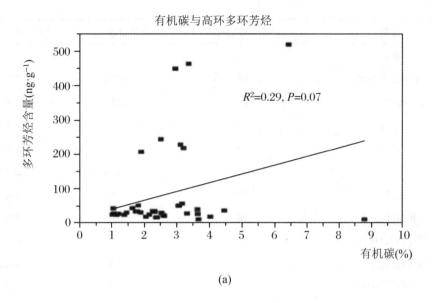

(a)

有机碳含量与16种多环芳烃

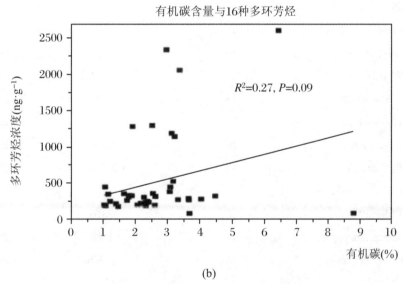

(b)

图 6.12　沉积物中 TOC 与 PAHs 相关性

表 6.18　世界各地沉积物中 PAHs 的含量

位置	多环芳烃种类	含量($ng \cdot g^{-1}$)	年份
中国			
黄河	16	2621	2007
长江	11	2032	2007
淮河(中游和下游)	16	293.8	2006
淮河(上游)	16	370.8	2012
淮河(淮南到蚌埠段)	18	547.31	2010

位置	多环芳烃种类	含量($ng \cdot g^{-1}$)	年份
黄河	16	115.8	2010
日照近岸海域	16	2622.6	2010
钱塘江	15	313.3	2007
明江	16	433	2003
珠江	16	2057	2002
太湖	16	4094	2008
通惠河	16	540	2004
淮河江苏段	12	379	2006
淮河流域中段	12	91	2009
淮河流域中段	16	525	2011
淮河流域中段	16	68	2013
亚洲其他国家			
Riversand 河口，马来西亚	15	187	2002
波多黎各 Jobos 湾	16	538	2010
泰国湄南河	11	263	2006
日本 Shinano 河	18	1230	2009
韩国 Masan 湾	24	680	2005
韩国 Hyeongsan 河	16	2200	2004
印度 Gomti 河	16	697.25	2011
欧洲			
英国 Mersay 河口	15	2316	2007
法国 Mediterranean 海	12	1288	2011
意大利里雅斯特海滨	16	14665	2000
美洲			
墨西哥 Mecoacfin 湖	16	6380	2003
美国 Mystic 河	16	18810	2001
加拿大 Wabamun 湖	20	2756	2006
古巴 Cienfuegos 湾	23	3956	2009
阿根廷 Bahia Balanca 河口	18	1024	2010
非洲			
尼日利亚尼日尔三角洲	28	168	2010
南非 Centurion 湖	4	1239	2013
大洋洲			
澳大利亚 Sydney 海湾	13	16972	2006

6.2.6　多环芳烃的时空分布

2009 年,$\sum E_9 PAH$ 的最高浓度位于城市中心(如淮南市)以及河流交汇处。主要是由于此流域上游的两个支流在此处交汇,从而使得 PAHs 含量偏高。此外,河的汇合处会导致表层沉积物的再悬浮。由于悬浮在水中的多环芳烃可能吸附在泥沙颗粒在汇合区,导致多环芳烃在沉积物的积累。在沉积物中,主要的 PAHs 分别为 4 环化合物,如图 6.10(a)所示。一般来说,高分子量多环芳烃被发现在离河流和海洋环境的沉积物比低分子量多环芳烃。在 2011 年,这两个相对高浓度的位点在几个煤炭加工厂和燃煤电厂周围。两个最低浓度发生在河流的汇合处,远离城市和工业中心。在沉积物中多环芳烃浓度高可能是由于土壤中多环芳烃地表径流导致。多环芳烃在沉积物中根据自己的环数组成的模式图如图 6.10(b)所示。HMW PAHs 的最高总丰度占 PAHs 总浓度的 57%,而低分子量多环芳烃占多环芳烃总浓度的 43%,图 6.10(b)中,暗示其主要来源可能为热解源,此外,中游淮河是已知的由地方工业、城镇化和农业被污染。多环芳烃在 2013 年的分布如图 6.10(c)所示。PAHs 的最高浓度为 W28,靠近城市中心(如淮南市)、煤炭加工厂以及燃煤电厂;而最低的为 W47,远离城市和工业中心。

6.2.7　多环芳烃的来源

为了找到淮河中游 2009 年多环芳烃的来源,Ph/An 和 Fl/Py 的比值如图 6.13(a)所示。从图 6.13(b)可以看出,沉积物中多环芳烃主要来自热解和成岩排放的混合物。此外,LMW/HMW PAHs 的比值表明,多环芳烃在沉积物主要来自于热解。然而 2011 年,根据HMW/LMW 的比值,沉积物中多环芳烃的来源归因于材料的燃烧。此外,Ph/An 与 Fl/Py的沉积物(图 6.13(b))表明,多环芳烃主要来自燃烧/热解。从图 6.13(c)可以看出,多环芳烃沉积物样品中在 2013 年主要来自热解和成岩排放。

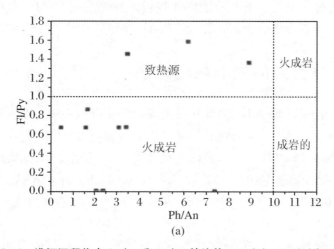

(a)

图 6.13　淮河沉积物中 Ph/An 和 Fl/Py 的比值 2009(a)、2011(b)和 2013(c)

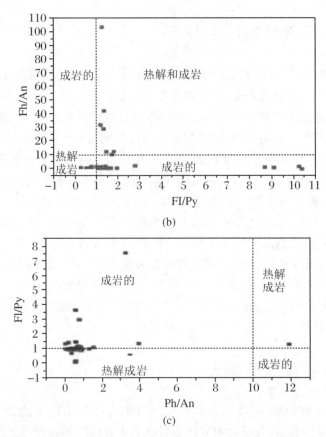

图 6.13　淮河沉积物中 Ph/An 和 Fl/Py 的比值 2009(a)、2011(b)和 2013(c)(续)

通过主成分分析得出,2009 年淮河中游沉积物多环芳烃的主要输入源贡献是煤炭燃烧的排放。2011 年多环芳烃的主成分分析如图 6.14 所示。图 6.14 中显示了多环芳烃主要来自煤炭和石油产品的燃烧。此外,PCA 数据表明,沉积物多环芳烃主要来自煤炭和石油产品的燃烧以及石油泄漏。两个来源的浓度加权贡献比例分别为 89% 和 11%。2013 年,PAHs 进行了主成分分析 PCA 的装载图显示,PAHs 主要来自煤炭和石油产品的燃烧。

6.2.8　多环芳烃的生态风险评估

通过毒性当量因子(TEF)方程,2009 年淮河流域中游沉积物中致癌多环芳烃(BaA)的平均值为 5.9 ng · g^{-1}。另一方面,2011 年沉积物中最致癌多环芳烃是 BaP(61%)和 BbF(13%),而最低是 Chry(0.06%)。此外,2013 年最致癌多环芳烃是 BaA(59%)、Chry(0.05%)、BbF(3.03%)、BkF(2.35%)、BaP(17.77%)、Ind(5.13%)和 DahA(65.71%)。然而,沉积物中总毒性当量值在 2009 年、2011 年和 2013 年均低于 2008 年的淮河流域、中国太湖和土耳其马尔马拉海。

为了评估沉积物对水生生物的潜在危害,本研究使用了不同的沉积物质量准则(SQGs),如 ERL/ERM(影响范围低、影响范围中等)和 TEL/PEL(阈值水平的影响及可能的有效水平)。2009 年、2011 年和 2013 年,与 SQGs 多环芳烃的化学浓度的比较见表 6.19。

沉淀物在 2009 年部分多环芳烃的浓度低于其 ERL 和 TEL 的值。因此,沉积物将被归类为无毒性。然而 2011 年,所有沉积物样品中的 PAHs 含量均低于 ERM 值,5% 的样品 PAHs含量高于 PEL 值。此外 2013 年,大部分沉积物样品中的污染水平比 ERL 值较高,而 2% 的样品 PAHs 含量高于 ERM 值。另一方面,所有沉积物中 PAHs 含量均低于 PEL 值,除DahA(2%)。因此,淮河流域中游大部分沉积物样品在 2011 年和 2013 年不构成生态毒理学风险。

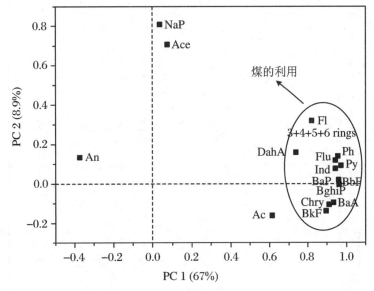

图 6.14　2011 年多环芳烃的主成分分析图

6.2.9　小结

淮河流域中游在 2009 年、2011 年和 2013 年采集了沉积物样品。从 2009 年、2011 年和2013 年淮河流域中游沉积物样品中 PAHs 含量分析得出,该流域内较短时间的工业和城镇的发展并没有影响到沉积物中 PAHs 的污染。因此,该流域沉积物中 PAHs 的污染处于世界中等或低等污染水平。然而,2011 年沉积物中 PAHs 含量明显高于 2009 年和 2013 年。Ph/An 和 Fl/Py 的计算表明 2009 年、2011 年和 2013 年的 PAHs 均来自于一个混合的污染模式。除此之外,2009 年不同环数的 PAHs 分布表明沉积物中 PAHs 主要来自于热解。通过 PCA 分析得出,2009 年沉积物 PAHs 主要来自于煤炭的燃烧,2011 年和 2013 年主要来自于煤炭和石油产品燃烧以及石油的溢油。生态风险评估指出,PAHs 在 2009 年、2011 年和 2013 年毒性风险很小。根据国际沉积物质量标准(SQGs),2009 年、2011 年和 2013 年沉积物中 PAHs 对水生生物没有潜在的毒性风险。总的来说,本次研究对淮河流域中游 PAHs的含量分布和来源提供了有用的信息。

表 6.19 2009 年、2011 年和 2013 年与 SQGs 多环芳烃的化学浓度的比较表

PAHs	SQG ERL-ERM (ng·g⁻¹)	SQG TEL-PEL (ng·g⁻¹)	2009 年淮河沉积物中多环芳烃含量占全站总含量的百分比		2011 年淮河沉积物中多环芳烃占全站总含量的百分比						2013 年淮河沉积物中多环芳烃占全站总含量的百分比					
			<ERL	<TEL	<ERL	ERL-ERM	>ERM	<TEL	TEL-PEL	>PEL	<ERL	ERL-ERM	>ERM	<TEL	TEL-PEL	>PEL
NaP	160~2100	35~391	100	100	100	0	0	100	0	0	100	0	0	9	91	0
Ace	44~640	6~128	100	100	95	5	0	10	90	0	72	28	0	51	49	0
Ac	16~500	7~89	100	100	20	80	0	2.5	92.5	0	60	40	0	9	42	0
Fl	19~540	21~144	100	100	57.5	42.5	0	57.5	42.5	0	9	91	0	58	91	0
Ph	240~1500	87~544	100	100	87.5	12.5	0	82.5	17.5	0	98	2	0	92	8	0
An	85~1100	47~245	100	100	100	0	0	90	10	0	100	0	0	17	83	0
Flu	600~5100	113~1494	100	100	100	0	0	82.5	17.5	0	100	0	0	98	2	0
Py	665~3600	153~1398	100	100	100	0	0	92.5	7.5	0	100	0	0	94.3	5.7	0
BaA	261~1600	75~693	100	100	100	0	0	92.5	7.5	0	100	0	0	98	2	0
Chry	384~2800	108~846	NA	NA	100	0	0	92.5	7.5	0	100	0	0	98	2	0
Bbf	NA	NA	NA	NA	0	0	0	0	0	0	0	0	0	0	0	0
BkF	NA	NA	NA	NA	0	0	0	0	0	0	0	0	0	0	0	0
BaP	430~1600	89~763	NA	NA	100	0	0	92.5	7.5	0	100	0	0	98	2	0
Ind	NA	NA	NA	NA	0	0	0	0	0	0	0	0	0	0	0	0
DahA	63~1600	6~135	NA	NA	100	0	0	85	15	0	85	13	2	8	90	2
Bghip	NA	NA	NA	NA	0	0	0	0	0	0	0	0	0	0	0	0

6.3 表层沉积物中有机氯农药的环境地球化学

本节选择淮河(安徽段)表层沉积物中有机氯农药(简称 OCPs)进行研究,主要探索淮河(安徽段)表层沉积物中 OCPs 污染水平、组成、空间分布特征以及影响 OCPs 的分布和组成的因素,为淮河流域生态环境保护提供基础数据。

6.3.1 概述

OCPs 是一种持久性有机污染物(POPs),由于其在环境中难以降解,易在生物体内蓄积并对人体具有"三致"效应而受到普遍关注。有机氯农药在环境中很难降解,有的降解周期甚至长达 40 年,这些有机氯农药化合物通常在大气、水体和土壤中不断地进行交换和循环迁移,最终通过地表径流的方式沉积到水体沉积物中,沉积物成为有机氯农药的最终容纳库。有机氯农药由于具有高效的杀虫性,曾被广泛使用在农业生产上作为杀虫剂,据不完全估计,中国在 1950~1983 年大约使用了 4×10^8 t 的六六六(HCH)和 0.27×10^8 t 的滴滴涕(DDT)类农药。1983 年之后,中国政府开始下令禁止使用有机氯农药,然而近期大量研究表明在中国不同的环境介质中仍然检测到有机氯农药的残留。

淮河是中国的七大河流之一,流经河南、湖北、安徽、江苏和山东 5 省。随着经济的快速发展,农业废弃物和工业污染物随着地表径流和大气沉降进入淮河,淮河水体生态系统变得越来越脆弱。Wang 等人报道过淮河(江苏段)水体中有机氯农药的风险评价;Sun 等人也曾研究了淮河(河南段)水体中有机氯农药的来源;Meng 等人也对淮河(安徽段)沉积物中全氟烷基物质进行了研究。然而,关于淮河(安徽段)沉积物中 OCPs 的污染研究却较少,因此为了更好地掌握淮河流域 OCPs 的污染情况,本书选择淮河(安徽段)表层沉积物中 OCPs 进行研究,主要探索淮河(安徽段)表层沉积物中 OCPs 污染水平、组成、空间分布特征以及影响 OCPs 的分布和组成的因素,为淮河流域生态环境保护提供基础数据。

6.3.2 样品采集与前处理

作者团队于 2015 年 10 月使用抓斗采样器采集了淮河(安徽段)16 个表层沉积物(0~5 cm)样品,S1~S5、S6~S10、S11~S16 分别采自淮河上、中、下游,每个采样点约采集 500 g 沉积物样品。采集时,沉积物样品中的砾石、植物残渣等被剔除,收集后,每个采样点的样品均匀混合,采集的样品迅速带回实验室于 -20 ℃温度下储存,直至分析。

样品经冷冻干燥仪冷冻干燥 48 h 后,用磨碎机磨碎,过 200 目筛,精确称量 20 g 样品放入烧瓶中,并加入 200 mL 二氯甲烷溶剂和铜片(脱硫作用)在 45 ℃水浴锅中抽提 48 h。抽提结束后,将烧瓶中的抽提液在旋转蒸发仪上浓缩至 1 mL,浓缩液过氧化铝/二氧化硅净化,净化柱用正己烷-二氯甲烷(体积比为 7∶3)淋洗,淋洗液旋转蒸发浓缩至 1 mL,转入细胞瓶中,密闭保存。

6.3.3　测试与分析

采用 GC-MS 气相色谱仪（Agilent 5973）对样品中 22 种 OCPs（6 种 DDTs 类、4 种 HCHs 类、七氯、环氧七氯、顺式氯丹、反式氯丹、硫丹Ⅰ、硫丹Ⅱ、六氯苯、灭蚁灵、艾氏剂、狄氏剂、异狄氏剂、甲氧滴滴涕）进行分析测试，色谱柱为 DB-5，色谱柱长为 30 m、内径为 0.25 mm、膜厚为 0.25 mm，载气为氦气（99.999%），流速为 1 mL·min^{-1}。升温程序：柱温初始为 80 ℃（保持 1 min），以 15 ℃·min^{-1} 的速率升至 200 ℃，继续以 1 ℃·min^{-1} 的速率升至 220 ℃，最后以 15 ℃·min^{-1} 的速率升至 200 ℃（保持 10 min），检测器温度为 300 ℃，进样量为 2 μL。

沉积物中 TOC 的处理和测定方法如下：精确称量 3 g 干燥、混合均匀的样品，用 10% HCl 清洗除去样品中的无机碳，再用去离子水清洗样品后在 60 ℃ 烘箱中烘干。TOC 的测定使用德国耶拿/Analytikjena TOC 分析仪。

6.3.4　质量保证与质量控制

每分析 4 个样品做以下质量控制：1 个加基质样品检测实验方法的可靠性；1 个空白样品检测实验过程中外界因素是否有干扰；3 个平行样品检测实验方法的误差。加基样品的回收率为 91.6%～101%；空白样品中均未检测到目标物质的存在，平行样品的相对标准偏差范围为 0.1%～4.0%，所有质量保证和质量控制处于可接受的范围内。

6.3.5　沉积物中 OCPs 残留特征

沉积物中 22 种有机氯农药的组分和含量见表 6.20，在被检测的 22 种含有机氯农药中共计检测到 17 种，分别是：6 种滴滴涕（DDTs）类农药（o′p-DDE、p′p-DDE、o′p-DDT、p′p-DDT、p′p-DDD 和 o′p-DDD）、4 种六六六（HCHs）类农药（α-HCH、β-HCH、γ-HCH 和 δ-HCH）、七氯（heptachlor）、环氧七氯（heptachlor epoxide）、顺式氯丹（cis-chlordane）、反式氯丹（trans-chlordane）、硫丹Ⅰ（endosulfan Ⅰ）、硫丹Ⅱ（endosulfan Ⅱ）和六氯苯（HCB）。HCHs 类农药和 DDTs 类农药在样品中的残留量范围分别为 2.54～13.91 ng·g^{-1}、0.016～2.54 ng·g^{-1}，平均值分别为 7.52 ng·g^{-1}、0.45 ng·g^{-1}，检测率分别为 93.8% 和 36.5%。由此看出，本研究区域 HCHs 类农药比 DDTs 类农药的平均浓度高得多，HCHs 类农药广泛分布在安徽淮河沉积物中。产生这种现象的原因可能是因为 HCHs 类农药在中国历史上的使用量比 DDTs 类农药多得多。HCB 平均浓度为 0.05 ng·g^{-1}，检出率为 50%，HCB 在沉积物中也具有相对较高的检测率。据报道，HCB 是以工业生产过程中的副产物存在的，HCB 在中国未曾被大量使用。硫丹Ⅰ（浓度均值为 0.03 ng·g^{-1}）的含量比硫丹Ⅱ（浓度均值为 0.008 ng·g^{-1}）高得多。硫丹Ⅰ的检出率（50%）也高于硫丹Ⅱ的检出率。硫丹在中国 20 世纪 90 年代作为农作物的杀虫剂被使用。环氧七氯化物及其母体化合物七氯在沉积物中也有少量被检测出。七氯化合物于 20 世纪 60 年代至 70 年代在中国被生产和使用。狄氏剂化合物类（艾氏剂、狄氏剂和异狄氏剂）在本研究的沉积物中未被检测到，这可能与它们在中国历史上的零使用量和零生产量有关。其他的 OCP 化合物，如灭蚁灵和甲氧

滴滴涕,也没有被检测出。沉积物中不同 OCP 化合物的平均浓度含量顺序如下:六六六类
>滴滴涕类>六氯苯>氯丹>硫丹。

6.3.6　与中国其他不同区域沉积物中有机氯农药残留情况比较

与其他地区的沉积物相比,本研究区沉积物中的 HCHs 残留量略低于大凌河沉积物中
的 HCHs 残留量($1.1\sim30$ ng·g^{-1})、珠江沉积物中的 HCHs 残留量($1.2\sim17$ ng·g^{-1})和海
河入海口沉积物中的 HCHs 残留量($0.997\sim36.1$ ng·g^{-1}),但高于巢湖沉积物中的 HCHs
残留量($0.04\sim7.12$ ng·g^{-1})、渤海沉积物中的 HCHs 残留量($0.16\sim3.17$ ng·g^{-1})和莱州
湾沉积物中的 HCHs 残留量($0.03\sim6.38$ ng·g^{-1})。本研究区 DDTs 的残留量与中国东海
沉积物中 DDTs 的残留量($0.06\sim6.04$ ng·g^{-1})相似,但低于巢湖沉积物中的 DDTs 残留
量($0.23\sim85.83$ ng·g^{-1})、乐清湾沉积物中的 DDTs 残留量($1.85\sim16.54$ ng·g^{-1})、珠江
入海口沉积物中的 DDTs 残留量($3.8\sim31.7$ ng·g^{-1})和渤海湾沉积物中的 DDTs 残留量
($0.2\sim11.1$ ng·g^{-1})。总体来说,本书区域沉积物中两大主要 OCPs:HCHs 农药和 DDTs
农药的残留水平相对低于中国其他河流湖泊。

6.3.7　淮河沉积物中有机氯农药的空间分布特征

淮河沉积物中有机氯农药不同空间分布特征如图 6.15 所示。从图 6.15 可以看出,淮河
上游 OCPs 残留量(平均浓度为 8.30 ng·g^{-1})、中游 OCPs 残留量(平均浓度为 8.10 ng·g^{-1})
和下游 OCPs 残留量(平均浓度为 8.21 ng·g^{-1})差异较小,且六六六类农药和滴滴涕类农
药在上游的残留量(HCHs 平均残留量为 7.5 ng·g^{-1},DDTs 平均残留量为 0.5 ng·g^{-1})、
在中游的残留量(HCHs 平均残留量为 7.9 ng·g^{-1},DDTs 平均残留量为 0.15 ng·g^{-1})和
在下游的残留量(HCHs 平均残留量为 7.1 ng·g^{-1},DDTs 平均残留量为 0.94 ng·g^{-1})也
没有明显差异。从图 6.15 和表 6.21 可以看出,每个采样点的浓度差异也较小,几乎是均匀
分布的,最高点与最低点处浓度梯度仅仅相差 3 倍,由此表明淮河水体沉积物有机氯农药在
不同空间上分布的均匀性。有机氯农药最高残留量在采样点 S8 处,其次在采样点 S5 处,这
两个采样点均位于淮河沿岸的农田附近,因此推测这两个采样点的有机氯农药来自沿岸附
近土壤的地表径流进入淮河水体,另外,据调查离 S8 附近曾经有一个凤阳县农药厂,这也有
可能导致附近区域有机氯农药的高残留。有机氯农药的最低残留量在采样点 S15 处,其次
在 S7 处,S7 离蚌埠闸比较近,因此有可能该处的有机氯农药被水流冲走,S15 处的有机氯农
药残留量最低一方面可能是该处没有污染源的输入,另一方面还可能与有机氯农药历史使
用量和沉积物理化性质等有关。

表 6.20 表层沉积物中的有机氯农药的浓度 (ng·g⁻¹)

样品	α-HCH	β-HCH	γ-HCH	δ-HCH	∑HCH	o′p-DDE	p′p-DDE	o′p-DDT	p′p-DDT	p′p-DDD	o′p-DDD	∑DDT	HCB
S1	1.30	3.57	1.56	n.d	6.43	0.10	0.11	0.34	1.09	0.43	0.25	2.32	0.11
S2	2.73	4.34	1.32	n.d	8.39	n.d	n.d	n.d	0.02	n.d	n.d	0.02	n.d
S3	1.68	3.02	n.d	n.d	4.70	0.02	n.d	0.05	n.d	n.d	n.d	0.08	n.d
S4	4.56	1.28	1.30	0.12	7.26	n.d	n.d	n.d	n.d	n.d	0.11	0.11	n.d
S5	3.79	5.26	1.83	0.06	10.94	n.d	0.02	0.03	0.06	n.d	n.d	0.115	0.23
S6	3.42	4.72	0.76	0	8.90	n.d	0.03	0.11	n.d	n.d	n.d	0.14	n.d
S7	0.41	3.59	0.56	n.d	4.56	n.d	n.d	n.d	n.d	n.d	n.d	n.d	n.d
S8	0.53	11.00	1.16	1.22	13.91	n.d	n.d	0.03	0.28	0.11	n.d	0.42	0.10
S9	2.40	4.82	0.85	0.8	8.87	n.d	n.d	n.d	0.03	n.d	0.02	0.05	0.12
S10	0.51	3.90	0.87	0.89	6.17	n.d	n.d	n.d	n.d	0.09	n.d	0.09	n.d
S11	1.31	2.99	n.d	0.67	4.97	n.d	n.d	0.011	n.d	0.05	n.d	0.07	0.12
S12	2.37	5.50	0.81	0.62	9.30	n.d	n.d	n.d	n.d	n.d	n.d	n.d	n.d
S13	2.67	4.44	0.74	0.61	8.46	n.d	n.d	n.d	0.09	n.d	n.d	0.09	0.09
S14	2.88	4.71	1.36	0.20	9.15	n.d	0.03	n.d	n.d	n.d	n.d	0.03	n.d
S15	0.45	1.53	0.56	n.d	2.54	0.07	0.13	0.45	0.33	0.12	0.12	1.09	0.03
S16	1.94	3.09	0.87	n.d	5.90	n.d	0.21	0.71	1.10	0.30	0.22	2.54	0.02

样品	七氯	环氧七氯	艾氏剂	狄氏剂	反式氯丹	顺式氯丹	硫丹 I	硫丹 II	甲氧滴滴涕	灭蚁灵	异狄氏剂
S1	n.d	n.d	n.d	n.d	n.d	0.32	n.d	0.01	n.d	n.d	n.d
S2	n.d	n.d	n.d	n.d	0.08	n.d	0.03	0.03	n.d	n.d	n.d
S3	n.d	n.d	n.d	n.d	n.d	0.11	0.12	n.d	n.d	n.d	n.d

续表

样品	七氯	环氧七氯	艾氏剂	狄氏剂	反式氯丹	顺式氯丹	硫丹 I	硫丹 II	甲氧滴滴涕	灭蚊灵	异狄氏剂
S4	0.08	n.d	n.d	n.d	n.d	n.d	n.d	0.01		n.d	n.d
S5	n.d	n.d	n.d	n.d	n.d	n.d	0.01	n.d	n.d	n.d	n.d
S6	n.d	n.d	n.d	n.d	n.d	n.d	n.d	0.01	n.d	n.d	n.d
S7	n.d	n.d	n.d	n.d	n.d	n.d	0.02	n.d	n.d	n.d	n.d
S8	0.02	n.d	n.d	n.d	0.05	n.d	n.d	n.d	n.d	n.d	n.d
S9	0.05	n.d	n.d	n.d	n.d	n.d	n.d	n.d	n.d	n.d	n.d
S10	n.d	n.d	n.d	n.d	n.d	n.d	n.d	n.d	n.d	n.d	n.d
S11	0.04	n.d	n.d	n.d	0.01	0.11	n.d	n.d	n.d	n.d	n.d
S12	n.d	n.d	n.d	n.d	n.d	n.d	0.12	n.d	n.d	n.d	n.d
S13	n.d	n.d	n.d	n.d	0.11	0.05	0.11	0.01	n.d	n.d	n.d
S14	0.01	0.08	n.d	n.d	0.12	n.d	0.09	n.d	n.d	n.d	n.d
S15	0.01	0.21	n.d	n.d	0.12	0.13	n.d	0.02	n.d	n.d	n.d
S16	0.10	n.d	n.d	n.d	0.33	0.14	0.01	0.03	n.d	n.d	n.d

注：n.d 表示无数据。

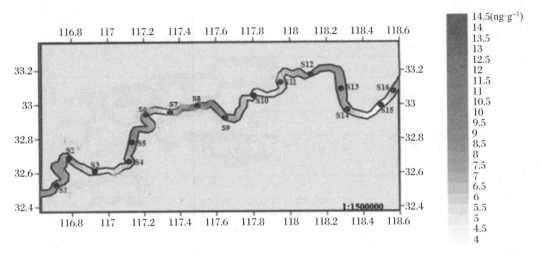

图 6.15　淮河沉积物中有机氯农药不同空间分布

6.3.8　淮河沉积物中有机氯农药的组成和来源

淮河沉积物中有机氯农药的组成如图 6.16 所示,六六六类农药的 4 个异构体 α-HCH、β-HCH、γ-HCH 和 δ-HCH 在 16 个采样点的平均组成含量分别为 28.1%、57.1%、8.0% 和 6.7%,β-HCH 是组成中含量最高的异构体,类似的结果也在中国东海沉积物、大辽河入海口沉积物、闽江口沉积物、白洋淀沉积物和长江口沉积物中被报道。已有研究报道表明,高含量的 β-HCH 与 HCHs 类农药与历史时期其被大量使用有关。另外还有其他一些因素也会影响 β-HCH 的高残留,如 β-HCH 具有较低的饱和蒸气压和稳定的理化性质,环境中不稳定的 α-HCH 和 γ-HCH 易转化为稳定的 β-HCH 等,这些因素均能影响 β-HCH 的组分含量。

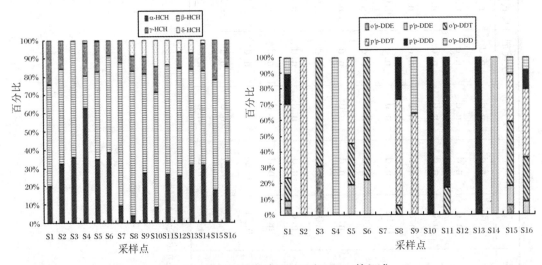

图 6.16　表层沉积物中 HCHs 和 DDTs 的组成

通过六六六不同异构体的比值可以判断它的来源。如图 6.17 所示,样品中 α-HCH/

γ-HCH 的范围为 0.58～4.5,75% 的样品中该比值小于 3,这表明林丹是该区域沉积物中六六六农药的主要来源,而小部分来自于历史时期使用的工业六六六,据报道在 1991～2000 年期间,中国大约使用了上千吨的林丹制品,由此我们推测该区域沉积物中的林丹可能来自淮河上游的输入。本研究区域六六六类农药的来源结论与前人研究的白洋淀沉积物中六六六类农药的来源一致。

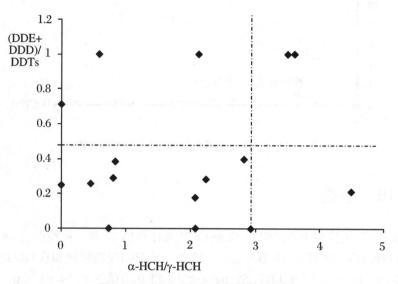

图 6.17　HCHs 和 DDTs 异构体的比值

　　滴滴涕的组成如图 6.16 所示,从图 6.17 可以看出,在样品中 p′p-DDT 比 o′p-DDT 的含量高得多,与此类似,样品中 p′p-DDE 和 p′p-DDD 也比 o′p-DDE 和 o′p-DDD 的含量高,而且,在大多数采样点 p′p-DDT 都是主要的异构体组成成分,这与工业滴滴涕的组成成分一致。本研究的结果与中国长江口沉积物中滴滴涕的组成成分相一致。如图 6.16 所示,(DDE + DDD)/DDT 的平均比率为 0.498,68.75% 的比值小于 0.5,这表明本研究区域沉积物中滴滴涕来源于近期输入的滴滴涕农药。最近的一些研究报道了在中国南方地区人类乳房和动物组织体里面所含高浓度的 DDTs 残留物来源于新输入的滴滴涕农药,这些新的污染源通常以地表径流的方式产生很小数量的污染。

6.3.9　淮河沉积物中有机氯农药与有机碳的关系分析

　　本书中,我们通过线性回归分析以获得 OCPs 与有机碳(TOC)之间的相关性。沉积物中的 TOC 范围为 0.3%～2.8%,平均值为 1.47%。如图 6.18 所示,线性回归分析表明 TOC 与 HCHs 呈现显著正相关($R^2 = 0.719$),TOC 和 DDTs 之间呈现弱的负相关($R^2 = 0.234$),这表明沉积物中 TOC 对六六六的残留产生影响,对滴滴涕含量影响较小。已有文献曾报道,沉积物中的 TOC 可增强沉积物对有机化合物的吸附能力。这个结论刚好揭示了本书中 TOC 与 HCHs 呈现显著正相关。TOC 与 HCHs 呈现显著正相关的结论体现在中国巢湖沉积物、印度河沉积物和尼日利亚河流沉积物中。值得注意的是,本研究中 TOC 和 DDTs 之间呈现弱的负相关,这个结论也与 Malik 等人(2014)的研究结果一致。

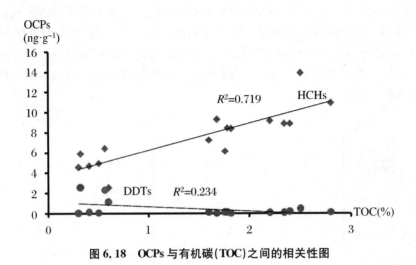

图 6.18　OCPs 与有机碳(TOC)之间的相关性图

6.3.10　小结

淮河(安徽段)沉积物中被检测的 22 种 OCP 共计检出 17 种。被检出的 OCP 的平均浓度顺序如下:HCHS＞DDTs＞HCB＞氯丹＞硫丹。总 HCHs 的浓度和总 DDTs 的浓度范围为 $2.54 \sim 13.91$ ng·g^{-1}(平均 7.52 ng·g^{-1})和 $0.016 \sim 2.54$ ng·g^{-1}(平均值为 0.45 ng·g^{-1})。DDT 的浓度含量低于 HCHs。与中国其他河流相比,DDTs 和 HCHs 的含量较低。OCPs 浓度在上游、中游和下游之间差别较小。历史使用的林丹和新鲜滴滴涕是本研究区有机氯农药的主要污染来源。线性分析表明:TOC 影响 HCHs 的残留,TOC 对DDTs 的影响不大。

6.4　表层沉积物中脂肪烃的环境地球化学

本节分析了淮河(安徽段)表层沉积物中脂肪烃的组成特征、空间分布规律和潜在来源,并利用主成分分析-多元线性回归分析估算了各污染源的贡献率。

6.4.1　概述

淮南煤田是淮河流域的著名煤田,当地煤矿的开采、加工以及燃煤电厂排放的烟尘均会带来烃类化合物的污染。杨策等人曾对煤矿区大气降尘中正构烷烃的分布特征进行了研究,发现煤矿区大气颗粒物中人为正构烷烃主要来自于煤残余物或其不完全燃烧的产物。在适合的大气条件下,携带人为正构烷烃的大气颗粒物沉降至水体,最终可能积聚在河流沉积物中。此外,通过石油泄漏、工业废水和城市污水排入河流的正构烷烃最终也会被埋藏在沉积物中。因此,沉积物中正构烷烃的浓度通常明显高于上层水体。

沉积物是河流生态系统的重要组成部分,很好地储存了环境信息,是了解河流系统有机污染的重要工具。同时,沉积物也是底栖生物的重要觅食场所。美国毒物与疾病登记署的研究表明,脂肪烃对动物和人类的肝脏、肾脏和神经系统都有一定的危害。因此,探究河流沉积物中脂肪烃的污染状况至关重要,只有获得脂肪烃污染源定性和定量的可靠信息,才能有效地指导水污染的预防和控制。到目前为止,关于淮河流域沉积物中脂肪烃的定量源解析还鲜有报道。本节对淮河(安徽段)表层沉积物中脂肪烃的浓度水平、空间分布、组成特征和潜在来源进行了研究,利用主成分分析-多元线性回归分析对脂肪烃的污染源进行了定量计算,进一步了解了淮河(安徽段)河流生态系统的有机污染状况。

6.4.2　样品采集与前处理

2013 年 7 月,我们在淮河(安徽段)采集了 54 个表层沉积物样品,其中,10 个采样点位于寿县(S1~S10),11 个采样点位于凤台县(F1~F11),20 个采样点位于淮南市区(H1~H20),13 个采样点位于怀远县(Y1~Y13)。采样后,所有沉积物样品都用干净的锡箔纸包好,并用干净的聚乙烯袋密封,立即运送到实验室,在 -20 ℃ 的条件下保存以待分析。

淮河表层沉积物和沉积柱样品采用超声提取法进行有机物的提取。冷冻干燥的样品用玛瑙研钵研磨均匀,过 100 目的不锈钢筛。取 5 g 样品(干重),加入回收率指示物($n-C_{24}D_{50}$)以及 30 mL 1:1 的二氯甲烷/正己烷混合溶剂后,超声提取 30 min,重复 2 次。在提取液中加入活化的铜片进行脱硫处理。提取液用旋转蒸发仪浓缩后,加入正己烷复溶。

所有提取液都需要进行进一步的净化和分离,此过程在内径为 1 cm 的色谱柱上进行。色谱柱自下而上分别装有氧化铝(6 cm)、硅胶(12 cm)和无水硫酸钠(2 cm)。在使用之前,氧化铝和硅胶分别在 250 ℃ 和 180 ℃ 下活化 12 h,然后用 3%(w/w)的水去活化。用 15 mL 的正己烷将含有正构烷烃的组分淋洗下来,经氮吹仪浓缩后上机测试。

6.4.3　分析测试

6.4.3.1　GC-MS 测试

淮河沉积物样品中类异戊二烯烷烃和正构烷烃的测试使用 Thermo Scientific TRACE 1300 系列气相色谱仪和 Thermo Scientific Q Exactive GC-Orbitrap 质谱仪连用的气质分析,在选择离子模式(SIM,$m/z = 85$)下工作,分离用的色谱柱为 TG-5SILMS 毛细管柱(30 m×0.25 mm×0.25 μm)。以不分流模式注入 1 μL 的样品,以高纯度氦气(99.999%)为载气,流速为 1.2 mL·min^{-1}。升温程序如下:起始温度为 50 ℃,保持 5 min,之后以 5 ℃·min^{-1} 的速率上升至 300 ℃,保持 30 min。

6.4.3.2　粒度分析

使用激光粒度仪(Malvern,JSM-56010LV)测定淮河沉积柱 C 的颗粒粒径。测量范围在 0.02~2000 μm 之间,该测定在南京师范大学完成。在颗粒粒径分析前,用 30% H_2O_2 和 1 mol·L^{-1} HCl 去除样品中的碳酸盐和有机质。本研究分离出 3 个组分:黏土(<2 μm)、粉质土(2~63 μm)和砂土(63~2000 μm)。

6.4.4 质量保证

在本研究的整个实验过程中,严格执行质量保证和控制,以保证数据质量。脂肪烃的定量分析采用外标法,即通过比较样品和标准品之间的峰面积来量化脂肪烃的浓度。所有标准曲线的相关系数均达到 0.999 以上。在处理实际样品之前,进行回收率实验以验证实验方法。回收率实验是指将已知浓度的正构烷烃标准品加入已经预先处理过的、不含目标分析物的土壤和沉积物样品中,经实验处理后,测量实际所得浓度,计算样品回收率。结果表明,沉积物样品中正构烷烃($C_8 \sim C_{40}$)的回收率在 70%~105%之间。淮河表层沉积物中 n-$C_{24}D_{50}$ 的平均回收率分别为 87.9%±12.7%和 84.3%±9.5%。所有样品的空白分析表明,在整个实验中没有引入污染或受到其他干扰。所有平行样品的相对标准偏差均小于5%,具有较好的重复性。本书中的所有数据均没有进行回收率校正,非生物样品中的浓度以干重表示,鱼类样品中的浓度以湿重表示。

6.4.5 脂肪烃的含量和空间分布特征

淮河(安徽段)表层沉积物中正构烷烃的碳数分布范围为 $C_{14} \sim C_{35}$,表 6.21 列出了不同地区(寿县、凤台县、淮南市区和怀远县)沉积物中正构烷烃、姥鲛烷和植烷的浓度。正构烷烃的总浓度介于 894~4276 $\mu g \cdot kg^{-1}$ 之间,平均值为 2330±762 $\mu g \cdot kg^{-1}$。其中,怀远县采样点 Y2 的浓度最低,而寿县采样点 S7 的浓度最高。与受人类活动影响较小的地区相比,淮河中游表层沉积物中正构烷烃的浓度高于南极南奥克尼群岛(0.4 $mg \cdot kg^{-1}$)和地中海西北部深海(1.1 $mg \cdot kg^{-1}$)原始沉积物中的浓度。与我国主要河口相比,淮河沉积物中正构烷烃的浓度与长江口(0.16~1.88 $mg \cdot kg^{-1}$)和珠江口(0.16~2.67 $mg \cdot kg^{-1}$)沉积物中的浓度相当,但高于黄河口(0.356~0.572 $mg \cdot kg^{-1}$)沉积物中的浓度。

表 6.21 淮河(安徽段)沉积物中脂肪烃的浓度($\mu g \cdot kg^{-1}$,干重)和相关指标

样品	Pri[a]	Phy[b]	T-ALK[c]	CPI[d]	NAR[e]	Pri/Phy[f]	Pri/C_{17}[g]	Phy/C_{18}[h]
S1	149	238	1498	1.10	0.044	0.624	0.917	1.36
S2	147	209	1080	1.01	0.093	0.703	1.10	1.25
S3	225	330	2413	0.908	0.046	0.681	0.580	0.794
S4	152	229	2145	0.723	0.000	0.663	0.633	0.610
S5	160	231	3138	0.758	0.000	0.695	0.712	0.488
S6	180	241	3116	0.795	0.000	0.747	0.673	0.536
S7	213	265	4276	0.602	0.000	0.803	0.703	0.348
S8	174	197	3053	0.786	0.000	0.882	0.721	0.440
S9	164	183	2468	0.817	0.031	0.897	0.768	0.469
S10	157	196	2495	0.869	0.132	0.803	0.905	0.566
F1	142	159	2223	0.821	0.052	0.891	0.887	0.513

续表

样品	Pri[a]	Phy[b]	T-ALK[c]	CPI[d]	NAR[e]	Pri/Phy[f]	Pri/C_{17}[g]	Phy/C_{18}[h]
F2	176	224	2666	0.763	0.064	0.783	0.779	0.499
F3	111	139	1760	0.941	0.021	0.796	0.787	0.726
F4	161	176	2534	0.979	0.079	0.916	0.922	0.634
F5	159	176	3411	0.887	0.045	0.904	0.698	0.414
F6	90.9	113	2062	1.34	0.242	0.804	0.854	0.557
F7	132	146	2436	1.24	0.223	0.904	0.851	0.683
F8	157	176	2560	0.979	0.088	0.890	0.918	0.558
F9	213	271	2986	0.872	0.072	0.787	0.940	0.635
F10	213	349	3957	0.849	0.012	0.611	0.380	0.568
F11	140	194	2274	0.914	0.093	0.721	0.633	0.614
H1	145	223	2030	0.951	0.062	0.648	0.735	0.769
H2	191	240	2818	0.929	0.080	0.796	0.966	0.659
H3	166	199	2825	0.890	0.024	0.834	0.830	0.632
H4	198	224	3608	0.836	0.000	0.881	0.813	0.510
H5	188	216	2595	1.03	0.144	0.868	0.833	0.778
H6	172	269	2680	1.21	0.143	0.638	0.766	0.904
H7	110	164	1651	1.03	0.131	0.673	0.671	0.772
H8	115	204	1497	0.953	0.058	0.564	0.800	1.04
H9	167	278	1601	1.09	0.166	0.602	0.938	1.20
H10	176	222	1833	1.19	0.188	0.796	1.12	1.18
H11	186	300	3275	1.01	0.021	0.618	0.712	0.736
H12	234	413	2963	1.00	0.169	0.567	0.654	0.837
H13	202	283	2322	0.907	0.083	0.715	0.886	0.890
H14	171	226	2527	1.08	0.145	0.758	0.788	0.717
H15	145	177	1767	1.22	0.194	0.817	0.787	0.931
H16	80.4	122	1814	1.04	0.003	0.661	0.603	0.663
H17	380	590	3538	0.887	0.104	0.643	0.858	1.13
H18	107	125	1665	1.04	0.161	0.856	0.824	0.748
H19	123	159	2010	0.728	0.000	0.775	0.752	0.534
H20	139	178	2191	0.809	0.021	0.783	0.758	0.497
Y1	124	143	1465	0.842	0.000	0.862	0.849	0.924
Y2	60.5	110	894	0.940	0.002	0.551	0.815	0.814

样品	Pri[a]	Phy[b]	T-ALK[c]	CPI[d]	NAR[e]	Pri/Phy[f]	Pri/C$_{17}$ [g]	Phy/C$_{18}$ [h]
Y3	115	161	1210	0.933	0.012	0.714	0.708	0.956
Y4	102	141	1470	0.879	0.000	0.722	0.680	0.699
Y5	102	120	1402	0.719	0.000	0.848	0.838	0.543
Y6	109	206	1506	0.870	0.058	0.531	0.720	0.971
Y7	182	232	1584	1.05	0.101	0.785	0.892	1.17
Y8	184	216	3014	1.13	0.165	0.849	0.694	0.767
Y9	212	285	3229	0.880	0.014	0.743	0.886	0.624
Y10	54.2	125	1308	1.34	0.204	0.433	0.685	0.794
Y11	143	206	2298	1.13	0.163	0.697	0.820	0.794
Y12	177	310	2829	0.907	0.084	0.570	0.836	0.653
Y13	131	227	1853	1.22	0.124	0.578	0.859	1.04

注:a 表示姥鲛烷浓度;b 表示植烷浓度;c 表示总正构烷烃浓度;d 表示碳优势指数;e 表示自然正构烷烃指数;f 表示姥鲛烷和植烷的比值;g 表示姥鲛烷和 C$_{17}$ 正构烷烃的比值;h 表示植烷和 C$_{18}$ 正构烷烃的比值。

　　寿县、凤台县、淮南市区及怀远县河流沉积物中总正构烷烃的浓度如图 6.19 所示。正构烷烃的中位浓度依次为:凤台县(2534 $\mu g \cdot kg^{-1}$)＞寿县(2481 $\mu g \cdot kg^{-1}$)＞淮南市区(2257 $\mu g \cdot kg^{-1}$)＞怀远县(1506 $\mu g \cdot kg^{-1}$)。怀远县沉积物中正构烷烃的中位浓度显著低于寿县($P = 0.029$)、凤台县($P = 0.012$)和淮南市区($P = 0.046$)。河流两岸各采样区域不均衡的人为活动和生物贡献可能导致正构烷烃浓度的空间分布差异。

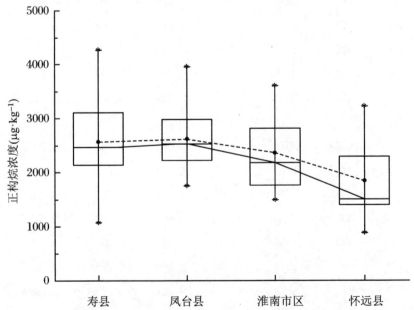

图 6.19　寿县、凤台县、淮南市区和怀远县河流沉积物中正构烷烃的浓度
注:箱式图中的水平线表示中位数。箱式图的顶部和底部分别代表 75% 和 25% 的数值。虚线代表算术平均值的变化,实线代表中位数的变化。

6.4.6　脂肪烃的来源鉴定

据表 6.21 数据可知,沉积物中正构烷烃的 CPI 和 NAR 值分别在 $0.602 \sim 1.34$ 和 $0.000 \sim$ 0.242 之间,平均值分别为 0.956 ± 0.161 和 0.077 ± 0.069,表明存在明显的化石燃料等人为贡献。所有样品中的 Pri/Phy 值均小于或接近 1,在 $0.433 \sim 0.916$ 之间,平均值为 $0.738 \pm$ 0.116,表明可能存在石油污染。本研究中,Pri/C_{17} 和 Phy/C_{18} 的值较低,分别在 $0.380 \sim$ 1.12 和 $0.348 \sim 1.36$ 之间,平均值分别为 0.791 ± 0.126 和 0.743 ± 0.233,表明沉积物中正构烷烃的降解程度较低,不存在石油降解产物。沉积物样品中,正构烷烃均呈现出以 $C_{16} \sim$ C_{20} 和 $C_{27} \sim C_{33}$ 为主的双峰分布模式,且低分子量的正构烷烃占明显优势。我们在高分子量的正构烷烃中观察到明显的奇数碳优势,以 C_{27}、C_{29}、C_{31} 和 C_{33} 为主,证明了陆生高等植物的输入。相反,我们在低分子量的正构烷烃中观察到明显的偶数碳优势,以 C_{16}、C_{18} 和 C_{20} 为主,这可能与石油烃以及化石燃料燃烧的输入有关。

6.4.7　脂肪烃来源的定量分析

本研究中,选取检出率较高的化合物进行主成分分析,包括姥鲛烷、植烷和 $C_{14} \sim C_{35}$ 正构烷烃,以定性法分析沉积物中脂肪烃的主要来源。在进行主成分分析之前,采用 Kaiser-Meyer-Olkin（KMO）抽样充分性检验和 Bartlett 球度检验来判断数据对因子分析的适用性。检验结果表明,KMO 值为 0.835,Bartlett 球度检验值较大,为 2164.954,具有统计学意义（$P < 0.001$）,说明我们的数据适合进行因子分析。主成分分析的结果见表 6.22,因子载荷大于 0.600 被视为高载荷。本研究共提取了 5 个主成分（特征值大于 1）,能够代表的方差贡献率达到了 89.7%。

主成分 1 的方差贡献率为 28.1%,以 $C_{27} \sim C_{35}$ 正构烷烃为主,指示陆生高等植物的输入。

主成分 2 的方差贡献率为 17.8%,在 C_{18}、C_{20}、C_{22}、C_{24} 和 C_{26} 正构烷烃上的因子载荷较高。城市气溶胶中 $C_{20} \sim C_{30}$ 正构烷烃的含量丰富。前人的研究表明,在汽车尾气排放的颗粒物中检测到含量最高的有机化合物是 $C_{20} \sim C_{32}$ 正构烷烃,尤其是 $C_{20} \sim C_{26}$ 正构烷烃。因此,主成分 2 被识别为化石燃料燃烧的贡献。

主成分 3 的方差贡献率为 17.0%,在 C_{17}、C_{19} 正构烷烃、姥鲛烷和植烷上的因子载荷较高。C_{17} 和 C_{19} 正构烷烃通常代表水生藻类和某些光合细菌的贡献。此外,藻类叶绿素经氧化或还原作用可以产生姥鲛烷和植烷。因此,主成分 3 被认为是藻类和光合细菌的贡献。

主成分 4 的方差贡献率为 16.4%,在 C_{21}、C_{23} 和 C_{25} 正构烷烃上的因子载荷较高,代表了沉水/漂浮植物的输入。

主成分 5 的方差贡献率为 10.4%,在 C_{14} 和 C_{16} 正构烷烃上的因子载荷较高。C_{14} 和 C_{16} 等短链偶数碳正构烷烃通常被认为来源于石油烃。因此,主成分 5 被识别为石油烃的贡献。

表 6.22　淮河(安徽段)沉积物中脂肪烃主成分的因子载荷

变量	PC$_1$	PC$_2$	PC$_3$	PC$_4$	PC$_5$
C$_{14}$	0.140	0.017	0.153	-0.009	0.918
C$_{15}$	0.364	0.254	0.321	0.078	0.586
C$_{16}$	0.287	0.546	0.422	0.161	0.764
C$_{17}$	0.129	0.315	0.813	0.068	0.314
C$_{18}$	0.225	0.692	0.557	0.197	0.221
C$_{19}$	0.211	0.351	0.789	0.240	-0.139
C$_{20}$	0.353	0.802	0.306	0.156	0.117
C$_{21}$	0.242	0.322	0.511	0.653	-0.112
C$_{22}$	0.331	0.797	0.179	0.420	0.058
C$_{23}$	0.133	0.212	0.160	0.922	-0.025
C$_{24}$	0.377	0.647	0.123	0.577	0.078
C$_{25}$	0.297	0.249	0.239	0.842	0.143
C$_{26}$	0.478	0.682	0.145	0.409	0.201
C$_{27}$	0.660	0.236	0.196	0.587	0.230
C$_{28}$	0.658	0.539	0.224	0.341	0.089
C$_{29}$	0.710	0.362	0.098	0.459	0.189
C$_{30}$	0.705	0.380	0.160	0.385	0.121
C$_{31}$	0.759	0.119	0.061	0.391	0.251
C$_{32}$	0.866	0.252	0.146	0.160	0.207
C$_{33}$	0.904	0.184	0.152	0.099	0.178
C$_{34}$	0.910	0.101	0.137	0.124	0.079
C$_{35}$	0.874	0.281	0.114	-0.003	-0.001
Pri	0.167	0.010	0.931	0.250	0.203
Phy	0.076	0.139	0.779	0.142	0.404
可解释的方差	28.1%	17.8%	17.0%	16.4%	10.4%
累积的方差	28.1%	45.9%	62.9%	79.3%	89.7%

在主成分分析的基础上,进行多元线性回归分析,以获得以上 5 个主成分的定量贡献,所得回归方程如下:

$$Z_{\text{sum-alkanes}} = \sum B_i \text{FS}_i = 0.476\text{FS}_1 + 0.513\text{FS}_2 + 0.528\text{FS}_3 + 0.325\text{FS}_4 + 0.344\text{FS}_5$$

$$(R^2 = 0.993, P < 0.001) \tag{6.7}$$

式(6.7)中,$Z_{\text{sum-alkanes}}$ 表示所选化合物总浓度的标准偏差;B_i 表示 PC$_i$(主成分 i)的回归系数;FS$_i$ 表示 PC$_i$ 的因子得分。

PC_i（主成分 i）的平均贡献率 S_i 为

$$S_i = \frac{B_i}{\sum B_i} \times 100 \tag{6.8}$$

经多元线性回归分析估算所得的 5 个主成分的贡献百分比如图 6.20 所示,表明淮河（安徽段）沉积物中的脂肪烃主要为天然来源。生物贡献占 60.8%,其中,陆生高等植物（主成分 1）占 21.8%,藻类和光合细菌（主成分 3）占 24.1%,沉水/漂浮植物（主成分 4）占 14.9%。人为贡献占 39.2%,其中,化石燃料燃烧（主成分 2）占 23.5%,石油烃（主成分 5）占 15.7%。

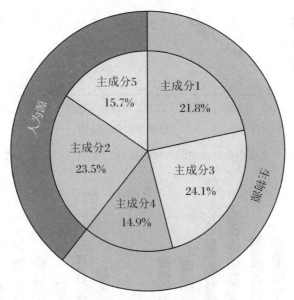

图 6.20　5 种主成分的定量贡献

获得 5 个主成分的百分比贡献之后,我们对每个沉积物样品中每个主成分的贡献进行了估算:

$$K_i(\mu\mathrm{g} \cdot \mathrm{kg}^{-1}) = \mathrm{mean}_{\text{sum-alkanes}} \times \frac{B_i}{\sum B_i} + B_i\sigma_{\text{sum-alkanes}}\mathrm{FS}_i \tag{6.9}$$

式(6.9)中,K_i 表示 PC_i（主成分 i）的贡献,$\mathrm{mean}_{\text{sum-alkanes}}$（2703 $\mu\mathrm{g} \cdot \mathrm{kg}^{-1}$）和 $\sigma_{\text{sum-alkanes}}$（849 $\mu\mathrm{g} \cdot \mathrm{kg}^{-1}$）分别表示所选化合物的平均浓度和标准偏差。

脂肪烃的实测浓度与估算浓度的关系图如图 6.21 所示,每个沉积物样品中脂肪烃的估算浓度是每个主成分的估算浓度之和。线性回归分析表明,脂肪烃的估算浓度和实测浓度之间呈现强线性关系（$R^2 = 0.994, P = 0.000$）,表明估算浓度和实测浓度非常接近。图 6.22 清晰地展现了寿县、凤台县、淮南市区和怀远县沉积物样品中每个主成分的贡献。我们发现寿县沉积物中化石燃料燃烧（主成分 2）的中位浓度（910 $\mu\mathrm{g} \cdot \mathrm{kg}^{-1}$）显著高于淮南市区（518 $\mu\mathrm{g} \cdot \mathrm{kg}^{-1}, P = 0.026$）和怀远县（426 $\mu\mathrm{g} \cdot \mathrm{kg}^{-1}, P = 0.012$）。并且,凤台县沉积物中化石燃料燃烧（主成分 2）的中位浓度（732 $\mu\mathrm{g} \cdot \mathrm{kg}^{-1}$）也显著高于怀远县（426 $\mu\mathrm{g} \cdot \mathrm{kg}^{-1}, P = 0.024$）。因此,我们推测在寿县和凤台县的河流沉积物中,由化石燃料燃烧而输入的脂肪烃相对较多。此外,如前所述,怀远县沉积物中正构烷烃的中位浓度显著低于其他 3 个地区,可能是因为怀远县沉积物中生物源和人为源输入的正构烷烃都比较少。

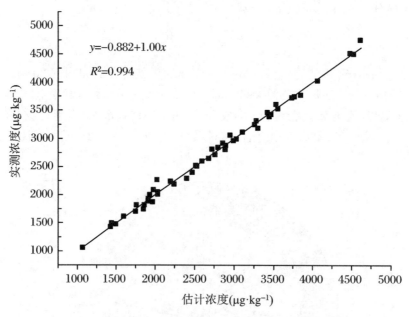

$$y=-0.882+1.00x$$

$$R^2=0.994$$

图 6.21　每个沉积物样品中脂肪烃的实测浓度与估计浓度的线性回归图

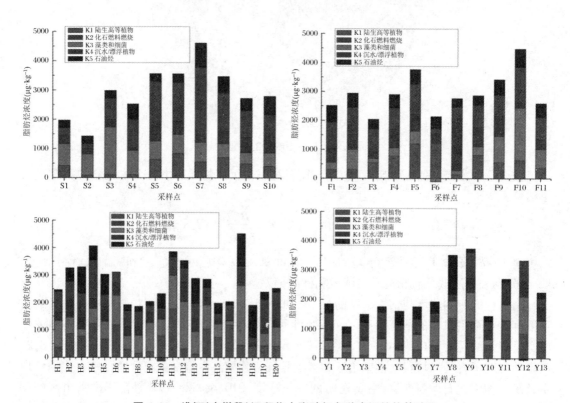

图 6.22　淮河(安徽段)沉积物中脂肪烃各种来源的估算浓度

6.4.8　小结

本节分析了淮河(安徽段)表层沉积物中脂肪烃的组成特征、空间分布规律和潜在来源,并利用主成分分析-多元线性回归分析估算了各污染源的贡献率。表层沉积物中正构烷烃的总浓度在 894~4276 $\mu g \cdot kg^{-1}$ 之间。河流两岸各采样区域不均衡的人为活动和生物贡献导致正构烷烃浓度的空间分布差异,怀远县沉积物中正构烷烃的中位浓度显著低于其他 3个地区,这是因为怀远县沉积物中生物和人为输入的正构烷烃都比较少。CPI 和 Pri/Phy的值均小于或接近于 1,指示明显的化石燃料贡献。主成分分析的结果表明,表层沉积物中脂肪烃的主要人为源是石油烃和化石燃料燃烧的排放,主要自然源是陆生高等植物、沉水/漂浮植物和藻类。多元线性回归分析的结果表明,表层沉积物中脂肪烃来源的定量贡献为:陆生高等植物占 21.8%,藻类和光合细菌占 24.1%,沉水/漂浮植物占 14.9%,化石燃料燃烧的排放占 23.5%,石油烃占 15.7%。其中,寿县和凤台地区的河流沉积物受化石燃料燃烧排放的影响较大。

6.5　淮河表层沉积物中钒的环境地球化学

钒的浓度及其环境行为在环境立法中并未受到重视,特别是对沉积物中钒的化学行为的研究更是有限。本研究的目的在于提高对水体沉积物样品中钒的时空分布特征的认知,以评估钒污染程度并推断其可能的来源,揭示环境中钒的影响。

6.5.1　概述

钒是一种重要的战略资源,具有许多用途。添加钒可以提高钢的强度和韧性,钒也可以用来生产钛合金和其他合金用于如宇航和核工业等,大约97%生产出来的钒用于钢铁和有色金属的合金添加剂。此外,钒化合物对于治疗疾病引起了人们越来越多的关注。多种被合成的钒化合物为治疗癌症提供了更易兼容、更有效、更低毒性的药物。

然而,钒还是一种具有潜在毒性的元素。煤燃烧产生大量的钒排放,可能会导致人类严重的肺部疾病。长期暴露于工厂钒尘埃的工人眼睛可能会受到轻度至中度的刺激。钒毒性随着其价态和溶解度的增加而增加。从毒理学的角度看,主要的有毒无机钒化合物包括五氧化二钒、偏钒酸钠和硫酸氧钒。对于人体来说,钒酸盐(V^{+5})被认为比氧钒基(V^{+4})更具毒性,因为钒酸盐可以与许多酶反应,并且是质膜 Na + K + - ATP 酶的有效抑制剂。动物学研究表明,通过吸入五氧化二钒,在两性老鼠体内都找到了肺肿瘤,这表明五氧化二钒对人体可能有致癌作用。钒可能对植物、鱼类、无脊椎动物、野生动物和人类均有毒害作用。

6.5.2　样品采集与前处理

沿着淮河从上游至下游分别从 A（32°43.98′N，116°46.95′E）、B（32°40.36′N，116°53.27′E）、C（32°40.22′N，116°54.51′E）、D（32°40.55′N，116°55.78′E）、E（32°40.88′N，117°1.9′E）和 F（32°41.58′N，117°4.7′E）处采集了 6 个表层（即顶部 8 cm）沉积物样品。相邻两个采样点的距离分别为 12 km、2 km、2 km、9 km 和 5 km。

6.5.3　测试分析

所有样品（0.10 g）都用 2 mL 的 HNO_3、1 mL 的 $HClO_4$ 和 5 mL 的 HF 消解。将样品在电热板上以 90～190 ℃ 的温度加热 16 h。冷却后，用 2% HNO_3 将消解溶液稀释至 25 mL。通过电感耦合等离子体发射光谱仪（ICP-OES，Perkin Elmer Optima，2100DV）测定溶液中的钒和铝（作为计算富集因子的标准化元素），其中检测铝，使用波长为 396.153 nm 的共振谱线；检测钒，使用波长为 292.464 nm 的共振谱线。

6.5.4　表层沉积物中钒的浓度

表 6.23 列出了表层沉积物样品中钒的浓度（干重）。表层沉积物中钒的含量为 65～100 mg·kg^{-1}，区域平均值为 83±12 mg·kg^{-1}，与中国土壤背景值（82 mg·kg^{-1}）和中国河流系统背景值（80 mg·kg^{-1}）相近，也与研究区内主要的土壤类型潮土（83 mg·kg^{-1}）的钒浓度相近，但低于全球页岩（130 mg·kg^{-1}）和上陆壳（97 mg·kg^{-1}）中钒的平均值。该淮河流域段的源岩包括石灰岩，砂岩，火成岩和砂质泥岩，其平均钒浓度分别为 105 mg·kg^{-1}、11 mg·kg^{-1}、24 mg·kg^{-1} 和 82 mg·kg^{-1}。Wang et al.（2013）报道，淮河沉积物（安徽段）中的钒浓度在 40～129 mg·kg^{-1} 之间，平均浓度为 78±25 mg·kg^{-1}，与本研究中的值相似。在邻近的河流系统中，对于从黄河和长江采样的沉积物，其钒浓度分别为 58～5 mg·kg^{-1} 和 104～14 mg·kg^{-1}。

各个采样点表层沉积物中的钒的平均浓度如下：F（100 mg·kg^{-1}）＞D（93 mg·kg^{-1}）＞A（87 mg·kg^{-1}）＞E（78 mg·kg^{-1}）＞B（75 mg·kg^{-1}）＞C（65 mg·kg^{-1}），没有明显的空间差异。研究区下游 F 点处的钒浓度最高，这可能是与距离 F 点 0.4 km 的 LH 燃煤电厂有关。附着在燃煤粉煤灰上的钒是主要的人为钒释放途径。Tang et al.（2013）报道 LH 燃煤电厂粉煤灰中的钒可达到 288 mg·kg^{-1}。Khan et al.（2011）也发现火力发电厂周围蔬菜和草坪中的钒浓度范围为 3～14 mg·kg^{-1}，火力发电厂对人体健康有潜在影响。然而，与发电厂的距离可能不是沉积物中钒富集的唯一因素。对于采样点 B、C 和 D，它们与 PW 火力发电厂的距离非常相似，即分别为 2 km、2 km 和 3 km。然而，在 D 采样点处的沉积物中观察到较高的钒，表明钒浓度和采样点距发电厂的距离之间没有显著的相关性。因此，其他因素，如燃煤、发电厂容量和风向也可能是沉积物中钒空间分布差异的原因。

表 6.23　表层沉积物中钒的浓度(mg/kg,干重)

样品	均值 ± 标准差		
A	87±2.6	中国土壤背景值[a]	82
B	75±3.9	中国河流沉积物背景值[b]	80
C	65±2.8	全球页岩平均值[c]	130
D	93±1.4		
E	78±1.9		
F	100±1.8		

注:a 表示中国土壤背景值;b 表示中国河流沉积物背景值;c 表示全球页岩平均值。

6.5.5　沉积物中钒的化学形态

沉积物中重金属的化学形态可强烈影响其环境行为,如迁移率、生物可利用度、毒性和化学相互作用。表 6.24 显示了表层沉积物中钒的不同化学形态所占的比重。逐级提取实验的钒回收率为 85%～100%。沉积物残渣态中钒的组分最高,平均值为 84%±2.6%,表明钒的迁移率和生物可利用度低。弱酸可溶组分中的钒(即可交换态钒和碳酸盐结合态钒)占表层沉积物中总钒的比重范围为 0.14%～0.45%。在被煤矸石 G2 和 G3 包围的采样点 C 处采集的沉积物中,弱酸溶解态钒所占的百分比最高(0.45%±0.22%)。表层沉积物中可还原态的钒占总钒的比重为 8.2%±2.4%,可氧化态的钒占总钒的比重约为 8%。逐级提取实验表明,钒主要与铁锰氧化物、有机物和硫化物相结合。只有 16%的钒与非残渣态结合(可交换态、碳酸盐结合态、可还原态和可氧化态)。非残渣态的钒被认为来源于人为,而剩余部分来自源岩。Teng et al.(2009)也发现大多数钒(83%～93%)存在于非可溶态物质中。Cappuyns et al.(2014)指出钒通常在沉积物中表现出非常有限的流动性。

表 6.24　表层沉积物中钒的分馏率

采样点	F1 均值 ± 标准差	F2 均值 ± 标准差	F3 均值 ± 标准差	F4 均值 ± 标准差	回收率 均值 ± 标准差
A	0.26%±0.053%	9.7%±5.8%	7.7%±0.62%	82%±8.4%	93%±6.8%
B	0.14%±0.051%	8.7%±4.1%	9.1%±2.0%	82%±8.1%	85%±4.6%
C	0.45%±0.22%	6.2%±1.8%	9.1%±3.1%	84%±8.4%	88%±7.0%
D	0.16%±0.04%	9.0%±1.1%	6.7%±0.81%	84%±7.5%	85%±8.8%
E	0.26%±0.10%	4.3%±2.2%	6.1%±2.0%	89%±6.5%	100%±8.1%
F	0.26%±0.021%	12%±1.9%	6.4%±7.4%	82%±2.9%	88%±4.7%
所有样品	0.25%±0.10%	8.2%±2.4%	7.5%±1.2%	84%±2.6%	90%±5.3%

注:F1、F2、F3 和 F4 分别为组分 1(弱酸可溶)、组分 2(可还原)、组分 3(可氧化)和组分 4(残渣态)。

6.5.6　富集系数和地累积指数

本研究中表层沉积物中钒的富集因子变化范围为 0.56～1.1(表 6.25),表明采自 C、E 和 F 处的沉积物并不富集钒,采自于 A、B 和 D 处的沉积物只有轻微的钒富集。各表层沉积物中钒的富集因子遵循以下顺序:D(1.1)>A(1.06)>B(1.03)>C(0.92)>F(0.62)>E(0.56)。

地质累积指数的结果显示,表层沉积物中几乎未受钒污染(表 6.25)。表层沉积物中钒的地质累积指数依次为 D(-0.29)>F(-0.34)> A(-0.46)>E(-0.61)>B(-0.68)>C(-0.90)。

表 6.25　表层沉积物中钒的富集因子(EF)和地质累积指数(I_{geo})

采样点	EF of V	EF 等级标准		I_{geo}	I_{geo}等级标准		
		值	富集程度		值	等级	沉积物质量
A	1.06	<1	不富集	-0.46	<0	0	几乎没有污染
B	1.03	1～3	少量富集	-0.68	0～1	1	无污染至中度污染
C	0.92	3～5	适度富集	-0.90	1～2	2	中度污染
D	1.1	5～10	中重度富集	-0.29	2～3	3	中度至重度污染
E	0.56	10～25	严重富集	-0.61	3～4	4	严重污染
F	0.62	25～50	非常严重的富集	-0.34	4～5	5	严重到非常严重的污染
均值	0.88	>50	极重度富集	-0.55	>5	6	严重污染

6.5.7　小结

通过分析淮河流域沉积物,可以对淮河流域钒的化学形态与富集情况进行初步评估。沿河岸堆放的煤矸石和电厂的快速建设可能增加了沉积物中钒的浓度水平。燃煤、发电厂容量和风向也可能是沉积物中钒空间分布差异性的主要原因。沉积物中残渣态的钒组分最高,而弱酸溶解态的钒组分最低。根据钒的富集因子,从 A、B 和 D 处采集的表层沉积物只有轻微的钒富集。地质累积指数结果表明,表层沉积物中几乎未受钒污染。

第7章 沉积柱中污染物的环境地球化学

沉积柱是地球化学研究领域的一类重要载体,它保存了过去时间内的多类环境信息。将沉积柱年代信息与相关环境目标组分进行联合分析,能够系统地反映特定环境污染物的时空变迁。沉积柱在河流生态系统中扮演着重要的角色,深层沉积物能够更好地记载水体环境的历史污染信息,也能在一定程度上反映历史重要事件和社会经济的发展特点。为此,本研究采集了淮河沉积柱样品,通过对沉积柱年代的精确测定和目标污染物(如多环芳烃、有机氯农药和多种重金属污染物)的污染水平分析,旨在建立近百年来该区域污染物的时空分布特征、污染物与人类活动关系及沉积物对环境变化的响应。本书的内容可为进一步了解人类活动对生态环境的影响提供直观的证据,也可为今后河流环境区域的可持续发展提供借鉴。

7.1 沉积柱中微量元素的历史沉积记录

本章以从淮河中游(淮南段)采集的两个沉积柱为研究对象,利用^{210}Pb同位素定年技术及富集因子评价方法,分析了微量元素的历史沉积演化规律及污染水平,还原了人为因素对微量元素沉积的影响。

7.1.1 概述

沉积物能够很好地存储环境信息,尤其是沉积柱中微量元素的时空分布能够很好地反映微量元素的浓度变化特征,提供微量元素在过去一段时间里的沉降及转移信息。沉积柱中不断增加的极高含量的微量元素水平通常认为是由人为活动引起的,而不是通过地质风化作用形成的。因此,对沉积柱中微量元素的化学分析是评估水环境系统中过去时间段自然与人为环境条件的有效手段。而对精确定年的沉积柱的研究,能够还原沉积物中微量元素的历史污染记录。^{210}Pb同位素定年是常用的定年方法,定年尺度为过去的100~150年。

尽管学者对淮河表层沉积物中微量元素的污染已有所研究。但是有关微量元素的历史沉积状况还鲜有报道。本章节应用^{210}Pb同位素定年法对沉积柱进行定年,主要目标为① 分析过去59年淮河沉积物中微量元素(Cu、Pb、Zn、Ni、Cr、Cd、As、Co、Mn、Fe和Al)的变化特征;② 应用富集因子法定量分析微量元素的污染状况;③ 还原受到人为因素影响的微量元素的污染历史。

7.1.2 样品采集

2014 年 9 月用直径为 80 mm 的重力沉积柱采样器在淮河(淮南段)采集两个沉积柱,编号为 A 和 B。沉积柱 A 长 50 cm,沉积柱 B 长 32 cm。为了减少沉积物的扰动,沉积柱 A 和 B 选择在浅水区域,并且远离船只航行道。沉积柱 A($32°40'33.29''$N,$116°55'47.09''$E)位于淮河大桥下游约 20 m 处,淮河两岸为沿河公路。另外,沉积柱 A 位于洛河电厂、田家庵电厂和平圩电厂之间,春冬季节在西北风的作用下,沉积柱 A 受平圩电厂的影响较大;秋夏季节在东南风作用下,受洛河电厂和田家庵电厂的影响较大。沉积柱 B 主要用作背景参考,所以沉积柱 B 采集于无明显污染源的淮河区段。沉积柱采集后,立即切割。其中沉积柱 A 以 2 cm 为间隔,共获得 25 个沉积物子样品,储存在塑料密封袋中,并编号 A1～A25。沉积柱 B 以 8 cm 为间隔,共 4 个沉积物子样品,储存在塑料密封袋中,并编号 B1～B4。

7.1.3 样品前处理

所有沉积物样品带回实验室进行理化分析之前,在室温下自然风干,并根据实验内容的要求,通过 2 mm 的筛子去除植物残体、砂砾等粗颗粒物,然后用玛瑙研钵研磨沉积物样品,直至通过 100 目的尼龙筛,样品储存在聚乙烯容器中,并保存在 4 ℃ 条件下,待进一步实验。

7.1.4 样品分析测试

7.1.4.1 理化指标

水样品的 pH 及水温在采样时用便携式电子仪器(型号:XB89-M267)现场测定。水质总氮、总磷及总有机碳的测定严格按照国家标准的要求进行。总氮的测定采用碱性过硫酸钾消解紫外分光光度法 (GB 11894—1989);总磷的测定采用钼酸铵分光光度法 (GB 11893—1989),样品消解采用混合酸法(HNO_3-$HClO_4$);总有机碳的测定在去除无机碳后,采用燃烧氧化-非分散红外吸收法 (HJ 501—2009)。

将沉积物与超纯水按 1:2.5(w/v)比例混合,静置分层后,用 pH 计测量沉积物 pH。采用烧失量法(L. O. I.)测定沉积物的有机质含量,称取一定量的沉积物,在马弗炉中于 550 ℃ 灼烧 2.5 h 后,称重,计算失去的重量,重复此操作,直至重量不变。

应用激光粒度仪测定沉积柱样品的颗粒粒径。此仪器的测量范围为 $0.02～2000\ \mu m$。在进行测量沉积物颗粒粒径之前,先用 1 mol/L HCl 和 30% H_2O_2 去除沉积物中碳酸盐及有机质含量。在本研究中,颗粒粒径被分为 3 类:$<2\ \mu m$(黏土)、$2～63\ \mu m$(粉质土)及 $63\ \mu m～2\ mm$(砂土)。沉积物颗粒粒径的测定在南京师范大学完成。

7.1.4.2 同位素定年

本书采用^{210}Pb 同位素定年技术对沉积柱进行定年,测定仪器为高分辨率伽马谱仪。^{210}Pb 的半衰期为 22.3 年。在进行测定之前,沉积物样品密封放置 3 个星期。在 46.5 KeV 条件下测量总^{210}Pb 活度,在 351.92 KeV 条件下测定^{226}Ra 活度,过剩^{210}Pb 通过总^{210}Pb 活度减去^{226}Ra 活度获得。沉积物中放射性活度单位为 Bq・kg^{-1}（干重）。定年在南京师范大学完成。

7.1.4.3　样品消解

称取 0.10 g 沉积物样品放入聚四氟乙烯瓶中，加入 2 mL 硝酸（分析纯）、1 mL 高氯酸（分析纯）和 5 mL 氢氟酸（分析纯），在电热板上加热消解。样品消解完成后，将聚四氟乙烯瓶中的残留液体过滤到聚乙烯管中，并用去离子水定容到 25 mL。样品保存以便进一步测定微量元素总量及铅稳定同位素。

本书采用修饰过的 BCR 连续逐级提取法提取沉积物中微量元素的不同形态，一共可提取 4 种形态，即 F1：弱酸提取态（可交换态及碳酸盐结合态）；F2：可还原态（铁锰氧化物）；F3：可氧化态（有机物-硫化物结合态）；F4：残渣态。称取 1 g 沉积物样品到 50 mL 离心管中，参照表 2.5 加入提取剂。对于所有样品，在每一步加入提取剂之后，都要在（180 ± 20）r・min^{-1} 的速度下震荡 16 h，然后在 7000 r・min^{-1} 条件下离心 10 min，用移液管获取上清液保存在聚乙烯管中待测。然后加 8 mL 去离子水到离心管中，离心 10 min，弃去上清液，继续下一步的提取。

7.1.4.4　微量元素测试

采用电感耦合等离子体原子发射光谱测定 211 个水样中溶解态微量元素（Cu、Pb、Zn、Ni、Co、C、Cd、B、Mn、Fe、Al、Mg、Ba），54 个表层沉积物中微量元素总量（Cu、Pb、Zn、Ni、Cr、Cd、As、Mn、Fe、Al），29 个沉积柱子样品中微量元素总量（Cu、Pb、Zn、Ni、Cr、Cd、As、Co、Mn、Fe 和 Al）及 54 个表层沉积物（Cu、Pb、Zn、Ni、Cr、As、Mn、Fe）和 25 个沉积柱 A 子样品（Pb）微量元素形态（ICP-OES，Perkin Elmer Optima，2100DV）。采用电感耦合等离子体质谱法测定沉积柱样品中铅稳定同位素（^{204}Pb、^{206}Pb、^{207}Pb、^{208}Pb）。由于^{206}Pb/^{207}Pb 及^{208}Pb/^{206}Pb 同位素比值在不同源中具有明显的变异性及更精确的测量，所以在本研究中，重点讨论了^{206}Pb/^{207}Pb 及^{208}Pb/^{206}Pb。

7.1.5　质量保证

实验中用到的所有容器都在 10% 的硝酸中浸泡至少 24 h，并且用去离子水润洗 3 遍。实验室中所用试剂都是分析纯。微量元素的标准工作曲线通过用 2% HNO$_3$ 稀释 1000 mg・L^{-1} 储备液获取（ICP Multi-element Standard Ⅳ，Merck，Darmstadt，Germany）。

对于沉积柱样品，测得的微量元素含量与标准参考值具有较好的一致性，回收率为 85.1%～105.8%（见表 7.1）。4 种 Pb 形态之和与直接测得的 Pb 总量没有明显差异，回收率为 70%～103%。

对于铅稳定同位素的测定，每个样品重复测量 3 次，最后求得每种同位素的均值及标准偏差，^{206}Pb/^{207}Pb 的相对标准偏差为 0.4%，^{208}Pb/^{206}Pb 的标准偏差为 0.7%。同时测量标准物质（NIST SRM 981）同位素用以校正数据的准确性。

表 7.1 GBW07309 沉积物中微量元素测定质量控制标准物质参数(GB W07309)

mg·kg⁻¹	参考值 (GSD-9)	测量值 1	测量值 2	平均值	回收率 1	回收率 2	回收率/标准差
Cu	32	32.16	31.79	31.98	100.51%	99.35%	99.93%/0.82%
Pb	23	20.22	18.93	19.58	87.93%	82.31%	85.12%/3.97%
Zn	78	75.6	73.41	74.50	96.92%	94.11%	95.52%/1.99%
Ni	32	28.88	29.55	29.21	90.25%	92.33%	91.29%/1.47%
Cr	85	79.69	68.88	74.29	93.75%	81.04%	87.39%/8.99%
Cd	0.26	0.29	0.26	0.28	111.54%	100.00%	105.77%/8.16%
As	8.4	8.86	8.19	8.53	105.48%	97.50%	101.49%/5.64%
Co	14.4	14.6	14.03	14.31	101.39%	97.42%	99.41%/2.81%
Mn	620	563.21	553.85	558.53	90.84%	89.33%	90.09%/1.07%
Fe (Fe₂O₃%)	4.86	4.56	4.63	4.60	93.91%	95.33%	94.62%/1.00%
Al (Al₂O₃%)	10.58	10.38	10.55	10.47	98.11%	99.72%	98.91%/1.14%

沉积柱 A 中 $^{210}Pb_{tot}$、$^{210}Pb_{sup}$ 及 $^{210}Pb_{ex}$ 的沉积剖面如图 7.1 所示。$^{210}Pb_{tot}$ 的变化范围为 26.38～75.30 Bq·kg⁻¹，$^{210}Pb_{sup}$ 在沉积柱中变化较小，不过在 26～44 cm 处，浓度从 20.32 Bq·kg⁻¹ 上升到 33.16 Bq·kg⁻¹。沉积柱中 $^{210}Pb_{ex}$ 浓度大体上呈指数变化趋势。本研究中，$^{210}Pb_{ex}$ 与沉积柱中粉质土含量具有相似的变化趋势(见图 7.2)。并且，$^{210}Pb_{ex}$ 与黏土含量

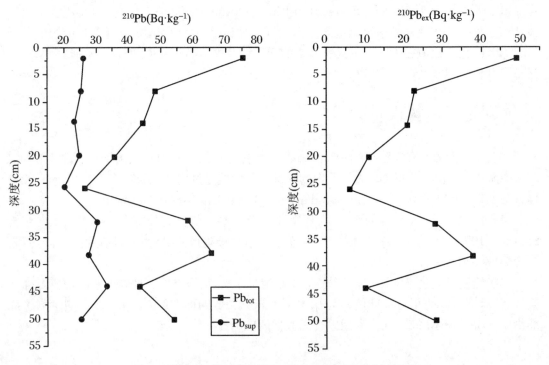

图 7.1 $^{210}Pb_{tot}$、$^{210}Pb_{sup}$ 和 $^{210}Pb_{ex}$ 在沉积岩心中的剖面分布

(0.87)及粉质土含量(0.86)具有很好的相关性,表明沉积柱中^{210}Pb 受到细颗粒粒径的影响。He et al.(1996)指出土壤和沉积物中的^{210}Pb 主要吸附在细颗粒物上,由于细颗粒物具有较大的比表面积能吸附较多的^{210}Pb,所以^{210}Pb 浓度会随着颗粒物的比表面积增大而增大。而且,^{210}Pb 也能存在于黏土矿物夹层中。

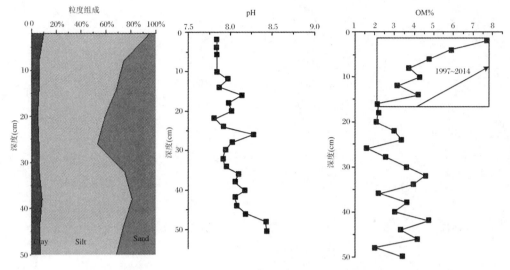

图 7.2　沉积物岩芯粒度组成、pH 和 OM 的剖面分布

本研究应用恒定通量模型(CF),又叫作恒定补给速率模型(CRS),计算每一层的沉积年龄。使用恒定通量模型的一个前提假设为^{210}Pb$_{ex}$的沉积通量是基本恒定的。计算公式如下:

$$A_h = A_0 e^{-\lambda t} \tag{7.1}$$

$$t = \frac{1}{\lambda} \ln \frac{A_0}{A_h} \tag{7.2}$$

上式中,λ 是^{210}Pb$_{ex}$的放射性常数(0.03118 ± 0.00017 yr^{-1}),A_0 和 A_h分别是表层沉积物和沉积柱中深度 h 处^{210}Pb$_{ex}$的累积通量。本研究中,表层沉积物通量(230.3382622 Bq·m^{-2})由南京师范大学提供。

由于^{210}Pb$_{ex}$的放射性常数用不确定方法算出的不确定性为 0.00017 yr^{-1},所以计算出的每层沉积物的年龄也有一个不确定值,定年结果列于表 7.2,该沉积柱 A 时间跨度为 59 年。

表 7.2　淮河沉积物岩心的恒流年龄与不确定性

样品编号	深度(cm)	平均年龄(a)	年龄不确定性(a)
	0	2014.8	0
S1	0～2	2007.1	0.1
S2	2～4	2005.7	0.1
S3	4～6	2004.2	0.1
S4	6～8	2002.8	0.1
S5	8～10	2001.3	0.1

样品编号	深度(cm)	平均年龄(a)	年龄不确定性(a)
S6	10~12	1999.8	0.2
S7	12~14	1998.2	0.2
S8	14~16	1997.4	0.2
S9	16~18	1996.5	0.2
S10	18~20	1995.6	0.2
S11	20~22	1995.0	0.2
S12	22~24	1994.5	0.2
S13	24~26	1994.0	0.2
S14	26~28	1991.2	0.3
S15	28~30	1988.3	0.3
S16	30~32	1985.5	0.3
S17	32~34	1979.9	0.4
S18	34~36	1974.2	0.4
S19	36~38	1968.5	0.5
S20	38~40	1966.3	0.5
S21	40~42	1964.1	0.6
S22	42~44	1961.9	0.6
S23	44~46	1959.6	0.6
S24	46~48	1957.4	0.6
S25	48~50	1955.1	0.7

7.1.6　理化性质

7.1.6.1　沉积物颗粒粒径

沉积物颗粒粒径是了解微量元素迁移历史、沉积物组成、起源及沉降环境的重要参数。沉积物颗粒粒径分布如图 7.2 所示。沉积柱中黏土含量($5.23\%\sim9.96\%$)变化较小,粉质土($2\sim63\ \mu m$)含量变化范围为 $47.23\%\sim85.04\%$,平均值为 65.20%,砂土($63\sim2000\ \mu m$)含量范围为 $5.00\%\sim46.56\%$,平均值为 27.80%。粉质土与黏土含量范围为 $53.44\%\sim95.00\%$,因此,沉积柱 A 主要以细颗粒为主(尤其是粉质土),此结果与前人研究结果相似。

基于沉积物颗粒粒径的分布,可以将沉积柱划分为 3 层,分别为高粉质土含量层,位于沉积柱上部($0\sim20\ cm$,$62.55\%\sim85.04\%$)和下部($26\sim50\ cm$,$61.29\%\sim72.43\%$),高砂土含量层,位于沉积柱中间($20\sim26\ cm$,$40.58\%\sim46.56\%$)。通常认为粗颗粒粒径一般在水动力条件较大的情况下沉积,而在 $1994\sim1996$ 年($20\sim26\ cm$),淮河流域降大暴雨较多,可能影响了该段时间沉积物的粒径分布。

7.1.6.2　有机质与 pH

沉积柱 A 中有机质与 pH 的分布如图 7.2 所示。有机质与 pH 是控制环境中微量元素含量及可利用性的重要参数。pH 的变化范围为 7.82～8.43,平均值为 8.02,表明该沉积柱呈弱碱性,具有较强的酸缓冲能力。但是该沉积柱从 1955～2014 年呈现逐渐降低的趋势,在表层沉积物(0～10 cm)中 pH 为 7.84,表明该沉积柱可能受到酸雨的影响。

有机质含量是影响微量元素与沉积柱结合的重要因素,在本研究中,其变化范围为1.61%～7.73%。1995～1997 年(12～50 cm)有机质含量变化较稳定,但是从 1997～2014年(0～12 cm),有机质含量呈逐渐增加的趋势,主要可能由两个原因导致:一是 20 世纪末至21 世纪初,淮南的快速发展致使排入淮河的有机物含量增加;二是表层沉积物中粉质土含量高,有机质与粉质土含量(0.91)具有较好的相关性。与粗颗粒物相比,有机质更易在细颗粒物中富集。因此,水动力条件及粒径组成可能影响了表层沉积物(0～12 cm)中有机质的含量分布。

7.1.7　背景值的确定

淮河沉积柱 A 和 B 中微量元素(Cu、Pb、Zn、Ni、Cr、Cd、As、Co、Mn、Fe、Al)浓度参数、淮南市和安徽省土壤背景值、平均页岩含量及沉积物质量基准见表 5.3。由于沉积柱 B 中微量元素含量主要用作背景参考,所以在进行讨论之前,对沉积柱 B 的质量状况进行分析很有必要。

微量元素 Cu(23.19 mg・kg^{-1})、Ni(22.98 mg・kg^{-1})、Cr(67.42 mg・kg^{-1})和 Mn(735 mg・kg^{-1})的最高浓度都低于其对应的淮南市土壤背景值及其平均页岩含量。Al 的浓度范围为 56.01～61.79 g・kg^{-1},平均值为 58.96±2.63 g・kg^{-1}。Al 最高浓度低于安徽省土壤背景值(65.8 g・kg^{-1})及其平均页岩含量(88 g・kg^{-1})。表明沉积柱 B 中微量元素Cu、Ni、Cr、Mn 和 Al 没有受到污染。而元素 Fe、Pb、Zn、Cd、As 和 Co 在上层沉积柱(B1 或者 B2)表现出一定的富集。Fe 在 B1 和 B2(31.26 g・kg^{-1}和 33.64 g・kg^{-1})分别是安徽省土壤背景值(30.1 g・kg^{-1})的 1.04 倍和 1.15 倍。元素 Pb(25.2 mg・kg^{-1})、Zn(62.61 mg・kg^{-1})、Cd(0.19 mg・kg^{-1})和 Co(12.43 mg・kg^{-1})的最高浓度分别是淮南市土壤背景值的1.07、1.07、1.06 和 1.10 倍。As 的最高浓度是其安徽省土壤背景值的 1.09 倍。与沉积物质量基准相比较,除了 Cr 和 Ni 以外,其他元素的最高浓度都低于其对应的 TEC,表明沉积柱中微量元素 Cu、Pb、Zn、Cd 和 As 对底栖生物产生潜在风险的概率很小。由于上层沉积柱(0～16 cm)微量元素可能受到人为源的影响,本书采用沉积柱下层(16～32 cm)微量元素的平均含量作为参考背景值,结果低于淮南市土壤背景值或位于淮南市土壤背景值和安徽省土壤背景值之间,说明结果的可靠性(见表 7.3)。

7.1.8　微量元素的历史分布特征

沉积柱 A 中微量元素 Cu、Pb、Zn、Ni、Cr、Cd、As、Co 和 Mn 分别是背景值的 1.01 倍、3.15 倍、0.96 倍、1.15 倍、1.29 倍、2.17 倍、2.37 倍、1.39 倍和 0.94 倍,表明该沉积柱呈现

Pb、Cd 和 As 污染。与微量元素的安徽省土壤背景值、中国土壤背景值及平均页岩含量比较,Pb 和 As 也表现出较高水平的富集。

基于微量元素在沉积柱中的垂直分布特征,可以将微量元素分为 5 类(见图 7.3):Al 在整个沉积柱中呈较稳定的波动;Zn、Co、Mn 和 Fe 在上层沉积柱(21 世纪初)呈逐渐增加的趋势;Cu、Ni 和 Cr 在沉积柱中变化较稳定,在个别年份出现浓度峰值;Cd 和 As 从沉积柱底部到表层沉积柱(1959～2014 年)呈增加的趋势,在 1955～1959 年间呈下降趋势;Pb 在沉积柱底部呈现较高的浓度。

其中,Al(53.03～60.98 mg · kg^{-1},见图 7.3)呈现有规律的波动,平均值为 56.31 mg · kg^{-1}。Al 的最高浓度小于参考背景值(56.81 g · kg^{-1})、安徽省土壤背景值(65.8 g · kg^{-1})及平均页岩含量(88 g · kg^{-1}),表明该沉积柱中 Al 元素没有受到人为源的污染。元素 Zn、Co、Mn 和 Fe 在沉积柱中的分布在 1955～1998 年(14～50 cm)呈规律的波动,但是在 1998～2014 年,这 4 种元素呈逐渐增加的趋势。与 Zn、Co 和 Mn 相比,Fe 在沉积柱中的波动较小,在 1998 年之前,基本接近于常数,表明 Fe 元素在 1998 年前来自于自然源。尽管 1998 年后,Fe 元素呈现逐渐增加的趋势,但是 Fe 的最高浓度(43.50 mg · kg^{-1})仍然小于 Fe 的全球页岩平均值(46.7 mg · kg^{-1})。元素 Zn、Co 和 Mn 的最大浓度都在 0～2 cm 沉积物中。Mn 的最大浓度低于沉积柱 B 中的参考值、淮南市土壤背景值及平均页岩含量,表明该沉积柱 A 中 Mn 主要来源于自然源。Co 的最高浓度分别是参考背景值、淮南市土壤背景值、安徽省土壤背景值及平均页岩含量的 1.39 倍、1.61 倍、1.26 倍和 1.02 倍。Zn 的最高浓度分别是参考背景值、淮南市土壤背景值、安徽省土壤背景值及平均页岩含量的 1.33 倍、1.28 倍、1.27 倍和 0.78 倍。尽管 Zn 和 Co 在表层沉积物中的含量较高,但是并不能判断这两种元素来自人为源。微量元素的自然贡献随着沉积物的组成结构,如颗粒粒径,有机质含量及硫化物等而变化。本研究中,沉积物中有机质与 Zn、Co 和 Fe 具有较好的相关性(见表 7.4),因此,Zn 和 Co 在表层沉积物中的高含量不能表明其人为富集。

表 7.3　淮河沉积物核心元素含量(mg·kg⁻¹,干重)及其与背景值的比较

		Cu	Pb	Zn	Ni	Cr	Cd	As	Co	Mn	Fe(g·kg⁻¹)	Al(g·kg⁻¹)
沉积柱 A	最小值	10.77	18.33	30.26	15.34	65.77	0.21	15.78	12.54	388.15	17.37	56.31
	最大值	64.04	265.38	74.49	32.64	117.8	0.29	26.85	19.35	752.46	30.86	53.03
	均值	22.34	70.7	53.55	23.6	85.11	0.26	20.66	16.78	586.19	23.12	60.98
	标准偏差	11.99	69.38	12.79	3.95	14.34	0.02	2.02	1.74	92.19	31.99	19.95
沉积柱 B	B1 (0~8 cm)	22.82	25.2	62.61	22.85	64.44	0.16	9.14	13.21	735	31.26	60.43
	B2 (8~16 cm)	23.19	23.07	54.35	22.98	59.54	0.18	8.95	12.38	692.6	33.64	61.79
	B3 (16~24 cm)	22.10	21.17	57.39	20.45	64.66	0.14	8.82	11.80	633.3	28.22	57.6
	B4 (24~32 cm)	22.36	22.69	54.61	20.67	67.42	0.10	8.63	12.33	608.57	26.84	56.01
	均值	22.61	23.03	57.24	21.74	64.01	0.15	8.89	12.43	667.37	30.74	58.96
	均值*	22.23	21.93	56	20.56	66.04	0.12	8.72	12.06	620.94	29.03	56.81
	标准偏差	0.49	1.66	3.84	1.36	3.28	0.03	0.21	0.58	57.24	3.05	2.63
淮南土壤背景值		30.69	23.52	58.35	32.03	91.53	0.18	—	12.02	825.63	—	—
安徽土壤背景值		19.3	26	58.6	28.1	62.6	0.08	8.4	15.4	452	30.1	65.8
全球页岩平均值		45	20	95	50	90	0.3	13	19	850	47.2	88
TEC		31.6	35.8	121	22.7	43.4	0.99	9.79	—	—	—	—
PEC		149	128	459	48.6	111	4.98	33	—	—	—	—

注:*表示用 B3-B4 值计算,不包括人为输入的影响;TEC 表示阈值效应浓度;PEC 表示可能的影响浓度。

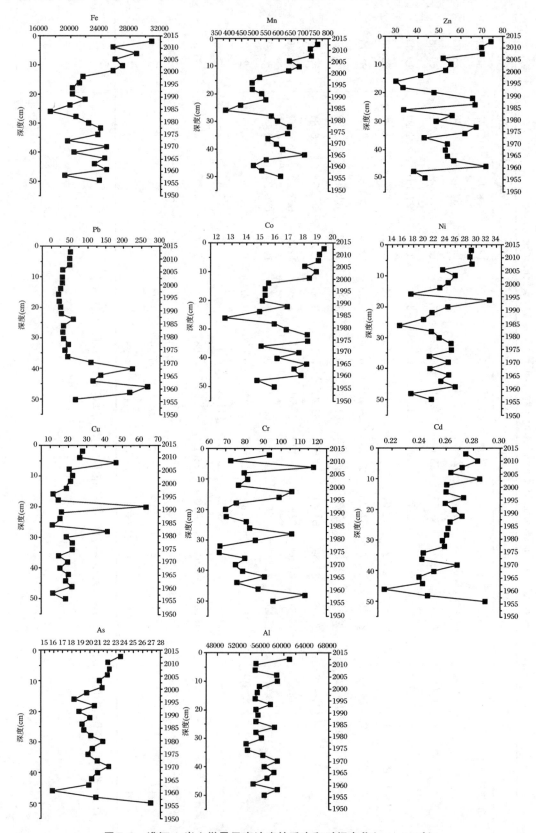

图 7.3　淮河 A 岩心微量元素浓度的垂直和时间变化(mg・kg⁻¹)

表 7.4　因子分析/主成分分析的特征值和载荷

	主成分 1	主成分 2	主成分 3	主成分 4
特征值	7.74	2.33	2.17	1.45
方差	50.59%	15.99%	13.95%	10.66%
累积	50.59%	66.58%	80.53%	91.19%
Fe	0.96	0.15	0.14	0.01
Mn	0.94	0.09	0.28	0.01
Silt	0.92	0.36	−0.08	0.07
Cr	0.91	0.31	0.08	0.22
Sand	−0.90	−0.41	0.06	−0.08
Zn	0.90	0.11	−0.06	0.28
Ni	0.90	0.35	0.03	0.04
OM	0.88	0.32	−0.04	−0.27
pH	−0.68	0.15	0.60	0.24
Cu	0.12	0.85	0.00	0.06
Clay	0.58	0.67	0.07	0.09
Co	0.26	0.27	0.91	0.06
As	0.01	0.43	0.84	0.23
Cd	0.06	0.33	0.27	0.82
Pb	0.14	0.48	0.08	0.78

Cu、Ni 和 Cr 在沉积柱中表现出相似的分布特征。Cu 在 2004 年(4~6 cm)、1995 年(18~20 cm)和 1991 年(26~28 cm)出现浓度峰值,浓度分别为 46.16 mg · kg^{-1}、64.04 mg · kg^{-1}和 41.93 mg · kg^{-1};Ni 在 1996 年(16~18 cm,32.64 mg · kg^{-1})出现浓度峰值;Cr 在 2004(4~6 cm,117.8 mg · kg^{-1})、1998 年(12~14 cm,105.93 mg · kg^{-1})、1991 年(26~28 cm,105.93 mg · kg^{-1})及 1957 年(46~48 cm,113.1 mg · kg^{-1})出现浓度峰值。Cu 和 Ni 除在上述年份出现浓度峰值外,其余沉积物中呈稳定的波动变化,而 Cr 在 1955~1974 年(从 50 cm 降至 36 cm)呈逐渐下降的趋势。总体来讲,Cu 和 Ni 分别在沉积物上层 28 cm 及 20 cm 的含量高于下部沉积物。Cu 的最高浓度分别是参考背景值、淮南市土壤背景值、安徽省土壤背景值及平均页岩含量的 2.88 倍、2.09 倍、3.32 倍和 1.42 倍,表明 1995 年(18~20 cm)该沉积柱受到 Cu 的污染。Cr 的最高浓度(117.8 mg · kg^{-1},2004 年)分别是参考背景值、淮南市土壤背景值、安徽省土壤背景值及平均页岩含量的 1.78 倍、1.29 倍、1.88 倍和 1.31 倍。Ni 的最高浓度(32.64 mg · kg^{-1},1996 年)分别是参考背景值、淮南市土壤背景值、安徽省土壤背景值及平均页岩含量的 1.59 倍、1.02 倍、1.61 倍和 0.65 倍。

As 和 Cd 的最大值都在 1995 年(48~50 cm)出现。Cd 的最高浓度(0.29 mg · kg^{-1},1995 年)分别是参考背景值、淮南市土壤背景值、安徽省土壤背景值及平均页岩含量的 2.42 倍、1.61 倍、3.63 倍和 0.97 倍。As 的最高浓度(26.85 mg · kg^{-1})分别是参考背景值、安徽省土壤背景值及平均页岩含量的 3.08 倍、3.20 倍和 2.07 倍。

Pb 表现出与其他微量元素(Cu、Zn、Ni、C、Cd、As、Co、Mn、Fe、Al)不同的分布特征(见图 7.3)。Pb 在沉积柱中的含量较高,只有在 14~16 cm 和 16~18 cm(18.33 mg·kg^{-1} 和 20.67 mg·kg^{-1}),其浓度低于参考背景值。Pb 在 0~36 cm 呈较稳定的波动变化,平均值为 35.49 mg·kg^{-1},而在 36~50 cm,Pb 浓度波动较大,在 1966 年(223.29 mg·kg^{-1},38~40 cm)和 1960 年(265.38 mg·kg^{-1},44~46 cm)出现两个浓度峰值。Pb 的最大浓度(265.38 mg·kg^{-1},1960 年)分别是参考背景值、淮南市土壤背景值、安徽省土壤背景值及平均页岩含量的 11.83 倍、11.28 倍、10.21 倍和 13.27 倍,说明沉积柱中该深度受到 Pb 的污染比较严重。总体来讲,沉积柱下部(36~50 cm)要比上部(0~36 cm)Pb 的含量高,表明 Pb 污染下部要高于上部。

7.1.9　微量元素的富集特征

沉积柱中微量元素的浓度分布特征表明该沉积柱受到一定的污染,为了进一步讨论淮河沉积物中微量元素的历史污染状况,本研究采用富集因子对微量元素污染进行量化。在本研究中,由于 Al 与 Pb(0.61)及黏土矿物(0.71)呈较好的相关性,且 Al 主要是自然来源,因此,Al 被选作参考元素。计算公式如下:

$$EF = \frac{\left(\dfrac{C_{sed}}{C_{Al}}\right)_{样本值}}{\left(\dfrac{C_{bac}}{C_{Al}}\right)_{背景值}} \tag{7.3}$$

式(7.3)中,C_{sed} 是沉积物样品中微量元素的测定浓度,C_{bac} 是微量元素的背景值,在本研究中,采用沉积柱 B 中微量元素含量作为参考背景值(见表 7.3)。背景 Al 含量(57.14 mg·kg^{-1})为沉积柱 A:34~50 cm(1955~1979 年)的平均值。采用本地地球化学背景值时,可以适当降低富集因子的分类标准值。所以,在本研究中,EF<1.5 为微量元素污染与否的数值。根据富集因子(EF)的大小将微量元素富集程度分为 7 类:EF<1.5 表明微量元素没有富集特征;1.5≤EF<3 表明微量元素弱富集;3≤EF<5 表明微量元素中等富集;5≤EF<10 表明微量元素呈中到高程度富集;10≤EF<25 表明微量元素呈高程度富集;25≤EF<50 表明微量元素呈非常高程度富集;EF≥50 表明微量元素呈极高富集。基于微量元素的富集因子分布,可以将微量元素分为 3 类(见图 7.4)。

Fe、Mn 和 Zn 在沉积柱中没有明显的富集,这 3 种元素的最大 EFs 都小于 1.5。然而,尽管 Mn 和 Zn 的 EFs 比较低,从 1997~2014 年(0~16 cm),这两种元素富集程度呈现逐渐上升的趋势。Cu、Cr、Ni 和 Co 表现出相似的 EF 分布特征,这 4 种元素在沉积柱中呈稳定的波动变化,但是在个别年份出现明显的富集。另外 Cr 从 1955~1968 年(从 50 cm 降至 38 cm)呈逐渐下降的富集趋势。Cu、Ni、Cr 和 Co 分别有 3、1、5 和 7 个沉积物样品呈现弱富集。Cu 在 1991 年(26~28 cm)和 2004 年(4~6 cm)的富集因子 EF 分别为 1.97 和 2.17,表明在 1991 年和 2004 年,Cu 表现为弱富集。另外,Cu 在 1995 年(18~20 cm),富集因子为 3.01,表现为中等富集。Ni 在 1996 年(16~18 cm)表现为弱富集(EF:1.58)。Cr 在 1957 年(46~48 cm)、1991 年(26~28 cm)、1997~1998 年(12~16 cm)、2004 年(4~6 cm)的富集因子分别为 1.66、1.67、1.66、1.56 和 1.87。表明 Cr 在这些年份表现为弱富集。

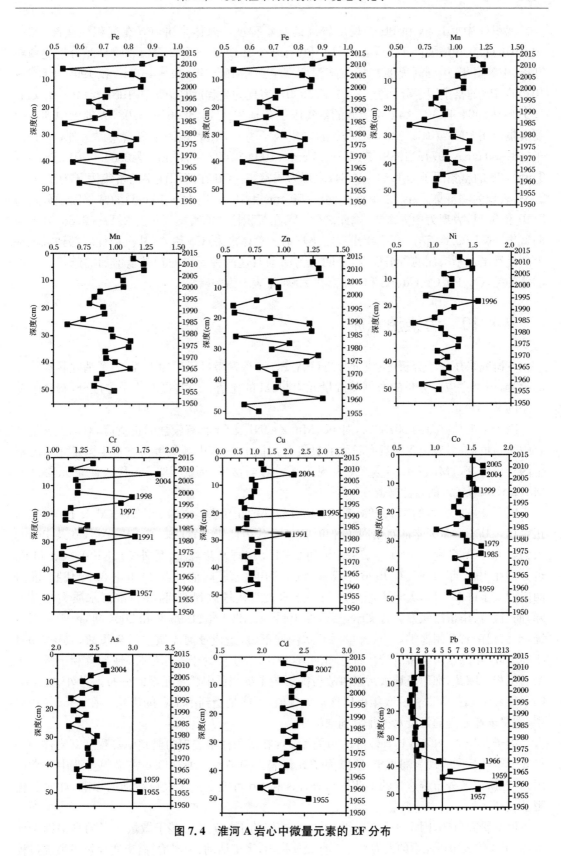

图 7.4　淮河 A 岩心中微量元素的 EF 分布

沉积柱中 Cd、As 和 Pb 表现出较高的富集程度。总体来讲,Pb 在沉积柱底部(36～50 cm)的富集程度要高于上层沉积柱。Pb 有 9 个、1 个、3 个和 2 个沉积物样品分别呈现弱富集、中等富集、中到高程度富集及高程度富集。在 1959 年(44～46 cm)和 1966 年(38～40 cm),Pb 的富集因子分别为 12.41 和 10.07,表现为高程度富集。在 1957 年(46～48 cm)和 1961～1964 年(40～44 cm),Pb 的富集因子分别为 9.48、5.96 和 5.08,表现为中到高程度富集。在 1968 年(36～38 cm),Pb 的富集因子为 4.67,表现为中等富集。另外,在 1955年(48～50 cm)、1974～1988 年(28～36 cm)、1994 年(22～24 cm)及 2004～2014 年(0～6 cm),Pb 的富集因子为 1.51～2.84,表现为弱富集。Cd 在沉积柱中的富集因子为 1.97～2.58,表现为弱富集。As 在 1955 年(48～50 cm)和 1959 年(44～46 cm)的富集因子分别为3.10 和 3.11,表现为中等富集;除此之外,As 在沉积柱中的富集因子为 2.17～2.66,表现为弱富集。Cd 和 As 都在 1955 年出现富集峰值。总体来说,Cd 和 As 从沉积柱底部到沉积柱上部呈现出逐渐增加的富集程度,表明人为活动对这两种元素的贡献呈增加的趋势。值得注意的是,Cu、Pb、Cr、Cd、As 和 Co 都在 2004 年表现为弱富集。

7.1.10 污染源识别

本研究采用因子分析/主成分分析(FA/PCA)探索微量元素的来源,为了消除颗粒粒径的影响,用于主成分分析的数据为微量元素与 Al 的比值。一共提取 4 个主成分,解释了总方差的 91.19%。

因子 1 占总方差的 50.59%,对 Fe、Mn、Zn、Ni 及 Cr 具有较强的正负荷,对黏土含量具有中等正负荷,对砂土含量具有较强的负负荷,对 pH 具有中等负负荷。基于微量元素的富集因子评价,Fe、Mn、Zn、Ni 及 Cr 表现为无或者弱富集;因此,因子 1 代表微量元素(Fe、Mn、Zn、Ni 及 Cr)的自然来源。

因子 2 占总方差的 15.99%,对 Cu 具有较强的正负荷,对 Cr、Ni、As、Cd 及 Pb 具有弱正负荷。基于微量元素的富集因子评价,因子 2 代表微量元素(Cu、Cr、Ni、As、Cd 及 Pb)的人为来源。Cu 分别在 1991 年、1995 年和 2004 年出现富集峰值,另外 Cr、Ni、As、Cd 和 Pb 也分别在 1991 年、1995 年、1996 年或者 2004 年出现富集峰值。自 20 世纪 80 年代起,淮河两岸建立了许多工厂,大量未经处理的污废水被直接排放到淮河,导致淮河水质大幅度下降,而且水污染事故频发。有文献记载,在 1992 年、1994 年、1995 年和 2004 年,由于暴雨连绵,上游河南省开闸泄洪,导致大量污废水流向下游,造成淮河流域水污染事故,其中,1994年和 2004 年的水污染事故较严重。而淮河(淮南段)主要处于平原地带,地形有利于微量元素的沉积。因此,淮河流域水污染事故可能影响了沉积柱中微量元素的分布。另外 As、Co、Cr、Cd 和 Pb 在 1955～1966 年也出现富集峰值,可能是受到冶金厂的影响。在 1958～1960年,大量未经处理的污废水被排放到淮河中。

因子 3 与 As 和 Co 具有较好的相关性,As 在沉积柱中表现为弱到中等程度富集,而 Co 在 8 个子样品中表现为弱富集,所以因子 3 代表人为来源。As 和 Co 在涂料工业中经常被用到,在研究区分布着这样的工业。另外,As 和 Co 可能受到了农业活动的影响,如农业化肥及农药。

由本研究可知,因子 4 与 Cd 和 Pb 具有较好的正相关性。基于微量元素的富集因子评价,因子 4 代表微量元素的人为来源。有文献指出,采矿活动、金属冶炼、交通及垃圾燃烧过程中的废气含有 Cd 和 Pb 会通过大气沉降过程沉降到地表。淮南煤田是安徽省两个主要供煤区之一,采煤活动从几十年前就已经存在。煤燃烧产生的飞灰中,Pb 和 Cd 较富集,最终通过大气沉降到地表。本书中沉积柱采集于平圩电厂和洛河电厂之间。因此,Pb 和 Cd 的高含量可能受到燃煤电厂的影响。平圩和洛河电厂燃煤飞灰中 Cd 和 Pb 的含量分别为 0.36~2.12 mg·kg⁻¹ 和 35.3~113.0 mg·kg⁻¹,是淮南市土壤背景值的 2.00~11.78 倍和 1.50~4.80 倍。另外,交通尾气中 Pb 和 Cd 也有富集。因此,Pb 和 Cd 可能受到交通尾气的影响。

7.1.11　沉积柱质量评价

本书采用沉积物污染指数(SPI)评价该沉积柱质量状况,该方法基于主成分分析的结果,选取每个主成分中因子载荷大于 0.7 的变量(见表 7.5)用于沉积物污染指数的计算。计算公式如下:

$$SPI = \frac{(\sum q_i w_i)^2}{100} \tag{7.4}$$

式中,q_i 是变量 i 的沉积质量等级,该等级基于变量 i 的含量数据的百分位数获取;w_i 是变量 i 在沉积物质量评价中的权重,是基于主成分分析中提取出的每个主成分的特征值及其所代表的微量元素的因子载荷而获取,反映了沉积物中每个独立参数的相对重要性。每一个变量的沉积质量等级与权重见表 7.5 和表 7.6。根据沉积物质量指数的大小,沉积物质量可以分为 5 个等级:$0 \leqslant SPI \leqslant 20$ 表明沉积物质量非常好;$21 \leqslant SPI \leqslant 40$ 表明沉积物质量较好;$41 \leqslant SPI \leqslant 60$ 表明沉积物质量处于中等水平,$61 \leqslant SPI \leqslant 80$ 表明沉积物质量较差;$81 \leqslant SPI \leqslant 100$ 表明沉积物质量很差。

表 7.5　主成分分析(PCA)计算沉积物污染指数的变量的权重

PC	特征值	相对特征值	变量	荷载值	相对载荷值	重量(相对特征值*相对载荷值)
1	7.74	0.57*	Fe	0.96	0.21	0.12
			Mn	0.94	0.20	0.12
			Cr	0.91	0.20	0.11
			Zn	0.9	0.20	0.11
			Ni	0.9	0.20	0.11
				4.61	1.00	
2	2.33	0.17*	Cu	0.85	1.00	0.17
3	2.17	0.16*	Co	0.91	0.52	0.08
			As	0.84	0.48	0.08
				1.75	1.00	
4	1.45	0.11*	Cd	0.82	0.51	0.05
			Pb	0.78	0.49	0.05
总计	13.69	1.00*	总计	1.60	1.00	1.00

注:* 表示在置信度为 0.05 时,相关性是显著的。

表 7.6　淮河沉积物污染指数计算主成分分析变量的泥沙质量等级(mg·kg^{-1})

沉积物质量等级	Cu	Pb	Zn	Ni	Cr
10	BDL<x≤11.46	BDL<x≤23.14	BDL<x≤33.33	BDL<x≤17.51	BDL<x≤68.36
20	11.46<x≤14.73	23.14<x≤26.91	33.33<x≤41.76	17.51<x≤21.08	68.36<x≤73.48
30	14.73<x≤15.91	26.91<x≤29.71	41.76<x≤46.72	21.08<x≤21.40	73.48<x≤75.71
40	15.91<x≤18.47	29.71<x≤33.57	46.72<x≤51.97	21.40<x≤22.96	75.71<x≤78.99
50	18.47<x≤19.57	33.57<x≤43.44	51.97<x≤53.26	22.96<x≤23.56	78.99<x≤80.91
60	19.57<x≤20.61	43.44<x≤49.75	53.26<x≤55.82	23.56<x≤24.73	80.91<x≤84.41
70	20.61<x≤22.37	49.75<x≤60.55	55.82<x≤62.74	24.73<x≤25.08	84.41<x≤91.90
80	22.37<x≤25.39	60.55<x≤112.47	62.74<x≤67.01	25.08<x≤26.05	91.90<x≤98.27
90	25.39<x≤43.62	112.47<x≤220.71	67.01<x≤70.63	26.05<x≤29.16	98.27<x≤108.80
100	>43.62	>220.71	>70.63	>29.16	>108.80

沉积物质量等级	Cd	As	Co	Mn	Fe
10	BDL<x≤0.24	BDL<x≤18.91	BDL<x≤14.85	BDL<x≤470.84	BDL<x≤17529.33
20	0.24<x≤0.24	18.91<x≤19.64	14.85<x≤15.10	470.84<x≤502.25	17529.33<x≤19748.78
30	0.24<x≤0.26	19.64<x≤20.02	15.10<x≤15.50	502.25<x≤528.69	19748.78<x≤20215.42
40	0.26<x≤0.26	20.02<x≤20.17	15.50<x≤16.05	528.69<x≤549.76	20215.42<x≤21330.67
50	0.26<x≤0.26	20.17<x≤20.61	16.05<x≤16.84	549.76<x≤591.68	21330.67<x≤22566.67
60	0.26<x≤0.26	20.61<x≤20.99	16.84<x≤17.72	591.68<x≤606.72	22566.67<x≤23652.40
70	0.27<x≤0.27	20.99<x≤21.67	17.72<x≤18.14	606.72<x≤640.81	23652.40<x≤24533.97
80	0.27<x≤0.27	21.67<x≤22.13	18.14<x≤18.36	640.81<x≤669.77	24533.97<x≤25502.89
90	0.27<x≤0.28	22.13<x≤24.42	18.36<x≤18.99	669.77<x≤727.83	25502.89<x≤28042.78
100	>0.28	>24.42	>18.99	>727.83	>28042.78

评价结果显示,该沉积柱总体质量较好(SPI:32.94)。沉积物污染指数分布(见图 7.5)表明该沉积柱在 50～16 cm(1955～1997 年)呈现较好的沉积物质量,但是从 1997～2014 年,沉积物污染指数呈逐渐增加的趋势,与微量元素(Fe、Mn、Zn、Ni、Cu、Co、Cd、Cr、Pb 和 As)的富集因子分布特征相似。在 2004～2014 年,沉积物质量处于较差,甚至差水平,表明人为活动对微量元素的贡献逐渐增加。

7.1.12　小结

本章节通过^{210}Pb 同位素定年获取了淮河(淮南段)沉积物中微量元素在过去 59 年的分布特征。微量元素的分布及富集因子分布表明该沉积柱中 Fe、Mn 和 Zn 无污染,Cu、Ni、Cr 和 Co 在个别年份表现为弱富集,As 和 Cd 在整个柱子中表现为弱富集,而 Pb 污染最严重,尤其在 1957～1974 年。主成分分析结果表明 Fe、Mn 和 Zn 主要来源于自然源,Ni 和 Cr 来源于自然源和人为源,而 As、Co、Cd、Pb 和 Cu 可能来源于工业污水、生活污水、农药及大气沉降。Cu、Ni、Cr、As、Pb 和 Cd 在 1991 年、1995 年、1996 年和 2004 年的高含量可能受到发生在 20 世纪 90 年代及 2004 年的水污染事故的影响。沉积物中 Pb 和 Cd 可能来源于电厂燃煤飞灰的大气沉降。尽管沉积柱整体表现出较好的质量,但是在上层沉积物中(2004～2014 年),沉积质量较差,表明近 10 年来微量元素的人为贡献逐渐增加。因此,鉴于淮河(淮南段)沉积物中微量元素逐渐增加的浓度,应采取有效措施控制微量元素的排入,尤其是高毒性的 Cd 和 Pb。

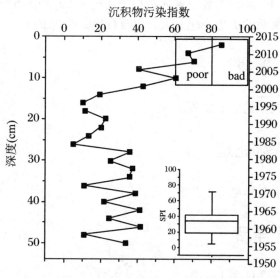

图 7.5　淮河沉积物芯样的沉积物污染指数分布

7.2　沉积柱中铅的迁移性及铅同位素溯源

本节以从淮河中游(淮南段)采集的两个沉积柱为研究对象,利用 BCR 形态提取方法和 Pb 稳定同位素(^{204}Pb、^{206}Pb、^{207}Pb、^{208}Pb)示踪方法,分析了沉积物中 Pb 的迁移性及 Pb 的历史来源变化,并应用地球化学方法和铅同位素方法计算了人为源的贡献。

7.2.1　概述

由于 Pb 污染对生态环境质量及人体健康的潜在风险,因此,在环境研究中,全面了解 Pb 的来源及迁移特征很有必要。尽管 Pb 总量能够提供 Pb 的分布及富集等环境信息,但是有关 Pb 的环境行为,如来源、潜在迁移性、生物可利用性及毒性等方面的信息有限。Pb 稳定同位素与化学提取技术的结合为研究学者获取水环境系统中 Pb 来源及生物可利用性等信息提供了有力的工具。不同来源的 Pb 在大气运输过程中不断混合,因此,最终沉降到地表的大气颗粒物中 Pb 同位素组成是多种来源的混合。Pb 同位素方法示踪污染源基于自然和人为 Pb 来源具有不同的 Pb 同位素组成特征,并且该组成特征不会因 Pb 的迁移行为,如岩石风化、采矿活动及工业活动等的影响而变化。

另外,沉积柱中 Pb 的分布能够揭示 Pb 在时间尺度上的沉积变化,包括 Pb 的运输及 Pb

来源变化信息。微量元素的化学形态分析及 Pb 同为素示踪方法是评估 Pb 来源变化及重建水环境系统中微量元素污染的有效手段。基于前人的研究所述的不同 Pb 来源中 Pb 同位素组成特征,如煤、燃煤飞灰、道路扬尘、铅矿、汽车尾气、汽油及冶金粉尘等,本章讨论了淮河沉积物中 Pb 来源的变化。

目前,有关淮河沉积物近几十年来 Pb 污染水平及 Pb 同位素示踪的研究很少。本章结合 Pb 总量、Pb 形态及 Pb 同位素评估淮河沉积物在过去 59 年(1955～2014 年)的富集特征及迁移行为,探索 Pb 来源的历史变化及人为源及自然源的贡献。

7.2.2　样品采集

样品采集具体信息详见 7.1.2 节。

7.2.3　样品前处理

样品前处理具体信息详见 7.1.3 节。

7.2.4　测试样品

样品测试分析信息详见 7.1.4 节。

7.2.5　铅的迁移行为

一般认为,Pb 总量不能提供 Pb 生物可利用性、迁移及毒性特征等方面的信息。因此,为了评估 Pb 对环境的生态风险,本书用 BCR 连续提取法提取了 Pb 的不同形态。沉积柱 A 和沉积柱 B 中 Pb 的形态分布如图 7.6(a)所示。沉积柱 A 中 Pb 的主要形态为铁锰(氢)氧化物结合态(32.33%～74.8%,56.0%±12.09%),其次为弱酸提取态(9.85%～35.52%,22.85%±7.68%)、残渣态(2.04%～32.36%,12.35%±9.37%)及有机物与硫化物结合态(1.69%～33.05%,8.81%±6.68%)。由于沉积柱 B 的背景功能,因此,为了避免人为活动对其的影响,只讨论沉积柱 B 中 Pb 在 16～32 cm 各形态的含量。计算得出沉积柱 B 中 Pb 的主要形态为残渣态(56.3%～61.92%,59.11%±3.97%),其次为铁锰(氢)氧化物结合态(20.94%～23.9%,22.42%±2.09%)、有机物与硫化物结合态(9.02%～11.39%,10.2%±1.68%)及弱酸提取态(8.13%～8.42%,8.27%±0.21%)。通过比较沉积柱 A 和沉积柱 B 中各形态 Pb 含量及分布,发现人为源的 Pb 主要以铁锰(氢)氧化物结合态和弱酸提取态存在。不同形态的 Pb 与 Al、Fe 与 Mn 的相关性见表 7.7。用同样的逐级提取方法提取土壤中 Pb 形态,得出的结论与本书相似,即土壤中人为源 Pb 主要以铁锰(氢)氧化物结合态和弱酸提取态存在。

沉积柱 A 中,Pb 在 1995～1997 年(16～20 cm)的弱酸提取态和残渣态含量要高于其他年份,如图 7.6(b)所示,同时 Pb 的可还原态和可氧化态含量在该深度呈现降低的趋势。有报告指出在 1995 年由于暴雨连绵,上游大量污水被冲刷到中下游,造成淮河流域大面积的水污染事故。由于人为来源的微量元素主要存在于弱酸提取态中,因此,Pb 在 1995～1997

年(16~20 cm)高含量的弱酸提取态和残渣态可能受到了 1995 年洪水事故的影响。

　　Pb 的铁锰(氢)氧化物结合态在 1995~2014 年(0~20 cm)呈现增加的趋势(见图 7.6(b)),该变化趋势与 Fe 和 Mn 的浓度变化相似(见图 7.3)。而 Pb 与 Fe(0.53)的相关性要高于 Pb 和 Mn(0.23)的相关性(见表 7.7)。因此,我们推断 Fe 在控制 Pb 的迁移性方面起着重要的作用。Javan et al.(2015)指出 Pb 可以通过吸附作用存在于不定型铁的氢氧化物表面。Hildebrand et al.(1974)也指出 Pb 通过与铁的氢氧化物结构腹层结合而牢固地吸附在铁氢氧化物结晶态中。由于沉积柱 A 中 Pb 的总量和铁锰(氢)氧化物结合态含量高,以及 Pb 本身对水环境有机体的高毒性使得评估沉积物中 Pb 的富集特征及对其进行来源解析很有必要。

表 7.7　Pb 分馏和同位素比值以及其他元素之间的相关矩阵

		Al	Fe	Mn	Pb	F1	F2	F3	F4
柱芯 A	Al	1							
	Fe	0.21	1						
	Mn	0.14	0.83**	1					
	Pb	0.61*	0.53*	0.23	1				
	F1	0.13	−0.03	−0.07	0.93**	1			
	F2	0.16	0.54*	0.43*	0.94**	0.92**	1		
	F3	0.45*	0.08	0.32	0.60*	0.43*	0.37*	1	
	F4	0.20	0.30	0.10	0.16	−0.02	0.08	−0.43*	1
柱芯 B	Al	1							
	Fe	0.89**	1						
	Mn	0.87**	0.66**	1					
	Pb	0.82**	0.42*	0.81**	1				
	F1	0.57*	0.34	0.91**	0.87**	1			
	F2	0.26	0.18	−0.27	0.65*	0.20	1		
	F3	0.99**	0.83**	0.92**	0.63*	0.67*	−0.31	1	
	F4	0.57*	−0.97**	−0.81**	0.74*	−0.54*	−0.07	−0.92**	1

　　注:＊表示相关性在 0.01 水平上显著(双尾);＊＊表示相关性在 0.05 水平上显著(双尾)。

7.2.6　铅同位素分布特征

　　沉积柱 A 和沉积柱 B 中不同 Pb 同位素($^{208}Pb/^{207}Pb$、$^{206}Pb/^{207}Pb$、$^{208}Pb/^{206}Pb$)比值见表 7.8。本研究未受污染沉积物中自然来源 Pb 的同位素比值($^{206}Pb/^{207}$ Pb:1.1799 ± 0.0009,$^{208}Pb/^{206}Pb$:2.0922 ± 0.0042)从沉积柱 B(16~32 cm)中获取。沉积柱 A 中 $^{208}Pb/^{207}Pb$、$^{206}Pb/^{207}Pb$ 及 $^{208}Pb/^{206}Pb$ 为 2.4061~2.4694(2.4394 ± 0.0183)、1.1504~

1.1694（1.1593 ± 0.0058）及 2.0817～2.1380（2.1041 ± 0.0137）。^{206}Pb/^{207}Pb 和 Pb 总量在沉积物（沉积柱 A）中的时空变化如图 7.7 所示。

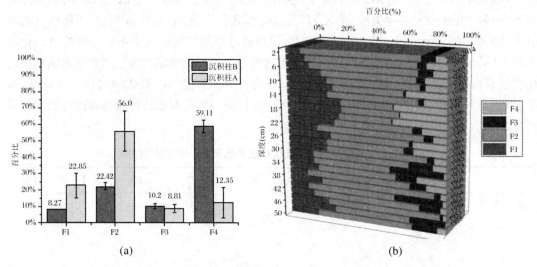

图 7.6 （a）Pb 形态的垂直分布；（b）沉积柱芯 A 中 Pb 形态的主成

表 7.8 淮河沉积物及淮南市土壤背景中铅含量及不同铅同位素比值（mg·kg^{-1}）

	样品	Pb	^{206}Pb/^{207}Pb	^{208}Pb/^{206}Pb	^{208}Pb/^{207}Pb
沉积柱芯 A	1	52.14	1.1652	2.1030	2.4525
	2	50.18	1.1639	2.0986	2.4405
	3	48.03	1.1532	2.1199	2.4477
	4	29.94	1.1674	2.0983	2.4485
	5	28.59	1.1683	2.1042	2.4594
	6	28.79	1.1651	2.1023	2.4490
	7	24.78	1.1694	2.1117	2.4684
	8	18.33	1.1497	2.1270	2.4458
	9	20.67	1.1600	2.1174	2.4569
	10	25.41	1.1543	2.1380	2.4675
	11	26.49	1.1609	2.1142	2.4535
	12	59.93	1.1544	2.0916	2.4149
	13	34.07	1.1522	2.1143	2.4367
	14	30.75	1.1587	2.1164	2.4528
	15	33.23	1.1604	2.1084	2.4469
	16	49.10	1.1607	2.1070	2.4455
	17	35.01	1.1675	2.0970	2.4487
	18	43.44	1.1614	2.1012	2.4405

续表

	样品	Pb	$^{206}Pb/^{207}Pb$	$^{208}Pb/^{206}Pb$	$^{208}Pb/^{207}Pb$
	19	108.20	1.1617	2.0817	2.4187
	20	223.29	1.1504	2.0981	2.4132
	21	136.10	1.1573	2.0933	2.4224
	22	113.54	1.1535	2.1020	2.4241
	23	265.38	1.1538	2.0854	2.4063
	24	218.99	1.1559	2.0825	2.4074
	25	63.02	1.1583	2.0900	2.4205
沉积柱芯 B	1	25.20	1.1782	2.0901	2.4634
	2	23.07	1.1799	2.0890	2.4668
	3	21.17	1.1797	2.0970	2.4734
	4	22.69	1.1800	2.0874	2.4637

沉积柱中$^{206}Pb/^{207}Pb$比值随着深度呈现逐渐降低的趋势,与Pb总量的变化趋势相反,进一步证实人为源的Pb通常具有较低的同位素比值。通常认为未受污染的沉积物由于其自然成因,受到^{238}U衰变成^{206}Pb的影响,其放射性成因的同位素含量较高。沉积物中Pb同位素比值($^{206}Pb/^{207}Pb$)的变化表明在过去59年(1955～2014年)Pb来源的变化,其中,$^{206}Pb/^{207}Pb$在2004年(4～6 cm)、1997年(14～16 cm)、1994年(24～26 cm)、1966年(38～40 cm)及1959～1961年(42～46 cm)含量较低。

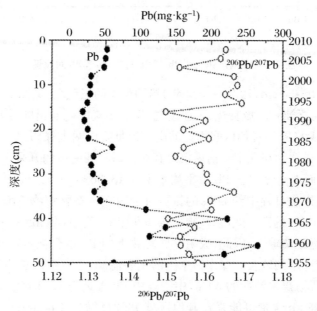

图7.7　铅源变化对河流沉积物$^{206}Pb/^{207}Pb$同位素比值和Pb浓度的影响

7.2.7　铅同位素溯源

三元图法(^{208}Pb/^{206}Pb vs ^{206}Pb/^{207}Pb)是区别和鉴定 Pb 来源的有效途径。沉积柱 A 及其他不同 Pb 来源的 Pb 同位素的三元图如图 7.8 所示,发现本研究中 Pb 同位素比值与其他来源的 Pb 同位素比值线性关系较弱。因此,应分开使用不同的回归线来判定 Pb 来源。本研究根据沉积物中 Pb 同位素特征分为 2 个时间段来探讨铅来源,分别为 1974~2014 年和 1955~1974 年(见图 7.9(a)和 7.9(b))。从图 7.9 中可以发现,Pb 污染源在沉积柱中(1955~2014 年)随着时间而发生变化。

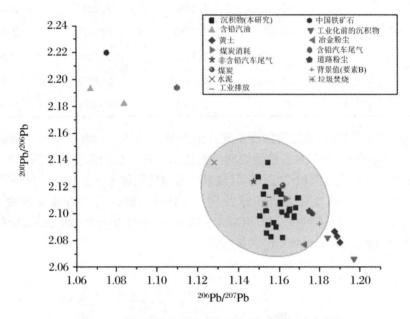

图 7.8　淮河沉积物^{208}Pb/^{206}Pb 与^{206}Pb/^{207}Pb 对比图

由上层沉积物(0~34 cm,1974~2014 年)铅同位素的三元图(见图 7.9(a))可以看出无铅汽油(Pb 主要来自原油)、垃圾焚烧、工业废气、煤及煤炭燃烧的铅同位素比值落在沉积物铅同位素比值回归线的 95%置信区间内。淮南煤田是我国两大煤田之一,是安徽省的主要供煤区,该地区的采矿活动在几十年前就已经存在。每年淮南市约开采 $1×10^8$ t 煤,形成约 $1×10^7$ t 燃煤飞灰,而淮南煤中含 Pb 量平均水平为 13.36 mg·kg^{-1}。Pb 被认为是一种半挥发性元素,在煤炭燃烧过程中约 50%的铅通过吸附在气态颗粒物上而被释放到大气中。由于煤炭燃烧过程中 Pb 的富集效应,使得燃煤飞灰中 Pb 含量(49 mg·kg^{-1})较高。由于大气中细颗粒物可以远距离输送,因此,吸附在颗粒物上的 Pb 也会被转移到远离其污染源的地方,通过大气沉降降落到地表。煤作为中国的主要能源,约占中国总能源消耗的 70%,而中国煤炭消耗占世界总煤炭消耗的 50%,中国煤中 Pb 含量为 15.1 mg·kg^{-1}。因此,淮河(淮南段)沉积物中高 Pb 含量可能来自其他区域 Pb 的释放。Cheng et al.(2013)指出,从 1953~2005 年中国年释放 $19.1×10^4$ t 铅到大气中。而在 1980~2008 年,因燃煤释放到大气中的 Pb 呈现逐渐增加的趋势,从 2.671 t 增到 12561 t。因此,1970 年中期以来,煤和燃煤飞灰毋庸置疑是淮河(淮南段)Pb 的主要人为源。

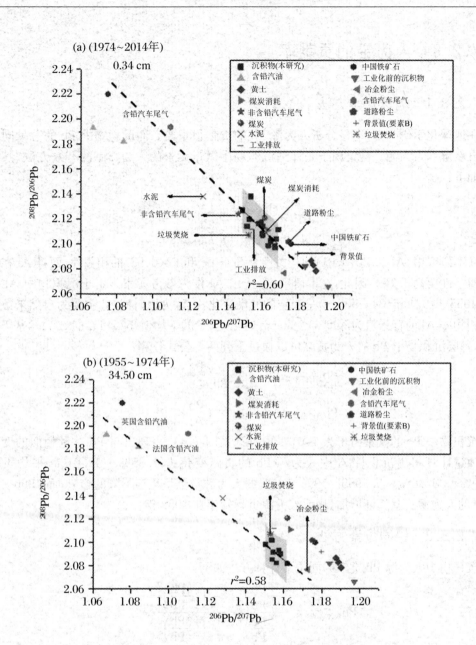

图 7.9　淮河河床沉积物 $^{208}Pb/^{206}Pb$ 与 $^{206}Pb/^{207}Pb$ 对比图；阴影表示 95％置信区间

　　由下层沉积物（34～50 cm，1955～1974 年）铅同位素的三元图（见图 7.9（b））可以看出，冶金粉尘、垃圾焚烧及含铅汽油的铅同位素比值落在沉积物铅同位素比值回归线的 95％置信区间内。Pb 在下层沉积物中的含量很高，因此工业活动可能造成了该时间段的 Pb 污染（1955～1974 年）。1958～1960 年，很多冶金工厂在该时期兴建，其中大部分工厂缺乏污水处理装置，而将污水直接排进淮河，造成严重的水污染。冶金粉尘中 Pb 含量高达 189～10141 mg·kg^{-1}，会通过大气沉降作用对地表河流造成危害。1950～1970 年，基于淮南市的发展状况，汽车的数量较少，并且由于中国汽油中含铅量低，所以认为在该时期含铅汽油不是淮河沉积物中 Pb 的主要来源。

7.2.8　人为铅的贡献率

7.2.8.1　地球化学方法

在地球化学研究中,定量分析人为源 Pb 的贡献很重要。而沉积物中 Pb 的总量同时来自于自然源和人为源。富集因子是评估沉积物中微量元素的人为贡献的有效方法,其计算公式如下:

$$EF = \frac{\left(\dfrac{Pb}{参考元素}\right)_{沉积物}}{\left(\dfrac{Pb}{参考元素}\right)_{背景值}} \tag{7.5}$$

在本研究中,Al 和 Pb(0.61)的相关性要高于 Fe 和 Pb(0.53)的相关性,而且 Al 在环境中的稳定性要高于 Fe。因此,在本研究中,选用 Al 作为参考元素。由于沉积物中 Al 的含量在 1955～1974 年(34～50 cm)呈稳定的波动变化,可认为该时期 Al 主要为自然来源。因此沉积物中 Al 的背景值为深度 34～50 cm 时 Al 含量的平均值(57.14 g·kg^{-1})。基于富集因子,每层沉积物中 Pb 的人为贡献可以通过下列两个公式计算:

$$Pb_{非自然来源} = \frac{Pb_{总体} - Pb_{自然来源}}{Pb_{总体}} \tag{7.6}$$

$$Pb_{自然来源} = Al_{沉积物} \times \left(\frac{Pb}{Al}\right)_{背景值} \tag{7.7}$$

沉积物中 Pb 的富集因子为 1.01～12.12(见图 7.4),表现出与 Pb 总量相似的变化趋势。通过计算得出沉积柱 A 中人为源 Pb 的贡献变化为 4.35%～92.01%,平均贡献为 47.29%±28.18%。从 1955～1996 年,Pb 的人为源贡献呈逐渐下降的趋势,而 1996～2014 年 Pb 的人为源贡献逐渐增加,最大人为源贡献发生在 1959 年。

7.2.8.2　铅同位素方法

沉积物中人为源 Pb 贡献的同位素计算方法如下:

$$Pb_{人为贡献} = \frac{\left(\dfrac{^{206}Pb}{^{207}Pb}\right)_{样品} - \left(\dfrac{^{206}Pb}{^{207}Pb}\right)_{背景值}}{\left(\dfrac{^{206}Pb}{^{207}Pb}\right)_{人为} - \left(\dfrac{^{206}Pb}{^{207}Pb}\right)_{背景值}} \tag{7.8}$$

自然来源 Pb 的同位素比值($^{206}Pb/^{207}Pb$:1.1799±0.0009)从沉积柱 B(16～32 cm)中获取。通过对 25 个沉积物样品做线性回归获取人为源 Pb 的同位素比值(见图 7.10)。

铅同位素比值与铅总量的结合是评估环境中人为 Pb 贡献的有效模型。由于 1/EF 相对于 1/Pb 对 Pb 的变化具有更高的灵敏性,因此,在本研究中,采用 1/EF 来获取人为源铅同位素($^{206}Pb/^{207}Pb$)的比值。从图 7.10 中可以看出,EF 的变化受到多种人为源的影响,当 1/EF 趋于零时,平均人为源铅同位素比值($^{206}Pb/^{207}Pb$)为 1.1557。通过式 7.8 计算得出沉积物中人为源 Pb 的贡献变化为 13.28%～99.06%,平均贡献为 65.99%±25.92%(见图 7.11)。

通过对比用地球化学方法和铅同位素方法计算得出的人为源铅贡献可发现,用同位素方法得出的结果要略高于用地球化学方法的结果,但是差别很小。两种方法得出的结果在沉积柱中呈现相似的变化趋势。1955～1996 年（16～50 cm）人为源 Pb 贡献逐渐降低，而 1996～2014 年人为源 Pb 贡献逐渐增加。

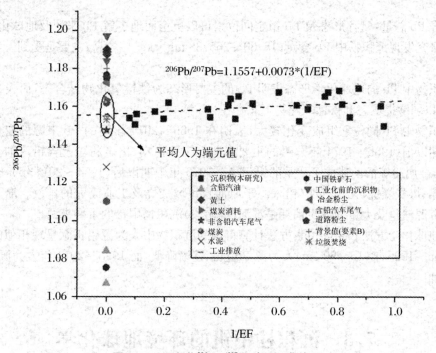

$$^{206}Pb/^{207}Pb = 1.1557 + 0.0073 * (1/EF)$$

图 7.10　沉积物 $^{206}Pb/^{207}Pb$ 与 EF 曲线图

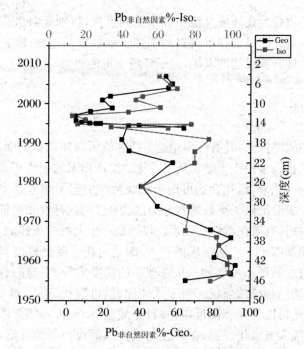

图 7.11　人为 Pb 对沉积岩芯 A 的贡献分布

7.2.9　小结

结合 Pb 总量,赋存形态及 Pb 稳定同位素可以更全面地了解 Pb 来源及地球化学过程。我们的研究发现沉积物中 Pb 含量$(18.33\sim265.38\ \text{mg}\cdot\text{kg}^{-1})$较高,主要是受到人为活动的影响。

沉积物中 Pb 的地球化学形态表明 Pb 的主要形态为铁锰氧化物结合态,而人为来源的 Pb 主要以弱酸提取态和铁锰氧化物形态存在。

沉积物中 Pb 同位素组成变化较大,表明在 1955～2014 年间的 Pb 来源的变化。1970 年代中期以前(1955～1974 年),铅的主要来源有工业活动、冶金粉尘及含铅汽油。1958～1960 年,金属冶炼活动造成了严重的铅污染。1970 年中期以后(1974～2014 年),铅的主要来源有煤、煤炭燃烧、无铅汽油(铅来源于原油)、垃圾焚烧及工业废气的排放。淮南市丰富的煤炭资源储量及大量的煤炭消耗是淮河(淮南段)沉积物中铅的重要来源。

用地球化学方法和铅同位素方法计算得出的沉积物中人为源铅贡献呈现相似的变化趋势。1955～1996 年(16～50 cm)人为源 Pb 贡献逐渐降低,而 1996～2014 年人为源 Pb 贡献逐渐增加。

7.3　沉积柱中钒的环境地球化学

钒的浓度及其环境行为在环境立法中并未受到重视,特别是对沉积物中钒的化学行为的研究更是有限。本研究的目的在于提高对水体沉积物样品中钒的时空分布特征的认知,以评估钒污染程度并推断其可能的来源,揭示环境中钒的影响。

7.3.1　概述

钒是一种重要的战略资源,具有许多用途。添加钒可以提高钢的强度和韧性,钒也可以用来生产钛合金和其他合金用于宇航和核工业等。生产出来的大约 97% 的钒用于钢铁和有色金属的合金添加剂。此外,钒化合物可用于疾病治疗引起了越来越多的关注。多种被合成的钒化合物为治疗癌症提供了更易兼容、更有效、更优的选择性和更低毒性的药物。

然而,钒还是一种具有潜在毒性的元素。煤燃烧产生大量的钒排放,可能会导致人类严重的肺部疾病。长期暴露于工厂钒尘埃的工人,眼睛可能会受到轻度至中度的刺激。钒毒性随着其价态和溶解度的增加而增加。从毒理学的角度来看,主要的有毒无机钒化合物包括五氧化二钒、偏钒酸钠和硫酸氧钒。对于人体而言,钒酸盐(V^{5+})被认为比氧钒基(V^{4+})更具毒性,因为钒酸盐可以与许多酶反应,并且是质膜 Na + K—ATP 酶的有效抑制剂。动物学研究表明,通过吸入五氧化二钒,在两性老鼠体内都找到了肺肿瘤,表明五氧化二钒对人体可能有致癌作用。钒可能对植物、鱼类、无脊椎动物、野生动物和人类均有毒害作用。

7.3.2　样品采集与前处理

采集了沉积柱(50 cm),使用立式挤压机每隔 2.0 cm 将该沉积柱切割成段。所有样品在室温下风干,然后通过玛瑙研钵研磨以通过 120 目尼龙筛。然后,将所有样品于 4 ℃储存在聚乙烯容器中用于进一步分析。

7.3.3　测试分析

所有样品(0.10 g)都用 2 mL 的 HNO_3,1 mL 的 $HClO_4$ 和 5 mL 的 HF 消解。将样品在电热板上以 90～190 ℃的温度加热 16 h。冷却后,用 2% HNO_3 将消解溶液稀释至 25 mL。通过电感耦合等离子体发射光谱仪(ICP-OES,Perkin Elmer Optima,2100DV)测定溶液中的钒和铝(作为计算富集因子的标准化元素),其中检测铝使用波长为 396.153 nm 的共振谱线,检测钒使用波长为 292.464 nm 的共振谱线。

根据 [210]Pb 定年的结果(见图 7.7),淮河 50 cm 沉积柱跨越了从 1955～2014 年的时间段,线性沉积速率被估算为 0.83 cm·a^{-1}。该定年结果在我们实验室早期的研究中也被报道。从中国黄河三角洲采集的沉积柱被报道了相似的沉积速率(0.8 cm·a^{-1} 以及 0.5 cm·a^{-1}),珠江三角洲沉积柱的沉积速率可高达 1.5 cm·a^{-1}。不同河流系统沉积速率的差异可能与其水文结构和沉积物来源区域有关。

7.3.4　沉积物中钒的年代变化特征

跨越 1955～2014 年的沉积柱中的钒浓度列于表 7.9,沉积柱中的钒浓度随沉积柱深度和年代的变化状态如图 7.12 所示。1955～2000 年期间,沉积柱中的钒浓度呈现逐步上升趋势,并在 2000 年左右达到峰值 131 mg·kg^{-1}。这种上升趋势可能由于:1949 年新中国成立以后,为了电力生产,加速了采煤和煤炭燃烧。1979 年改革开放之后,在 20 世纪 80 年代兴建了电厂。在 1994～1995 年间,钒的含量明显增加(129 mg·kg^{-1}),与 1994 年的污染事件有很好的一致性。在 1994 年,研究流域内有许多鱼虾死亡,部分居民因饮用受污染的水造成恶心、呕吐和腹泻等不良反应。

从 1995～1998 年,沉积物中钒浓度维持在 120 mg·kg^{-1} 左右的稳定水平。钒的峰值出现在 2000 年左右,这可能与 1999 年淮河发生的水污染和洪水事件有关。在这一高峰之后,沉积柱中的钒浓度值从 131 mg·kg^{-1} 降至 93 mg·kg^{-1},呈现出稳定的下降趋势,这表明输入到淮河流域中的钒存在显著变化。近 10 年来,政府制定了严格的环境保护政策和法规。1995 年国务院颁布了《淮河流域水污染防治暂行条例》,这是新中国污染防治的第一个重大项目。在此之后,重污染工厂关闭,污水处理设施得到改善。当地政府还加强了对淮河流域电厂和煤矸石的监督管理。国家经济贸易委员会于 1998 年重新制定了《煤矸石综合利用管理办法》。淮河污染防治第三个五年规划于 1996～2010 年开始实施,水质明显得到改善。

1991～2014 年的淮河水质状况如图 7.13 所示,所示数据来源于中华人民共和国环境保护部报道的《中国环境公报》(1991～2014 年)。国家环境保护局分别在 1998 年、1999 年、

2002 年颁布了 3 种水质标准,用于评估中国的水质。钒浓度在沉积物中的变化与淮河水质密切相关。在 1991~1994 年和 1998~1999 年期间,水的质量极差,相应地,在 1994~1995年和 1998~2002 年的沉积物中出现了两个钒浓度高峰。2002~2014 年,淮河水质明显改善,沉积物中钒浓度下降趋势也占主导地位。

表 7.9　沉积岩芯 D 中钒的浓度、富集因子(EF)、地质堆积指数(I_{geo})

深度(cm)	年份	钒($mg \cdot kg^{-1}$) 均值±标准差	EF	I_{geo}
0	2014	93±1.6	1.1	-0.37
2	2007	100±2.2	1.2	-0.26
4		93±1.8	1.3	-0.36
6		106±2.5	1.3	-0.18
8	2002	106±1.5	1.3	-0.18
10		106±1.4	1.0	-0.18
12		131±3.3	1.4	0.13
14	1998	109±4.7	1.1	-0.14
16		122±1.7	1.1	0.023
18		122±1.7	1.2	0.021
20	1995	122±1.3	1.2	0.022
22		129±1.5	1.4	0.10
24		115±2.3	1.2	-0.059
26	1994	114±3.6	1.3	-0.079
28		111±3.6	1.1	-0.12
30		114±4.3	1.4	-0.069
32	1985	102±1.7	1.3	-0.24
34		97±1.3	1.1	-0.30
36		105±1.0	1.3	-0.19
38	1968	108±1.1	1.1	-0.16
40		110±3.5	1.1	-0.13
42		102±2.5	1.2	-0.23
44	1961	108±1.4	1.4	-0.15
46		109±1.1	1.4	-0.14
48		97±2.8	1.3	-0.31
50	1955	91±4.5	1.1	-0.40

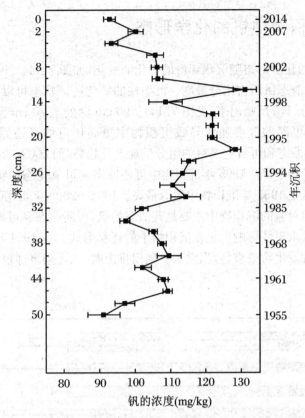

图 7.12　沉积柱芯中 D 中钒浓度深度剖面图

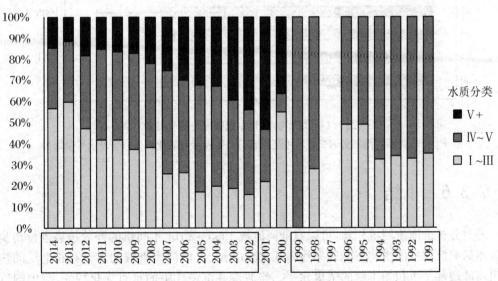

图 7.13　淮河水质(1991～2014 年)

7.3.5　沉积物中钒的化学形态

沉积柱 D 中钒的化学形态随沉积年份的变化而变化,如图 7.14。20 cm 沉积物(约对应 1995 年)的特征是残渣态钒所占组分最高。沉积柱的氧化还原状态可以通过钒的可还原组分(F2)和可氧化组分(F3)反映出来(见图 7.14)。50 cm 深处至 20 cm 深处的沉积物(对应 1955～1995 年间),更深的深度通常导致沉积物中更高比重的可还原态和可氧化态钒。1995～2002 年,可还原态和可氧化态钒的组分呈现上升趋势,而 2002～2014 年,可还原态和可氧化态钒的组分开始下降。1995 年沉积物中可还原态和可氧化态的钒的组分最低,而可还原态和可氧化态钒在 1955 年沉积物中组分最高。1994～2000 年间,沉积物中的钒浓度最高,然而,与此期间相对应的沉积物中主要是残渣态的钒,可还原态和可氧化态的钒较少,这可能是因为频繁的洪水事件影响了钒在沉积物中的迁移形式。在 1994 年、1999 年、2001 年和 2004 年,淮河经常发生污染事件,当洪水从闸门排出时,水污染事件很容易发生。

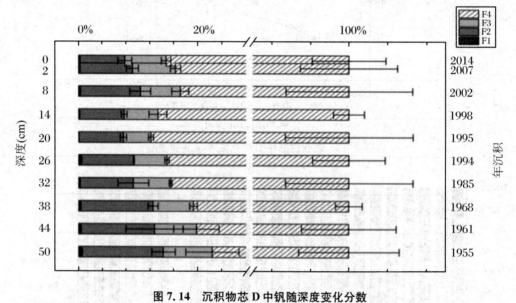

图 7.14　沉积物芯 D 中钒随深度变化分数

注:F1 表示弱酸可溶部分;F2 表示可还原部分;F3 表示可氧化部分;F4 表示残余部分。

7.3.6　小结

通过分析淮河流域沉积物,可以对淮河流域 1955～2014 年间钒的释放趋势进行初步评估。本研究沉积柱的平均沉降速率约为 0.8 cm · a⁻¹。沿河岸堆放的煤矸石和电厂的快速建设可能增加了沉积物中钒的浓度水平。钒浓度在沉积柱中的垂直变化特征,与中国近期历史发展事件具有良好的对应关系。自 2000 年以来,钒浓度在沉积物中的下降反映了当地的严格管理。沉积物中残渣态的钒组分最高,而弱酸溶解态的钒组分最低。根据钒的富集因子,从 A、B 和 D 处采集的表层沉积物受到轻微污染。地质累积指数结果表明,沉积柱中的部分样品受到中度污染。

7.4　沉积柱芯中有机氯农药的历史沉积记录

本节将系统地重建该地区有机氯农药污染历史,分析该地区有机氯农药的可能来源,探讨沉积物中有机氯农药的污染历史与人类活动之间的关系,并对有机氯农药对淮河造成的风险进行评估。

7.4.1　概述

有机氯农药(organochlorine pesticides,OCPs),在我国曾被作为农业杀虫剂、工业阻燃剂、防污漆等大量使用,是被国际社会公认的环境优先控制污染物。以六六六(HCH)和滴滴涕(DDT)为例,20 世纪 50 年代至 1983 年这两种有机氯农药在我国的生产总量分别为 490×10^4 t 和 46×10^4 t。与大多数持久性有机污染物(persistent organic pollutants,POPs)一样,有机氯农药在环境中不易降解,易通过食物链累计在生态系统中造成恶性循环,也可通过植物富集作用而对环境造成不利影响。由于 OCPs 具有持久性,它们进入环境后能够长期存在。并且能够通过"全球蒸馏效应"和"蚱蜢跳效应"从污染源进行迁移,在不同环境介质中进行蓄积。安徽省作为农业大省,大量的农药及化肥被广泛应用,伴随工业的发展,淮河水体受到不同程度的污染。目前已有研究表明淮河受到了重金属、多环芳烃、多溴联苯醚等污染物的污染。而关于淮河水体沉积物中有机氯农药的污染报道较少,沉积柱是地球化学研究领域的一类重要载体,能够保存过去一段时间内很多环境信息,将沉积柱年代信息与相关环境目标组合进行联合分析,能够系统地反映特定环境污染物的时空变迁。对 OCPs 垂向分布特点进行研究,可为研究区域内 OCPs 污染的历史情况提供重要信息和依据。通过对淮河沉积柱中 OCPs 的研究能够很好地反映出人类活动对淮河环境的影响。目前,国内鲜有对淮河流域沉积柱中 OCPs 历史残留的报道,本书将系统地重建该地区有机氯农药污染历史,分析该地区 OCPs 的可能来源,并对淮河有机氯农药造成的风险进行评估。

7.4.2　样品采集与前处理

2015 年 7 月,在安徽境内淮河流域采集了 1 根沉积柱,采样时考虑人为干扰、沉积环境、水流动力条件等因素,确保沉积柱无扰动。沉积柱采样点坐标为 $32°69'23.1''$N,$115°58'67''$E。沉积柱全长 38 cm,直径为 8 cm。立即用不锈钢刀片以 1 cm 为间隔从表层向下进行切割,获得 38 个样品,并用提前烘烤(450 ℃)好的铝箔纸进行包装,放入聚乙烯密封袋,密封,储存于 -20 ℃的冰箱内。

将 38 个样品剔除动植物残渣等杂质,冷冻干燥 48 h 后过 200 目筛。准确称取过筛后的 10 g 干样品,加入 5 g 铜片(脱硫),并加入 200 mL 二氯甲烷,在索氏提取器中水浴抽提 48 h,水浴加热温度为 46 ℃。抽提液通过旋转蒸发仪浓缩至 1 mL。并对浓缩液进行净化分离,浓缩液通过体积比为 1∶2 的氧化铝/硅胶层析柱(氧化铝和硅胶使用时已活化,活化温度分别为 180 ℃和 240 ℃,活化时间为 12 h),用 1 g 无水硫酸钠覆盖硅胶柱,并用体积比为 7∶3

的正己烷和二氯甲烷混合液不间断地淋洗,将淋洗液再次通过旋转蒸发仪并浓缩至 1 mL,移入细胞瓶中待测。

7.4.3 测试与分析

7.4.3.1 沉积物年代测定

本次实验采用的定年方法为 ^{210}Pb 同位素定年法,CA Model 测定 38 个沉积柱样品的沉积年代,所有样品测试均在中国科学技术大学极地实验室测试完成。依照 ^{210}Pb 定年能客观地反映沉积趋势,并与 ^{14}C 定年测定的结果存在一定符合度,因此认为 ^{210}Pb 测定的结果能定性或半定量地反映沉积作用趋势及强度。采用仪器为高纯锗井型探测器(OrtecHPGe GWL)。测定结果显示:沉积柱年代跨度为 60 年(1956~2015 年);平均沉积速率为 $0.45 \text{ cm} \cdot a^{-1}$。

7.4.3.2 OCPs 的测定

本次实验采用气相—质谱(GC-MS)联用法(Agilent6890 气相色谱仪、Agilent5973 质谱仪)对沉积柱样品分析。采用 5 点校正曲线法并加入内标物 PCNB(五氯硝基苯)对化合物进行定量。

7.4.4 质量保证与控制

本次实验采用回收率指标、平行样实验和空白样品加标实验进行质量保证与控制。空白实验中没有色谱峰,说明耗材及试剂不会对实验造成干扰。回收率指标物为 4-4′-二氯联苯,实验结果显示:检出限为 $0.001\sim0.21 \text{ ng} \cdot g^{-1}$;回收率范围为 $85.31\%\sim101.40\%$;相对标准偏差为 $0.13\%\sim5.63\%$。

7.4.5 有机氯农药在沉积柱中的残留状况

安徽流域淮河沉积柱样品在被检测的 22 种 OCPs 中共检出 18 种,见表 7.10。OCPs 的总浓度范围为 $0.01\sim7.18 \text{ ng} \cdot g^{-1}$,平均浓度为 $4.53 \text{ ng} \cdot g^{-1}$,平均检出率为 51.60%。β-HCH、γ-HCH 和 o,p′-DDT 的检出率为 100%,p,p′-DDD 的检出率为 81.45%,说明这 4 种化合物在淮河沉积柱中极其普遍。DDTs 的浓度范围为 $0.01\sim2.18 \text{ ng} \cdot g^{-1}$(平均值为 $1.67 \text{ ng} \cdot g^{-1}$),检出率为 67.32%,DDTs 为平均浓度最高的 OCPs 污染物,以上数据反映出:DDTs 在淮河流域曾被大量使用过。HCHs 的浓度范围为 $0.01\sim0.51 \text{ ng} \cdot g^{-1}$(平均值为 $0.81 \text{ ng} \cdot g^{-1}$),平均检出率为 61.36%。沉积柱样品中主要几种有机氯农药污染物的平均浓度顺序如下:DDTs 类($1.67 \text{ ng} \cdot g^{-1}$)>HCHs 类($0.81 \text{ ng} \cdot g^{-1}$)>硫丹类($0.69 \text{ ng} \cdot g^{-1}$)>氯丹类($0.45 \text{ ng} \cdot g^{-1}$)>六氯苯($0.39 \text{ ng} \cdot g^{-1}$)。艾氏剂、狄氏剂、异狄氏剂均未被检出,这可能和我国历史上未使用过此类有机氯农药有关。

表 7.10　沉积柱中各有机氯农药含量

化合物	范围($ng \cdot g^{-1}$)	平均值($ng \cdot g^{-1}$)	检出率
α-HCH	0.01～0.39	0.13	20.22%
β-HCH	0.10～0.51	0.34	100%
γ-HCH	0.09～0.47	0.29	100%
δ-HCH	0.01～0.15	0.05	25.20%
o′p-DDE	0.01～0.13	0.07	45.12%
o′p-DDD	0.02～0.42	0.31	44.35%
o′p-DDT	0.03～1.23	0.17	100%
p′p-DDE	0.03～2.12	0.69	65.54%
p′p-DDD	0.09～0.38	0.27	81.45%
p′p-DDT	0.01～2.18	0.16	67.50%
七氯	0.13～2.01	0.22	8.75%
艾氏剂	n.d.	n.d.	n.d.
环氧七氯	0.04～1.03	0.11	3.52%
反式氯丹	0.02～1.07	0.09	5.89%
顺式氯丹	0.21～1.25	0.36	8.15%
硫丹Ⅰ	0.03～0.88	0.1	33.56%
硫丹Ⅱ	0.18～1.04	0.59	24.10%
六氯苯	0.01～0.64	0.39	40.10%
狄氏剂	n.d.	n.d.	n.d.
甲氧滴滴涕	n.d.	n.d.	n.d.
灭蚁灵	0.1～1.21	0.19	5.28%
异狄氏剂	n.d.	n.d.	n.d.
DDTs	0.01～2.18	1.67	67.32%
HCHs	0.01～0.51	0.81	61.36%
OCPs	0.01～7.18	4.53	51.6%

注:n.d.为未检出或低于检出限。

7.4.5.1　DDTs 和 HCHs

ΣDDTs 的浓度范围为 0.01～2.18 $ng \cdot g^{-1}$(平均值为 1.67 $ng \cdot g^{-1}$),平均检出率为 67.32%。ΣHCHs 的浓度范围为 0.01～0.51 $ng \cdot g^{-1}$(平均值为 0.81 $ng \cdot g^{-1}$),平均检出率为 61.36%。ΣDDTs 和 ΣHCHs 均有较高的检出率,说明历史上 DDTs 和 HCHs 在安徽淮河流域曾被大量使用过。在沉积柱样品中,ΣDDTs 的浓度要高于 ΣHCHs,这与前人对我国大凌河、长江沉积柱中 OCPs 的研究情况一致,但与我国太湖、老黄河入海口以及黄河

三角洲沉积柱芯中 OCPs 的残留报道情况存在差异。出现这一现象的原因是：各地 DDTs 和 HCHs 的使用情况有所差异，研究区域历史上 DDTs 的使用情况比 HCHs 多。$\sum$DDTs（67.32%）的检出率要高于 $\sum$HCHs 的检出率（61.36%）。出现这种现象的原因可能是：DDTs 具有较高的亲脂性、较高的分子量和较低的水溶性，更易被截留在颗粒相中。

淮河沉积柱中 DDTs 和 HCHs 的垂直分布如图 7.15(a)和图 7.15(b)所示。在沉积柱中，OCPs 的浓度随年代的变化而变化。1956 年开始 HCHs 在沉积柱浓度的变化在不断上升，直到 1971 年达到峰值，接着是一段平缓过程，直到 2002 年再次出现一个峰值。从 20 世纪 50 年代有机氯农药开始被应用到 20 世纪 80 年代有机氯农药被禁止使用，我国一共生产了超过 40×10^4 t HCHs。沉积柱中 HCHs 的浓度在 20 世纪 60 年代呈上升趋势，并于 1971 年达到第一个峰值，与这一时间 HCHs 的使用情况相吻合。HCHs 的第二个峰值出现在 2002 年，这可能与工业林丹（γ-HCH 99.9%）的使用有关，工业林丹自 20 世纪 90 年代已被应用于农业害虫的控制。影响沉积柱中 HCHs 浓度除了和历史的使用情况有关，还可能与土壤表层的径流有关，周边环境表层沉积物中农药残留也会对研究区域造成一定影响。本研究中，1998 年淮河沉积柱样品中 HCHs 的平均浓度接近于零，这一时期淮河流域曾经发生过特大洪水，由于 HCHs 具有较高的水溶性，更易被洪水冲走。2002 年之后，HCHs 含量迅速下降，有报道表明 HCHs 在环境中降解 95%需要的时间约为 20 年，可能随着时间的推移研究区域内历史残留的 HCHs 被逐渐降解，而近年研究区域 HCHs 的来源逐渐减少。由此可以推断淮河表层沉积物中 HCHs 会呈下降趋势。

沉积柱中 DDTs 的垂直分布如图 7.15(b)所示。从 1956～1981 年，DDTs 的残留水平开始逐渐增加；从 1952～1969 年，DDTs 的年使用量为 97 t；1970～1983 年为 DDTs 的大量使用阶段，DDTs 的年使用量为 228 t；1983 年开始禁止使用 OCPs。1981 年出现第一个峰值与同期 DDT 的使用一致。DDTs 的残留水平在 1983 年之后出现高居不下的趋势，并于 1998 年达到第二个峰值。事实上，DDT 仍然被允许作为驱虫剂、三氯杀螨醇、疟疾防控和防污漆而生产并使用。DDTs 具有较高的亲脂性、较高的分子量和较低的水溶性，更易被截留在颗粒相中。而相对于 DDTs，HCHs 则具有较高的蒸汽压，更容易挥发，更容易在大气、表层沉积物中进行迁移，这也解释了 2002 年以后沉积柱中 HCHs 残留量要高于 DDTs。

7.4.5.2　氯丹

淮河沉积柱中氯丹垂直分布如图 7.16(a)所示，在 19 世纪 90 年代到 2009 年，氯丹（CHLs）被广泛用于害虫的防治，CHLs 在 1956～1998 年间 CHLs 的残留水平走势平缓，它的第一个峰值出现在 1961 年，与安徽省在这一时期大量的使用 CHLs 防治害虫的时间相吻合。1998 年 CHLs 的残留水平和 HCHs 一样接近于零，这与 1998 年研究区域内特大洪水密不可分。在图 7.16 中可以发现，1998～2009 年这段时间，CHLs 的残留量急剧上升，这一段时期，我国正面临十分严重的虫灾。到 2009 年，CHLs 被我国政府逐渐禁止使用，此后沉积柱中 CHLs 的含量逐渐下降。

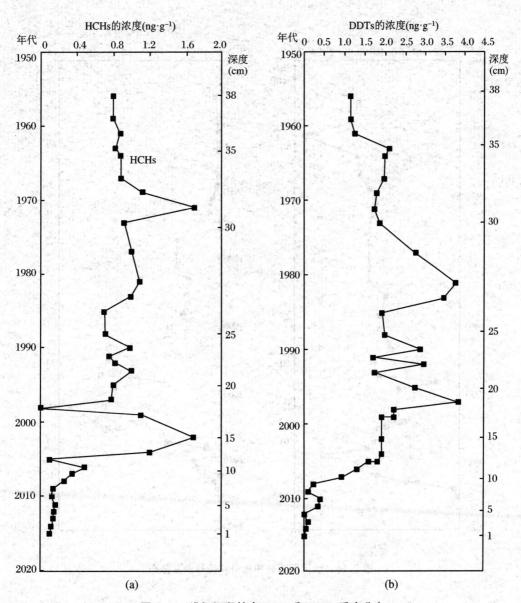

图 7.15　淮河沉积柱中 HCHs 和 DDTs 垂直分布

7.4.5.3　硫丹

　　淮河沉积柱样品中硫丹垂直分布如图 7.16(b)所示。硫丹在我国被用于农作物的病虫害防治,据不完全统计从 1994～2004 年间大约 2.57×10⁴ t 的硫丹被使用。然而沉积柱显示 1994 年前就有硫丹的残留,此前我国并没有使用此类农药,在中国南海的北部湾以及黄河流域的沉积柱中也有同样的发现,这可能和全球蒸馏效应及蚱蜢跳效应有关。随着农业的扩张,1956～2002 年间,硫丹被大量的使用。它的峰值出现在 2002 年,这个节点在淮河流域,硫丹被大范围地用作棉花的除虫剂。2002 年之后由于中国政府逐渐禁止硫丹的使用,2004 年硫丹类有机氯农药被完全禁用。由于没有直接污染物的输入,伴随硫丹的降解,硫丹在淮河流域沉积柱中呈下降趋势。

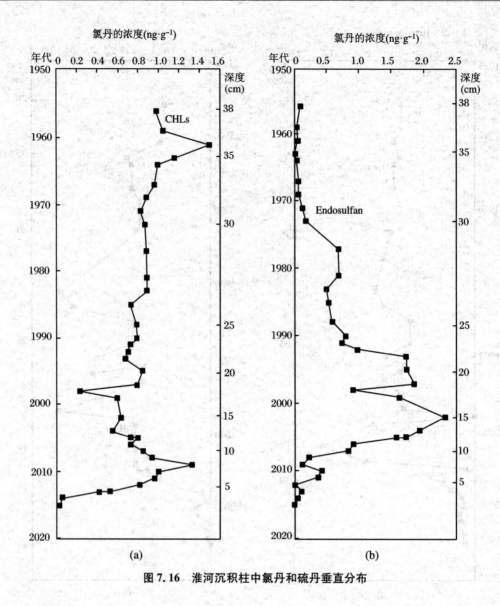

图 7.16　淮河沉积柱中氯丹和硫丹垂直分布

7.4.5.4　六氯苯

六氯苯(HCB)作为一种廉价的杀虫剂以及种子防真菌农药在农业中被广泛应用,在工业中,六氯苯是一种常见的中间体,也是一种常见的工业副产品。据报道,自 1988 年大约 7000 t HCB 被我国生产使用,如图 7.17 所示,1981 年前土壤沉积柱中 HCB 的浓度残留很低,之后它的残留浓度开始缓慢增长,至 2004 年出现它的峰值,而 HCB 大量使用的时间为 19 世纪 80 年代初。出现这一现象的原因可能是工业生产产生了大量的副产物以及从临近区域扩散过来有关。2004 年以后,HCB 的残留水平渐渐降低,这和我国包含 HCB 副产物的生产逐步被禁止有关。

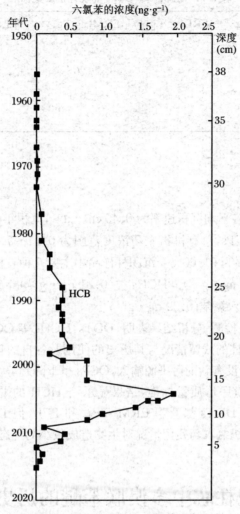

图 7.17 淮河沉积柱中六氯苯垂直分布

7.4.6 有机氯农药的生物风险评估

引入两种被广泛使用的沉积物环境评价质量标准：风险评估低值（effects range-low value，ERL），即引起生物效应的概率低于 10%；风险评估中值（effects range-median value，ERM），即引起生物效应的概率低于 50%。阈值效应水平（threshold effects level，TEL）和可能产生的影响水平（probable effects level，PEL）。这些指标通常被用来评估研究区域内 OCPs 可能产生的生态毒理风险。如表 7.11 所示：γ-HCH 的平均值低于 TEL 和 PEL；p,p'-DDE、p,p'-DDD 和 DDTs 都低于 ERM、TEL 和 PEL，但 DDTs 的平均浓度要高于 ERL。因此，研究区域内有机氯农药残留对生物造成较小的生态风险。

表 7.11　沉积物中 OCPs 环境评价质量标准

化合物	平均值($ng \cdot g^{-1}$)	ERL($ng \cdot g^{-1}$)	ERM($ng \cdot g^{-1}$)	TEL($ng \cdot g^{-1}$)	PEL($ng \cdot g^{-1}$)
p'p-DDE	0.69	2.2	27	1.22	7.81
p'p-DDD	0.27	2	20	2.07	374
DDTs	1.67	1.58	46.1	3.89	51.7
γ-HCH	0.29	—	—	0.32	0.99

7.4.7　小结

淮河(安徽段)沉积柱,平均沉积速率为 $0.45 \, cm \cdot a^{-1}$,沉积年代为 1956～2015 年间,沉积柱样品共检出 18 种 OCPs,总有机氯农药浓度范围为 $0.01～7.18 \, ng \cdot g^{-1}$,平均浓度为 $4.53 \, ng \cdot g^{-1}$,平均检出率为 51.60%。沉积柱样品中主要几种有机氯农药污染物的平均浓度顺序为:DDTs 类($1.67 \, ng \cdot g^{-1}$)＞HCHs 类($0.81 \, ng \cdot g^{-1}$)＞硫丹类($0.69 \, ng \cdot g^{-1}$)＞氯丹类($0.45 \, ng \cdot g^{-1}$)＞六氯苯($0.39 \, ng \cdot g^{-1}$)。

淮河(安徽段)沉积柱检测、分析结果表明,DDTs、HCHs 等 OCPs 在研究区域内曾被大量使用过。OCPs 在沉积柱的残留情况与其历史的使用及各自的理化性质有关。近几年随着历史 OCPs 的降解以及没有新的污染源输入,OCPs 呈下降趋势。

引入两种沉积物环境评价质量标准,结果显示:γ-HCH 的平均值低于 TEL 和 PEL;p,p'-DDE、p,p'-DDD 和 DDTs 都低于 ERM、TEL 和 PEL,但 DDTs 的平均浓度要高于 ERL,表明研究区域内有机氯农药残留情况对生物造成较小的生态风险。

7.5　沉积柱芯中多溴联苯醚的历史沉积记录

本节通过收集和分析安徽省淮河中游 3 个不同位置的沉积柱芯,研究了多溴联苯醚(PBDEs)的沉积历史与人为活动之间的相关性。进而诊断淮河沉积物中 PBDEs 的污染来源。

7.5.1　概述

多溴联苯醚(PBDEs)在半个多世纪以来已广泛用于各种商品(如电气和电子设备、纺织品、塑料、建筑材料和家具内饰)中的溴化阻燃剂(BFR)。由于它们的全球广泛分布性、潜在的生物积累性、持久性和对健康的危害性,已成为人们极为关注的环境污染物。全球生产了 3 种形式的含多溴联苯醚产品:五溴联苯醚(BDE-47 和 BDE-99 占比超过 70%)、八溴联苯醚(BDE-183 占比超过 40%)和十溴联苯醚(BDE-209 占比超过 98%)。在美国和加拿大,据估计在 1970～2020 年间约消费 46000 t,25000 t 和 38000 t 商用五溴联苯醚、八溴联苯醚和十溴联苯醚。此外,据称亚洲国家,尤其是中国,要回收利用和处置从发达国家进口的过时电子产品(所谓的"电子垃圾")。五溴联苯醚和八溴联苯醚混合物从 2004 年开始在全球范围内根据《斯德哥尔摩公约》被禁止使用,但是它们继续从现有的废物中被释放出来。尽管根据《斯德哥尔摩公约》应逐步淘汰十溴联苯醚,但它的混合物仍被用作溴化阻燃剂。十溴联苯醚的主要成分是 BDE-209 可能降解为溴化程度较低的同类物,其毒性和持久性均高于 BDE-209。

环境污染中多溴联苯醚的组成分布取决于污染源和污染历史。由于多溴联苯醚通常是疏水性的,并且在环境中具有持久性,因此湖泊沉积物,尤其是缺氧和无光的沉积物成为多溴联苯醚的主要汇聚体。因此,PBDEs 浓度和特征在不受干扰的沉积岩中的历史变化可以评估人为污染物引起的生态毒理风险,并为环境污染治理提供理论支撑。先前的研究已经发现了中国各种水生系统中多溴联苯醚的存在,包括东海和南海等沿海地区,以及黄河三角洲、长江三角洲和珠江三角洲,黄河等大型河流的支流以及太湖和巢湖等内陆湖泊。

淮河(北纬 30°55~36°36′,东经 111°55′~121°25′)是中国第五大河流,全长约 1000 km。它从西向东流经河南、湖北、安徽、江苏和山东五个省,安徽位于中游,全长 430 km。由于经济和工业的迅猛发展,近年来淮河遭受了各种工农业生产活动引起的水体污染。此外,该地区分布的主要纺织企业、家用电器和化肥行业可能导致多溴联苯醚的大量排放。本书 7.4 节的研究表明,淮河沿岸的工业和生活废水排放量增加以及农业垃圾的增加,极大地促进了沉积物岩中有机氯农药水平的升高,从底部柱芯的 0.01 ng·g^{-1} 到顶部柱芯的 7.2 ng·g^{-1}。在此研究的基础上,本节通过收集和分析安徽省淮河中游 3 个地理相对较远地点的 ^{210}Pb 标记沉积岩心,进一步研究 PBDEs 的沉积历史与人为活动之间的相关性。并诊断 PBDEs 的潜在输入来源。

7.5.2　样品采集与前处理

2017 年 7 月,采用不锈钢重力取样器沿淮河流域采集了 3 个沉积物柱芯。沉积柱芯 S1(长度为 38 cm)、S2(长度为 39 cm)和 S3(长度为 36 cm)。取样的河段是淮南市(水深为 5.7 m)、蚌埠市(水深为 5.5 m)、五河县(水深为 4.9 m)的河段。需要注意的是,沉积柱芯 S2 位于一个大型二手电子产品回收仓库附近。将沉积柱芯按照 1.0 cm 分割,并立即送回到实验室。所有样品都用铝箔锡纸密封包裹,并在 -20 ℃下储存至分析。

3 个柱芯的 113 个沉积物样品中的 PBDEs 被分析。沉积物样品中 PBDEs 的提取参考前人文献报道的方法。萃取前,添加 ^{13}C 标记的 BDE-138 作为回收标准物质。称取 10 g 冷冻干燥的样品,用丙酮和正己烷(v∶v=1∶1)的混合物索氏抽取 48 h。加入用稀盐酸活化的铜带,除去提取物中元素硫。提取物浓缩至约 1 mL。用旋转蒸发仪旋转蒸发浓缩 1 mL。浓缩的萃取液用硫酸二氧化硅和氧化铝(44% 硫酸,w/w)填充的色谱柱纯化分离。用 35 mL 正己烷洗脱 PBDE,然后用 70 mL 正己烷∶二氯甲烷混合物(v∶v=1∶1)洗脱,洗脱液经旋转蒸发仪浓缩至 5 mL,再浓缩至 1 mL。在仪器分析之前加入内标。

7.5.3　测试与分析

根据与 ^{210}Cs 的比活度定沉积物的年代。将沉积物样品放在密封容器中 20 天,以使 ^{226}Ra 及其 ^{210}Pb 达到平衡。将 20 g 的冻干样品混合均匀,并装入培养皿(内径 50 mm × 9 mm)中,使用高纯度锗检测器(Canberra GL 2820R)γ 谱仪分别在 46.5 keV、352 keV 和

661 keV 下测量^{210}Pb、^{226}Ra 和^{137}Cs 的活性。通过从总^{210}Pb 活性中减去^{226}Ra 活性来计算剩余^{210}Pb 的活性。采用连续供应速率(CRS)定年模型计算沉积物柱芯样品的年龄：

$$t(i) = \frac{1}{\lambda}\ln\left[\frac{A(0)}{A(i)}\right]; \quad r(i) = \lambda\frac{A(i)}{C_i} \tag{7-9}$$

式(7-9)中，$t(i)$ 是在深度 i 处沉积物形成时间，λ 是^{210}Pb 的衰减常数(0.031 yr^{-1})，$A(0)$ 是^{210}Pb$_{ex}$的总存量，$A(i)$ 是深度 i 的沉积物中^{210}Pb$_{ex}$含量，C_i 是深度 i 处沉积物中的 210Pb$_{ex}$含量。沉积柱芯年龄估计为 1956 年～2015 年(S1)，1958 年～2017 年(S2)和 1960 年～2016 年(S3)。S1、S2 和 S3 的估计平均沉积速率分别为每年 0.64 cm、0.65 cm 和 0.63 cm。

PBDEs 的浓度通过与 Agilent 5975C 质谱仪连 Agilent 7890 气相色谱仪测定。使用 DB-5MS 毛细管柱(30 m×0.25 mm×0.1 μm)分离 PBDE 同系物(BDE-209 除外)。将内标 PCB-204(每 10 mg·L^{-1}中有 100 μL)和 BDE-190(每 10 mg·L^{-1}中有 100 μL)添加到每个样品中，Br3-Br9 和 BDE-209 进行标准化的定量。

将柱箱温度设置为 60 ℃并保持 2 min，然后在 10 ℃·min^{-1}于 2 min 内升至 200 ℃，再于 20 ℃·min^{-1}升高至 300 ℃，并保持 10 min。用 Thermo Trace Ultra 气相色谱仪和 Thermo DSQ Ⅱ质谱仪测量 BDE-209 的浓度。使用 DB-5HT 毛细管柱(15 m×0.25 mm× 0.1 μm)进行色谱分离。烤箱温度设置为 120 ℃，保持 2 min，以 20 ℃·min^{-1}升至 300 ℃，并保持 12 min。使用超高纯氦气作为载气。离子源和界面线的温度分别设置为 150 ℃和 280 ℃。BDE-209 的定量离子：m/z 为 79 和 m/z 为 81。质谱仪以选择性离子监测模式运行。

7.5.4　质量控制

每 5 个样品做一次程序空白、基质加标样品和平行样品。对于^{13}C 标记的 BDE-138 标准物的回收率在(87.1±4.3)%～(106±6.3)%的范围内，浓度未针对标准物回收校正。方法检测限(MDL)是根据美国 EPA 方法确定的，干重为 2.0～18.5 pg·g^{-1}。平行样品的相对标准偏差范围为 0.3%～8%。所有质量保证和质量控制均在可接受的范围内。

使用 SPSS 16.0 对数据进行统计分析。主成分分析是在 VARIMAX 旋转和因子调整为 2T 的条件下进行的。使用 T 检验研究 3 个采样点和不同样品之间的 PBDEs 水平是否存在潜在差异。显着性水平设定为 $p = 0.05$。

7.5.5　多溴联苯醚的生态影响

单个 PBDE 的检出率在沉积柱芯 S1 中为 48.2%～98.1%，在 S2 中为 56.8%～ 96.7%，在 S3 中为 59.4%～96.3%，这反映了研究区域历史上对 PBDEs 的广泛使用。总体而言，在 10 个所有样品中共检测到 40 种目标 PBDEs 同系物中的 10 种(见表 7.12)。3 个沉积柱芯中的各个 PBDE 浓度显示出相似的顺序，即：BDE-209＞BDE-47＞BDE-183＞ BDE-154＞BDE-100＞BDE-99＞BDE-28＞BDE-85＞BDE-37＞BDE-153。此外，沉积柱芯 S1 的$\sum_{10}$PBDE 流量为 0.27～4.9 ng·g^{-1}干重(平均：3.4 ng·g^{-1})，沉积柱芯 S2 为 0.69～ 6.0 ng·g^{-1}(平均：8.0 ng·g^{-1})，沉积柱芯 S3 为 0.02～6.1 ng·g^{-1}(平均：7.8 ng·g^{-1})。 $\sum_{10}$PBDE 浓度在 3 个不同地点之间的变化($p<0.05$)主要是由它们的地理位置和周围的人为活动造成的：采样点 S2 与二手电子产品回收站相邻，因此，S2 处 PBDEs 浓度最高；此外，与上游站点(S1)相比，PBDEs 浓度更可能在下游站点(S2 和 S3)中积累。

表 7.12　沉积柱芯中的 PBDEs 浓度 $(ng \cdot g^{-1} \cdot dw^{-1})$

PBDE 同系物	PBDE 同系物的浓度 $(ng \cdot g^{-1})$									
	S1			S2			S3			平均值
	浓度	范围	检测率	浓度	范围	检测率	浓度	范围	检测率	
BDE-28(三溴联苯醚)	0.02	0.002~0.25	48.2%	0.19	0.003~0.45	65.3%	0.23	0.001~0.48	59.4%	0.15
BDE-37(三溴联苯醚)	0.01	0.01~0.21	59.2%	0.06	0.001~0.12	63.1%	bdl	bdl	bdl	0.04
BDE-47(四溴联苯醚)	0.16	0.05~0.37	94.2%	1.60	0.03~2.00	89.9%	1.50	0.001~3.10	85.5%	1.10
BDE-85(五溴联苯醚)	0.01	0.001~0.71	59.3%	0.31	0.001~1.00	56.8%	0.10	0.001~1.0	61.2%	0.14
BDE-99(五溴联苯醚)	0.12	0.07~0.30	91.4%	0.23	0.001~0.57	91.9%	0.18	0.002~0.43	90.1%	0.18
BDE-100(五溴联苯醚)	0.24	0.01~0.33	91.8%	0.41	0.002~1.00	93.5%	0.34	0.003~0.78	89.5%	0.33
BDE-153(六溴联苯醚)	0.02	0.01~0.19	61.3%	bdl	bdl	bdl	bdl	bdl	bdl	0.02
BDE-154(六溴联苯醚)	0.13	0.01~0.36	60.2%	0.63	0.002~1.00	67.4%	0.54	0.02~1.0	78.1%	0.43
BDE-183(七溴联苯醚)	0.28	0.03~0.42	97.5%	1.20	0.001~1.80	95.4%	0.78	0.03~2.1	91.3%	0.76
$\sum$Br3-Br9-溴化二苯醚	1.00	0.27~2.60	73.7%	4.70	0.69~6.00	85.7%	3.60	0.04~6.1	79.1%	3.10
BDE-209(十溴联苯醚)	2.40	1.10~4.90	98.1%	3.40	1.00~4.90	96.7%	4.20	0.02~5.6	96.3%	3.30
$\sum_{10}$PBDEs	3.40	0.27~4.90	82.9%	8.00	0.69~6.00	91.2%	7.80	0.02~6.1	83.3%	6.40

注：bdl 表示低于检测限。

PBDEs 可能在食物链中生物富集。因此,应研究 PBDEs 污染物对水生 PBDEs 生物的生态影响。中国尚未建立沉积物中 PBDEs 的环境安全标准,因此使用加拿大制定的环境质量准则来评估 PBDEs 对淮河水下生物的环境生态风险。多溴联苯醚、四溴联苯醚、五溴联苯醚、六溴联苯醚和十溴联苯醚的 PBDEs 的 EQG 分别为 44 ng・g^{-1}、39 ng・g^{-1}、64 ng・g^{-1}、0.4 ng・g^{-1}和 19 ng・g^{-1}干重。除六溴联苯醚 BDE-154 平均值为 0.43 ng・g^{-1}以外,大多数的 PBDE 含量均低于 EQG,这表明对研究区域中生物的危害可忽略不计。

此外,PBDEs 的危险系数用于量化 PBDEs 对流域沉积物生物的生态影响。定义为沉积物中 PBDEs 浓度与临界效应浓度之比,低于该临界效应浓度则不会产生不利影响(PNEC),五溴联苯醚和十溴联苯醚的临界效应浓度分别为 0.03 ng・g^{-1}和 73 ng・g^{-1}。HQ<0.1 表示没有危险;0.1≤HQ<1 低危害;1≤HQ<10 中度危害;HQ≥10 高危害。在这 3 个沉积柱芯沉积物中,2 种商用多溴联苯醚的 HQ 值均小于 0.1(见表 7.13),表明研究区域内的生物没有危害。

表 7.13　两种商用 PBDEs 的危险系数(HQ)

多溴联苯醚	浓度(ng・g^{-1}・dw^{-1})			HQ			生态影响
	S1	S2	S3	S1	S2	S3	
五溴联苯醚	0.37	0.95	0.62	0.01	0.03	0.02	无危险
十溴联苯醚	2.40	3.40	4.20	0.001	0.001	0.001	无危险

7.5.6　多溴联苯醚的组成和来源

图 7.18 说明了 3 个沉积物柱芯在不同时期的 PBDEs 的相对组成。BDE-209 占主导地位,分别在沉积柱芯 S1、S2、S3 中占 50%~76%、32%~49%和 19%~63%。表明在中国广泛使用十溴联苯醚混合物作为溴化阻燃剂。有学者在黄河口、黄海南部、东海、渤海华南后海湾的沉积物中也报告了类似的结果。在多溴联苯醚同系物中,BDE-47 和 BDE-183 是最丰富的化合物,分别占ΣPBDEs 的 17%和 12%。这表明八溴联苯醚和五溴联苯醚也是淮河多溴联苯醚的重要来源。3 种沉积柱芯中含量较高的同系物 BDE-47 可能与其广泛使用有关,BDE-100(8%~13%)和 BDE-28(0.1%~0.2%)直到 2004 年一直用作阻燃剂。BDE-183 相对较高的丰度意味着商用八溴联苯醚的广泛使用。这些结果与南海、黄海的沉积物中多溴联苯醚的组成特征一致。令人惊讶的是,尽管五溴联苯醚、八溴联苯醚或十溴联苯醚中不存在 BDE-28,但它在核心中也被广泛检测到。在东海、黄海南部和渤海也观察到了类似的结果。据报道,BDE-28 可以在环境中通过光分解或微生物转化将 BDE-209 脱溴而形成。因此,BDE-28 在沉积物柱芯中的普遍存在表明还原性脱溴可能发生在沉积物中。十溴联苯醚还可以将沉积物中的溴化物分解为七溴联苯醚、八溴联苯醚和九溴联苯醚。

对测得的多溴联苯醚进行了主成分分析,以确定可能的来源。如图 7.19 所示,提取了分布为 PCF-1 和 PCF-2 的前两个主要成分,数据变异率为 99.9%。PCF-1 解释了总方差的 55.3%,这显示了一组 PBDEs 的高负荷,包括 BDE-47、BDE-85、BDE-99、BDE-209、BDE-100、BDE-28、BDE-37、BDE-154 和 BDE-183,其中 BDE-47、BDE-154 和 BDE-183 是工业五溴联苯醚和八溴联苯醚产品的代表,它们表现出相似的环境行为和来源,有学者也报道了中国黄河口表层沉积物中 BDE-37,BDE-154 和 BDE-183 之间存在显著相关性。BDE-37 可能来自较高溴化 BDE 混合物的脱溴作用。因此,PCF-1 表明了工业五溴联苯醚和八溴联苯醚产品的污染,以及高溴化联苯醚化合物的脱溴作用。PCF-2 占总变异率的 44.7%,这表明 BDE-153 上的负载量较高,这与较高溴化合物的脱溴作用有关。

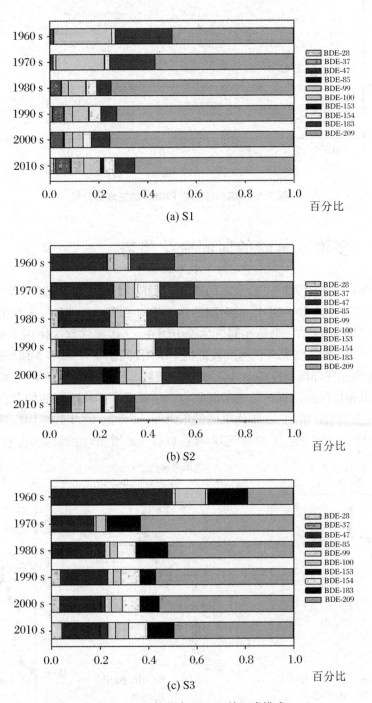

图 7.18　沉积柱芯中 PBDEs 的组成模式

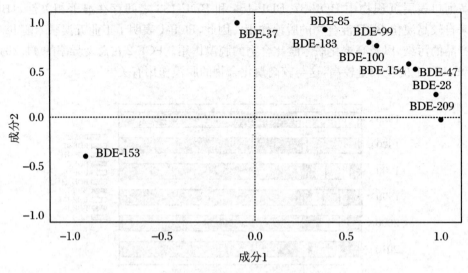

图 7.19 沉积柱芯中 PBDEs 的主成分分析

7.5.7 多溴联苯醚的时间变化趋势

图 7.20 显示了 3 个沉积柱芯中的 Br3-Br9-BDEs 和 BDE-209 浓度的时间变氏分布图。在 3 个沉积柱芯中 Br3-Br9-BDEs 的时间变化趋势与 BDE-209 相似,这意味着该地区 Br3-Br9-BDEs 和 BDE-209 的污染源相同。尽管中国在 1970 年后首次使用了 Br3-Br9-BDEs,但在 19 世纪 60 年代发现了溴化程度较低的 PBDEs 同系物(Br3-Br9-BDEs)和 BDE-209。多溴联苯醚出现在底部沉积柱芯中,这是由于多溴联苯醚在生物扰动下,不断向沉积物下层迁移导致,在其他地区的沉积柱芯底部沉积物中也检测到多溴联苯醚的存在,如 20 世纪初中国的南海与黄海,20 世纪 30 年代中国的东海和 20 世纪 40 年代中国南部的后海湾。此外,PBDEs 浓度的时间变化在 20 世纪 80 年代以后显著增加,在 2010 年左右达到最大值,然

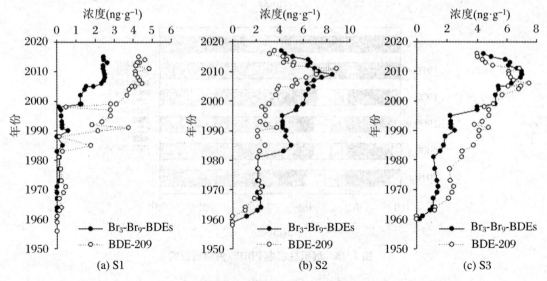

图 7.20 沉积柱芯中 PBDEs 时间变化趋势图

后在最近几年略有下降(见图 7.20)。自 20 世纪 80 年代以来,中国的家用电器和计算机贸易已大大增加,而自 2010 年以来,中国已成为电子和电信设备(家用电器、计算机、电话)的全球加工厂。同时,从 1990～2013 年,中国家庭电子产品消费支出增长了约 18 倍。因此,自 1980 年以来沉积柱芯中 PBDEs 的快速增长可能归因于中国电子和电信设备生产的快速增长和需求的增加。自 1980 年以来,BDE-209 的增长速度比 Br3-Br9-BDE 增长快,这表明与其他溴化程度较低的 PBDEs 相比,十溴联苯醚混合物的生产和使用范围更广。

7.5.8　多溴联苯醚与人类历史活动的耦合关系分析

为了研究人类活动对多溴联苯醚历史沉积的影响,将多溴联苯醚的浓度与人口、经济和家用电器的生产量进行耦合关系分析(见图 7.21)。1971～2015 年,中国的国内生产总值(GDP)增长了 28 倍,从 0.8 万亿美元到 22 万亿美元。同期,家庭电器生产量(HPV)大约增长 13900 倍,从 0.01 亿增至 139 亿。图 7.21 显示,1970～2011 年,PBDEs 的浓度与 GDP 和 HPV 之间存在正相关。此外,经济的快速发展和工业化与环境中多溴联苯醚的增加有关。2012 年以来,中国政府更加重视环境保护,改善了电子垃圾的管理,这解释了过去 7 年中,尽管中国的 GDP 和 HPV 呈稳定增长趋势,但 PBDEs 浓度却逐渐下降了。

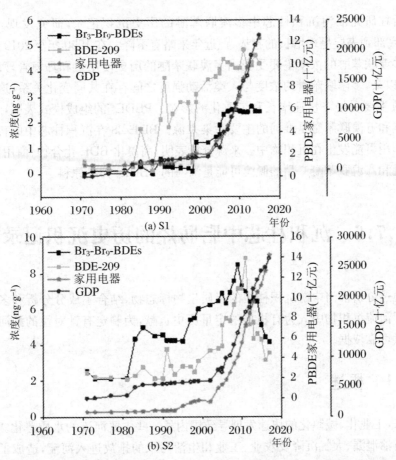

图 7.21　淮河沉柱芯中的 PBDEs 与国内生产总值(GDP)和家用电器生产量(HPV)的耦合关系图

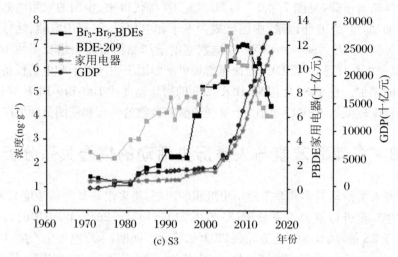

图 7.21　淮河沉柱芯中的 PBDEs 与国内生产总值(GDP)和家用电器生产量(HPV)的耦合关系图(续)

7.5.9　小结

本节旨在研究淮河沉积柱芯中多溴联苯醚的历史沉积记录,研究发现,沉积柱芯中 PBDEs 从底部到表层呈现增长的趋势,但近年来略有下降。在 1990 年至 2010 年期间,增长率较高。多溴联苯醚的浓度主要受我国多溴联苯醚的历史使用量和环境管理政策的影响。自 1970 年以来,多溴联苯醚的浓度与人类活动强度之间存在共同变化关系,这表明多溴联苯醚的释放主要受经济快速增长和工业化的影响。PBDEs 的组成模式表明,十溴联苯醚、八溴联苯醚和五溴联苯醚是淮河的主要污染来源。BDE-28 在沉积柱芯中的普遍存在表明还原脱溴作用可能发生在沉积物中。来源分析表明,高溴化 BDE 化合物、商用十溴联苯醚、五溴联苯醚和八溴联苯醚产品的脱溴可能是淮河的 PBDEs 污染原料。

7.6　沉积柱芯中脂肪烃的历史沉积记录

本节通过分析淮河中游沉积柱中的脂质生物标志物,结合主成分分析和多元线性回归分析估算了河流沉积物中人为有机质的定量历史贡献,为制定有针对性的淮河流域环境保护措施提供可靠依据。

7.6.1　概述

近年来,工业化、城镇化的快速发展导致国内外一些主要河流的水质恶化。大量有机污染物通过石油泄漏、大气沉降及农业、工业和生活污水的排放进入河流,造成了严重的生态危害。进入河流的有机物较容易吸附在颗粒物上,并最终在底部沉积物中埋藏。河流沉积物不仅是有机物的重要储库,还是重要的二次污染源。埋藏在河流沉积物中的有机污染物在适当的条件下会重新释放到水中,并且可能通过食物链对水生生物和人类造成健康风险。因此,探究河流沉积物中有机质的来源分配非常重要。沉积柱中正构烷烃的垂直分布可以很好地反映沉积有机质的历史输入特征,揭示过去一段时间河流系统的污染状况。

脂质生物标志物,如正构烷烃和类异戊二烯烷烃,具有较强的抗生物降解能力,可以在河流沉积物中长期保存,因此被广泛用于沉积物中有机物的污染源解析。正构烷烃广泛分布于大气、水、土壤、沉积物和植物中,由于不同来源的正构烷烃呈现不同的特征碳数,它被认为是破译沉积物中有机质来源的有效工具。例如,短链偶数碳的正构烷烃通常来自于化石燃料、生物质燃烧或细菌。挺水植物和陆生高等植物则以高分子量的正构烷烃($C_{27} \sim C_{35}$)为主,且具有明显的奇偶优势。

量化人为有机质的历史输入,对于进一步认识人为干扰与水环境质量之间的关系以及有机质的沉积行为具有重要意义。关于淮河流域人为有机质的历史沉积状况还鲜有报道。本节通过分析淮河中游沉积柱中的脂质生物标志物,结合主成分分析和多元线性回归分析,估算了河流沉积物中人为有机质的定量历史贡献,为制定有针对性的淮河流域环境保护措施提供了可靠依据。

7.6.2　样品采集

2014 年 9 月,我们使用重力取芯器在淮河(安徽淮南段)采集了 5 个沉积柱样品,标记为沉积柱 A、沉积柱 B、沉积柱 C、沉积柱 D 和沉积柱 E,如图 7.25 所示。沉积柱 A、B、D 和 E 的长度为 32 cm,沉积柱 C 全长为 50 cm。样品采集后,立即用不锈钢刀对沉积柱 C 按照 2 cm 的间隔进行切割,切割后样品标记为 C1～C25。其余 4 个沉积柱则按照 8 cm 的间隔进行切割,切割后样品分别标记为 A1～A4、B1～B4、D1～D4、E1～E4。所有分割好的样品均用预先灼烧过的锡箔纸包好,立即运送到实验室,在 −20 ℃ 的条件下保存以待分析。

7.6.3 沉积物定年

根据前人的方法,对鱼中的 $\delta^{13}C$ 和 $\delta^{15}N$ 进行分析。将混合均匀的鱼样在 60 ℃ 下干燥 24 h,再用 2:1 的氯仿/甲醇混合溶剂处理以去除脂质。用元素分析仪-稳定同位素质谱仪 (EA-IRMS,Flash EA 1112 HT-Delta V Advantages)测量 $\delta^{13}C$ 和 $\delta^{15}N$ 的值。碳、氮同位素的比值按照以下方程式,用 δ 表示,单位为‰:

$$\delta^{13}C \text{ 或 } \delta^{15}N_{样本}(‰) = \left(\frac{R_{样本}}{R_{样本}} - 1 \right) \times 1000 \tag{7.10}$$

式(7.10)中,其中 R 为 $^{13}C/^{12}C$ 或 $^{15}N/^{14}N$ 的比值,$\delta^{13}C$ 和 $\delta^{15}N$ 值分别用国际碳同位素标准 V-PDB 和大气氮(AIR)标定,$\delta^{13}C$ 和 $\delta^{15}N$ 的分析精度分别为 ±0.2‰和 ±0.3‰。

半衰期较短的 ^{210}Pb($t_{1/2} = 22.3$ 年)适用于建立较短时间尺度(约 100 年)的年代学。因此,采用 ^{210}Pb 定年法对淮河的沉积柱 C 进行定年。^{210}Pb 和 ^{226}Ra 的活度使用高分辨率伽马谱仪测定。在测定之前,所有的沉积物样品都密封放置在离心管中 3 周以上,以达到放射性平衡。^{210}Pb 和 ^{226}Ra 的活度分别在 46.5 KeV 和 352 KeV 条件下测定。过剩 ^{210}Pb 的活度是通过总 ^{210}Pb 活度减去 ^{226}Ra 活度计算获得的。沉积年代和沉积速率采用恒定补给速率模型 (CRS)计算获得。

7.6.4 样品制备和提取

淮河表层沉积物和沉积柱样品采用超声提取法进行有机物的提取。冷冻干燥的样品用玛瑙研钵研磨均匀,过 100 目的不锈钢筛。取 5 g 样品(干重),加入回收率指示物($n-C_{24}D_{50}$)以及 30 mL 1:1 的二氯甲烷/正己烷混合溶剂后,超声提取 30 min,重复 2 次。在提取液中加入活化的铜片进行脱硫处理。提取液用旋转蒸发仪浓缩后,加入正己烷复溶。

所有提取液都需要进一步地净化和分离,此过程在内径为 1 cm 的色谱柱上进行。色谱柱自下而上分别装有氧化铝(6 cm)、硅胶(12 cm)和无水硫酸钠(2 cm)。在使用之前,氧化铝和硅胶分别在 250 ℃和 180 ℃下活化 12 h,然后用 3%(w/w)的水去活化。用 15 mL 的正己烷,将含有正构烷烃的组分淋洗下来,经氮吹仪浓缩后上机测试。

7.6.5 仪器分析

淮河沉积物中类异戊二烯烷烃和正构烷烃的测试使用 Thermo Scientific TRACE 1300 系列气相色谱仪和 Thermo Scientific Q Exactive GC-Orbitrap 质谱仪连用的气质分析,在选择离子模式(SIM,$m/z = 85$)下工作,分离用的色谱柱为 TG-5SILMS 毛细管柱(30 m × 0.25 mm × 0.25 μm)。以不分流模式注入 1 μL 的样品,以高纯度氦气(99.999%)为载气,流速为 1.2 mL·min^{-1}。升温程序如下:起始温度为 50 ℃,保持 5 min,之后以 5 ℃·min^{-1} 的速率上升至 300 ℃,保持 30 min。正构烷烃的气相色谱图(见图 7.22)。

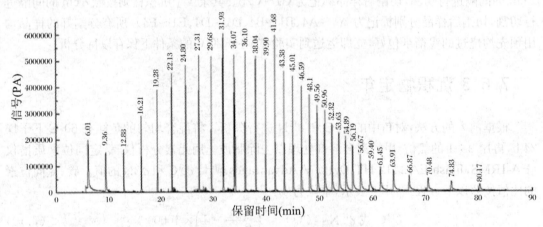

图 7.22　正构烷烃的气相色谱图

7.6.6 沉积柱中脂肪烃的垂直分布特征

正构烷烃在 D3 样品中(沉积柱 D,16~24 cm)呈现以 C_{23}~C_{32} 为主的单峰分布模式,而在其他沉积物样品中呈现以 C_{16}~C_{20} 和 C_{27}~C_{33} 为主的双峰分布模式,为了更加清晰地描绘正构烷烃的历史分布特征,我们将其分为两组,包括低分子量的正构烷烃(LMW,$< C_{25}$)和高分子量的正构烷烃(HMW,$\geqslant C_{25}$)。如图 7.23 所示,每个沉积柱中,总正构烷烃、低分子

量的正构烷烃和高分子量的正构烷烃浓度随沉积柱深度的变化均呈现相同的趋势。在沉积柱 A、B、C 和 E 中,正构烷烃的浓度大致随深度的增加而降低。然而,在沉积柱 D 中,我们发现正构烷烃的浓度在 D3 处急剧增加,该层的浓度是所有沉积柱样品中最高的。

对于沉积柱 C 来说,正构烷烃的浓度随沉积柱深度的变化大致可分为两个阶段。首先,正构烷烃的浓度在 50～20 cm 之间呈现轻微地波动(1955～1995 年)。之后,正构烷烃的浓度从沉积柱深 20 cm 处到沉积柱表面逐渐增加(1995～2014 年)。如图 7.23 所示,沉积柱 C 中,低分子量的正构烷烃浓度始终高于高分子量的正构烷烃,且低分子量的正构烷烃不具有明显的奇偶碳数优势。因此,我们推测沉积柱 C 中低分子量正构烷烃的显著贡献可能与水生生物及化石燃料的输入有关。

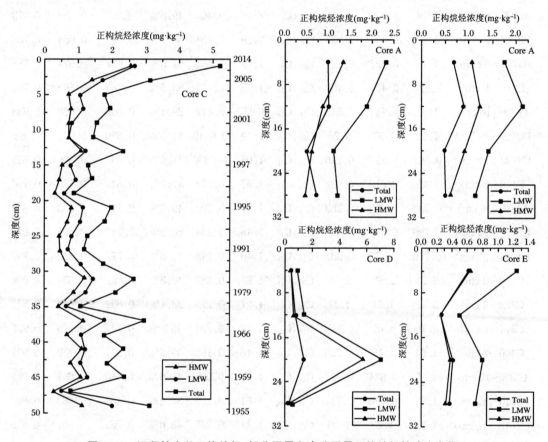

图 7.23　沉积柱中总正构烷烃、低分子量和高分子量正构烷烃的浓度变化

5 个沉积柱的表层沉积物中(0～8 cm,见表 7.14)总正构烷烃的浓度依次为:$C_{1\sim4}$(即 C1～C4 的平均值,3.01 mg·kg^{-1})>A1(2.32 mg·kg^{-1})>B1(1.7 mg·kg^{-1})>E1(1.25 mg·kg^{-1})>D1(0.926 mg·kg^{-1})。自西向东(即从 A 到 E),正构烷烃的浓度没有明显的空间变化规律。沉积柱 C 表层沉积物中正构烷烃的浓度最高,这是由于陆生高等植物和化石燃料的输入相对较多。本研究中,沉积柱都位于淮南市大型火力发电厂附近,电厂排放的大量燃煤烟尘可能通过干湿沉降的方式沉积下来,导致河流沉积物中有机污染物的富集。此外,前人的研究表明,化石燃料燃烧的排放是河流及沿海地区环境中烃类化合物的主要来源之一。沉积柱 B 和 C 分别在距离平圩电厂 2 km 和 3 km 的地方采集。但是,沉积柱 B 表层沉积物中正构烷烃的浓度低于沉积柱 C,因此,我们推断采样点与电厂之间的距离可能不是影响河流沉积物中正构烷烃富集的主要因素。

表 7.14　淮河(安徽段)沉积柱芯中脂肪烃的浓度($mg \cdot kg^{-1}$,干重)和相关指标

样品	Total[a]	LMW[b]	HMW[c]	MH[d]	CPI[e]	NAR[f]	WNA[g]	Pri/Phy[h]	Pri/C_{17}	Phy/C_{18}
A1(0~8 cm)	2.32	0.985	1.34	C_{31},C_{17}	2.08	0.460	48.6%	1.30	0.472	0.814
A2(8~16 cm)	1.88	0.998	0.876	C_{17},C_{16}	1.55	0.323	42.0%	1.19	0.476	0.772
A3(16~24 cm)	1.12	0.501	0.614	C_{31},C_{29}	1.58	0.327	47.9%	1.04	0.797	0.850
A4(24~32 cm)	1.12	0.731	0.467	C_{17},C_{16}	1.44	0.247	40.1%	1.27	0.555	1.00
B1(0~8 cm)	1.76	0.690	1.07	C_{31},C_{17}	2.15	0.411	48.8%	1.11	0.508	1.03
B2(8~16 cm)	2.14	0.906	1.24	C_{31},C_{17}	2.06	0.460	49.6%	1.15	0.532	0.873
B3(16~24 cm)	1.42	0.481	0.937	C_{31},C_{29}	2.19	0.494	56.7%	0.995	0.684	0.703
B4(24~32 cm)	1.15	0.527	0.627	C_{29},C_{31}	1.89	0.465	51.0%	0.927	0.571	0.788
D1(0~8 cm)	0.926	0.466	0.460	C_{29},C_{18}	1.15	0.175	33.6%	0.784	0.562	0.701
D2(8~16 cm)	1.39	0.747	0.646	C_{16},C_{18}	0.987	0.117	29.4%	0.808	0.698	0.638
D3(16~24 cm)	7.13	1.37	5.76	C_{27},C_{29}	1.19	0.0840	11.5%	0.576	0.902	1.62
D4(24~32 cm)	0.551	0.337	0.215	C_{18},C_{17}	1.06	0.0830	41.5%	0.605	0.396	0.629
E1(0~8 cm)	1.25	0.616	0.632	C_{18},C_{31}	1.52	0.272	41.9%	0.847	0.730	0.796
E2(8~16 cm)	0.507	0.253	0.253	C_{31},C_{18}	1.47	0.299	49.3%	0.717	0.783	0.838
E3(16~24 cm)	0.796	0.407	0.388	C_{31},C_{17}	1.48	0.244	50.8%	0.717	0.698	0.979
E4(24~32 cm)	0.709	0.377	0.332	C_{18},C_{20}	1.40	0.248	43.3%	0.772	0.840	0.797
C1(0~2 cm)	5.21	2.65	2.56	C_{31},C_{18}	1.63	0.388	42.3%	0.609	0.631	0.926
C2(2~4 cm)	3.12	1.71	1.41	C_{18},C_{17}	1.27	0.225	38.1%	0.832	0.661	0.578
C3(4~6 cm)	1.76	1.05	0.713	C_{18},C_{17}	1.27	0.283	35.8%	0.744	0.729	0.935
C4(6~8 cm)	1.94	1.15	0.788	C_{18},C_{17}	1.16	0.163	35.2%	0.631	0.739	0.971
C5(8~10 cm)	1.55	0.824	0.721	C_{17},C_{31}	1.38	0.226	41.6%	0.840	0.681	0.963
C6(10~12 cm)	1.44	0.726	0.714	C_{31},C_{18}	1.61	0.299	36.9%	0.463	0.623	0.867
C7(12~14 cm)	2.32	1.23	1.09	C_{31},C_{18}	1.41	0.267	42.0%	0.762	0.597	0.656
C8(14~16 cm)	1.28	0.760	0.520	C_{20},C_{18}	0.931	0.0640	40.5%	0.631	0.739	0.971
C9(16~18 cm)	1.40	0.941	0.457	C_{18},C_{17}	1.06	0.155	39.1%	0.710	0.698	0.835
C10(18~20 cm)	0.896	0.576	0.320	C_{18},C_{20}	1.02	0.0580	36.5%	0.485	0.676	0.950
C11(20~22 cm)	1.96	1.15	0.804	C_{18},C_{17}	1.04	0.132	30.6%	0.805	0.912	0.874
C12(22~24 cm)	1.78	1.08	0.701	C_{18},C_{17}	1.21	0.232	33.9%	0.824	0.839	0.896
C13(24~26 cm)	1.27	0.811	0.463	C_{18},C_{20}	1.01	0.0940	43.0%	0.559	0.655	0.659
C14(26~28 cm)	1.17	0.705	0.469	C_{18},C_{20}	1.07	0.137	35.5%	0.762	0.924	0.817
C15(28~30 cm)	1.75	1.08	0.670	C_{18},C_{17}	1.03	0.157	38.7%	0.894	0.813	0.593

续表

样品	Total[a]	LMW[b]	HMW[c]	MH[d]	CPI[e]	NAR[f]	WNA[g]	Pri/Phy[h]	Pri/C_{17}	Phy/C_{18}
C16(30~32 cm)	2.65	1.44	1.21	C_{18},C_{29}	1.21	0.181	38.1%	0.749	0.864	0.783
C17(32~34 cm)	2.09	1.23	0.870	C_{18},C_{17}	1.21	0.217	38.3%	0.779	0.724	0.857
C18(34~36 cm)	1.06	0.643	0.419	C_{18},C_{20}	1.17	0.168	41.7%	0.559	0.790	1.11
C19(36~38 cm)	2.97	1.80	1.18	C_{17},C_{18}	1.26	0.203	36.7%	0.916	0.563	0.805
C20(38~40 cm)	1.78	1.10	0.673	C_{18},C_{20}	1.07	0.175	35.4%	0.864	1.10	1.00
C21(40~42 cm)	2.33	1.21	1.12	C_{18},C_{31}	1.26	0.210	42.5%	0.847	0.730	0.692
C22(42~44 cm)	1.87	1.08	0.791	C_{18},C_{17}	1.11	0.135	35.1%	0.830	0.834	0.801
C23(44~46 cm)	2.38	1.30	1.12	C_{18},C_{31}	1.27	0.226	39.9%	0.813	0.874	0.903
C24(46~48 cm)	0.757	0.487	0.270	C_{18},C_{20}	1.04	0.109	34.1%	0.450	0.770	0.955
C25(48~50 cm)	3.14	2.01	1.13	C_{17},C_{18}	1.16	0.0930	28.1%	0.985	0.489	0.730

注:a 表示总正构烷烃浓度;b 表示低分子量正构烷烃($<C_{25}$)浓度;c 表示高分子量正构烷烃($\geqslant C_{25}$)浓度;d 表示主峰碳数;e 表示碳优势指数;f 表示自然正构烷烃指数;g 表示植物蜡碳数;h 表示姥鲛烷和植烷的比值。

7.6.7　沉积柱的颗粒粒径

沉积柱 C 中,黏土($<2~\mu m$)、粉质土($2\sim63~\mu m$)和砂土($63\sim2000~\mu m$)的含量分别为 5.23%~9.96%(平均值为 6.94%±1.40%)、47.2%~85.0%(平均值为 65.2%±10.2%)以及 5.00%~46.6%(平均值为 27.8%±11.3%)。其中,细颗粒(黏土和粉质土)占主导地位,占总量的 53.4%~95.0%。Pearson 相关性分析表明,总正构烷烃的浓度与细颗粒物的含量呈显著正相关($R^2=0.733$,$P<0.05$),这表明细颗粒物可以影响河流沉积物中沉积有机质的分布,沉积柱中的沉积有机质对细颗粒物具有较高的吸附力和亲和力。

7.6.8　沉积柱中脂肪烃的来源识别

7.6.8.1　特征比值法解析污染源

表 7.14 列出了正构烷烃的主峰碳数和相关指标。所有沉积柱中,WNA 值在 11.5%~56.7%之间,平均值为 39.6%±7.70%,说明大多数样品以陆生高等植物的输入为主,只有 D3 样品中陆生高等植物的输入较低,仅为 11.5%。所有样品的 Pri/Phy 值均小于或接近 1,表明石油烃来源。Pri/C_{17} 和 Phy/C_{18} 可用于指示正构烷烃的降解程度。除 D3 样品外,其余所有样品的 Pri/C_{17} 和 Phy/C_{18} 值都相对较低,分别为 0.396~1.10 和 0.578~1.11,表明大部分沉积物中正构烷烃的降解程度较低。然而,D3 样品中 Pri/C_{17} 和 Phy/C_{18} 值较高(分别为 0.902 和 1.62),表明可能有石油降解产物的存在。

所有沉积柱中,CPI 和 NAR 值分别为 0.931~2.19 和 0.0580~0.494,平均值分别为 1.34±0.334 和 0.227±0.117。本研究中,CPI 和 NAR 值均显著低于典型生物源(CPI>

5,NAR 接近 1),指示生物来源和人为来源有机质的共同输入。此外,沉积柱 C 和沉积柱 D 的 CPI 和 NAR 值最低,CPI 分别为 $0.931\sim1.63$ 和 $0.987\sim1.19$,NAR 分别为 $0.0580\sim0.388$ 和 $0.0830\sim0.175$,因此,我们推测沉积柱 C 和 D 可能受到的人为污染最严重。

　　除 D3 样品外,其余所有样品均以长链奇数碳正构烷烃(C_{27}、C_{29}、C_{31} 和 C_{33})占优势(见图 7.24 和图 7.25),指示明显的陆生高等植物输入。此外,这些样品中短链正构烷烃(C_{16}、C_{17}、C_{18} 和 C_{20})的含量也较高。C_{17} 正构烷烃通常来自于水生藻类、浮游生物及光合细菌,而短链偶数碳正构烷烃(如 C_{16}、C_{18} 和 C_{20})多来源于石油烃、细菌、化石燃料燃烧和生物质燃烧。

　　如前所述,正构烷烃在 D3 样品中呈现以 $C_{23}\sim C_{32}$ 为主的单峰分布模式,且没有奇偶碳数优势(图 7.24)。在 D3 样品中,长链奇数正构烷烃(C_{27}、C_{29}、C_{31} 和 C_{33})约占总正构烷烃的 35%。有趣的是,D3 样品的 WNA 值表明,陆生高等植物蜡质来源的正构烷烃仅为 11.5%。因此,我们推测 D3 样品中长链奇数正构烷烃的优势可能是因为挺水植物的输入。此外,我们发现长链偶数碳正构烷烃(C_{24}、C_{26}、C_{28} 和 C_{30})约占总正构烷烃的 33%,指示明显的化石燃料输入。综上所述,挺水植物和化石燃料的大量输入可能导致了 D3 样品中正构烷烃的高浓度。

　　对于沉积柱 C,从深度 $50\sim14$ cm(1955~1997 年),CPI 和 NAR 值均相对较低,指示明显的人为有机质输入。然而,从深度 14 cm 到沉积柱表面(1997~2014 年)观察到较高的 CPI 和 NAR 值以及较高比例的长链奇数碳正构烷烃(C_{27}、C_{29}、C_{31} 和 C_{33}),指示明显的陆生高等植物输入。然而,在此期间,短链偶数碳正构烷烃(C_{16}、C_{18}、C_{20}、C_{22} 和 C_{24})的比例略有下降(见图 7.25),可能指示人为有机物输入的减少。

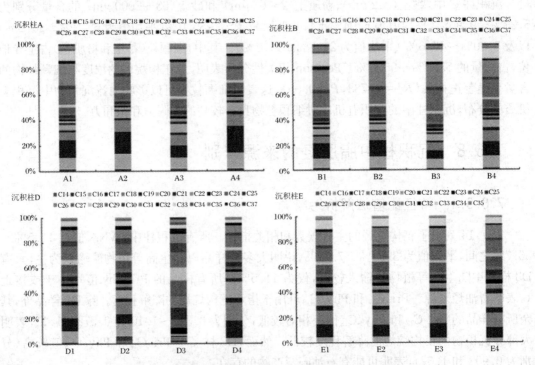

图 7.24　沉积柱 A,B,D 和 E 中正构烷烃的组成特征

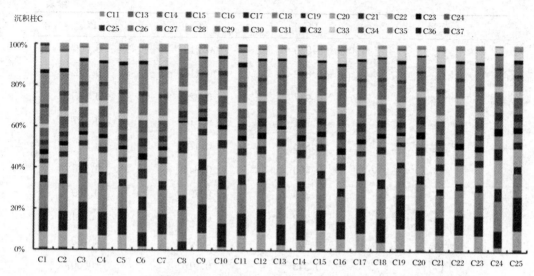

图 7.25　沉积柱 C 中正构烷烃的组成特征

7.6.8.2　主成分分析法解析污染源

主成分分析对异常值很敏感,因此,在进行主成分分析之前,我们使用 Z-Score 识别数据中的异常值,并将异常值(D3)移除。此外,部分检出率低的化合物,如 C_{11}、C_{12}、C_{13}、C_{36} 和 C_{37} 正构烷烃,也同样被移除。我们使用 SPSS 22.0 软件对 22 种正构烷烃、姥鲛烷和植烷进行主成分分析,并采用极大方差法进行旋转。在分析之前,采用 Kaiser-Meyer-Olkin(KMO)抽样充分性检验和 Bartlett 球度检验来确定数据对因子分析的适用性。检验结果表明,KMO 值为 0.868,Bartlett 球度检验值较大,为 2127.385,具有统计学意义($P <$ 0.001),说明我们的数据适合进行因子分析。主成分分析结果见表 7.15,共提取了 3 个主成分(特征值大于 1),能够代表的方差贡献率达到了 90.9%。

表 7.15　淮河沉积柱中脂肪烃主成分的因子载荷

变量	PC_1	PC_2	PC_3
C_{14}	-0.123	0.217	0.915
C_{15}	0.193	0.747	0.562
C_{16}	0.529	0.721	0.270
C_{17}	0.540	0.691	0.114
C_{18}	0.822[a]	0.491	-0.050
C_{19}	0.841	0.337	-0.157
C_{20}	0.924	0.281	-0.056
C_{21}	0.937	0.270	-0.016
C_{22}	0.955	0.189	-0.012
C_{23}	0.866	0.391	0.091

变量	PC_1	PC_2	PC_3
C_{24}	0.950	0.219	0.060
C_{25}	0.842	0.416	0.172
C_{26}	0.947	0.229	0.155
C_{27}	0.731	0.618	0.137
C_{28}	0.804	0.476	0.297
C_{29}	0.400	0.844	0.103
C_{30}	0.349	0.793	0.399
C_{31}	0.242	0.928	-0.042
C_{32}	0.407	0.837	0.288
C_{33}	0.343	0.916	-0.007
C_{34}	0.257	0.861	0.243
C_{35}	0.323	0.892	-0.005
Pri	0.729	0.577	0.029
Phy	0.772	0.489	-0.133
可解释的方差	45.9%	37.6%	7.39%
累积的方差	45.9%	83.5%	90.9%

注:a 表示加粗的数值代表高载荷。

主成分 1 的方差贡献率为 45.9%,以 C_{18}～C_{28} 正构烷烃、姥鲛烷和植烷为主,且与奇数碳正构烷烃相比,偶数碳正构烷烃的因子载荷较高。C_{18}～C_{28} 正构烷烃通常指示化石燃料燃烧的输入,高载荷的姥鲛烷和植烷通常指示石油污染。此外,在主成分 1 中,姥鲛烷的因子载荷低于植烷,低 Pri/Phy 值通常表明石油烃的存在。因此,主成分 1 被识别为化石燃料等人为贡献。

主成分 2 的方差贡献率为 37.6%,以 C_{15}～C_{17}、C_{27} 和 C_2～C_{35} 正构烷烃为主。水生藻类和浮游生物中的正构烷烃通常以 C_{15} 和 C_{17} 为主,长链正构烷烃(C_{27}～C_{35})在挺水植物和陆生高等植物中大量存在。因此,主成分 2 代表了藻类、挺水植物和陆生高等植物等生物贡献。

主成分 3 的方差贡献率为 7.39%,在 C_{14} 正构烷烃上的因子载荷较高。在微生物的降解作用下,可以产生低分子量的正构烷烃,从而增加 C_{14} 正构烷烃的浓度。因此,我们将主成分 3 中 C_{14} 正构烷烃的独立变化归因于微生物降解。

7.6.8.3　多元线性回归法定量解析污染源

我们采用主成分分析-多元线性回归分析定量解析沉积物中有机质的来源。在主成分分析的基础上,进行多元线性回归分析,以获得以上 3 个主成分的定量贡献,所得回归方程如下:

$$Z_{\text{sum-alkanes}} = \sum B_i \text{FS}_i = 2.5E - 5 + 0.701\text{FS}_1 + 0.706\text{FS}_2 + 0.061\text{FS}_3$$

$$(R^2 = 0.992, P < 0.001) \tag{7.11}$$

式(7.11)中，$Z_{\text{sum-alkanes}}$ 表示所选化合物总浓度的标准偏差；B_i 表示 PC_i（主成分 i）的回归系数；FS_i 表示 PC_i 的因子得分。

PC_i（主成分 i）的平均贡献率：

$$S_i = \frac{B_i}{\sum B_i} \times 100 \tag{7.12}$$

计算结果表明，淮河（安徽淮南段）沉积物中脂肪烃来源的定量贡献为：人为来源（主成分1）占 47.8%，生物来源（主成分2）占 48.1%，微生物降解（主成分3）占 4.16%。

此外，我们对每个沉积物样品的每个主成分的贡献进行了估算：

$$K_i (\mu g \cdot kg^{-1}) = \text{mean}_{\text{sum-alkanes}} \times \frac{B_i}{\sum B_i} + B_i \sigma_{\text{sum-alkanes}} \text{FS}_i \tag{7.13}$$

式(7.13)中，K_i 表示 PC_i（主成分 i）的贡献；$\text{mean}_{\text{sum-alkanes}}$（2019 $\mu g \cdot kg^{-1}$）和 $\sigma_{\text{sum-alkanes}}$（1029 $\mu g \cdot kg^{-1}$）分别表示所选化合物的平均浓度和标准偏差。

每个沉积柱中脂肪烃的估算浓度是每个主成分的估算浓度之和，与实测浓度很接近。如图 7.26 所示，生物源输入是沉积柱 A 和 B 的主要来源，而沉积柱 C、D 和 E 中人为源的贡献相对较高，说明这 3 个沉积柱的人为污染较严重。

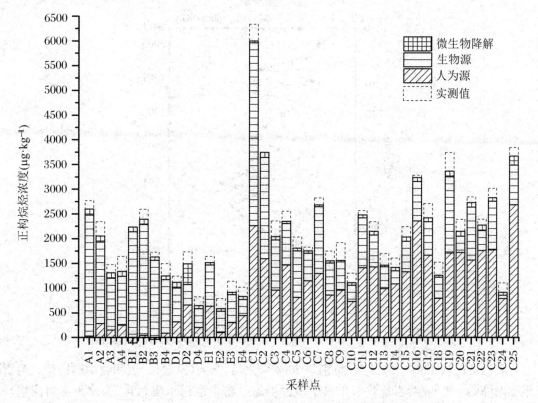

图 7.26　淮河（安徽段）沉积柱芯中脂肪烃的实测浓度以及各来源的估算贡献

7.6.9 沉积柱中人为贡献的脂肪烃的历史变化

我们还对沉积柱 C 中人为脂肪烃的历史贡献进行了估算,公式如下:

$$PC_{1历史贡献值}(\%) = \frac{K_1}{(K_1 + K_2 + K_3)} \times 100\% \tag{7.14}$$

结果表明,1955~1991 年,人为输入对沉积有机质的贡献率较高(见图 7.27),占 50.8%~86.2%,平均值为 69.6%±10.2%。尤其在 46~48 cm(1957 年),38~40 cm(1966 年),42~44 cm(1961 年),26~28 cm(1991 年),48~50 cm(1955 年)和 30~32 cm(1985 年)样品中的人为贡献百分比高于 70%,它们是沉积柱 C 中受人为污染最严重的沉积物样品。淮南市是我国著名的煤炭生产基地,有着 100 多年的煤矿开采历史。20 世纪 50 年代以后,当地的采矿活动不断加强,煤炭工业带动了淮河中游地区电力、造纸、化工和建材等行业的发展。自 20 世纪 80 年代以来,本研究区域内涌现出许多工厂,其中包括一些大型火力发电厂。此外,由于城市规模的不断扩大,淮南市生活污水的排放量逐步增加,城市化和工业化的快速发展导致了淮河水质的恶化。我们推测化石燃料燃烧、工业废水和生活污水的排放可能是当地河流沉积物中有机质的主要人为来源。因此,政府应该进一步完善淮河流域的污水处理设施、优化能源结构并推动传统能源的清洁高效利用。

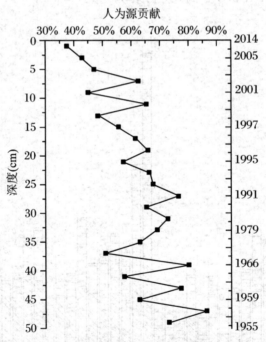

图 7.27 过去 60 年间淮河(安徽段)沉积物中脂肪烃人为贡献的历史变化

我们发现从 1991~2014 年,特别是 2004 年之后,淮河(安徽段)沉积物中脂肪烃人为贡献逐渐降低。近些年,当地政府采取了多种措施以防止淮河水质恶化,为改善淮河流域环境,还制定了更加严格的环境法规和标准,关闭了许多高污染的工厂。这可能使得研究区域河流沉积物中的人为源有机质输入的减少。尽管地方政府的污染防治措施取得了初步成效,但是淮河流域的人为有机质输入仍然不容忽视。2004~2014 年,人为有机质的贡献率仍然很大,占 37.7%~46.9%,平均为 42.4%±4.59%。因此,政府应持续重视淮河水环境中人为有机污染的控制。

7.6.10 小结

本节分析了淮河(安徽段)河流沉积柱芯中正构烷烃的含量、时空分布特征和潜在来源,并利用 ^{210}Pb 同位素定年及主成分分析-多元线性回归分析重建了过去 60 年人为有机质贡献的历史变化趋势。研究结果表明,在过去的 60 年中,淮河(安徽段)受到了严重的人为干扰。淮河中游沉积物中脂肪烃来自于生物来源和人为来源的共同输入,贡献率分别为48.1% 和 47.8%。河流沉积有机质的主要人为来源可能为石油烃、化石燃料燃烧、工业废水和生活污水排放。对沉积柱 C 的研究表明,1955~1991 年,人为输入对沉积有机质的贡献率较高,占 50.8%~86.2%,其中,1955 年、1957 年、1961 年、1966 年、1985 年和 1991 年的人为贡献率大于 70%。由于当地政府采取了有效的污染控制措施,2004~2014 年,沉积物中有机质的人为贡献明显减少。尽管有降低的趋势,但这一时期的人为贡献仍然较大,占37.7%~46.9%。因此,政府应持续重视淮河中游有机污染的控制,并进一步推动传统能源的清洁高效利用。

7.7 沉积柱芯中多环芳烃的历史污染及其来源贡献

为了研究淮河中游地区多环芳烃的空间和历史分布及其来源,本节分析了两个沉积柱芯中多环芳烃的历史记录,构建沉积物中多环芳烃的历史趋势,利用多环芳烃 δ^{13}C 和二元模型跟踪并且量化多环芳烃的起源。

7.7.1 概述

多环芳烃(PAHs)是一类普遍存在的环境污染物,带有 2 个或多个稠合的芳环,主要来源为现代环境中的人为来源。由于其毒性、致癌性和致突变性,美国环境保护局已将 16 种PAHs 列为优先污染物。在水生系统中,多环芳烃由于其溶解度低、疏水性好,易被沉积物颗粒吸附。因此,沉积物是 PAHs 的天然储集层。沉积柱芯中多环芳烃的浓度和分布已被用于记录人为多环芳烃污染的时间趋势。研究表明,多环芳烃的沉积速率在不同时期存在差异,这主要与人类活动强度和经济发展程度的差异有关。此外,PAHs 的化合物特定的稳定碳同位素比值(δ^{13}C)已成为追踪 PAHs 起源的有用工具。和传统分子组成相比,PAHs 的δ^{13}C 值不易通过化学和生物过程改变。

淮河是中国七大河流之一,与淮河中游相邻的区域主要是煤炭加工厂、燃煤电厂和城镇。研究表明,城市污水和化工厂废水被排入河流,PAHs 的污染与废水的投入和工业活动密切相关。到目前为止,淮河流域的历史资料中关于 PAHs 很少。在本次研究中首先构建沉积柱芯中多环芳烃的历史趋势,然后利用 PAHs δ^{13}C 和二元模型跟踪且探索 PAHs 的来源。

7.7.2 材料与方法

利用内径为 75 mm 的重力取芯器在淮河中游采集两个沉积柱芯(深度为 0～50 cm)(HS1、HS2)。然后,将两个沉积物柱芯切成 2 cm 薄片,将所有分割的样品冷冻干燥、均质、过筛并在 −20 ℃保存至分析。

采用外标法,通过微波消解法提取沉积物中的 16 种 USEPA 优先多环芳烃(Σ_{16}PAHs),并用色谱柱洗脱。然后,用气相色谱-质谱法(GC-MS)分析 PAHs 的浓度。同时对空白、加标空白和重复样品进行了分析,空白样品中并未检测到 PAHs 污染。所有试验均重复 3 次,在加标空白样品中,Σ16PAHs 的平均回收率从 71.5% ± 4.7% 到 98.3% ± 8.2%。^{2}H$_8$ 萘(NaP-D$_8$)的平均回收率为 90.1% ± 12%,^{2}H$_{12}$ chrysene(Chry-D$_{12}$)的平均回收率为 86.5% ± 10%,^{2}H$_{10}$ 菲(Ph-D$_{10}$)的平均回收率为 89.3% ± 8.14%。在报告样品中的 PAHs 浓度没有校正回收率。

从沉积物中分离出 PAHs 后,使用氦气(1.5 mL·min^{-1})气体同位素比值质谱仪(GC-IRMS)分析 PAHs 稳定碳同位素比值。同位素标准采用苊-d^{10}(δ^{13}C:−23.04‰),碳同位素比用下式表示:

$$\delta^{13}C(‰),PDB = (R_{样品}/R_{标准} - 1) \times 1000 \tag{7.15}$$

式(7.15)中,R 为 ^{13}C/^{12}C 比值,PDB 为 Pee Dee Belemnite 标准。测量 δ^{13}C 值的不确定度在 0.4‰以上。

沉积物年代测定是采用 Ortec HPGe GWL 系列井型同轴低背景本征锗探测器。在分析前,将所有样品在密封的离心管中保存 3 周以上,以保持 ^{226}Ra 及其子同位素 ^{210}Pb 的放射性平衡。测定的 ^{210}Pb、^{226}Ra 和 ^{137}Cs 放射性分别为 46.4 KeV、352 KeV 和 662 KeV。采用恒定供给速率(CRS)的年代模型分析沉积速率,通过沉积物岩心的平均沉积速率为 0.5 cm·a^{-1}。

表 7.16 多环芳烃污染来源在两个沉积物岩芯中的贡献率

深度(cm)	来源贡献百分比 沉积柱芯 HS1($n=26$)			来源贡献百分比 沉积柱芯 HS2($n=26$)		
	木材燃烧	煤燃烧	汽车尾气	木材燃烧	煤燃烧	汽车尾气
0	—	99.12%	0.88%	—	78.89%	21.11%
4	—	90.71%	9.29%	—	83.83%	16.17%
8	—	97.87%	2.13%	—	86.94%	13.06%
16	—	88.43%	11.57%	—	85.09%	14.91%
22	—	99.07%	0.93%	—	86.68%	13.32%
26	—	89.96%	10.04%	—	86.24%	13.76%
30	—	97.16%	2.84%	—	88.79%	11.21%
34	85.68%	14.32%	—	38.75%	61.25%	—
38	51.93%	48.07%	—	41.35%	58.65%	—
44	97.34%	2.66%	—	22.93%	77.07%	—
50	72.5%	27.50%	—	3.63%	96.37%	—

7.7.3　沉积柱芯中 PAHs 的历史变化趋势

图 7.33 显示了两个沉积柱芯中 PAHs 总量分布图。两个沉积物柱芯处 PAHs 的总含量随深度增大而变化剧烈。HS1 中的 $\sum_{16}$ PAHs 含量范围较广,从 989.04~43951.56 ng·g·dw^{-1}(平均值为 11219.27 ng·g·dw^{-1}),CPAHs 含量的范围较广在 413.27~24902.65 ng·g·dw^{-1}(平均值为 5813.45 ng·g·dw^{-1})。对于 HS2,$\sum_{16}$ PAHs 含量为 1141.39~52845.03 ng·g·dw^{-1}(平均值为 13016.05 ng·g·dw^{-1}),CAPHs 浓度为 527.99~22173.80 ng·g·dw^{-1}(平均值为 6042.64 ng·g·dw^{-1})。使用同位素测年法,整个柱芯(50 cm)覆盖了约 60 年(1950~2010 年)。根据图 7.33 中 PAHs 的时间趋势,虽然 LPAHs 水平一直较低,但是 HPAHs 和 LPAHs 的时间趋势与 $\sum_{16}$ PAHs 相似。两个沉积物柱芯之间的 PAHs 含量的历史变化趋势相似。总体来说,近 60 年来,HS1 和 HS2 中有 3 次 PAHs 的突然增加(阶段 1:1950~1970 年;阶段 2:1980 年~1990 年;阶段 3:2000~2010 年)。

第一阶段记录的 PAHs 增幅最大,分别为 7177.81 ng·g·dw^{-1}(HS1)和 7953.59 ng·g·dw^{-1}(HS2)。1949 年新中国成立后,经济重建时期开始,尤其是 1958~1960 年,大量的木材作为燃料生产钢铁。在第一阶段中出现最大 PAHs 峰值的原因可能是森林被砍伐和木材燃烧,在其他研究中的沉积物岩心中也观察到了相似的 PAHs 峰。在 1966~1976 年间,当时工业生产停滞不前,这可能是导致在 1968~1974 年间 PAHs 水平持续降低的原因。

1978 年改革开放政策再次开启了中国经济的复苏,快速的工业化和城市化导致了能源消费的上升。1970~1990 年间,PAHs 的适度增加很可能反映了伴随的 PAH 排放增加。自 20 世纪 90 年代中期以来,由于中国的快速发展,从中国各水域(如太湖、珠江、梁摊河、渤海)的沉积物柱芯中收集到了 PAHs 水平持续上升的证据。然而在 20 世纪 90 年代中期,HS1 和 HS2 中的 PAHs 含量呈急剧下降的趋势,主要原因是污染控制措施的实施和更清洁燃料的使用。

进入 21 世纪后,当地方政府开始将经济发展从煤炭开采型转向为煤炭资源型转变。发电用煤量从 2000 年的 600×10^4 t 增加到 2010 年的 3000×10^4 t。从 2002~2007 年,HS1 和 HS2 的 PAH 水平再次上升。这种现象表明,污染控制措施或者能源消耗方式的改变并不是影响该时期 PAH 趋势的主要因素。在近 10 年内,地方政府为减轻淮河污染做出了巨大的努力(如在燃煤锅炉中安装了空气控制装置,对废水进行循环利用等),这些可能会减少该系统中的 PAH 负荷(如图 7.28 中的阶段 3)。

一些研究人员认为,PAHs 的诊断比率(包括其指纹识别能力)已经受到一些参数的影响(如沉积物的化学条件、PAHs 生物利用度)。因此,本研究以 PAHs 的 δ^{13}C 值来确定 PAHs 的来源。从图 7.28 中可以看出,沉积物柱芯中(HS1)$\sum_{16}$ PAHs 的 δ^{13}C 范围为 28.42‰~24.73‰,而在另一个沉积物柱芯中(HS2)$\sum_{16}$ PAHs 的 δ^{13}C 范围为 28.38‰~24.27‰。

近期研究表明,C4 生物质燃烧的 PAH δ^{13}C 的值在 16.6‰~15.8‰ 之间,而木材燃烧排放含有 PAHs δ^{13}C 的值较低,在 26.8‰~31.6‰ 之间。当 PAHs δ^{13}C 值在 23‰~31.2‰ 之间时,PAHs 主要来自于燃煤排放。另外,汽车尾气中的 PAHs δ^{13}C 值在 12.9‰~26.6‰

之间。因此，HS1 和 HS2 中的 PAH 主要来自于 1970 年之前的木材和煤炭燃烧，以及 1970
年之后的汽车尾气和煤炭燃烧的排放。

为了研究沉积物柱芯中的 PAHs 来源的贡献，采用了以下二元模型：

$$C = AX + B(1 - X) \tag{7.16}$$

式(7.16)中，C 为样品中 PAHs 的 $\delta^{13}C$ 值；A 为燃烧源的 $\delta^{13}C$ 值；B 为汽车尾气或者木材
燃烧的 $\delta^{13}C$ 值；X 是源贡献的百分比。根据 Peng(2005)，A 和 B 的值分别为 25.3‰（煤燃
烧）、20.4‰（汽车尾气）或 28.5‰（木材燃烧）。

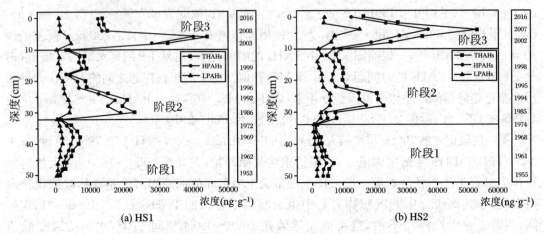

图 7.28　沉积柱芯中 PAHs 的历史变化间趋势

沉积物柱芯中 PAHs 来源的计算分数如图 7.29 所示。在两个沉积物柱芯中，1970 年后
PAHs 的主要来源是煤炭燃烧（78%～99%）和汽车尾气（0.8%～21%），而在 1970 年前
PAHs 的主要来源是煤炭燃烧（14%～96%）和木材燃烧（3%～97%）。值得注意的是，自
1970 年来，来自汽车尾气和燃煤的 PAH 比例一直在增加。来自燃煤和汽车尾气的 PAHs
的相对变化与工业、燃煤电厂和车辆的快速发展是一致的。

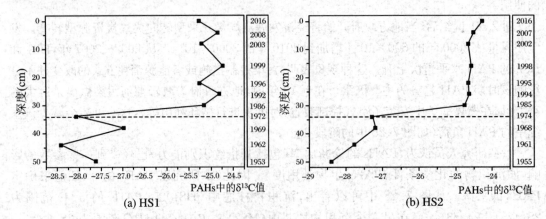

图 7.29　沉积柱芯中 PAHs 稳定碳同位素比值 a：HS1；b：HS2

7.7.4　小结

在淮河中游沉积物柱芯中研究了 PAH 的浓度。沉积物柱芯中 PAHs 含量的时间趋势是流域中 PAHs 历史输入的良好指标。从 1950～2010 年两个沉积物柱芯中的 PAHs 浓度呈现出 3 种时间趋势。PAHs 的历史分布表明,国家和地方经济政策以及污染控制措施的发展都影响着淮河中游沉积物柱芯中 PAHs 的变化趋势。利用二元混合模型对 PAHs 稳定碳同位素的源识别表明,木材和煤炭燃烧是 1970 年之前 PAHs 的主要来源,而 1970 年之后的 PAHs 主要来源是汽车尾气和煤炭燃烧。

7.8　多溴联苯醚在淮河与中国不同区域水体沉积柱芯中的分布特征

本节拟研究 3 个不同区域沉积柱芯中多溴联苯醚的浓度,通过同位素技术对沉积柱芯进行年代定年,分析不同年代多溴联苯醚的分布特征,进而分析它们的污染来源,并将 3 个区域沉积柱芯中多溴联苯醚进行分析对比,以此了解多溴联苯醚在环境中的迁移演化特征。

7.8.1　概述

多溴联苯醚(PBDEs)曾作为溴系阻燃剂(BFRs)被广泛应用于电子产品、纺织物以及家居建材中。由于其具有生物积累性、持久性、对人体健康危害性,已经引起了学者的广泛关注。在超过 200 种的多溴联苯醚异构体中,最为常见的是五溴联苯醚、八溴联苯醚和十溴联苯醚(主要成分是 BDE-209)。BDE-209 相比其他异构体在环境中具有更强的生物积累性、持久性及毒性。早在 2004 年美国和欧洲就开始禁止使用含十溴联苯醚的产品,但在发展中国家,它们仍作为主要的溴系阻燃剂产品被使用,据报道,中国的十溴联苯醚产品的产量从 2000 年的 10000 t 增长至 2005 年的 30000 t,成为当今世界上最大的溴系阻燃剂的生产国。已有多个研究表明 PBDEs 在中国不同环境介质中被检出,如中国珠江三角洲一带水体沉积物中检测到 BDE-209 及其低同化物高达 7340 ng·g^{-1} 和 94.7 ng·g^{-1}。

黄河与淮河是中国境内具有代表性的河流,巢湖则是中国最大淡水湖之一,近年来随着工农业的发展,这 3 个区域水体沉积物受到了不同程度的污染,我们前期研究发现,黄河入海口、淮河以及巢湖的沉积物和沉积物柱芯中都检测到了不同浓度的有机氯农药、正构烷烃和重金属,因此,本书拟研究 3 个不同区域沉积柱芯中 PBDEs 的浓度,通过同位素技术对沉积柱芯进行年代定年,分析不同年代 PBDEs 的分布特征,进而分析它们的污染来源,并将 3 个区域沉积柱芯中 PBDEs 进行分析对比,以此了解 PBDEs 在环境中的迁移演化特征。

7.8.2　样品采集

使用聚乙烯管(80 mm 口径)分别在安徽省淮河中部(S1,北纬 32°40′31″,东经 116°59′

10″)、黄河与渤海交汇处(S2,北纬 37°50′11″,东经 119°14′31)以及派河与巢湖西区交汇口(S3,北纬 31°40′4″,东经 117°17′44″)取样。采样后将样品每隔 1 cm 切开,迅速放入烘培过的铝箔中。随后将样品存储在 −20 ℃ 的冰箱中冷冻以供实验分析。

7.8.3　测试与分析

本研究使用 ^{210}Pb(半衰期 22.3 h)年代测定技术测定沉积物样品的年代。年代测定方法如下:将样品放入密封容器冷冻 20 天后取出。每种冰冻样品取 20 g 混合后放入聚乙烯容器,使用 Ortec GWL HPGE 光谱仪分析,样品的年代会被依次的计算出。沉积柱芯长度为 38 cm 的来自于淮河,年代为 1956～2015 年间;42 cm 的来自黄河,年代为 1935～2017 年间;35 cm 的则来自于巢湖,年代为 1925～2016 年间。

将样品除去碳酸盐后取 10 g 放入杯中,使用 Thermo Flash 2000 元素分析仪分析总有机碳(TOL)。

样品的前处理及 PBDEs 萃取方法参考前人研究的报道方法。将样品冰冻 48 h 后研磨均匀。在萃取前将活化铜置于提取瓶中脱去样品中的硫。取 10 g 样品,加入用 ^{13}C 标记的回收指示剂(^{13}C-PBDE)后置入索氏萃取瓶中萃取 48 h。萃取后,将萃取液在旋转蒸馏器中浓缩至 1 mL 后在氧化铝/二氧化硅凝胶柱中纯化。接着用 35 mL 正己烷和 70 mL 己烷−二氯甲烷(v∶v=1∶1)洗脱化合物。将浸出液浓缩至 1 mL 后移入细胞瓶进行仪器分析。

本研究使用 Aglient 7890 气相色谱仪和 5975 质谱仪测定 PBDEs,色谱柱为 DB-5MS 毛细管柱(30 m×0.25 mm×0.1 μm),以氦气作为载气分析样品。加热温度设置在 60 ℃ 加热 2 min,随后以 10 ℃ 每分钟的速度加热至 200 ℃ 后加热 2 min,再以 20 ℃ 每分钟速度加热至 300 ℃ 后加热 10 min。使用 Themo Trace Ultra 气相色谱仪系统与 Thermo DSQ Ⅱ 质谱仪测定 BDE-209。DB-5HT 毛细管柱(15 m×0.25 mm×0.1 μm)用于分析 BDE-209。升温程序为:起始温度为 120 ℃,持续 2 min,再以 20 ℃ 每分钟的速度加热至 300 ℃ 持续 12 min。离子流温度和界面温度分别为 150 ℃ 和 280 ℃。选择离子为 79 和 81。

7.8.4　质量控制

本研究用类似于 El-Nahhalet 使用的方法进行验证。简言之,通过分析 5 种浓度水平的测试化合物的标准溶液来校准仪器。实验使用内标法定量目标化合物,仅在其标准曲线具有高线性度($r^2 > 0.99$)时采用数据。为了确认未知样品没有目标残留物,我们比较了来自标准曲线的已知浓度的未知样品的峰面积。仪器检测限范围从 1～4 pg,信噪比定为 3。

每分析 5 个样品做 1 个空白样品(测试过程中是否存在来自外部因素的干扰),1 个加基样品(测试方法的可靠性)和 5 个平行样品(测试方法的误差)。样品的回收率为 98.6%～106%,在空白样品中未检测到目标物质。平行样品的相对标准偏差范围为 0.3%～8%,所有质量保证和质量控制均可接受。实验使用 SPSS 11.0 进行数据处理,取 $p < 0.05$ 和 0.01 表示统计意义。方差分析(ANOVA)用于测试不同位点之间的 PBDEs 浓度。

7.8.5　沉积柱芯中 PBDEs 的浓度

3 个沉积柱芯中 PBDEs 的浓度均显示在表 7.17 中。在淮河(S1)、黄河(S2)和巢湖

(S3)的沉积柱芯中分别检测到 10 种、6 种、9 种 PBDEs。据报道,环境中的 BDE-209 仅来自柱芯产物,其浓度和检出率高于其他溴化同系物,表明沉积物中广泛存在着 BDE-209。巢湖沉积中$\sum$PBDEs(除 BDE-209 的 PBDEs 总浓度为 1.615 ng・g^{-1})和 BDE-209(3.89 ng・g^{-1})的浓度最高。其次是淮河($\sum$PBDEs 为 1.007 ng・g^{-1},BDE-209 为 2.35 ng・g^{-1})和黄河($\sum$PBDEs 为 0.333 ng・g^{-1},BDE-209 为 1.331 ng・g^{-1}),表明巢湖比淮河和黄河的污染更严重。此现象原因在于巢湖毗邻安徽省会合肥,同时也是安徽最大城市,大量污染物通过城市径流和污水排放进入湖中。此外,淮河地区 PBDEs 多的检出率较高,表明淮河近年来PBDEs 输入较多,但沉积物降解较少,沉积物退化较少。由于中国尚未建立沉积物中PBDEs 的环境安全标准,故本研究使用加拿大环境安全标准来评估 PBDEs 对水下生物的环境安全性。此外,先前研究中报告的毒理学数据也被用于风险评估。PBDEs 的联邦环境质量指南(FEQGs)分别为三溴联苯醚 44 ng・g^{-1},四溴联苯醚 39 ng・g^{-1},五溴联苯醚64 ng・g^{-1},六溴联苯醚 0.4 ng・g^{-1}和十溴联苯醚 19 ng・g^{-1}。表 7.16 显示 PBDEs 的浓度均低于 FEQGs,对水生生物没有不利影响。

表 7.17　沉积物中多溴联苯醚浓度(ng・g^{-1})

采样地点	目标化合物	范围	均值	检测率
淮河(S1)	BDE-28(三溴联苯醚)	0.002～0.251	0.02	48.24%
	BDE-37(三溴联苯醚)	0.009～0.214	0.012	59.24%
	BDE-47(四溴联苯醚)	0.051～0.365	0.162	94.15%
	BDE-85(五溴联苯醚)	0.001～0.71	0.012	59.28%
	BDE-99(五溴联苯醚)	0.071～0.297	0.124	91.41%
	BDE-100(五溴联苯醚)	0.005～0.325	0.243	91.81%
	BDE-153(六溴联苯醚)	0.011～0.188	0.019	61.31%
	BDE-154(六溴联苯醚)	0.012～0.361	0.132	60.17%
	BDE-183(六溴联苯醚)	0.029～0.417	0.283	97.47%
	$\sum_9$PBDEs	0.273～2.628	1.007	73.68%
	BDE-209(十溴联苯醚)	1.13～4.85	2.35	98.1%
	$\sum$PBDEs	0.273～4.85	3.357	82.89%
黄河(S2)	BDE-47(五溴联苯醚)	0.012～0.102	0.0183	14.15%
	BDE-99(五溴联苯醚)	0.011～0.491	0.141	81.42%
	BDE-153(六溴联苯醚)	0.001～0.134	0.021	11.39%
	BDE-154(六溴联苯醚)	0.002～0.162	0.041	31.27%
	BDE-183(六溴联苯醚)	0.029～0.217	0.112	57.47%
	$\sum_5$PBDEs	0.061～0.912	0.333	39.14%
	BDE-209(十溴联苯醚)	0.781～2.725	1.331	74.21%
	$\sum$PBDEs	0.061～2.725	1.664	52.18%

续表

采样地点	目标化合物	范围	均值	检测率
	BDE-37(三溴联苯醚)	0.002~0.159	0.088	49.21%
	BDE-47(四溴联苯醚)	0.031~0.299	0.262	54.18%
	BDE-85(五溴联苯醚)	0.001~0.241	0.041	49.21%
	BDE-99 五溴联苯醚	0.039~0.391	0.117	31.42%
	BDE-100(五溴联苯醚)	0.001~0.529	0.216	71.45%
巢湖(S3)	BDE-153(六溴联苯醚)	0.015~0.281	0.079	51.28%
	BDE-154(六溴联苯醚)	0.022~0.541	0.231	47.19%
	BDE-183(七溴联苯醚)	0.019~0.911	0.581	77.41%
	$\sum_8$PBDEs	0.167~2.101	1.615	53.919%
	BDE-209(十溴联苯醚)	0.99~8.95	3.89	90.23%
	$\sum$PBDEs	0.167~8.95	5.505	71.49%

7.8.6 与其他区域中 PBDEs 的对比

我们将沉积物中的 PBDEs 浓度与世界其他地区进行比较(见表 7.18)。结果显示,与中国其他地区相比,淮河和巢湖的$\sum$PBDEs 残留水平接近中国台湾西南,但低于中国东海、莱州湾,远远高于黄河口、巢湖和南黄海。与其他国家相比,淮河和巢湖的$\sum$PBDEs 残留水平高于美国的西尔瓦西河,低于澳大利亚悉尼河口、韩国沿海水域、日本东京湾和西班牙埃布罗河。

淮河和巢湖的 BDE-209 残留水平高于巢湖和中国南部黄海,与黄河口相似,但低于中国东海、莱州湾和中国台湾西南。与其他国家研究的区域相比,BDE-209 的残留水平,除了中国巢湖和中国南部黄海,接近或低于其他国家。黄河 BDE-209 的残留水平低于其他地区。

表 7.18 世界其他地区沉积物中 PBDEs 比较

国家	地点	样品名	$\sum_L$PBDEs	BDE-209 范围(均值)
美国	西尔瓦西河	岩心沉积物	0.03~3.57 (0.56)	0.11~12.7 (2.28)
韩国	马山湾	岩心沉积物	0.08~72 (9.3)	—
澳大利亚	悉尼河口	岩心沉积物	8.1	5.7
日本	东京湾	岩心沉积物	0.051~3.6	0.89~85
韩国	沿海水域	地表沉积物	0.05~32	0.4~98
西班牙	厄波罗河	地表沉积物	0.3~34.1	2.1~39.9
中国	台湾西南	地表沉积物	n.d.~1.82	n.d.~6.26
中国	南沙红树林	岩心沉积物	5.7	129.9

续表

国家	地点	样品名	$\sum_L$ PBDEs	BDE-209 范围（均值）
中国	南后海湾	岩心沉积物	0.68	—
中国	莱州湾	地表沉积物	0.01～53 (4.5)	0.74～280 (54)
中国	南黄海	地表沉积物	0.064～0.807 (0.245)	0.067～1.961 (0.652)
中国	东海	岩心沉积物	36.9～233.6 (128.4)	62.3～1758 (544.6)
中国	黄河口	地表沉积物	0.482～1.07 (0.69)	1.16～5.40 (2.79)
中国	巢湖	地表沉积物	0.237～1.373 (0.638)	0.0042～0.691 (0.176)
中国	淮河	岩心沉积物	0.273～2.628 (1.007)	1.13～4.85 (2.35)
中国	巢湖	岩心沉积物	0.167～2.101 (1.615)	0.99～8.95 (3.89)
中国	黄河	岩心沉积物	0.061～0.912 (0.333)	0.781～2.725 (1.331)

注：n.d.表示未检出或低于检出限。

7.8.7　PBDEs 的时间变化趋势

3 个沉积柱芯中 PBDEs 残留分布的时间特征如图 7.30 至图 7.32 所示。不同地区沉积柱芯中不同年份的 PBDEs 残留分布变化明显。3 个沉积柱芯中 PBDEs 的变化趋势显示，未来几年 PBDEs 总量呈现减少的趋势。总体而言，浓度峰值和变化趋势与 PBDEs 的使用历史以及中国的环境保护政策和措施密切相关。记录的 PBDEs 浓度变化在沉积物年份截然不同。淮河和巢湖的 2 个采样地位于安徽省，该省于 1980 年左右开始工业化，随着工业的发展，环境污染的后果逐渐暴露出来，PBDEs 很可能从工厂、城市废弃物中产生。由于地表径流和大气沉降，导致淮河和巢湖 2 个核心从 20 世纪 80 年代到近几年 PBDEs 的残留量逐渐增加。自 20 世纪 90 年代以来，沉积柱芯中的 PBDEs 含量明显增加。据我们所知，自 20 世纪 90 年代早期以来，中国家用电器和个人电脑的交易数量大大增加。从 20 世纪 90 年代末开始，中国成为全球电子通信设备的加工厂，生产如冰箱、空调、电视和电话一类的产品。中国从 20 世纪 90 年代到 2013 年，家庭消费支出增长了大约 18 倍，因此我们推测，20 世纪 90 年代 PBDEs 在沉积柱芯中的增长可能与中国电子通信设备行业的发展有关。1988 年，淮河 PBDEs 浓度在沉积柱芯中接近零，可能是因 1988 年淮河流域发生洪灾，PBDEs 已被洪水冲刷而检测不到。20 世纪 80 年代以前，淮河流域底层核心的 PBDEs 含量也接近零，这可能与此时间段居民极少使用电器有关。需要留意的是，巢湖沉积柱芯中 20 世纪 80 年代之前也检测到 PBDEs 的残留，这可能的原因是 PBDEs 从表层沉积物向底层沉积物迁移。因为据我们之前的研究显示，表层沉积物中的有机化合物可以向下迁移。另外，在淮河和巢湖的 2 个沉积柱芯中 PBDEs 浓度核心中有 2 个峰值，一个是 20 世纪 90 年代早期，一个是 2010 年左右。众所周知，中国在 20 世纪 90 年代大规模的使用电子产品和电器。因此，可以推断出 PBDEs 的使用历史对 20 世纪 90 年代沉积柱芯中 PBDEs 的浓度有影响。此外，从数据中可以看出，从 2010 年开始，PBDEs 的含量急剧增加，随后逐年下降。这主要是因为自 2010 年以来，中国政府开始大力控制电子和家用电器的使用，以减少电子污染物的排放。

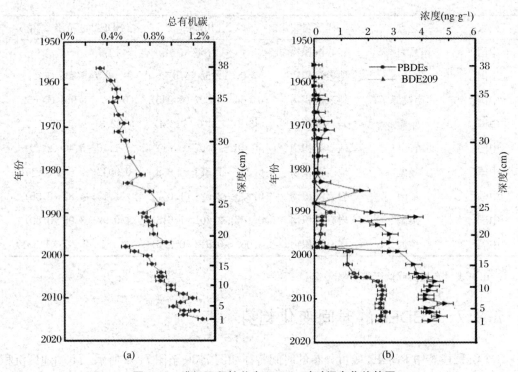

图 7.30 淮河沉积柱芯中 PBDEs 时时间变化趋势图

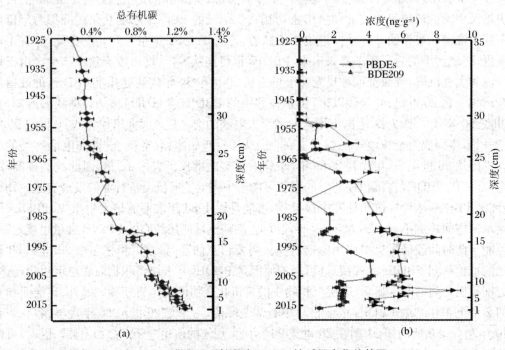

图 7.31 巢湖沉积柱芯中 PBDEs 按时间变化趋势图

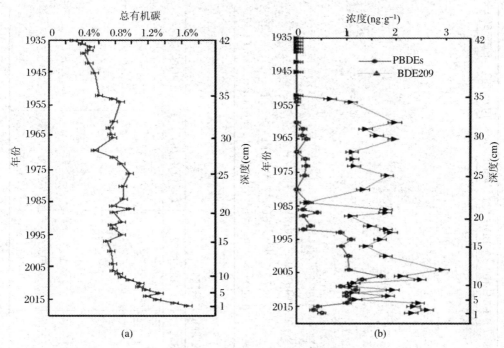

图 7.32　黄河沉积柱芯中 PBDEs 的时间变化趋势图

　　黄河沉积柱芯中 PBDEs 浓度的时间分布(见图 7.32)与我们之前研究中的 OCP 类似,这与黄河的历史用途、历史排放和土壤残留有关。此外,黄河沉积柱芯中 PBDEs 的残留量低于淮河和巢湖的核心,这主要是因为 1992 年黄河三角洲自然保护区的建立使得污染物减少。

　　图 7.30 至图 7.32 显示 ΣPBDEs 和 BDE-209 的时间变化趋势在沉积柱芯中高度一致,这表明该区域的 ΣPBDEs 和 BDE-209 的污染源相同。在韩国马山湾的沉积柱芯中也观察到类似的 PBDEs 变化趋势。值得注意的是,作为十溴联苯醚商业产物的主要成分 BDE-209 的残留量远远高于 ΣPBDEs 的残留量。十溴联苯醚的工业化合物是溴化阻燃剂的主要成分,而目前还没有相关的法律法规来限制全世界使用十溴联苯醚。因此,沉积柱芯中 BDE-209 的较高残留水平与溴化阻燃剂产品的大量使用一致。自 20 世纪 80 年代以来,BDE-209 的增长速度比 ΣPBDEs 快,这表明十溴联苯醚化合物比五溴联苯醚和八溴联苯醚化合物应用得更广泛。由于日益严重的环境问题,中国在 2007 年禁止使用十溴联苯醚和八溴联苯醚的工业混合物。

7.8.8　PBDEs 与 TOC 的耦合关系分析

　　由于 PBDEs 的吸附能力,TOC 在对 PBDEs 的分布迁移特征和环境行为方面发挥着重要作用。如图 7.30 至图 7.32 所示,3 个沉积柱芯中 PBDEs 与 TOC 含量之间存在类似的历史变化趋势。在中国东海和韩国马山湾也发现类似现象。根据之前的研究,沉积柱芯中的 TOC 含量受到未经处理的生活污水排放影响。表 7.19 至表 7.21 显示了大多数的 PBDEs 同系物和 TOC 呈正相关,表明沉积柱芯中的 TOC 对水生环境中的 PBDEs 浓度产生了重要影响。

表 7.19 淮河中 TOC 与 PBDEs 的皮尔逊相关系数

	TOC	BDE-28	BDE-37	BDE-47	BDE-85	BDE-99	BDE-100	BDE-153	BDE-154	BDE-183	BDE-209
TOC	1										
BDE-28	0.465*	1									
BDE-37	0.674**	−0.021*	1								
BDE-47	−0.778**	0.574	0.782*	1							
BDE-85	0.456*	0.381**	0.481	0.587*	1						
BDE-99	0.674*	−0.289	0.712**	−0.689**	0.444	1					
BDE-100	0.559*	0.879**	−0.222*	0.470	0.587**	0.574*	1				
BDE-153	0.764	0.578	0.389*	0.941*	−0.612	0.368	0.874	1			
BDE-154	0.589*	0.789**	0.714	0.742*	0.541*	−0.851**	0.645**	−0.612*	1		
BDE-183	0.494	0.841	0.684	0.534	0.369	0.641*	0.587	0.781*	−0.376*	1	
BDE-209	0.687*	0.358*	0.741*	0.654*	0.478**	0.571*	0.634	0.614*	0.641*	0.476**	1

注：* 表示相关性在 0.01 水平显著，** 表示相关性在 0.05 水平显著。

表 7.20 黄河中 TOC 与 PBDEs 的皮尔逊相关系数

	TOC	BDE-47	BDE-99	BDE-183	BDE-153	BDE-154	BDE-209
TOC	1						
BDE-47	0.678*	1					
BDE-99	0.571*	0.709**	1				
BDE-183	−0.459	−0.678*	0.821*	1			
BDE-153	0.464*	0.738	0.539	0.771	1		
BDE-154	−0.681*	0.551*	−0.627**	−0.721**	0.703*	1	
BDE-209	0.591*	0.741*	0.712*	0.881*	0.645*	0.523*	1

注：* 表示相关性在 0.01 水平显著，** 表示相关性在 0.05 水平显著。

表 7.21　巢湖中 TOC 与 PBDEs 的皮尔逊相关系数

	TOC	BDE-37	BDE-47	BDE-85	BDE-99	BDE-100	BDE-153	BDE-154	BDE-183	BDE-209
TOC	1									
BDE-37	0.821**	1								
BDE-47	−0.543*	0.467*	1							
BDE-85	0.647*	0.641	0.341*	1						
BDE-99	0.368	0.652	0.541*	0.641	1					
BDE-100	0.298*	0.347**	−0.431**	0.541	0.531*	1				
BDE-153	0.756*	−0.762*	0.721*	0.541**	0.610	0.651**	1			
BDE-154	0.594*	0.112*	0.541*	−0.610*	−0.128**	−0.031	0.210*	1		
BDE-183	−0.631	0.312*	0.678*	0.367*	0.314*	0.418*	0.369*	0.374*	1	
BDE-209	0.612*	0.974	0.410*	0.914	0.630*	0.610	0.412*	0.615**	0.671**	1

注：* 表示相关性在 0.01 水平显著，** 表示相关性在 0.05 水平显著。

7.8.9　PBDEs 的生态影响和潜在风险

有机污染物(如 PBDEs、杀虫剂和抗生素)可通过食物链转移到高级生物体内。El-Nahhal 及其同事研究了各种有机污染物对水生生物(包括鱼类、蓝藻类和植物)的毒理作用。在本研究中,PBDEs 对流域沉积物栖息地生物的生态影响是根据其毒理学数据和危险度数(HQ)的估算来实现量化度数。此度数定义为沉积物中 PBDEs 浓度与临界效应浓度之比,低于该浓度,预计不会对栖息生物产生不利影响。加拿大环境部(2006 年)确定五溴联苯和十溴联苯醚的临界效应浓度分别为 $0.031\ \mu g \cdot kg^{-1}$ 和 $73\ \mu g \cdot kg^{-1}$。HQ<0.1 表示没有危险;0.1≤HQ<1 低危害;1≤HQ<10 中度危害;HQ≥10 高危害。五溴联苯醚和十溴联苯醚的 HQ 在 3 个不同区域的沉积物中均小于 0.1(见表 7.22),表明研究区域生物体未受到 PBDEs 的损害。

表 7.22　沉积物中五溴联苯和十溴联苯醚的危险指数和生态影响

PBDEs	浓度 ($ng \cdot g^{-1} \cdot dw^{-1}$)			HQ			生态影响
	淮河	巢湖	黄河	淮河	巢湖	黄河	
Penta-BDE	0.379	0.374	0.141	0.012	0.012	0.0040	无危害
Deca-BDE	2.35	3.89	1.331	0.00032	0.00053	0.00018	无危害

7.8.10　小结

在中国的 3 个不同水域中采集的沉积柱芯检测出不同的 PBDEs 浓度。巢湖沉积柱芯中 PBDEs 浓度高于淮河和黄河。在 PBDEs 的同系物中 BDE-209 的浓度和检出率最高。TOC 是影响沉积柱芯中 PBDEs 含量的重要因素。PBDEs 浓度从沉积柱芯底部到顶部沉积层中不同,这与其历史使用情况以及近年来中国对其使用的严格管制有关。与其他地区相比,本研究的水生系统中 PBDEs 污染水平相对较低,对水生生物没有不利影响。

第8章 淮河水体悬浮颗粒物中污染物的
环境地球化学

    本章主要评估淮河中游水体、悬浮颗粒物和沉积物中 16 种优控 PAHs 的含量,了解水体中 PAHs 的垂直分布规律及其控制因素,阐明 PAHs 在水体-悬浮颗粒物-沉积物体系中的分配行为,确定水体-悬浮颗粒物-沉积物体系中 PAHs 的主要来源,并对水体-悬浮颗粒物-沉积物体系中的 PAHs 进行生态风险评价。

8.1 概　　述

    PAHs 是普遍存在的有机污染物,长期存在于大气、水体、土壤及有机体中。根据其对人体的毒性、致癌、致畸性,其中 16 种 PAHs 被列为美国环保署优控 PAHs。根据国际致癌研究中心建议,将 16 种 PAHs 的 7 种列为潜在致癌 PAHs。美国环保署优先控制 PAHs 中高环 PAHs,其被认为主要来自于热解作用。除此之外,未燃烧的化石燃料也会释放部分PAHs。产生的 PAHs 可以通过大气和水排放进入环境中。PAHs 可以通过多种方式进入地表水,如大气沉积、废水排放、陆地径流和石油溢出等。由于 PAHs 水溶性较低、疏水性较好,容易在水环境中吸附在悬浮颗粒物上并最终沉积到沉积物中。在强湍流条件下,沉积物中的 PAHs 可以被再悬浮并溶解到上覆水中。

    淮河是中国东部最大的河流之一,近几十年来,快速的城市化和广泛的工农业活动对当地流域造成了严重的环境和生态威胁。由于燃煤电厂化石燃料消耗的增加,淮河中游地区多环芳烃排放也明显增加。为了减轻污染,当地政府自 20 世纪 90 年代以来颁布了几项环境保护法。然而,到目前为止,对该流域 PAHs 的信息报道较少。在本研究中,我们对淮河中游水体-悬浮颗粒物-沉积物体系中的 PAHs 进行了详细的研究。本研究的目标为:① 评估淮河中游水体、悬浮颗粒物和沉积物中 16 种优控 PAHs 的含量;② 了解水体中 PAHs 的垂直分布规律及其控制因素;③ 阐明 PAHs 在水体-悬浮颗粒物-沉积物体系中的分配行为;④ 采用 PCA-MLR 法确定水体-悬浮颗粒物-沉积物体系中 PAHs 的主要来源;⑤ 利用风险商模型对水体-悬浮颗粒物-沉积物体系中的 PAHs 进行生态风险评价。

8.2 样品采集与处理

    淮河流域从河南省流向长江,全长 1000 km,面积为 30000 km²。在本次研究中,2015 年 8 月从淮河流域中游的凤台段到蚌埠段共设置了 28 个采样点(水体、悬浮颗粒物和沉积物)。在这些采样点周边,拥有大量数十年历史的煤矿和电厂(如洛河电厂、田家庵电厂和潘集电厂)。

每个采样点中,水样分4个深度进行采集,如表层水(距离水平面0.05~0.1 m)、中间层水(距离水平面3 m)、中下层水(距离水平面6 m)、底层水(距离水平面9 m,且在沉积物上5~10 cm位置)。每个水样共采集10 L,并保存在预先清洗过的特氟龙瓶中。悬浮颗粒物通过玻璃纤维滤膜进行过滤收集。过滤后的滤膜保存在预处理的玻璃表面皿中并用铝箔包裹储存在 $-20\,^{\circ}\text{C}$ 冰箱中。过滤后的水样保存在预处理的棕色玻璃瓶中并在 $4\,^{\circ}\text{C}$ 冰箱中储存。采集到的沉积物样品(深度:表层5 cm的沉积物)冷冻处理,取其中200 g进行冷冻干燥并研磨过筛。以上所采集的沉积物及悬浮颗粒物样品均保存在 $-20\,^{\circ}\text{C}$ 冰箱中待测。

采用固相萃取法(SPE)提取水样中的PAHs,以10 mL·min^{-1}的流速将大约1 L的水样倒入C18小柱(用二氯甲烷、甲醇和去离子水预清洗)。然后,C18小柱用10 mL去离子水清洗,并且加压干燥10 min。随后,使用10 mL的二氯甲烷以1 mL·min^{-1}的流速洗脱C18小柱中的多环芳烃。最后,用真空旋转蒸发器浓缩洗脱溶液,并转移到样品瓶(1.5 mL)中,进行PAHs定性和定量分析。

固体颗粒物中PAHs的萃取、提纯方法目前已被广泛报道。取20 g悬浮颗粒物样品或者沉积物样品与25 mL正己烷/丙酮(1:1;v/v)混合溶液混合放入微波消解仪中。微波消解压力1.2 kW,温度10 min内增至 $100\,^{\circ}\text{C}$,并且保持10 min。萃取液浓缩至1 mL并且通过正己烷置换,然后浓缩至1 mL。浓缩后的萃取液通过色谱柱进行提纯。将提纯后的提取液浓缩至1.5 mL待测。

8.3 测试与分析

提取液中PAHs通过气相色谱-耦合DSQ II质谱(GC-MS,热跟踪超)进行定性定量分析,TR-5MS毛细管柱(30 mm长度×0.25 mm内径)的膜厚度0.25 mm。电子冲击模式设定为70 eV,1 mL样品溶液以无分裂模式注入柱中。柱中温度:以 $20\,^{\circ}\text{C}\cdot\text{min}^{-1}$ 的速率从 $80\,^{\circ}\text{C}$ 升至 $180\,^{\circ}\text{C}$,$8\,^{\circ}\text{C}\cdot\text{min}^{-1}$ 的速率从 $180\,^{\circ}\text{C}$ 升至 $250\,^{\circ}\text{C}$,于 $250\,^{\circ}\text{C}$ 保持3 min,以 $2\,^{\circ}\text{C}\cdot\text{min}^{-1}$ 的速率从 $250\,^{\circ}\text{C}$ 升至 $265\,^{\circ}\text{C}$,以 $5\,^{\circ}\text{C}\cdot\text{min}^{-1}$ 的速率从 $265\,^{\circ}\text{C}$ 升至 $275\,^{\circ}\text{C}$,以 $1\,^{\circ}\text{C}\cdot\text{min}^{-1}$ 的速率从 $275\,^{\circ}\text{C}$ 升至 $285\,^{\circ}\text{C}$,在 $285\,^{\circ}\text{C}$ 保持5 min。通过离子监测模式记录多环芳烃质谱。

水体、悬浮颗粒物、沉积物样品中溶解有机碳(DOC)、颗粒态有机碳(POC)以及总有机碳(TOC),通过有机碳分析仪进行检测。在检测之前,水样通过 $1.84\,\text{g}\cdot\text{mL}^{-1}$ 的硫酸溶液调节pH到3;沉积物或者悬浮颗粒物样品将添加1.6%的盐酸并在 $60\,^{\circ}\text{C}$ 条件下干燥恒重。

本次实验将采用方法空白、加标空白和重复样品对多环芳烃进行质量控制。除此之外,对每批样品进行重复样品分析,重复样品的相对标准差<15%。$^2\text{H}_8$ naphthalene、$^2\text{H}_{12}$ chrysene、$^2\text{H}_{10}$ phenanthrene在水中的回收率分别为 $80.57\%\pm6.23\%$、$75.63\%\pm9.71\%$、$91.54\%\pm7.56\%$,在悬浮颗粒物和沉积物中的回收率分别为 $71.79\%\pm9.20\%$、$84.55\%\pm3.45\%$、$83.62\%\pm3.71\%$。所有样品的数值均没有进行校正。方法检测限平均值为沉积物50 ng·g^{-1}(干重),水样10 ng·L^{-1},悬浮颗粒物10 ng·g^{-1}(干重)。

PCA-MLR是环境源解析研究中传统分析的工具,通过SPSS 22版本进行运行。根据输入的多环芳烃浓度得到因子负荷矩阵和评分矩阵:

$$X = L \times T \qquad\qquad (8.1)$$

式(8.1)中，X 是指 PAHs 的浓度矩阵；L 是指载荷矩阵；T 是指因子得分矩阵。潜在污染源类别可以通过因子得分矩阵进行判断。根据因子得分矩阵计算主成分分析得分。因此，通过 MLR 的 PCA 得分可以计算各污染源对水体、悬浮颗粒物和沉积物中多环芳烃总量的贡献比值。

8.4　PAHs 的含量及空间分布

水体中 16 种优 PAHs 总量为 891 ng·L^{-1}(H01)～1951 ng·L^{-1}(H16)，平均值为 1204 ng·L^{-1}($n=28$)。悬浮颗粒物中 16 种优 PAHs 总量为 2054～5044 ng·g^{-1}，平均值为 3192 ng·g^{-1}。由于其较低的溶解度以及强疏水性，PAHs 进入水生环境后会迅速吸附到悬浮颗粒上，并沉降到沉积物中。因此，沉积物中检测到了 16 种优控 PAHs。这 16 种优控 PAHs 含量为 810 ng·g^{-1}(H01)～28228 ng·g^{-1}(H16)，平均值为 7955 ng·g^{-1}。与过去的研究相似的是，我们发现高环 PAHs(四环，五环，六环 PAHs)在悬浮颗粒物(56.7%)，沉积物(60.71%)中所占的比例超过其在水中(44.82%)所占的比例，这是由于高分子量多环芳烃的有机碳-水分配系数较高而水溶性较低造成的。图 8.1 介绍了每个采样点的水体、悬浮颗粒物、沉积物中 PAHs 分布图。本研究区域，除了采样点 H16 和 H21 外，水体及悬浮颗粒物中 PAHs 的分布具有可比性。在采样点周围有许多燃煤电厂和煤炭加工区，尤其是在 H16 和 H21 周边，这说明煤燃烧过程中多环芳烃的沉积以及废水中多环芳烃的排放可能导致该研究区域具有较高含量的多环芳烃。研究发现，该研究区域中水体、悬浮颗粒物中 PAHs 的含量明显高于上游地区，这可能与来自下游支流河流和周围污染源的多环芳烃流入增加有关。在沉积物中，H16 采样点的 PAHs 含量最高，这可能是由于点源污染造成的。除此之外，沉积物中的 PAHs 含量较高，而悬浮颗粒物中 PAHs 含量较低表明，沉积过程中主要沉降具有较高 PAHs 的颗粒物。

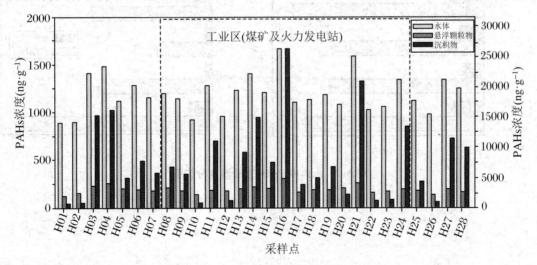

图 8.1　PAHs 的空间分布特征

　　本研究区域水样中多环芳烃的浓度显著高于此前在世界其他地区的报道,如中国的巢湖、中国的天津河和意大利的 Tiber 河。悬浮颗粒物中 PAHs 浓度高于纽约河(596 ng・g^{-1}),但是低于中国的天津河和大辽河。沉积物中 PAHs 的总浓度高于中国的黄河、巢湖和意大利的 Tiber 河,但是却低于中国的天津河(10980 ng・g^{-1})和美国的 Mystic 河(18810 ng・g^{-1})。淮河流域中段的污染历史时间低于其他国家地区流域的污染历史,因此认为该研究区域水体、悬浮颗粒物、沉积物中较高含量的 PAHs 主要与工业区煤炭燃烧释放的 PAHs 排放有关(国内工业生产总值每年增长 13%)。

8.5　不同深度水体中 PAHs 的垂直分布

　　根据 ANOVA 分析发现,在不同深度水体中,PAHs 总量没有显著变化[$F(3,108) = 2.682, P > 0.05$],同时,NaP 含量也没有显著变化[$F(3,108) = 0.890, P > 0.05$]。除此之外,悬浮颗粒物中 PAHs 总量以及 NaP 总量分别有显著变化[$F(3,108) = 121.525, P < 0.01; F(3,108) = 0.890, P < 0.01$]。图 8.2 是水体中 PAHs 含量垂直分布图。通过图 8.2 发现,流域底层水体和悬浮颗粒物中 PAHs 含量最高,这与表层沉积物中 PAHs 的再悬浮有关。其次,表层水体和悬浮颗粒物中 PAHs 含量也较高,这可能是由于燃煤电厂的 PAHs 大气沉降以及工业活动的排放。PAHs 含量的垂直分布表明研究区域流域受到新产生的 PAHs 以及长期存在的 PAHs 的再释放污染。除采样点 H25、H16 的悬浮颗粒物中 PAHs,其他每个采样点中 PAHs 垂直分布趋势与上述相同。NaP 作为主要化合物,表层及底层水体及悬浮颗粒物中 NaP 含量高于其他层。Zakaria(2002)认为河流中 NaP 可能来自于煤炭燃烧产生的飞灰。底层 NaP 含量最高,可能与沉积物中 NaP 的再悬浮作用有关。

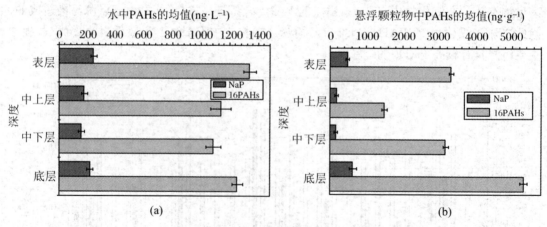

图 8.2　水体中 PAHs 含量垂直分布图

8.6　影响 PAHs 的分布因素

8.6.1　颗粒-水分配系数对 PAHs 的分布影响

许多环境因素(如温度、河流径流、化学物质与颗粒物的相互作用)都被认为是控制水体中多环芳烃吸附和解吸行为的重要因素。颗粒-水分配系数 K_{OW}(即为颗粒相 PAHs 与溶解相 PAHs 之间的比值)常用来描述颗粒的物理化学特征(如悬浮颗粒物的粒径、悬浮颗粒物中有机物的种类和含量)。图 8.3 表示高环 PAHs、低环 PAHs 以及 16 种 PAHs 的 $\lg K_{OW}$ 值。K_{OW} 值在中底层和底层相对较高,这可能与悬浮颗粒物与再悬浮沉积物中富含有机物和细粒颗粒的混合物有关。此外,高环 PAHs 的 K_{OW} 值升高,表明高环 PAHs 与悬浮颗粒物结合的趋势较高。从图 8.3 可以看出,K_{OW} 值随河流深度的增加而增加。此外,拥有较高 $\lg K_{OW}$ 值的 16 种 PAHs 更易吸附于固相颗粒。

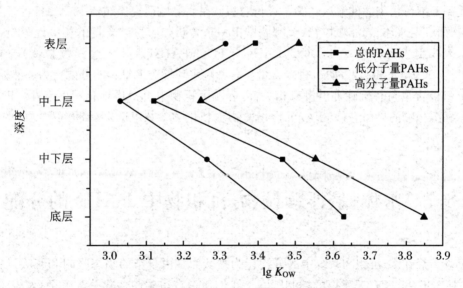

图 8.3　颗粒-水分配系数(K_{OW})与 PAHs 的关系分析

8.6.2　有机碳对多环芳烃分布和分配的影响

水相中,DOC 含量为 $2.88\% \sim 4.70\%$,平均值为 3.36%。POC 值为 $2.81\% \sim 4.91\%$,平均值为 3.50%。有机碳(DOC + POC)含量为 $24.11\% \sim 38.42\%$,平均值为 27.44%。沉积物中 TOC 的含量为 $2.01\% \sim 12.46\%$,平均值为 5.67%。表 8.1 为水体中 PAHs 含量与 DOC 含量,悬浮颗粒物中 PAHs 含量与 POC 含量,总 PAHs 含量(悬浮颗粒物 + 水体)与有机碳含量(DOC + POC),沉积物中 PAHs 含量与 TOC 含量的相关性分析。

表 8.1 PAHs 含量与有机碳的关系

| 皮尔逊相关分析 | | | | | | | |
| DOC-水中多环芳烃 | | POC-SPM 中的多环芳烃 | | 水中有机多环芳烃(水+SPM) | | TOC 沉积物中的多环芳烃 | |
垂直水柱	P	r^2	P	r^2	P	r^2	P	r^2
表层	<0.05	0.75	<0.05	0.86	<0.05	0.90	—	—
中间层	<0.05	0.64	<0.05	0.55	<0.05	0.82	—	—
中下层	<0.05	0.66	<0.05	0.95	<0.05	0.90	—	—
底层	<0.05	0.46	<0.05	0.97	<0.05	0.91	—	—
沉积物	—	—	—	—	—	—	0.163	0.27

注：$P<0.05$ 表示正相关；$P>0.05$ 表示负相关；DOC 表示水中溶解有机碳；POC 表示 SPM 中颗粒有机碳；TOC 表示沉积物中总有机碳。

相关研究发现，PAHs 与有机碳之间存在正相关关系，并认为有机碳是影响 PAHs 在水体中迁移以及赋存的主要因素。然而，在高污染地区，PAHs 在水相和沉积相中的分配行为主要受到 PAHs 污染源的输入。为了评价有机碳是否影响研究区域流域 PAHs 的迁移及富集，本次研究对水体、悬浮颗粒物、沉积物中 PAHs 含量与有机碳含量的相关性分析进行了研究。表 8.1 表明，PAHs 与 DOC、PAHs 与 POC、PAHs（水体 + 悬浮颗粒物）与有机碳（DOC + POC）呈正相关，表明有机碳含量显著影响水环境中 PAHs 的分配行为。然而，沉积物中 PAHs 含量与有机碳含量没有相关性，表明沉积物中 PAHs 具有不稳定性。PAHs 可以在水和沉积物的界面进行交换，沉积物的物理和化学参数可能会调动沉积物中的 PAHs 行为。

8.7 水体-悬浮颗粒物-沉积物中 PAHs 的分配

多环芳烃在水-沉积物系统中的分配行为被认为是由复杂的动态吸附和解吸过程控制的，其中 POC 和 TOC 是主要的控制因素。我们通过有机碳归一化分配系数（K_{OC}）和辛醇水分配系数（K_{OW}）的变化，描述 PAHs 在水-悬浮颗粒物-沉积物体系中的分配行为。

$$K_{OC(SPM-W)} = \frac{C_{SPM}}{(C_w \times POC)} \tag{8.2}$$

$$K_{OC(Sed-W)} = \frac{C_s}{(C_w \times TOC)} \tag{8.3}$$

$K_{OC(SPM-W)}$ 以及 $K_{OC(Sed-W)}$ 指水体和悬浮颗粒物、水体和沉积物之间的有机碳归一化分配系数，C_{SPM}、C_w、C_s 指 PAHs 在悬浮颗粒物、水体、沉积物中的浓度。

图 8.4 是 $\lg K_{OC(SPM-W)}$ 与 $\lg K_{OW}$、$\lg K_{OC(sed-w)}$ 与 $\lg K_{OW}$ 的相关性分析，水体-悬浮颗粒物中 PAHs 的 $\lg K_{OC}$ 值与 $\lg K_{OW}$ 值没有相关性，但是在沉积物-水体中 $\lg K_{OC}$ 值与 $\lg K_{OW}$ 值呈正相关性。这表明，$\lg K_{OW}$ 值正相影响水体、沉积物中 PAHs 的分配行为。Means(1980)得

出了通过 K_{OW} 可以预测被测化合物对常量 K_{OC} 的吸附（$\lg K_{OC} = \lg K_{OW} - 0.317$）这一结论。我们关于水体-悬浮颗粒物体系中表层、中上层、底层的结论与 Means（1980）得出的结论并不相似。然而，该研究流域中下层的水体-悬浮颗粒物体系以及沉积物-水体体系中 PAHs 的 K_{OC} 值符合前面通过 K_{OW} 值预测的结论趋势。这一结论认为由于在表面、中层和底层的复杂动态过程（例如生物过程），无法通过 K_{OW} 值预测被分析化合物在悬浮颗粒物-水中的吸附常数 K_{OC}。

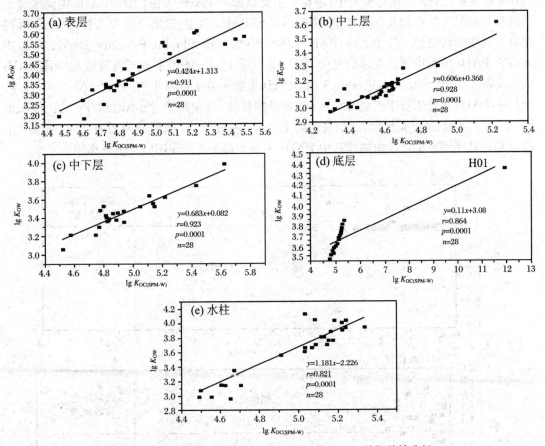

图 8.4　$\lg K_{OC(SPM-W)}$ 与 $\lg K_{OW}$、$\lg K_{OC(sed-w)}$ 与 $\lg K_{OW}$ 的相关性分析

　　水体和沉积物中 $\lg K_{OC}$ 和 $\lg K_{OW}$ 的相关性斜率小于 1（见图 8.5）。这与在珠江口观测到的水柱非常相似。这表明计算的分配系数并没有因为疏水性的增加而增加一样大。我们推测，在水相中的 PAHs 可能偏高。因为存在的 DOC、胶体或颗粒是潜在的 GF/F 过滤器，这些吸附相的存在可以提高疏水性 PAHs 的溶解度。因此，疏水性 PAHs 在水相中的浓度升高，导致 K_{OC} 值减少。与此同时，与胶体比值相关的 PAHs 浓度随着疏水性的增加而增加。已经证明，DOC 值对水体中疏水性污染物的迁移及富集有显著影响。此外，K_{OC} 值与 K_{OW} 值的去耦可能归因于固相中颗粒态有机质（如炭黑、煤炭颗粒物等物质）。

8.8 污 染 来 源

相关研究表明,低环 PAHs 主要来自于原油及其产物。化石燃料的燃烧过程是高环 PAHs 的主要污染源。在本研究中,水相中主要以低环 PAHs 为主,表明 PAHs 主要来自于石油源。在悬浮颗粒物及沉积物中,主要以高环 PAHs 为主,表明汽车尾气排放、化石燃料燃烧是其主要污染源。除此之外,PAH 单体比值(如 NaP/Flu,Ph/Py,Chry/BaA)也可以用来分析 PAHs 的污染源。在本研究中,Ph/An 以及 Fl/Py 被用来分析淮河流域中段 PAHs 的污染源。当 Ph/An>10,Fl/Py<1 时,PAHs 主要来自于造岩作用;当 Ph/An<10,Fl/Py >1 时,PAHs 主要来自于燃烧源。水相、悬浮颗粒物、沉积物中 Ph/An、Fl/Py 的比值如图 8.5 所示。水相、悬浮颗粒物、沉积物中的 Ph/An 和 Fl/Py 比值的分辨图表明,淮河流域中段水相－悬浮颗粒物－沉积物体系中 PAHs 主要来自于造岩作用以及燃烧作用。

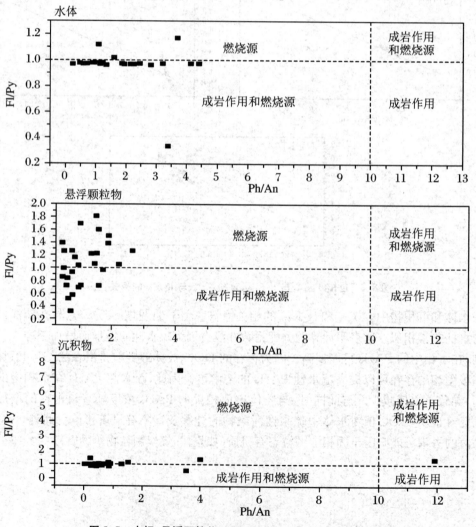

图 8.5 水相、悬浮颗粒物、沉积物中 Ph/An、Fl/Py 的比值

　　然而,比值法只能定性地分析 PAHs 的来源。为提高源解析的可靠性,对同一数据集进行主成分分析(PCA),分离来源相似的 PAHs 及输入模型。采用 SPSS 16.0 对淮河中游水相、悬浮颗粒物和沉积物中各 PAH 污染源进行主因子分析。主成分分析表明,水体中 PAHs 的主要方差(73.03%) 分为 4 个主成分(PCs)。PC1 占 25.39%,PC2 占 22.22%,PC3 占 13.38%,PC4 占 12.04%。PC1 主要包括(>0.9)BaP,InP,DBA,BghiP(5 环、6 环 PAHs)。主成分分析表明,这些 PAHs 可能来源于成品油的燃烧;PC2 主要包括(>0.9)Fl、InP、Chry 和 BaA(4 环 PAHs),主要来自于煤炭燃烧;PC3 主要包括(>0.9)NaP(2 环 PAHs),主要来自于石油衍生产品的汽化或石油泄漏污染;PC4 主要包括(>0.8)Ace 和 Ph(3 环 PAHs),主要来自于煤炭燃烧。因此,利用主成分分析得分的多元线性回归(MLR)分析了淮河中游水样中 PAHs 主要输入源。结果表明,该流域水体中 PAHs 污染源以燃煤(84.26%)为主,其次为溢油(15.74%)。

　　悬浮颗粒物中 PAHs 的主要方差分别占 20.44%、18.09%、14.24%。PC1 主要包括(>0.7)Ace、Ph 和 Flu;PC2 主要包括(>0.7)Py 和 Chry;PC1 和 PC2 主要来自于煤炭燃烧;PC3 主要包括(>0.8)BghiP,主要来自于精炼石油产品。因此,利用主成分分析得分的多元线性回归(MLR)分析了淮河中游悬浮颗粒物中 PAHs 主要输入源。结果表明,该流域悬浮颗粒物中 PAHs 污染源以燃煤(60%)为主,其次为石油产品(40%)。

　　沉积物中 PAHs 的污染源识踪也通过 PCA 法进行分析。PC1 主要包括(>0.8)BbF、BaP、Ind、DahA 和 BghiP,主要来自于成品油的燃烧;PC2 主要包括(>0.9)NaP、Ace、Ac 和 An;PC3 主要包括(>0.8)Flu、Py 和 BaA;PC2 和 PC3 主要来自于煤炭的燃烧。根据 PCA-MLR,沉积物中 PAHs 主要来自于煤炭的燃烧(56%)以及石油产品(44%)。

　　总的来说,通过比较水体、悬浮颗粒物和沉积物中 PAHs 的主成分分析,其 PAHs 来源相似,说明周边煤矿区、燃煤电厂和燃煤工业是该流域 PAHs 的主要污染源。

8.9　潜在生态风险评估

　　在淮河流域中段,水环境各采样点中 PAHs 含量明显高于 WHO 未污染水体标准(50 mg·L^{-1})。此外,研究区域水环境中 BaA 和 Chry 含量高于美国环保署水质量标准(BaA:100 ng·L^{-1};Chry:200 ng·L^{-1})。结果表明,此流域 PAHs 污染较为严重。

　　为了评价该流域水相、悬浮颗粒物、沉积物中 PAHs 的潜在生态风险,采用风险商(RQs)评估 PAHs 引起的风险水平,结果如下:

$$RQ = \frac{C_{PAH}}{C_{QV}} \tag{8.4}$$

式(8.4)中,C_{PAH} 是指水相、悬浮颗粒物、沉积物中 PAHs 的含量;C_{QV} 是指样品中 PAHs 相应的质量标准。本次研究中,Cao(2010)和 Wang(2016)将可忽略浓度(NCs)和最大允许浓度(MPCs)作为研究区域流域的质量标准。RQ_{NCs} 和 RQ_{MPCs} 的方程为

$$RQ_{NCs} = \frac{C_{PAH}}{C_{QV(NCs)}} \tag{8.5}$$

$$RQ_{MPCs} = \frac{C_{PAH}}{C_{QV(MPCs)}} \tag{8.6}$$

其中 $C_{QV(NCs)}$ 和 $C_{QV(MPCs)}$ 是水体、悬浮颗粒物和沉积物样品中 PAHs 的 NCs 和 MPCs 的质量值。表 8.2 列出了水体、悬浮颗粒物和沉积物中的 RQ_{NCs} 和 RQ_{MPCs}。原则上，$RQ_{NCs}<1$ 表明 PAH 污染可能可以忽略，而 $RQ_{NCs}>1$ 和 $RQ_{MPCs}>1$ 表明 PAH 污染风险很高，必须立即采取补救措施。当 $RQ_{NCs}>1$ 和 $RQ_{MPCs}>1$ 表明 PAH 污染可能处于中等水平时，需要采取一些控制措施或补救措施。

表 8.2 中，水相中 Ace、Fl、An、Py、BaA、BbF 的 RQ_{MPCs} 值均大于 1，同时每种 PAH 的 RQ_{NCs} 值也均大于 1，表明水相中通过 Ace、Fl、An、Py、BaA、BbF 污染，对水生生物造成了一定的毒性，且该研究区域流域水相 PAHs 生态风险评价呈现中等程度。悬浮颗粒物、沉积物中 RQ_{NCs} 的平均值均高于 1，同时，悬浮颗粒物中 NaP、Ace、Fl、An、Py 的 RQ_{MPCs} 平均值以及沉积物中 NaP、Ace、Fl、Ph、An、Py、BaA 的 RQ_{MPCs} 平均值均大于 1，表明悬浮颗粒物和沉积物中的大部分单体 PAH 表现出中度生态风险，而在悬浮颗粒物和沉积物中的 NaP、Ace、Fl、An、Py；沉积物中的 Ace、Fl、Ph、An、Py、BaA 均表现出高度生态系统风险。因此，该研究区流域水生生物会遭受较高的生态风险，需要立即进行补救措施，从而降低水体、悬浮颗粒物、沉积物中 PAHs 的污染。

小　结

本章研究了淮河中游水-颗粒-沉积物系统中多环芳烃的分布特征。结果表明水体中多环芳烃含量高于世界上已有报道的河流水体中多环芳烃的含量，但颗粒系和沉积物中的多环芳烃污染处于全球范围的中等水平。垂直水柱表层和底层多环芳烃含量较高，可能与当地工业污染源和多环芳烃迁移行为有关。相关性分析表明，水中 PAHs 和垂直水柱 SPM 受 DOC 和 POC 含量的影响，PAHs 在液相和固相之间的分配与它们的 $\lg K_{OW}$ 密切相关。PCA 分析表明，淮河中游水体系统中的 PAHs 主要来源于燃煤和石油产品。淮河中游多环芳烃污染的主要原因是矿区、燃煤电厂和燃煤工业。淮河中游水体、悬浮颗粒物和沉积物中多环芳烃污染严重，生态风险大，须采取环境治理措施。

表 8.2　水、SPM 和沉积物中多环芳烃的 RQ_{MPCs} 和 RQ_{NCs} 的平均值

	水				颗粒物				沉积物			
	NCs (ng·L⁻¹)	MPCs (ng·L⁻¹)	RQ_{NCs}	RQ_{MPCs}	NCs (ng·g⁻¹)	MPCs (ng·g⁻¹)	RQ_{NCs}	RQ_{MPCs}	NCs (ng·g⁻¹)	MPCs (ng·g⁻¹)	RQ_{NCs}	RQ_{MPCs}
NaP	12	1200	16.43	0.16	1.40	140	263.56	2.64	1.40	140	392.12	3.92
Ace	0.70	70	149.84	1.50	1.20	120	238.01	2.38	1.20	120	335.64	3.36
Ac	0.70	70	89.81	0.90	1.20	120	168.74	1.69	1.20	120	279.66	2.80
Fl	0.70	70	111.77	1.11	1.20	120	174.23	1.74	1.20	120	547.53	5.48
Ph	3	300	45.24	0.45	5.10	510	38.52	0.39	5.10	510	119.47	1.19
An	0.70	70	122.15	1.22	1.20	120	149.05	1.49	1.20	120	476.63	4.77
Flu	3	300	50.55	0.51	26	2600	8.85	0.09	26	2600	31.35	0.31
Py	0.70	70	234.90	2.35	1.20	120	193.19	1.93	1.20	120	696.20	6.96
BaA	0.10	10	873.04	8.73	3.60	360	63.66	0.64	3.60	360	130.47	1.30
Chry	3.40	340	21.51	0.22	107	10700	2.53	0.03	107	10700	4.62	0.05
BbF	0.10	10	363.57	3.64	3.60	360	78.31	0.78	3.60	360	88.43	0.88
BkF	0.40	40	56.80	0.57	24	2400	8.53	0.09	24	2400	9.06	0.09
BaP	0.50	50	0.071	0.0007	27	2700	4.99	0.05	27	2700	7.80	0.08
DahA	0.50	50	3.57	0.034	27	2700	3.32	0.03	27	2700	24.15	0.24
Ind	0.40	40	5.56	0.06	59	5900	1.99	0.02	59	5900	8.37	0.08
BghiP	0.30	30	0.20	0.002	75	7500	1.29	0.01	75	7500	4.30	0.04

第 9 章　矿区水生物体中污染物的环境行为研究

本章以淮南矿区塌陷塘中鲫鱼为研究载体,对微量元素在各种非生物环境介质及鲫鱼各组织器官中的含量分布特征进行了分析,同时探讨了鲫鱼体内元素富集与环境介质中元素浓度间的耦合关系,评价了当地居民食用鲫鱼鱼肉所摄入微量元素而遭受的非致癌健康风险。

9.1　鱼体中污染物的环境赋存特征研究

9.1.1　概述

鱼类常被用作水生环境的污染指示器,它通常处于水生食物链顶端,因而能够从水、食物以及沉积物中吸收并富集大量必须及非必需微量元素。

在过去的几十年里,前人针对鱼中微量元素的生物富集做了大量的研究,建立了元素种类、鱼种类以及组织器官类型对生物富集过程影响的机制。水体化学性质以及沉积物中元素含量水平亦会对鱼中元素富集产生影响。

Cr、Cu、Ni、Zn 等金属元素在生物系统中扮演着重要的角色,可以提高酶活性及促进其他生命活动过程,因此它们对于生物而言是必需的。这些必需元素在可接受浓度范围内是有益的,但若超过阈值则同样有害。然而,As、Cd、Pb 等非必需元素在生命活动中无重要作用,它们即使浓度很小但也是有毒的。鱼体中金属元素的富集机理取决于各组织的生理作用,其中鱼鳃以及内脏最易受到污染物的毒性影响。鱼鳃中金属元素浓度可以反映周围水体中元素浓度,而肝脏中金属元素的生物浓度则可以反映鱼体中元素的富集程度。鱼鳃具有吸收、吸附以及呼吸换氧等生理功能,使得它成为金属元素进入鱼体中的首要途径。当过量必需元素或者具毒性的非必需元素被鱼类吸收,具有新陈代谢功能的肝脏通常是存储金属元素的器官,进行解毒过程将这些元素转换成金属硫蛋白。鱼肉是人类食用的主要部位,通常微量元素在鱼肉中不会出现富集现象。研究发现,鱼皮直接与周围含有微量元素的水体和沉积物接触,极有可能吸附多种微量元素。另外,人类在食用鱼类的时候通常同时吃下鱼肉与鱼皮。鱼肉和鱼皮部分对于人类食用及元素在人体内的富集过程中扮演重要角色。本书参考前人研究,选择鱼肉、鱼皮、鱼鳃以及肝脏等作为研究对象。鱼体中富集的微量元素可以通过食用途径对人类健康造成危害,导致组织损伤、癌症以及畸变等健康问题。已有大量研究探讨人类食用受到污染的鱼肉对人类健康所造成的影响。

在近年来的报道中,采矿活动所造成的人为污染导致淮南煤田环境中微量金属元素处于高含量水平。越来越多的研究聚焦于与采煤相关的微量元素环境污染问题。根据前人研究发现,矿区范围内微量元素污染可能会对周边环境和人类健康造成长期广泛的影响。近期研究证实水生系统中微量元素含量水平在受到采矿影响的条件下会增加,因此受采矿作业污染的水体是鱼体富集微量元素的一个重要接触途径。塌陷塘水体中微量元素可能源于采矿以及农业活动、生活污染源、污染物的干湿沉降以及起源于农田或矿石的沉积物中元素的释放。存活在塌陷塘水体鱼体中的微量元素水平在随后的长期暴露过程中亦会增加,这可能是由周边采矿活动排放的污染物直接导致的。

9.1.2　样品采集

2014 年,在淮南矿区的 3 个子矿区的塌陷塘和对照区的自然水体中均采集了鲫鱼样品,在渔民帮助下于每个塌陷塘采集若干鲫鱼样品,为保证鱼样的大小符合流入市场的标准,每个塘挑选出 3 条重量大于 350 g 的鲫鱼备用。水样装入塑料瓶中,加入硝酸酸化,使其 pH 低于 2。鱼样品装入塑料袋,编号备用。

9.1.3　样品测试与分析

9.1.3.1　样品前处理

对鲫鱼样品实施安乐死后于 - 20 ℃冷冻待用,解冻后将肌肉、皮肤、鳃及肝脏这 4 个组织或器官从鱼体上切分下来,置于烘箱内 80 ℃烘干,肌肉组织于烘干前后分别称重,计算干湿比重与其他文献中的结果进行比较。本研究中鱼肉干湿比重值约为 5.00。对鲫鱼器官组织使用体积比为 1∶1 的硝酸与过氧化氢进行消解;消解过程均在电热板上加热完成,根据需要加入更多酸溶液直至样品消解至近澄清。最后,所有消解液分别用 2%稀硝酸溶液稀释定容至 25 mL。

9.1.3.2　样品中元素含量的测定

使用电感耦合等离子体发光光谱仪(ICP-AES)及电感耦合等离子体质谱仪(ICP-MS)测定鱼中的 As、Cd、Cr、Cu、Ni、Pb、Zn 元素总量。所用仪器归中国科学技术大学苏州研究院或中国科学技术大学理化科学实验中心所有。

9.1.4　鱼各器官组织中微量元素含量分布特征

9.1.4.1　鱼肉中微量元素含量

1. 淮南煤田塌陷塘中鱼肉微量元素含量

为研究淮南煤田塌陷塘中鱼肉微量元素含量水平,引用其他学者研究中多个地区相同种类鱼肉中微量元素浓度与本书研究对象进行比对。

与前人在同样采样区研究得出的结论进行比对,本研究的鱼肉中元素含量明显较高,可能由鱼生存条件以及采样季节的差异所导致。夏季鱼类的生长速率较高,会导致微量元素富集程度偏高。与其他研究相比,淮南地区塌陷塘中所采集鲫鱼鱼肉中微量元素(除 Cu、Pb 和 Zn 除外)浓度几乎全是最高。德涅斯特河中鲫鱼鱼肉所含 Pb 元素含量高于本研究的鱼肉。受水华影响的太湖,从中采集的鲫鱼鱼肉中所含 Cu 和 Zn 元素含量水平高于本书的结果。推测原因为:湖中鱼类食用蓝藻,而蓝藻细胞中富集了微量元素,Cu 和 Zn 等必需元素的含量尤其高,这两种元素通过食用途径进入鱼体中,进而富集在鱼肉中。各文献中缺乏有关这种鱼类中 As 元素含量水平的研究,这正体现了本研究的必要性。

研究证实,工业发达地区以及矿区周边水体中鱼肉的微量元素含量水平通常要高于其他地区。本书研究结果不仅高于 Has-Schön et al. 于 2008 研究中采自"Hutovo Blato"自然公园样品中浓度,而且也高于 Sapozhnikova et al. 于 2005 年研究中周围遍布工农业活动的 Dniester 河中样品元素浓度。总体而言,淮南煤田塌陷塘鲫鱼鱼肉中微量元素平均含量大部分高于其他水体内鲫鱼鱼肉中元素含量。

图 9.1 中展现了 4 个采样点鲫鱼组织器官中各元素的含量分布特征。除 Cd 元素外,塌陷塘中采集的鲫鱼鱼肉元素含量均高于对照区自然水体中采集的鱼肉元素含量。但是,在这些采样点之间并没有明显的差异性。塌陷塘中鲫鱼的鱼肉中 Cd 的含量水平要明显低于其他矿区。通常而言,鱼肉中微量元素的富集是一个相对稳定的过程。因此,从 3 个煤矿塌陷水体鱼肉中分析得出的元素含量变化范围较窄,且与其他组织器官相比浓度均相对较低。在鱼类新陈代谢过程中各元素不同的代谢特征导致鱼肉对各微量元素的富集存在差异。根据表 9.1 中结果显示,鱼肉中元素浓度从大到小为:Zn>Cr>Ni>Pb>Cu>As>Cd。一般而言,对鱼类生存机能有影响的必需元素含量高于非必需元素含量。

表 9.1 同一鱼种鱼肉中微量元素浓度的比较(mg·kg^{-1})

位置	As	Cd	Cr	Cu	Ni	Pb	Zn
	0.16	0.06	6.21	1.61	3.88	1.76	12.80
淮南塌陷塘	0.03	0.01	1.24	0.32	0.78	0.35	2.56
	—	0.01		1.43	—	0.25	9.47
		0.013	0.387	1.89		0.287	130
江苏太湖		0.01	0.81	1.67	0.21	0.10	81.61
广东大宝山矿附近的池塘		0.1		0.61		0.29	13.5
东欧德涅斯特河	—	0.02~0.04		57~4.75		9~9.96	07~1.4
南欧 Hutovo Blato	—	0.01	—			0.1	—

2. 淮北区塌陷塘鱼肉中微量元素含量

由表 9.2 可知,矿区塌陷塘鱼肉中 Cu 和 Pb 的平均含量均高于食品中卫生限量标准,五沟矿和朱仙庄矿塌陷塘鱼肉中 Zn 的平均含量也高于食品中卫生限量标准,这表明某些矿区塌陷塘鱼肉中存在一些重金属的富集和超标。同时,考虑对照水塘鱼肉中 Cu、Pb 和 Zn 平均含量均超标,说明当地的 Cu、Pb 和 Zn 可能存在普遍的超标现象,其来源可能并非仅为煤矿,存在多源情况。但某些矿区的鱼肉中重金属平均含量确实高于对照标准(如 Cr 和 V),这说明矿业的开采也确实带来了重金属元素在周边塌陷塘鱼中的富集。

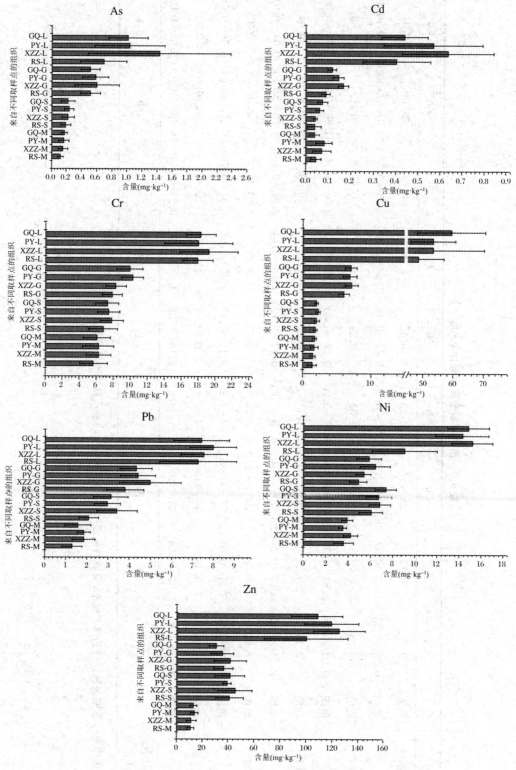

图 9.1　淮南矿区鱼类组织中微量元素含量

表9.2　鱼肉中重金属含量(mg·kg⁻¹)

		Co	Cr	Cu	Mn	Ni	Pb	V	Zn	Cd
对照	均值	0.72	0.17	24.43	6.95	0.45	1.86	0.37	79.02	0.04
	范围	0.26~1.16	0.11~0.22	16.31~32.54	3.57~10.32	0.41~0.49	1.68~2.04	0.23~0.52	62.07~95.97	0.040~0.44
百善矿	均值	0.20	0.22	18.71	2.83	0.24	1.07	0.47	48.19	0.03
	范围	0.02~0.48	0.12~0.33	14.84~22.54	0.73~5.20	0.12~0.36	0.79~1.53	0.00~1.14	34.96~74.69	0.01~0.05
任楼矿	均值	0.48	0.20	32.07	1.11	0.55	2.21	0.43	32.87	0.04
	范围	0.44~0.51	0.13~0.27	26.45~37.70	0.98~1.25	0.32~0.79	1.88~2.54	0.27~0.60	27.50~38.23	0.04~0.07
五沟矿	均值	2.44	0.38	34.29	3.75	0.63	2.04	0.40	52.39	0.07
	范围	1.41~3.47	0.25~0.50	26.76~41.83	2.62~4.89	0.41~0.85	1.45~2.63	0.04~0.76	39.13~65.65	0.06~0.08
朱仙庄矿	均值	1.38	0.46	27.44	4.67	0.24	1.37	0.44	73.79	0.03
	范围	1.12~1.64	0.37~0.55	25.57~29.31	4.37~4.97	0.16~0.32	1.04~1.70	0.24~0.64	68.65~78.93	0.03~0.03
国家食品中重金属卫生限量		—	2	10	—	1	0.5	—	50	0.1

注:表中黑体数据表示超过评价的参考标准;斜体数据表示超过参考标准;—表示数据不可获取。

9.1.4.2　鱼皮及鳃中微量元素含量

鱼皮是覆盖整个鱼体并与水体和沉积物直接接触的组织,且常随着鱼肉一起被人类食用。如图 9.1 和表 9.3 所示,鲫鱼鱼皮中元素含量按下述顺序排列:Zn>Cr>Ni>Pb>Cu>As>Cd,与鱼肉中元素含量排序一致。根据测试结果的方差分析得出:仅 Cd、Cu 和 Pb 元素在不同采样点之间呈现出统计学上的显著差异,自然水体中鲫鱼鱼皮中元素含量最低。然而,不同矿区鱼皮元素含量并未有特定的分布模式。生存条件对鱼皮中 Cd、Cu 和 Pb 元素富集存在明显影响。

鱼鳃与鱼类生存环境直接接触,也是重要的组织器官。鱼鳃表面可吸附周边环境中的微量元素。4 个采样区鱼鳃中 Cd、Cr 和 Ni 元素存在着统计学差异,对照区中鲫鱼鱼鳃中元素含量最低。鱼鳃中其他元素含量在不同采样区之间无明显差异性。朱仙庄矿的鱼鳃中微量元素(除 Cr 和 N 外)含量水平最高,与其开采历史最长这一特点相一致。本研究推测鲫鱼组织器官对微量元素的富集与其开采历史相关。鱼鳃中微量元素含量排序与鱼肉及鱼皮中排序存在一定的差异:Zn>Cr>Cu>Ni>Pb>As>Cd。鱼鳃中所有元素浓度均明显高于鱼肉中元素浓度,这一结果与其他研究发现相一致。

9.1.4.3　鱼肝脏中微量元素含量

4 个采样区塌陷塘鲫鱼肝脏中元素的含量水平如图 9.1 所示。尽管在对照区采集的鲫鱼肝脏中各元素含量均最低,然而仅 Cd 和 Ni 元素在矿区和对照区间的含量存在着显著差异。与鱼鳃相同,朱仙庄煤矿区鲫鱼肝脏样品元素含量最高。但是,除 Cu 和 Pb 以外,这些元素含量的大小顺序与鱼鳃中均不一致,这表明在不同组织器官中存在着不同的元素富集过程。

9.1.4.4　不同器官组织中微量元素含量比较

表 9.3 列出了塌陷塘鲫鱼组织器官中 As、Cd、Cr、Cu、Ni、Pb、Zn 元素的平均浓度。通过方差分析,鱼肉中元素浓度明显低于肝脏中元素的浓度。不过,As、Cd 和 Cu 元素水平在鱼肉和鱼皮之间无显著差异。Ni 和 Zn 元素在鱼皮和鱼鳃中的含量亦无差异性。然而,Cr 和 Zn 元素含量在不同类型组织器官之间皆具有显著差异。本研究中微量元素浓度大小顺序为:肝脏>鱼鳃>鱼皮>鱼肉。通常在鱼肉中元素含量最低,而在肝脏中元素含量均相对较高。鱼肉中元素含量最低表明其对周边环境中微量元素富集作用不明显。研究发现在鱼皮和鱼鳃中元素富集程度处于中度水平。Chen(1999)阐明了鱼鳃中元素浓度可以反映水中迁移到鱼体中微量元素的有效性,这主要由于鱼鳃直接与水体和沉积物接触。在所有研究的组织器官中,肝脏所含微量元素浓度最高。肝脏被认为是鱼体受微量元素污染的重要指示器。肝脏中蛋白质可与重金属元素相结合形成的金属硫蛋白,从而降低它们的毒性,最终导致其从周边环境中富集较高的微量元素。

表 9.3　沉陷塘里鱼组织中的微量元素浓度(mg·kg⁻¹干重)(不考虑矿山)($n=9$)

		As	Cd	Cr	Cu	Ni	Pb	Zn
肌肉	均值±标准值	0.16±0.06 a	0.06±0.04 a	6.21±1.56 a	1.61±0.44 a	3.88±0.56 a	1.76±0.50 a	12.80±3.24 a
	最小值－最大值	0.07~0.33	0.02~0.17	3.66~9.13	0.67~2.91	2.72~5.76	0.68~2.72	6.70~18.84
鱼皮	均值±标准值	0.23±0.08 a	0.06±0.02 a	7.51±1.31 b	2.15±0.33 a	6.97±1.04 b	3.17±0.79 b	42.06±10.13 b
	最小值－最大值	0.04~0.39	0.02~0.10	5.43~9.89	1.56~2.93	5.54~9.52	1.56~5.34	25.61~65.89
鳃	均值±标准值	0.57±0.20 b	0.14±0.03 b	9.48±1.56 c	7.05±0.91 b	5.86±1.12 b	4.56±1.07 c	36.03±10.18 b
	最小值－最大值	0.27~0.99	0.09~0.20	6.19~12.65	5.43~8.92	3.52~8.76	2.43~7.94	17.66~56.16
肝脏	均值±标准值	1.16±0.63 c	0.55±0.20 c	18.52±3.14 d	55.33±12.33 c	14.76±2.04 c	7.64±1.16 d	118.03±20.64 c
	最小值－最大值	0.8~2.99	0.23~0.92	10.94~25.07	28.43~77.84	11.23~19.33	5.55~9.55	83.55~151.98
鱼类允许限量卫生标准(ww)		0.1	0.1	2	—	—	0.5	—
鱼类允许限量标准(dw)		0.5	0.5	10	—	—	2.5	—

注:—表示数据不可获取。

9.1.4.5　鱼体及环境介质中微量元素含量间关系

水体中微量元素含量可直接影响鱼对元素的生物富集程度。食物来源同样对鱼体中元素富集产生重要的影响作用。鲫鱼是杂食鱼类,喜栖息于底泥,含有微量元素的沉积物可能就是该鱼类的一种食物来源。因此,本研究运用皮尔逊相关性分析探讨鱼类组织器官中元素含量水平与其生存介质(栖息水体和沉积物)之间的相关性。由于在塘中鱼和水是流动着的,这就导致无法在同一采样点进行鱼与介质间元素含量相关性分析。本书将每一个塌陷塘看成一个封闭的整体,在计算过程中使用每个塘($n = 9$)中鱼和介质样品中各元素平均含量水平。

表9.4中列出两者间有显著相关关系的相关系数($p < 0.05$ 或 $p < 0.05$)。结果表明,水体中和鱼鳃中的Ni含量以及水体和肝脏中的Pb元素存在着明显的正相关关系,而并未发现其他元素在水体和鱼组织器官之间存在着明显的相关关系。这与Wang et al.于2015年所得结果不一致,这可能是由于生存条件以及季节变化的不同导致的。另外,除了鱼皮和沉积物的各元素含量间无明显相关关系之外,沉积物与其他组织器官间的大多数元素含量间存在显著正相关关系。这些结果证实了该底栖鱼种与沉积物之间关系紧密,沉积物中微量元素对鲫鱼体中元素的富集效应影响较大。因此,本研究中鱼鳃中Ni元素和肝脏中Pb元素可能来源于水体和沉积物;鱼肉中的As、Cd、Cu以及肝脏中的Cd、Cr、Pb、Zn元素均主要来源于沉积物中。在组织器官中与介质中无相关关系的元素可能存在多种来源,包括水底植物、动物、水和沉积物等。

表9.4　鱼体组织与环境介质中元素浓度的相关性

| 元素 | 介质-组织 | | | | | | | |
	水-肌肉	水-皮	水-鳃	水-肝脏	沉积物-肌肉	沉积物-皮	沉积物-鳃	沉积物-肝脏
As	—	—	—	—	0.794*	—	—	—
Cd	—	—	—	—	—	—	—	0.987**
Cr	—	—	—	—	0.781*	—	—	0.884**
Cu	—	—	—	—	0.799*	—	0.876**	—
Ni	—	—	0.827**	—	—	—	0.94**	—
Pb	—	—	—	0.779**	—	—	—	0.830**
Zn	—	—	—	—	—	—	—	0.959**

注:* 表示 p 在0.05时显著相关;** 表示 p 在0.01时显著相关。

9.1.5　矿区鱼中微量元素的潜在生态风险

模型:鱼肉经食入途径微量元素健康危害个人风险(a^{-1}):

$$D_{ig} = \frac{[M_{ig} - C_i]}{70} \tag{9.1}$$

式中，M_{ig}代表成人日均摄入鱼肉的量，本研究参照马挺军等人(2010)的研究，以 $0.1\ kg \cdot d^{-1}$ 来计算。

由表 9.5 可知，参考国际辐射防护委员会推荐的最大可接受风险水平 5.00 E-05，鱼肉中化学致癌微量元素个人年风险均来自 As 和 Cr，且 Cr 的风险高于 As。而非化学致癌微量元素 Zn、Pb、Ni、Mn、Cu 产生的个人健康年风险均在可接受范围之内。相同化学致癌微量元素产生的健康个人年风险在不同矿区也存在差异，As 在矿区产生的健康风险排序为：顾桥矿＞新庄孜矿＞潘一矿，Cr 在矿区产生的健康风险排序为：潘一矿＞顾桥矿＞新庄孜矿，而鱼肉中微量元素产生的总的个人健康年风险在矿区排序为：潘一矿＞顾桥矿＞新庄孜矿。

9.1.6　小结

本章研究旨在为淮南、淮北矿区及鲫鱼之间的微量元素含量分布在淮南煤田所选取的塌陷水体具备类似的物理化学特征。各微量元素浓度处在渔业可接受阈值内。因此，选取的塌陷塘均适宜养鱼。在同一组织器官中，不同微量元素含量存在显著差异，其中 Zn 元素含量最高，As 和 Cd 元素含量最低。本研究中不同组织器官中微量元素浓度符合以下排序：肝脏＞鱼鳃＞鱼皮＞鱼肉。肝脏中之所以富集高浓度的微量元素是由于它是鱼类存储和新陈代谢的重要器官，而进入鱼肉中的微量元素会通过新陈代谢器官降低毒性。对照区自然水体采集到的鲫鱼器官中元素浓度在统计学上显著低于塌陷湖中采集的鲫鱼样品中元素浓度，而在不同矿区塌陷水体中采集的鲫鱼组织器官对微量元素的富集作用无明显分布规律。不同采样区鲫鱼组织器官中元素含量的复杂分布特征反映出瞬时曝露及摄入模式的差异，元素的摄入模式受到采矿活动、各元素生物化学特性及鱼类新陈代谢作用的共同影响。

通过研究鲫鱼组织器官中元素浓度与周围环境介质中元素浓度间相关关系发现，沉积物对鱼中微量元素生物富集作用起着较为明显的作用。鱼中微量元素可能有多种来源。

通过评价食用鲫鱼鱼肉所造成的健康风险发现，研究区居民食用鱼类并未遭受到明显的潜在健康危害。但是，渔夫可能由于其独特的饮食习惯面临着较为严重的潜在健康风险。

总而言之，塌陷塘中鲫鱼体内微量元素的生物富集作用要强于在自然水体生存的鲫鱼。采矿活动产生的微量元素污染可能造成严峻的生态问题。鱼类对人类来说是有价值的食物，可均衡营养，人类食用鱼类所产生的健康风险值得关注。淮南矿区塌陷塘中鲫鱼体内微量元素对人类所造成的潜在健康风险应引起重视。

表 9.5　鱼肉经食入途径微量元素健康危害个人年风险（a^{-1}）

| 区域 | 化学致癌重金属个人年风险 | | | 合计 | 非化学致癌重金属个人年风险 | | | | | | 总个人年风险 |
	As	Cd	Cr		Zn	Pb	Ni	Mn	Cu		
泥河	1.21×10^{-4}	1.04×10^{-6}	4.64×10^{-4}	5.86×10^{-4}	1.46×10^{-9}	2.01×10^{-8}	2.96×10^{-9}	4.74×10^{-11}	2.37×10^{-8}	5.86×10^{-4}	
新庄孜矿	3.67×10^{-5}	2.36×10^{-7}	1.93×10^{-4}	2.30×10^{-4}	1.01×10^{-9}	1.05×10^{-8}	1.96×10^{-9}	2.05×10^{-11}	1.17×10^{-8}	$2.30 \, \text{E-}04$	
潘一矿	1.79×10^{-5}	1.19×10^{-6}	5.00×10^{-4}	5.29×10^{-4}	1.08×10^{-9}	1.2×10^{-8}	7.06×10^{-10}	2.09×10^{-11}	1.17×10^{-8}	5.19×10^{-4}	
顾桥矿	4.80×10^{-5}	2.78×10^{-7}	2.16×10^{-4}	2.65×10^{-4}	1.61×10^{-9}	1.42×10^{-8}	1.39×10^{-9}	2.95×10^{-11}	1.62×10^{-8}	2.65×10^{-4}	

9.2　矿区塌陷湖藻类与环境的耦合关系研究

在镜检的基础上,对8个塌陷塘中的大型浮游藻类的种类、种群特征、污染性特征藻类的分布做了一个详细的生态学分析,并将塌陷塘的相关理化因素和化学性质与浮游藻类的种群特征结合起来,分析藻类生态结构与环境联系,最终将藻类种群的生态学特征用于对塌陷湖的水质做出评价,反映出塌陷湖水质的富营养化程度及污染程度,为了解塌陷湖这一特殊生态系统提供一个思路。

9.2.1　概述

由于不同水体的富营养化以及污染状况各异,水生植物群落的结构组成也各具特点,用来了解和评价水生植物群落状况的指标有很多,如叶绿素含量、水生植物生物量及分布、蓝藻细胞密度、水生植物类别名称和数量、优势种类、多样性指标(优势度、丰度、均匀度)等,将这些指标与水体中营养和污染物质的浓度相结合,更能准确地了解水质状况,为下一步控制水质恶化和污染修复提供理论依据。

对于大型湖泊水体而言,水生植物群落的研究大多集中在对湖区浮游藻类、着生藻类和沿岸大型水生植物的研究,但是,由于浮游藻类和着生藻类与湖区水体和沉积物中营养和污染物质的关系更为紧密,故本书中对于水生植物的群落研究的进展主要叙述湖区浮游藻类和着生藻类群落,而目前对于湖泊中浮游藻类群落研究的重点和热点集中在对富营养化和水华发生湖泊中的浮游藻类群落的研究。

目前,从水生生物群落的角度评价和判定水体富营养化和污染状况是深入研究水生生物群落与环境之间的相互关系的热点和焦点之一,也是国内外研究者对于水生生态系统和水生生物群落的进一步研究通用和常见的做法。而对于湖泊和河流等水体而言,水生植物尤其是藻类的群落结构特征更能够代表水生生物群落状况,从而更好地反映水体的富营养化和污染状况。常用的评价指标有藻类的生物量和细胞密度、叶绿素含量、藻类群落的多样性指标以及污染特征性藻类的种类与数量等。

浮游藻类的生物量和细胞密度最能直接反映浮游藻类的生存状态以及对水体环境中营养和污染物质的适应能力;叶绿素是藻类体内与光合作用和能量来源相关的重要物质,浮游藻类多数种类如蓝藻门(Cyanophyta)和绿藻门(Chlorophyta)藻类可以以体内叶绿素进行光合作用,维持自身正常的生理功能;浮游藻类多样性指标参数是从多种角度综合反映浮游藻类群落结构的结构组成和生存状态的参数,主要包括 Margalef 丰度指数、Shannon Weaver 多样性指数模式、Lloyd Ghelardi 均匀度指数和优势度指数,其参数值可以反映湖泊生态系统和水体水质的健康状况;另外,水体的富营养化和污染程度与通过各种途径进入水体的营养和污染物质密切相关,也随着它们的性质和数量、组成不同而产生变化,显著影响了水体中的水生植物,尤其是浮游藻类群落的结构组成及优势种,故部分适于在富营养化和污染水体中生活的藻类种类可作为水体营养化和污染的指示生物,是重要的评价水体环境条件的变化和水质状况的参数。况琪军等人以及美国环保局和日本的研究者分别从以上指标入手,提出了相应的水体富营养化和评价标准。

高世荣等研究发现裸藻门、蓝藻门等的裸藻属、衣藻属以及实球藻属等藻类具有良好的耐污耐、肥性,可作为水体富营养化和污染的指示种类,另外,产生水华现象的藻类主要有微囊藻、鱼腥藻、束丝藻、颤藻和直链藻等,多数为蓝藻门藻类。同时,栅藻、衣藻、弓形藻和十字藻等绿藻门藻类在富营养化和污染水体中也呈现出数量较大、分布广泛的特点。

9.2.2　样品采集

采样点分别位于任楼矿、五沟矿和百善矿的湿生植物。采用样方法,在塌陷塘离岸距离 1 m 内等距设置 10 个 0.5 m×0.5 m 的样方。将样方内的植物连根铲取。沉水植物要整株捞取。

9.2.3　样品处理与分析

9.2.3.1　带藻水体的前处理和镜检计数

将用于群落结构组成的浮游植物定量样品瓶中的水样摇匀,静止 24 h 后,去上清液浓缩,用上清液洗涤瓶壁几次后的洗涤液,并将剩余沉淀物转入 30 mL 容量瓶,进行定容混匀后,与定性样品一起置于面积为 20 mm×20 mm、容量为 0.1 mL 的浮游植物计数框内,在 10×40 倍光学显微镜下进行种类辨别和数量统计,每个样品计数 2 片,取 2 片数量的平均值,如果 2 片计数的结果相差达到 15%,则需要进行第 3 片样品的计数,再在其中选择个体数量相近的 2 片,将这 2 片中的个体数量进行平均,就可以得到浮游藻类的种类和个体数量。浮游藻类的采样和分类的方法参考《中国淡水藻类:系统分类及生态》等资料。

9.2.3.2　植物的前处理和实验测试

1. 称重和干燥

湿生与挺水、漂浮植物辨种计数后按整株或部位(根、茎叶和花果)称量其湿重,60 ℃烘干后称量干重,破碎成粉状备用。沉水植物杀青后观察辨种后称量,于 80 ℃烘干后备用。

2. 植物消解

固体样品的微量元素测试前需要进行消解处理,本次研究选择湿化学法对岩石样品进行消解,消解实验在中国科学技术大学理化科学实验中心完成。

清洗瓶子、漏斗、比色管(用超声波清洗器),并烘干(120 ℃以下,烘干为止,80 ℃为宜)瓶子和漏斗。称量样品 0.1 g 并逐一编号记录、放入对应的瓶中,把装有样品的瓶子放在加热板上,加酸(1 mL 双氧水、2 mL 高氯酸和 5 mL 硝酸)盖上歪颈漏斗,隔夜,第二天于 120 ℃加热 3 h。180 ℃加热 1 h,把歪颈漏斗拿下来,210 ℃加热赶酸,烧至浓白烟后取下,放入试管瓶中并用蒸馏水定容至 25 mL。手摇混匀,测前再超声混凝。注意应在瓶子放在散热板上之后、加酸之前就打开通风橱,定容完全部样品关通风橱。

3. 测试

微量元素的测定过程是采用电感耦合等离子体质谱仪(ICP-AES,型号为 Optima 2100DV,PerkinElmer,ng·g^{-1}检测级别)进行。具体实验步骤如下:

配2%浓度的稀硝酸:取浓度为65%～68%之间的硝酸溶液,找一个1 L的容量瓶,加30 mL浓度为65%～68%的硝酸溶液,加纯水定容至1000 mL。配标液:因为要测量的元素为V、Cr、Mn、Co、Ni、Cu、Zn、Al、Cd、As、Pb、Mg、Fe、P、Sb,故取24元素标准溶液母液100 mg·g^{-1}和P元素标准母液1000 mg·g^{-1},配0.4 mg·g^{-1}、5 mg·g^{-1}标液,用刚配好的2%稀硝酸定容至25 mL。

测试:开机后先测试空白和两个不同浓度的标液,再逐一检测样品。最后校正后导出数据。

为确保最终测试结果的准确性,合理科学地选择最佳消解方案,采用电感耦合等离子体发射光谱仪(ICP-OES)进行最终的多元素测定,仪器型号为美国Perkin-Elmer Coperation公司生产的Optima 7300DV型感应耦合等离子体原子发射光谱仪。可检测波长范围为160～800 nm,具有3万条以上的谱线库,检出限位0.2～4 ng·mL^{-1};测试1 mg·mL^{-1}混合多元素溶液,该仪器精密度可达CV<0.5%。为保证准确度、精确性,应严格质量控制,采用国家标准物质GBW07603(灌木枝叶)做仪器的校准和数据分析的校核,所有分析和测试应严格执行,参考美国EPA标准。

9.2.4 塌陷湖藻类群落的生物学分析

9.2.4.1 夏季塌陷湖区浮游藻类群落结构

在3个矿的8个塌陷塘中共检出5门60属的藻类。各塌陷塘的具体结果见表9.6。

表9.6 采样塌陷湖总的藻密度和种类

样品编号	五沟-1	五沟-2	五沟-3	任楼-1	任楼-2	任楼-3	百善-1	百善-2
藻密度 (万个·L^{-1})	16.4	4342.2	54.6	1662.8	199	33.7	155.9	247.1
藻类数	9属	7属	5属	35属	9属	13属	26属	27属

各个塌陷湖藻类密度相差很大。藻类密度最大的是塌陷湖五沟-2,藻类密度达4342.3万个·L^{-1},藻类密度最小的塌陷湖是五沟-1,藻类密度仅为12.4万个·L^{-1}。与藻类密度不同,藻类的种类组成方面各门的比例有比较大的相似性。各个塌陷湖的优势藻类(除百善-2外)都为甲藻门,其次为蓝藻门。而在百善的两个塌陷湖中,硅藻门也占据了较大比例。具体的藻类群落结构见表9.7。

表9.7 各个塌陷塘中的优势属藻类属种及所占比例

编号	属名	占比	编号	属名	占比
WG-1	腔球	25%	RL-2	色球	92%
	色球	19%		实球	2%
	原甲	13%		裸	2%
	卵圆	13%		小环	1%
	其他	30%		其他	3%

续表

编号	属名	占比	编号	属名	占比
	色球	49%		色球	26%
	原甲	24%		实球	17%
WG-2	隐杆	8%	RL-3	微囊	9%
	盐	8%		四星	9%
	其他	1%		其他	39%
	色球	88%		平裂	14%
	实球	4%		色球	13%
WG-3	楔形	4%	BS-1	菱形	10%
	鞘丝	2%		微囊	9%
	其他	2%		其他	54%
	针杆	56%		脆杆	59%
	色球	35%		色球	26%
RL-1	微囊	1%	BS-2	实球	2%
	四角	0.60%		黏杆	2%
	其他	7.40%		其他	11%

9.2.4.2　浮游藻类优势属的判定

本次研究还对 8 个塌陷塘水体中的浮游藻类各藻属的总体数量进行了统计和分析,如图 9.2 所示。在塌陷塘五沟-1 的水体中,第一优势的藻类是腔球属,所占比例为 25%,而色球和原甲、卵圆属紧随其后,分别占有总数的 19%、13% 和 10%。在塌陷塘五沟-2 的水体中,第一优势属为色球属,几乎占据了藻类总数的一半,第二优势属为原甲,占有 24%,剩下的属种则没有太大优势。在塌陷塘五沟-3 的水体中,色球属更是占据了 88% 的藻类种数,是绝对的优势种属。这一情况也发生在任楼-2 塌陷湖中,色球属占据了藻类总数的 92%。这表示在这 2 个塌陷湖中除了色球属,其他的藻类几乎可以忽略不计,色球属处于“垄断”的地位。在塌陷塘任楼-1 的水体中,第一优势属则是针杆属,为藻类总数的 56%,色球属仍占据第二优势属的地位(35%),二者也几乎处于“垄断”地位。在塌陷塘任楼-3 的水体中,第一优势属(色球属,26%)和第二优势属(实球属,17%)仍占有较大的领先位置,但是没有形成“垄断”。在塌陷塘百善-1 的水体中,第一优势属为平裂属,数量为藻类总数的 14%,与派遣似得优势属相差不大。在塌陷塘百善-2 的水体中,“垄断”再次出现,第一优势属脆杆属占有总数的 59%,与占有总数 26% 的第二优势属色球属总共占有了总数的 85%。在表 9.7 中具体列出了每个塌陷塘中数量前 4 的藻类属种及其所占比例。

由上述数据可以看出,8 个塌陷塘水体中的藻类数量分布大致分为两类。一种是由一种或两种优势属的藻类形成“垄断”,通常它们的数量会占据藻类总数的 80% 甚至 90% 以上;另一种是优势属种并没有哪一种形成绝对优势,几个优势属之间差距不大,相互竞争仍然存在。

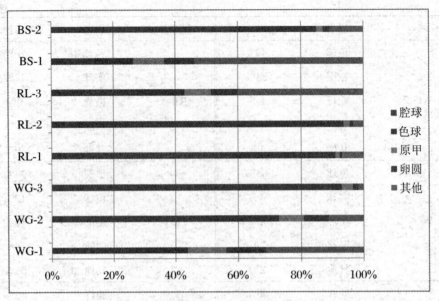

图 9.2   各个塌陷湖中优势藻类的百分比图

9.2.4.3   染特征性藻类数量的空间变化

污染特征性藻类由 Palmer 等研究者提出,主要是指适宜在污染水体中生活,能耐受污染的藻类,而参考 Palmer 等人的研究成果,我们确定本次研究中的浮游藻类特征污染性藻类分别为纤维藻属(*Ankistrodesmus*)、衣藻属(*Chlamydomonas*)、小球藻属(*Chlorella*)、新月藻属(*Closterium*)、小环藻属(*Cyclotella*)、裸藻属(*Euglena*)、异极藻属(*Gomphanoma*)、直链藻属(*Melosira*)、微囊藻属(*Microcystis*)、舟形藻属(*Navicula*)、菱形藻属(*Nitzschia*)、颤藻属(*Oscillatoria*)、实球藻属(*Pandorina*)、席藻属(*Phormidium*)、扁裸藻属(*Phacus*)、栅藻属(*Scenedesmus*)、毛枝藻属(*Stigeoclonium*)、针杆藻属(*Synedra Ehr.*)等藻类。本次研究基于上述理论,对于 8 个塌陷湖水体中的污染特征性藻类的数量和分布进行了统计和分析,研究了水体中污染特征性藻类和非污染特征性藻类的生长现状,可以从侧面了解各采样点水质和污染状况。

得出的 8 个塌陷塘中污染特征性藻类所占比例见表 9.8。

表 9.8   各个塌陷塘中污染特征性藻类所占比例

塌陷湖编号	五沟-1	五沟-2	五沟-3	任楼-1	任楼-2	任楼-3	百善-1	百善-2
污染特征藻类属数占总属数比例	11%	29%	20%	20%	44%	38%	27%	22%
污染特征藻类数量占总数量比例	8%	11%	33%	91%	65%	50%	43%	6%

由表 9.9 可以看出,虽然污染特征性藻类的种类占总属数的比例普遍不大,但是从数量上来看,在一些湖中,污染特征性藻类的数量占有很大比例,如塌陷湖任楼-1(91%)、塌陷湖任楼-2(65%)和塌陷湖任楼-3(50%)就很明显。

表 9.9　塌陷湖藻类种类统计表(＋代表该地样区检出该种)

	种类	WG-1	WG-2	WG-3	RL-1	RL-2	RL-3	BS-1	BS-2
蓝藻门	色球藻属	＋	＋	＋	＋	＋	＋	＋	＋
	微囊藻属		＋		＋		＋	＋	＋
	项圈藻属				＋			＋	
	粘球藻属		＋		＋				＋
	鞘丝藻属			＋	＋				
	平裂藻属				＋			＋	＋
	黏杆藻属				＋			＋	
	念珠藻属				＋				
	隐杆藻属		＋						＋
	螺旋藻属						＋	＋	
	腔球藻属	＋							
	颤藻属		＋						
绿藻门	毛枝藻属				＋				
	十字藻属				＋	＋	＋	＋	＋
	实球藻属	＋		＋		＋	＋	＋	＋
	四角藻属	＋			＋			＋	＋
	刚毛藻属				＋				＋
	空星藻属				＋				
	空球藻属				＋				
	微芒藻属				＋				
	扁藻属				＋				＋
	杂球藻属				＋				
	叶衣藻属				＋				
绿藻门	桥湾藻属				＋			＋	＋
	卵囊藻属								＋
	栅藻属						＋	＋	＋
	并联藻属								＋
	弓形藻属						＋	＋	＋
	四星藻属						＋	＋	
	四棘藻属							＋	
	纤维藻属							＋	
	盐藻属		＋						
	四鞭藻属	＋		＋					

续表

	种类	WG-1	WG-2	WG-3	RL-1	RL-2	RL-3	BS-1	BS-2
甲藻门	原甲藻属	+	+		+	+			+
	甲藻属							+	
硅藻门	针杆藻属				+				
	脆杆藻属				+		+		+
	楔形藻属	+		+	+			+	+
	小环藻属				+		+	+	+
	双壁藻属				+			+	
	羽纹藻属				+			+	
	平板藻属				+				
	圆筛藻属				+			+	
硅藻门	舟形藻属				+			+	+
	卵形藻属				+				+
	曲舟藻属				+				
	布纹藻属				+				
	辐环藻属							+	+
	异极藻属						+		+
	短壳藻属							+	+
	根管藻属								+
	窗纹藻属							+	
	双肋藻属							+	
	菱形藻属							+	
	卵圆藻属	+				+	+		
	骨条藻属					+			
	直链藻属					+			
裸藻门	裸藻属				+	+			
金藻门	鱼鳞藻属	+			+				
	等鞭金藻属								+

9.2.5　塌陷塘水相关理化因素与藻类群落的关系

9.2.5.1　塌陷塘水理化特征分析

由表 9.11 可知,塌陷塘水体偏碱性(pH 为 7.81~8.44 之间),塌陷塘水体的 EC 和 TDS 高于对照塘,说明塌陷塘的含盐量较高,塌陷塘的 DO 也高于对照塘,为 7.63~7.77 mg·L^{-1},DO 在地表水环境质量标准 Ⅰ 级标准之内,说明含氧量丰富;塌陷塘的 COD_{Mn}(4.79~6.36 mg·L^{-1})均高于对照物,在地表水环境质量标准 Ⅲ~Ⅳ 级标准之内,说明塌陷塘有一定的有机污染;塌陷塘水体的叶绿素 a 含量除在五沟矿外,均低于对照塘,说明藻类等产生的光和色素的含量少于对照塘;塌陷塘水体的氨氮含量比五沟矿稍高,其余均低于对照塘,且均在地表水环境质量标准 Ⅱ 级之内,说明含氮有机物或化合物含量不高;塌陷塘水体的总氮含量基本高于对照塘,总磷也基本高于对照塘(除五沟矿),总氮高于地表水环境质量标准 Ⅴ 级,总磷在地表水环境质量标准 Ⅲ 级之上,说明塌陷塘水体的总氮和总磷含量较高,会出现一定的营养性污染(见表 9.10)。

由以上研究发现可得出:水体的总硬度和离子含量呈现矿区差异(见表 9.12)。总体上,矿区水体硬度较高(>120 mg·L^{-1}),属于硬水范围,任楼矿的水硬度最高(387.80 mg·L^{-1},极硬水)。各矿区均有阳离子含量:Na^+>Ca^{2+}>Mg^{2+}>K^+>NH_4^+,阴离子含量 HCO_3^->SO_4^{2-}>Cl^->F^->NO_3^->HPO_4^{2-}>NO_2^->CO_3^{2-}(除五沟矿)。根据表 9.2,各地区的水化学类型为对照:SO_4^{2-}－HCO_3^-—Na^+－Mg^{2+},百善矿 HCO_3^-－SO_4^{2-}－Cl^-—Na^+－Mg^{2+},任楼矿:Cl^-－HCO_3^-－SO_4^{2-}—Na^+－Ca^{2+},五沟矿:SO_4^{2-}－Cl^-－HCO_3^-—Na^+－Ca^{2+}－Mg^{2+}。这表明矿区不同的塌陷塘水体的水化学性质变化较大。根据地表水环境质量标准,F^- 含量(1.07~1.47 mg·L^{-1})在除对照塘和祁东矿外,均超地表水环境质量标准 Ⅲ 类水标准,说明皖北矿区需要特别关注塌陷塘水中的 F^- 含量。

根据表 9.13,塌陷塘水体水质指标之间有一定的相关性。EC 和 TDS、氨氮、总氮、总硬度、K^+、Na^+、Ca^{2+}、Mg^{2+}、Cl^- 呈显著或极显著正相关关系($p<0.05$ 或 $p<0.01$);TDS 和氨氮、总氮、总硬度、K^+、Na^+、Ca^{2+}、Mg^{2+}、SO_4^{2-}、Cl^- 呈显著或极显著正相关关系($p<0.05$ 或 $p<0.01$);COD 和 K^+、NH_4^+、HCO_3^-、NO_3^-、NO_2^- 呈显著或极显著正相关关系($p<0.05$ 或 $p<0.01$);氨氮和总氮、Na^+、SO_4^{2-} 呈显著或极显著正相关关系($p<0.05$ 或 $p<0.01$);总氮和 SO_4^{2-}、NO_2^- 呈显著或极显著正相关关系($p<0.01$);总磷和 K^+、Ca^{2+}、NO_3^-、Cl^- 呈显著或极显著正相关关系($p<0.05$ 或 $p<0.01$);总硬度和 K^+、Na^+、Ca^{2+}、Mg^{2+}、CO_3^{2-}、SO_4^2、Cl^- 呈显著或极显著正相关关系($p<0.05$ 或 $p<0.01$);K^+ 和 Na^+、Ca^{2+}、Mg^{2+}、HCO_3^-、NO_3^-、HPO_4^{2-} 呈显著或极显著正相关关系($p<0.05$ 或 $p<0.01$);Na^+ 和 Ca^{2+}、Mg^{2+}、SO_4^{2-}、Cl^- 呈显著或极显著正相关关系($p<0.05$ 或 $p<0.01$);Mg^{2+} 和 CO_3^{2-}、SO_4^{2-}、Cl^- 呈显著或极显著正相关关系($p<0.05$ 或 $p<0.01$);NH_4^+ 和 NO_2^-、F^- 呈显著或极显著正相关关系($p<0.05$ 或 $p<0.01$);HCO_3^- 和 NO_3^-、HPO_4^{2-} 呈极显著正相关关系($p<0.01$);NO_3^- 和 HPO_4^{2-} 呈极显著正相关关系($p<0.05$)。

表 9.10 藻密度的主因素分析

	主成分		
	1	2	3
EC	0.894	0.159	−0.397
TDS	0.969	0.026	−0.156
DO	0.843	−0.174	−0.084
COD$_{Mn}$	0.962	−0.091	0.184
叶绿素 a	0.861	−0.481	−0.085
氨氮	0.795	−0.596	0.027
总氮	0.874	−0.394	0.033
总磷	0.738	0.663	−0.051
总硬度	0.960	0.225	−0.078
K 离子	0.579	0.777	0.172
钠离子	0.968	0.028	−0.193
钙离子	0.954	0.235	−0.149
镁离子	0.978	−0.044	−0.036
铵根离子	0.079	0.125	0.820
碳酸根离子	0.833	0.062	0.494
硫酸根离子	0.713	−0.653	−0.127
氯离子	0.782	0.563	−0.259
硝酸根离子	0.658	0.045	0.663
亚硝酸根离子	0.087	0.064	0.710
磷酸根离子	0.857	0.480	−0.130
F 离子	0.913	−0.278	0.268
pH	0.920	−0.319	−0.017

9.2.5.2 塌陷塘水理化性质与藻类群落的响应关系

由表 9.14 可知,塌陷塘的藻密度与水的任一相关理化性质都不存在明显的相关关系, 而经过主因素分析可得,藻密度是由多种理化因素共同决定的。

表9.11　塌陷塘水体的理化特征[mg·L⁻¹,EC(μs·cm⁻¹)]

区域		pH	EC	TDS	DO	COD$_{Mn}$	叶绿素a	氨氮	总氮	总磷
对照	均值	8.04	1096.67	651.12	6.98	3.22	11.04	0.39	2.9	0.14
	范围	7.51~8.47	988.00~1365.00	515.65~770.52	5.81~9.31	2.23~6.06	2.54~28.52	0.34~0.43	2.77~3.06	0.06~0.41
百善矿	均值	7.98	1091.28	765.68	7.63	6.26	9.87	0.34	2.89	0.25
	范围	7.45~8.46	855.00~1380.00	451.00~984.26	5.25~8.75	1.81~9.05	2.95~17.98	0.26~0.47	2.75~3.00	0.06~0.67
任楼矿	均值	7.89	1951.17	1089.03	7.69	4.79	10.82	0.28	2.91	0.30
	范围	7.41~8.45	1372.00~3439.00	173.00~2197.19	6.93~8.26	1.81~7.85	1.73~22.97	0.23~0.36	2.77~3.02	0.03~0.95
五沟矿	均值	8.28	1550.75	1083.47	7.65	4.92	16.46	0.37	2.99	0.11
	范围	7.78~8.72	1138.00~2620.00	735.00~1845.85	6.09~8.54	1.76~7.81	1.92~42.44	0.23~0.57	2.67~3.17	0.03~0.13
地表水环境质量标准	Ⅰ类	6~9	—	—	7.5	2	—	0.15	0.2	0.02
	Ⅱ类	6~9	—	—	6	4	—	0.5	0.5	0.1
	Ⅲ类	6~9	—	—	5	6	—	1	1	0.2
	Ⅳ类	6~9	—	—	3	10	—	1.5	1.5	0.3
	Ⅴ类	6~9	—	—	2	15	—	2	2	0.4

表 9.12　塌陷塘水的地球化学特征

区域		总硬度	K⁺	Na⁺	Ca²⁺	Mg²⁺	NH₄⁺	CO₃²⁻
对照	均值	204.98	5.32	119.00	28.2	32.67	0.06	—
	范围	162.47~246.72	4.20~6.38	95.10~140.60	22.09~35.07	26.06~38.65	0.04~0.06	—
百善矿	均值	225.25	4.51	144.72	33.62	34.31	0.44	—
	范围	122.22~266.74	1.93~6.85	92.88~203.90	19.38~42.28	17.93~41.20	0.16~0.92	—
任楼矿	均值	314.21	4.46	243.70	61.47	39.03	0.06	—
	范围	48.19~611.05	0.74~9.44	40.89~517.50	9.82~124.45	5.75~72.92	0.010~0.16	—
五沟矿	均值	303.11	3.23	225.49	46.89	45.17	0.39	1.15
	范围	145.61~388.85	0.97~6.19	128.90~435.40	15.03~78.76	26.24~64.90	0.07~0.98	0~13.80

区域		HCO₃⁻	SO₄²⁻	Cl⁻	NO₃⁻	NO₂⁻	HPO₄²⁻	F⁻
对照	均值	174.98	191.73	96.41	0.44	0.04	0.27	0.73
	范围	137.85~212.35	153.98~227.66	77.93~115.21	0.36~0.58	0.02~0.05	0.08~1.04	0.57~0.92
百善矿	均值	266.64	165.90	108.61	1.19	0.06	0.33	1.47
	范围	121.91~381.99	79.25~262.24	69.13~161.30	0.37~3.43	0~0.10	0.01~1.60	0.79~1.80
任楼矿	均值	195.74	161.01	380.52	0.46	0.01	0.50	1.07
	范围	20.17~255.06	27.11~349.66	68.24~870.30	0.04~0.81	0~0.04	0.04~1.40	0.11~1.76
五沟矿	均值	154.70	440.95	162.6	0.37	0.02	0.14	1.27
	范围	60.61~229.44	226.22~850.61	99.35~242.83	0.22~0.74	0~0.04	0.04~0.48	0.43~2.28

表 9.13　塌陷塘水质理化指标和地球化学参数之间的相关性分析

	pH	EC	TDS	DO	COD	叶绿素a	氨氮	总氮	总磷	总硬度	K⁺	Na⁺	Ca²⁺	Mg²⁺	NH₄⁺	CO₃²⁻	HCO₃⁻	SO₄²⁻	Cl⁻	NO₃⁻	NO₂⁻	HPO₄²⁻	F⁻
pH	1.00																						
EC	−0.21	1.00																					
TDS	−0.11	0.60**	1.00																				
DO	−0.02	0.05	−0.01	1.00																			
COD	−0.10	0.08	0.05	−0.16	1.00																		
叶绿素a	−0.12	−0.02	−0.01	0.24	−0.06	1.00																	
氨氮	0.10	−0.39*	−0.41*	−0.14	−0.14	0.27	1.00																
总氮	0.13	−0.34*	−0.35*	−0.12	−0.16	0.27	0.68**	1.00															
总磷	−0.32	0.21	0.253	−0.10	0.133	−0.1	0.02	0.18	1.00														
总硬度	−0.20	0.65**	0.84**	0.09	0.02	0.16	−0.25	−0.23	0.30	1.00													
K⁺	−0.04	0.36*	0.56**	−0.04	0.35*	0.02	−0.16	−0.13	0.44*	0.42*	1.00												
Na⁺	−0.11	0.56**	0.99**	−0.03	0.00	−0.05	−0.42*	−0.32	0.24	0.77**	0.53**	1.00											
Ca²⁺	−0.27	0.72**	0.68**	0.19	−0.07	0.15	−0.24	−0.17	0.45*	0.93**	0.33*	0.61**	1.00										
Mg²⁺	−0.10	0.82**	0.87**	−0.01	0.10	0.14	−0.23	−0.27	0.10	0.92**	0.43**	0.80**	0.70**	1.00									
NH₄⁺	0.12	−0.14	−0.15	0.12	0.42*	−0.01	0.16	0.01	−0.20	−0.01	−0.05	−0.20	−0.12	0.10	1.00								
CO₃²⁻	0.26	−0.12	−0.14	−0.03	−0.17	−0.16	−0.06	0.10	0.02	−0.44**	−0.09	−0.04	−0.41*	−0.41*	−0.24	1.00							
HCO₃⁻	0.04	−0.04	−0.04	−0.10	0.51**	−0.21	−0.22	−0.05	0.29	−0.27	0.43**	−0.01	−0.23	−0.27	0.01	0.30	1.00						
SO₄²⁻	0.12	0.31	0.78**	−0.04	0.04	−0.04	−0.34**	−0.48**	−0.10	0.55**	0.39*	0.75**	0.30	0.73**	−0.01	−0.16	−0.25	1.00					
Cl⁻	−0.32	0.61**	0.75**	0.06	−0.14	0.12	−0.20	−0.02	0.40*	0.85**	0.30	0.75**	0.85**	0.71**	−0.20	−0.23	−0.16	0.24	1.00				
NO₃⁻	−0.12	0.01	0.02	−0.29	0.60**	−0.08	−0.06	−0.01	0.36*	−0.00	0.66**	−0.02	−0.04	0.03	0.07	−0.05	0.57**	−0.03	−0.14	1.00			
NO₂⁻	−0.12	0.02	−0.00	0.02	0.35*	−0.19	−0.09	−0.49**	−0.13	−0.01	−0.07	−0.01	−0.11	−0.07	0.36*	−0.30	0.09	0.17	−0.20	−0.10	1.00		
HPO₄²⁻	0.26	−0.06	−0.14	−0.03	0.13	0.02	−0.04	0.10	0.09	−0.27	0.35*	−0.11	−0.25	−0.26	−0.16	0.16	0.56**	−0.20	−0.21	0.38*	−0.18	1.00	
F⁻	0.11	0.15	−0.02	0.11	0.18	−0.01	−0.01	−0.08	−0.04	0.11	−0.09	−0.06	0.11	0.10	0.54**	0.03	0.11	−0.10	0.04	0.13	0.08	0.06	1.00

注：* 表示在 0.05 水平相关；** 表示在 0.01 水平相关。

表 9.14 塌陷塘水质理化指标和地球化学参数与藻密度之间的相关性分析

	皮尔逊相关性	显著性（双尾）
pH	−0.254	0.544
EC	−0.279	0.503**
TDS	−0.208**	0.621
DO	−0.404	0.321
COD_{Mn}	−0.452	0.261
叶绿素 a	−0.399*	0.327
氨氮	−0.388	0.343
总氮	−0.566	0.144*
总磷	−0.249	0.553
总硬度	−0.277	0.506
Na^+	−0.262	0.531
Ca^{2+}	−0.331	0.423
Mg^{2+}	−0.245	0.559
HCO_3^-	−0.409*	0.315
SO_4^{2-}	−0.198	0.639
Cl^-	−0.179	0.671
NO_3^-	−0.350	0.395**
NO_2^-	−0.483	0.225
HPO_4^{2-}	−0.264	0.527
F^-	−0.445	0.269

注：* 表示在置信度（双测）为 0.05 时，相关性是显著的。** 表示在置信度（双测）为 0.01 时，相关性是显著的。

9.2.6 多样性指标的计算与分析

各塌陷塘具体情况不同且相对较独立，甚至一个矿区内的塌陷塘之间也有较大差异，无法直接找出规律。结合表 9.15 中的指数可以对塌陷湖水体的相关情况做一个判定。Margalef 丰度指数可以用来指示环境污染程度；Shannon-Weaver 多样性指数可以从群落结构和组成的各种群的角度反映水体环境的富营养化和污染状况；优势度指数用来表示该采样点各优势生物属、种在群落中占的比例大小。通常优势种群的性质和数量与生存环境的特征、受污染和破坏的程度密切相关，研究发现水体处于污染状态情况时，少数耐污种群的个体数量占到群落总个体数量的较大比例。

表 9.15　各个塌陷湖的藻类相关指数

	五沟-1	五沟-3	任楼-1	任楼-2	任楼-3	百善-1	百善-2
Margalef 丰度指数	1.01	0.4	2.49	0.67	1.28	2.2	2.22
优势度指数	0.46	0.48	0.45	0.48	0.23	0.16	0.62
Shannon-Weaver 多样性指数	1.99	1.26	1.52	1.28	2.07	1.9	1.74

9.2.7　基于浮游藻类多样性的水体富营养化和污染判定

9.2.7.1　藻密度直接判定富营养化状态

根据蒙仁宪等人提出的浮游藻类的藻密度判别水体环境质量的判定标准,本次研究对塌陷湖区水体中的富营养化状况进行了判别与评价,结果见表 9.16。从表 9.16 中可以看出藻密度小于 100 万个·L^{-1} 的塌陷湖有 3 个:五沟-1 塌陷湖藻密度为 16.4 万个·L^{-1},属于贫营养状态;五沟-3 塌陷湖藻密度为 54.6 万个·L^{-1};任楼-3 塌陷湖藻密度为 33.7 万个·L^{-1},属于中营养状态。其他 5 个塌陷湖藻密度都超过 100 万个·L^{-1},都属于富营养状态。但是同属于富营养状态的塌陷湖,根据藻密度来看,差别仍很大。有 3 个塌陷湖藻密度在百万个·L^{-1} 级别,2 个塌陷湖藻密度在千万个·L^{-1} 级别。

表 9.16　各个塌陷湖的藻密度及其代表的水体营养状况

塌陷湖编号	五沟-1	五沟-2	五沟-3	任楼-1	任楼-2	任楼-3	百善-1	百善-2
藻密度 (万个·L^{-1})	16.4	4342.2	54.6	1662.8	199	33.7	901.2	247.1
营养状况	贫营养	富营养	中营养	富营养	富营养	中营养	富营养	富营养

9.2.7.2　Shannon-Weaver 多样性指数判定污染状态

如表 9.17 所示,Shannon-Weaver 多样性指数是从研究塌陷湖浮游藻类的组成、结构入手,分析水体污染影响下不同藻门、藻属在该群落结构组成中的比重以及数量分布,从而群落结构越丰富、种属数越多,则可能多样性指数越大,判定得出的水体污染状态越轻。

由 Shannon-Weaver 多样性指数可知,此次研究的塌陷湖中的水体多处于中污染状态。

表 9.17　各个塌陷湖的 Shannon-Weaver 多样性指数及其代表的水体污染状况

塌陷湖编号	五沟-1	五沟-2	五沟-3	任楼-1	任楼-2	任楼-3	百善-1	百善-2
Shannon-Weaver 多样性指数	1.99	1.24	1.26	1.52	1.28	2.07	1.9	1.74
污染等级	中污染	中污染	中污染	中污染	中污染	轻污染	中污染	中污染

9.2.7.3　藻类特征污染指数分布与判定

Palmer 等不同的污染特征性藻类根据实际调查情况,赋予了不同的污染指数(注:藻类种属的拉丁名和特征数值附于中文名之后的括号内,用逗号隔开)分别为纤维藻属(*Ankistrodesmus*,2)、衣藻属(*Chlamydomonas*,4)、小球藻属(*Chlorella*,3)、新月藻属(*Closterium*,1)、衣小环藻属(*Cyclotella*,1)、裸藻属(*Euglena*,5)、异极藻属(*Gomphanoma*,1)、直链藻属(*Melosira*,1)、微囊藻属(*Microcystis*,1)、舟形藻属(*Navicula*,3)、菱形藻属(*Nitzschia*,3)、颤藻属(*Oscillatoria*,5)、实球藻属(*Pandorina*,1)、席藻属(*Phormidium*,1)、扁裸藻属(*Phacus*,2)、栅藻属(*Scenedesmus*,4)、毛枝藻属(*Stigeoclonium*,2)、针杆藻属(*Synedra Ehr.*,2)等藻类,然后计算总特征污染指数,用以判定水体环境的污染状况,判别标准为:总特征污染指数大于 20 时,水体呈现重污染状态;介于 15~19 之间时,水体呈现中污染状态;小于 15 时,水体呈现轻污染状态。根据以上计算方法,得出的 8 个塌陷塘的污染情况,见表 9.18。

表 9.18　各个塌陷湖水体中污染特征性藻类指示的污染指数及污染状况

塌陷湖编号	五沟-1	五沟-2	五沟-3	任楼-1	任楼-2	任楼-3	百善-1	百善-2
污染特征藻类属数	1	2	1	7	4	5	7	6
污染指数	1	6	1	15	8	8	15	11
污染等级	轻污染	轻污染	轻污染	中污染	轻污染	轻污染	中污染	轻污染

由污染特征藻类指数表示出的结果显示,此次研究的塌陷湖水体大多处于轻污染状态。

根据 Shannon-Weaver 多样性指数和藻类特征污染指数对塌陷湖水体的污染状态进行判定,则显示出了完全不同的结果,这可能是由于 Shannon-Weaver 多样性指数是从浮游藻类的组成、结构入手,分析水体污染影响下不同藻门、藻属在该群落结构组成中的比重以及数量分布,从而群落结构越丰富、种属数越多,则可能多样性指数越大,判定得出的水体污染状态越轻;而特征污染指数评价是研究适宜在污染水体中生存,具有污染耐受性和污染特征值、能够反映水体污染状况的 20 属污染特征性藻类塌陷湖水体中的数量和分布变化来揭示水体中的污染状况。上一章曾叙述过,本次研究发现塌陷湖水体中的浮游藻类群落中种类总体较为贫乏,群落中污染特征性藻类的数量所占比重较大,导致 Shannon-Weaver 多样性指数较而和特征污染指数均数值较低,但由于 Shannon-Weaver 多样性指数更能体现出水体的污染状态,故在综合考虑上述两种方法的判定结果的基础上,并结合塌陷湖水体的实际观察状态后,决定采用 Shannon-Weaver 多样性指数的判定结果作为本次研究中塌陷湖水体的污染状态,即大多数塌陷湖水体为中污染状态。

9.2.8　小结

在 3 个矿的 8 个塌陷塘中共检出 5 门 60 属的藻类。各个塌陷湖藻类密度相差很大。藻类密度最大的是塌陷湖 WG-2,藻类密度达 4342.3 万个·L^{-1},藻类密度最小的塌陷湖是 WG-1,藻密度仅为 12.4 万个·L^{-1}。藻密度最小的 2 个塌陷湖都是大型塌陷湖。与藻类密度不同,各个塌陷湖的优势藻类(除 BS-2 外)都为甲藻门,其次为蓝藻门。而在百善的 2

个塌陷湖中,硅藻门也占据了较大比例。

虽然污染特征性藻类的种类占总属数的比例普遍不大,但是从数量上看,在一些湖中,污染特征性藻类的数量占有很大比例,可以比较直接地反映出塌陷湖水质不容乐观。

塌陷塘藻密度并不只是受水环境单一理化性质或几个理化性质的影响,由主因子分析可知,藻类的生长受到的是多种理化性质的共同作用影响。

9.3　塌陷区湿生植物与环境的耦合关系研究

本节介绍了典型矿业城市淮北塌陷湖周围水生植物的群落结构特点。同时,以水生植物群落结构为依据,反映出塌陷区的一些环境问题。并通过植物体内的元素与环境介质的元素组成和相关理化因子进行对比分析,探究植物与环境的响应关系。

9.3.1　概述

土壤中的植物对土壤中重金属元素的吸收受很多因素的影响,一般而言,土壤中重金属含量和生物体内重金属存在一定联系,但土壤中重金属含量并不是一定与生物体内含量相关。土壤中重金属可呈现水溶态、交换态、铁锰结合态、碳酸盐结合态、有机结合态、硫化物结合态等,而土壤中水溶态和交换态重金属一般被认为容易被植物体吸收,其他重金属形态也都在不断相互转化中。通常有效态重金属含量被认为比土壤重金属总量与生物体内的重金属含量相关性更强。影响生物对重金属吸收及重金属在生物体内分布的因素,除与耕作土壤中重金属的含量有关外,还与土壤氧化还原状态、阳离子代换量、土壤的机械组成、重金属形态等有关。有机质中土壤腐殖质能在其表面交换性吸附重金属,并亦可形成金属-腐殖质复合物,从而影响生物对重金属吸收,pH 主要通过影响重金属化合物在土壤溶液中溶解度来影响植物体对重金属元素的行为,钾肥中钾离子解吸附作用也可能影响生物体吸收重金属元素的行为。

植物通过根部吸收土壤中的元素,其中既包括必需元素,也包括非必需元素,这些元素主要通过浓度扩散的方式或者主动吸收的方式被植物体吸收。另外,植物叶片也可以吸收某些重金属元素。植物所吸收的元素中,必需元素包括 Fe、Mn、Mo、Cu、Zn、Ag、Au 和 Co,非必需元素包括 As、Cr、Cd、Hg、Pb(低浓度就能带来危害)和 Al(能带来一定生长促进作用)。植物从土壤中吸收重金属元素,首先在根中积累,然后有一部分被运输到植物体的其他部位。因此,重金属元素在植物体不同器官的分布不同,但通常是植物的地下部分大大高于地上部分。同一植物不同部位富集重金属能力有差异,不同植物对同一重金属吸收富集能力也存在差异。在污染区,Cd、Pb、Zn 在玉米中分布为:叶>根>茎>籽粒,而 Cu 在玉米中分布为:根>叶>茎>籽粒。Cd 在各类蔬菜中含量大小为:黄瓜卷<卷心菜<豆角<西红柿<茄子<萝卜<甜瓜<白菜<大蒜<洋葱<油菜。Pb、Cd、As 在水稻和小麦中分布为:根>茎叶>籽粒。Hg 在小麦中分布为:根>茎叶>籽粒。Cd 在稻谷中分布为:粗米糠>糙米>粗精米>颖壳。Pb 在稻谷中分布为:粗米糠>颖壳>糙米>粗精米。蔬菜中的 Pb 含量:叶菜类>根茎类>瓜果类;As 含量:叶菜类>根茎类>瓜果类。

9.3.2　采样区概况

本研究选取了 3 个不同矿龄的矿区:百善(服务约 40 年)、任楼(服务约 20 年)和五沟(服务约 9 年)共 8 个塌陷湖(百善矿 2 个,编号为 BS-1 和 BS-2;任楼矿 3 个,编号为 RL-1、RL-2 和 RL-3;五沟矿 3 个,编号为 WG-1、WG-2 和 WG-3)为研究对象,塌陷湖概况见表 9.19。

表 9.19　采样塌陷湖基本概况

| 编号 | 所在地 | GPS 定位 | | 面积 | 水深(m) |
		北纬	东经		
WG-1		33°32′38.3″	116°38′59.1″	大	0~5
WG-2	五沟矿	33°32′38.3″	116°38′59.1″	小	2~3
WG-3		33°32′38.3″	116°38′59.1″	小	1.5~2.5
BS-1	百善矿	32°49′08.7″	116°38′14.9″	中	2~3.5
BS-2		32°49′09.7″	116°38′47.6″	小	1.5~2
RL-1		33°28′46.9″	116°45′36.6″	小	1.5~2
RL-2	任楼矿	33°28′45.5″	116°45′34.4″	中	2~3
RL-3		33°28′45.2″	116°45′34.3″	大	4.5~5.5

图 9.3 至图 9.5 及表 9.20 是采样矿区的相关概况。

(a)　　　　　　　　　　(b)

(c)　　　　　　　　　　(d)

图 9.3　任楼煤矿塌陷区及塌陷湖环境

图 9.4　百善煤矿塌陷区及塌陷湖环境

图 9.5　五沟煤矿塌陷区及塌陷湖环境

表 9.20　采样矿区的基本情况

采样地点	建矿年代	煤矿地址	储量	位置	简况
百善煤矿（老矿）	1977 年 7 月 1 日投产	位于安徽省淮北市濉溪县境内，井田南北长 7.2 km	煤炭地质储 5414×10^4 t，可采储量 3958×10^4 t，原设计服务年限 53 年	北纬 33°48′55″ 东经 116°39′48″	矸石山在矿内，矿周边有几个塌陷塘，已经用来养鱼，矿外农田大量种植玉米
任楼煤矿（中年矿）	1997 年 12 月 30 日投产	安徽省淮北市濉溪县 037 乡道	矿井核定生产能力 276×10^4 t，经过改扩建后，产量可达 300×10^4 t。可采储量达 1.77×10^8 t	北纬 33°28′38″ 东经 116°46′12″	矸石山在矿外单独成山；周边存在不小面积的塌陷塘，塌陷塘已经用来养鱼，矿周边不少田地种玉米
五沟煤矿（新矿）	2008 年 9 月 12 日建成	地处淮北市濉溪县境内，井田属临涣矿区	开采面积 15 km²，可采储量 4000×10^4 t，4 个主采煤层，矿井设计年生产能力 170×10^4 t，服务年限 20 年	北纬 33°32′55″ 东经 116°37′52″	矸石山在矿内，不少矸石堆积在农田边上，有不少塌陷塘，矿区环境较恶劣，粉尘较多

9.3.3　地理位置

3 个矿区都处于淮北市濉溪县内，其中五沟煤矿北距淮北市 50 km，东北距宿州市 35 km，井田属临涣矿区，地质条件中等复杂，开采面积 15 km²，可采储量 4000×10^4 t，4 个主采煤层，平均总厚度 10.69 m，煤种为主焦煤，煤质优良，是国家鼓励提倡的洁净环保用煤。矿井设计年生产能力 170×10^4 t，服务年限 20 年。百善煤矿位于安徽省淮北市濉溪县境内，井田南北长 7.2 km，东西宽 2～4 km，面积约 21.5 km²，为不规则的向斜盆地。地层倾角 3°～20°，共含煤 5 层，可采 2 层，6 煤层为主采煤层，平均厚度为 2.85 m。属低灰、低硫、低磷、高发热量的优质无烟煤，是化工、冶金、生活的理想用煤。煤炭地质储量 5414×10^4 t，可采储量 3958×10^4 t，原设计服务年限为 53 年。矿区交通便利，南靠宿永公路，东邻肖淮公路，与合徐高速交汇，西接豫兽，东进江浙，通达全国。经煤矿专用线与淮阜铁路线相接，北连陇海、东贯京沪、南及京九；水陆联运过蒙城北涡河、淮北青龙山港，运达淮河、大运河、长江沿岸城市及附近地区。任楼煤矿坐落在淮北市濉溪县境内，南接蒙城，北临宿州，连接京沪、徐阜的青芦铁路横贯其中，东靠合徐高速公路，交通十分便利，是国家"八五"期间重点建设的国有大型矿井。煤种为优质气煤，具有"三低二高"的特点：低硫、低磷、低灰、高发热量、高挥发份，被誉为"绿色煤炭"。

9.3.4　地形地貌

3 个矿主要分布在濉溪县西北部，濉溪地处淮北平原中部，地势自西北向东南微倾，除濉溪县东北部有少量低山残丘分布外,其余为广阔平原区。主要地貌类型为山丘、平原、湖洼地、河流。县内最高山峰老龙脊,位于蔡里集东南 5.5 km 处,地理坐标为北纬 33°56′,东经 116°54′。海拔 362.9 m,山底围 1.5 km。

平原区地势平坦,一望无际,海拔为 23.5～32.4 m。面积约 2070 km² (不含水面和湖洼地面积),占全县总面积的 85.2%。以横穿平原中部的古隋堤(今宿永公路)为界,北部为黄泛冲积平原区,南部为古老河湖相沉积平原区。

隋堤南有较多的封闭型湖洼地,主要分布在四铺、百善、铁佛等区,全是耕地。这是濉溪县特有的地貌类型,其成因与隋运河有关。运河北堤宽 40 m,高出地面 5 m,高大完整;南堤宽 20 m,高出地面 4 m,残缺不全。汛期大水猛涨时,南堤往往决口,泥沙被水冲向决口两边,自北向南形成土岭。土岭为黄泛物质堆积,宽 500～600 m,长 3500～5000 m 不等,高出地面约 1 m。仅四辅区内的商庙岭子、谢家岭子、冯圩子岭子、三铺南岭子面积就超过了 20 km²。每两道岭子之间,由于长期积水,便形成封闭型湖洼地,近似方形。这样的湖洼地很多,俗称"十八湖",如卧龙湖、叶刘湖、关家湖、尹湖、油榨湖、练子湖、陈大湖、运粮湖、邱湖、杨家湖、四平湖、孤山湖、雁鸣湖、附湖、百里湖、沈姜湖、南湖、小湖。总面积为 86.67 km²。特点为湖底滞水性大,四周保水差。

濉溪县境内河流多顺自然坡降平行贯穿,浍河等主要河道两侧分布有泛滥堆积地貌。主干河道有 14 条,其中行洪河道有新濉河、相西河、闸河、龙岱河、洪碱河、南沱河、王引河、包河、浍河、北淝河 10 条。另有大沟 116 条,全县河、沟构成 5 个水系:濉河水系、南沱河水系、新北沱河水系、河水系和北淝河水系。濉河、沟总长 1283.45 km,水面面积为 25.2 km²。

9.3.5　气候

濉溪年平均气温为 14.5 ℃,降雨量为 852.4 mm,日照充足,四季分明,属暖温带半湿润气候。

县属暖温带半温润季风气候区,四季分明。春季(3～5 月)温暖,季平均气温为 14.4 ℃,气温回升快;天气多变,雨量较冬季增多,常刮偏东风。夏季(6～8 月)炎热,因受海洋性气候影响,降水集中,蒸发量大,多偏南风。秋季(9～11 月)凉爽,降温快,气温日较差大,多偏东北风。冬季(12 月～翌年 2 月)因受西伯利亚冷空气的影响,天气严寒,雨雪稀少,多偏北风。

年平均气温为 14.5 ℃。1 月为全年最冷月,平均气温为 -0.1 ℃;7 月为全年最热月,平均气温为 27.5 ℃。气温年较差 27.6 ℃。极端最高气温 41.1 ℃。出现在 1972 年 6 月 11 日;极端最低气温为 -21.3 ℃,出现在 1969 年 2 月 5 日。最高气温与最低气温相差 62.4 ℃。一般日出前气温最低,正午后 14 点左右最高。日较差春秋季较大,冬夏季较小。4 月、5 月日较差平均分别为 11.5 ℃ 和 11.9 ℃;10 月、11 月日较差平均分别为 11.0 ℃ 和 10.4 ℃。3～5 月气温回升较快,升温 12.5 ℃;9～11 月气温下降显著,降温 12.8 ℃。

9.3.6　样品采集

见9.2.2节样品采集方法。

9.3.7　湿生植物的元素分析

此次研究对塌陷湖周围湿地植物体内的一些元素进行了测试,测试的元素有常见的重金属元素,以研究植物对重金属的富集情况和植物生长所必需的一些大量元素以研究植物对环境的适应性,具体的测定结果见表9.21和表9.22。

由表9.23可以看出,湿生植物体内呈极显著正相关的元素有Mn与Fe、Al、V、Fe与Ni、Zn、Cu、Cr、Pb、Al、Co、V、As;Ni与Zn、Al、As、Sb、Zn与Cu、Cr、Pb、Al、Co、V、P;Cd与Cr、Pb、V;Cu与Cr、Pb、Al、Mg、V;Pb与Al、V;Al与Co、V;Co与As、Sb;Mg与P;V与As;As与Sd。说明这些元素的吸收具有协同作用。呈极显著负相关的元素有Ni与Cd,Cd与Co,Cd与As,Cd与Sb,Pb与Sb。说明这些元素的吸收具有拮抗作用。

9.3.8　塌陷塘土壤的相关元素测定结果

此次研究在测量塌陷湖湿地植物体内元素含量的同时,对土壤中的相关重金属背景值也做了测试。测试结果见表9.24,矿区根际土中Cr、Cu、Ni、Pb、Zn平均值均在国家土壤标准二级之内;重金属均值低于地壳元素丰度(除Pb和Zn);Cu(除百善矿)、Mn、Ni、Pb和V均值均低于世界土壤背景值;Co、Cr和Zn均值均高于世界土壤背景值;Co(除五沟矿)、Cr、Cu、Ni、Pb(除五沟矿)和Zn均值均高于中国土壤背景值;V(除任楼矿和百善矿)和Mn均值均低于中国土壤背景值。总体上,矿区根际土壤中重金属和对照差别不大(除Zn),元素在百善矿根际土壤中含量最高(除Ni),元素最低值因不同煤矿而异。

表 9.21 湿生植物中重金属含量(mg · kg⁻¹)

		Co	Cr	Cu	Mn	Ni	Pb	V	Zn
五沟矿	均值	17.64	36.55	16.38	59.09	18.62	0.25	2.89	61.58
	范围	12.24~41.19	0~262.40	0.88~50.86	0~413.87	5.19~40.54	0~12.81	0~19.92	4.37~140.31
任楼矿	均值	10.53	34.41	21.3	44.06	16.77	2.5	5.38	72.27
	范围	2.66~25.79	8.23~320.40	2.41~69.37	8.38~190.75	2.71~48.62	0~18.00	0.34~43.66	15.31~285.56
百善矿	均值	73.33	44.95	21.63	34.91	2.95	2.3	4.82	52.69
	范围	24.73~143.30	15.97~360.45	15.07~28.93	22.88~66.48	0~16.61	0~20.85	1.92~20.28	8.54~167.75

注:0 表示此次含量低于所用仪器检测值。

表 9.22 湿生植物中其他元素的含量

		Al	Cd	Mg	Fe	P	As	Sd
五沟矿	均值	2393.65	1.48	4753.57	1756.29	3385.77	2.34	19.88
	范围	0~15707.33	1.06~3.14	1.38~20238.55	3.32~15836.66	10.45~10245.46	0~9.96	17.15~51.56
任楼矿	均值	2042.73	7.8	3202.58	111.78	1897.07	1.26	9.5
	范围	69.34~21455.86	1.37~28.04	1.58~11564.51	3.38~12562.07	12.86~5639.50	0~8.32	0~22.67
百善矿	均值	1038.93	17.64	5191.24	1101.87	2434.37	0	0.72
	范围	45.05~5268.65	11.70~118.95	658.43~22564.76	91.71~5025.46	454.88~5345.15	0~6.07	0~5.30

注:0 表示此次含量低于所用仪器检测值。

表 9.23　湿生植物元素之间的相关关系

	Mn	Fe	Ni	Cu	Cd	Zn	Cr	Pb	Al	Co	Mg	V	P	As	Sb
Mn	1														
Fe	0.279**	1													
Ni	-0.054	0.426**	1												
Cu	0.084	0.310**	0.384**	1											
Cd	0.118	-0.001	-0.509**	0.056	1										
Zn	0.069	0.485**	0.356**	0.644**	0.126	1									
Cr	0.043	0.364**	0.116	0.245**	0.300**	0.312**	1								
Pb	0.220*	0.594**	0.069	0.253**	0.494**	0.245**	0.271**	1							
Al	0.302**	0.902**	0.552**	0.346**	-0.063	0.526**	0.233**	0.603**	1						
Co	-0.064	0.275**	0.822**	0.245**	-0.356**	0.084	0.027	-0.044	0.347**	1					
Mg	0.045	0.191*	0.055	0.178*	-0.080	0.224**	0.009	0.022	0.141	0.003	1				
V	0.281**	0.740**	0.205*	0.298**	0.428**	0.566**	0.400**	0.751**	0.815**	0.021	0.057	1			
P	-0.015	0.136	0.095	0.238**	0.189*	-0.157	-0.045	-0.073	0.075	0.151	0.367**	-0.057	1		
As	0.130	0.374**	0.654**	0.190*	-0.364**	0.194*	-0.075	0.093	0.535**	0.581**	-0.009	0.284**	0.143	1	
Sb	-0.143	0.099	0.764**	0.092	-0.553**	-0.072	-0.081	-0.254**	0.179**	0.930**	-0.014	-0.219*	0.113	0.529**	1

注：* 表示相关性在 0.05 水平上显著；** 表示相关性在 0.01 水平上显著。

表 9.24　土壤的理化性质特征

区域		pH	EC(us·cm⁻¹)	有机	全钾(g·kg⁻¹)	全氮(mg·kg⁻¹)	全磷(mg·kg⁻¹)
对照	均值	7.91	528.5	3.77%	1.03	247.00	339.12
	范围	7.52~8.30	296.00~761.00	3.67%~3.88%	1.00~1.06	220.56~273.44	250.98~427.26
百善矿	均值	7.91	407.17	3.91%	1.07	758.01	534.14
	范围	7.79~8.06	285.00~552.00	2.28%~6.04%	0.62~1.65	222.91~1330.99	345.09~699.94
任楼矿	均值	7.66	422.25	7.36%	2.01	507.37	325.57
	范围	5.95~8.16	313.00~596.00	2.66%~12.53%	0.73~3.42	108.65~1091.13	165.17~707.88
五沟矿	均值	6.28	526.76	4.3%	1.18	300.40	252.33
	范围	5.00~8.29	326.00~803.00	3.09%~8.80%	0.84~2.41	183.99~502.01	139.74~340.11

9.3.9　湿生植物与土壤的元素耦合关系

对比表 9.21 和表 9.25,可以看出,总体来看重金属元素在土壤中的含量变化不大,但是在植物体内就非常大了,甚至可以相差 3 个数量级别,说明不同植物对不同元素的富集系数相差很大。在实际情况下,对重金属元素耐受度更高的植物更适合在此种环境下生长。

而由各个塌陷湖湿地土壤重金属含量均值与湿地植物重金属含量均值变化曲线(图 9.6~图 9.8)比较可以看出,各个塌陷湖的湿地土壤重金属含量均值与湿地植物重金属含量之间变化趋势呈一定相关性。且土壤中重金属含量均值高于植物体内含量均值,说明研究地点的重金属含量对于植物来说仍然处于一个压迫的状态,不利于植物的生长。

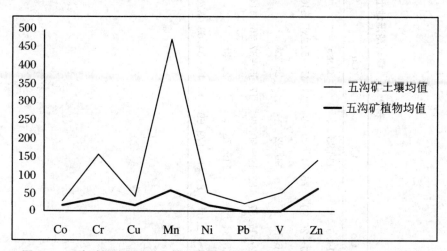

图 9.6　五沟矿塌陷湖湿地土壤重金属含量与湿地植物重金属含量变化曲线比较

而植物对重金属元素的吸收不仅与其含量有关,也与元素的形态相关。重金属元素在沉陷区土壤中形态分布为:同一重金属元素在不同煤矿沉陷区分布较为类似,同一矿区不同重金属形态分布不同,重金属元素在煤矿沉陷区土壤和对照土壤中形态分布较为相似。具体而言:

表 9.25　塌陷湖湿地土壤中重金属含量(mg·kg⁻¹)

区域		Co	Cr	Cu	Mn	Ni	Pb	V	Zn
百善矿	均值	19.5	89.88	33.85	570.85	35.23	28.43	89.12	108.55
	范围	14.70~26.70	75.64~99.59	21.47~51.28	540.16~635.36	28.05~40.50	17.62~41.53	63.31~127.92	70.73~165.47
任楼矿	均值	16.12	90.92	25.22	495.25	28.53	26.49	78.42	93.08
	范围	14.62~17.87	83.19~99.39	17.55~37.46	414.80~574.26	20.46~38.61	22.00~31.15	69.02~94.09	66.27~116.60
五沟矿	均值	10.34	119.78	23.40	410.61	33.22	21.29	47.29	76.23
	范围	9.23~12.07	83.41~179.69	18.40~34.63	326.51~461.01	27.34~41.44	16.43~26.97	39.59~58.04	56.57~115.54

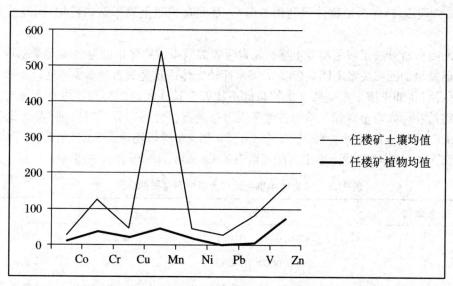

图 9.7　任楼矿塌陷湖湿地土壤重金属含量与湿地植物重金属含量变化曲线比较

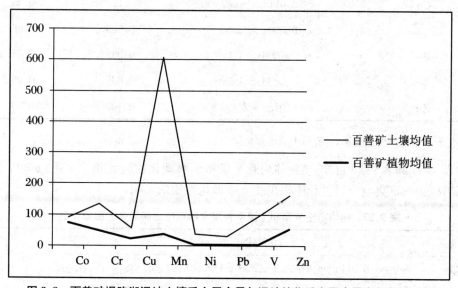

图 9.8　百善矿塌陷湖湿地土壤重金属含量与湿地植物重金属含量变化曲线比较

对照：Co、Cr、Cu、Ni 和 Zn：F4（残渣态）＞F3（可氧化态）＞F2（可还原态）＞F1（弱酸提取态）；Mn、Pb 和 V：F4＞F2＞F1＞F3。

百善矿：Co、Cr、Cu 和 Zn：F4＞F3＞F2＞F1；Mn：F4＞F2＞F1＞F3；Pb 和 V：F4＞F2＞F3＞F1。

任楼矿：Co、Cr、Cu、Ni 和 Zn：F4＞F3＞F2＞F1；Mn、Pb 和 V：F4＞F2＞F1＞F3。

五沟矿：Co、Cr：F4＞F2＞F3＞F1；Cu、Ni、V 和 Zn：F4＞F3＞F2＞F1；Mn：F4＞F2＞F1＞F3；Pb 和 V：F4＞F2＞F3＞F1。

总体上，土壤中大部分元素处于 F4 态（残渣态）的较多，F1 态（弱酸提取态）含量普遍不高。这表明土壤中重金属元素也大多处于不可移动的状态，处于活性状态的重金属含量也较低。然而，在植物根际时，由于植物根系分泌一些有机酸等，可以活化重金属，使其从残渣态等形态转化为植物体可利用的形态,从而造成重金属形态的转化,同时使其活性增大。

由回归分析方法了解植物与土壤的元素吸收关系得植物体中的重金属元素总量和土壤中重金属总量的回归关系不明显($p>0.05$),即植物体内重金属含量多少不能以土壤中重金属总量估测,也即土壤中重金属含量的高低不代表生长在此地的植物体内重金属含量的高低。当将植物体内重金属和土壤中各重金属形态进行多元回归分析时发现(表9.26):植物体内 Co、Cu 和 Zn 的含量主要受土壤中 Co、Cu 和 Zn 的可还原态影响;植物体内 Cr、Mn、Ni、Pb 和 V 的含量主要受土壤中弱酸提取态的 Cr、Mn、Ni、Pb 和 V 的影响。

表 9.26 植物体中重金属和土壤中重金属的回归分析

重金属	方程式	r^2	p
Co	$y = 0.009x - 0.033$	0.132	>0.05
Cr	$y = 0.016x + 0.053$	0.082	>0.05
Mn	$y = -0.005x + 1.014$	0.038	>0.05
Cu	$y = 0.011x - 0.047$	0.122	>0.05
Ni	$y = 0.000x + 0.330$	0.005	>0.05
Pb	$y = -0.008x + 1.089$	0.062	>0.05
V	$y = -0.003x + 1.298$	0.035	>0.05
Zn	$y = 0.018x + 2.151$	0.103	>0.05

注:y 表示植物体中重金属;x 表示土壤中重金属。

由表 9.27 和表 9.28 可知,植物体内重金属和土壤理化性质无相关关系($p>0.05$),这可能表明植物在富集重金属过程中很少受土壤理化性质的影响。

表 9.27 植物中重金属和土壤中各重金属形态之间的多元回归分析

重金属	方程式	r^2	p
Co	$y = -0.011x1 + 0.022x2 + 0.007x3 - 0.014x4 + 0.238$	0.780	>0.05
Cr	$y = 4.661x1 - 0.641x2 - 0.105x3 + 0.097x4 - 4.460$	0.423	>0.05
Mn	$y = 2.429x1 - 0.046x2 - 0.160x3 + 0.035x4 - 0.631$	0.442	>0.05
Cu	$y = -0.002x1 - 0.022x2 - 0.032x3 + 0.042x4 + 0.233$	0.234	>0.05
Ni	$y = -0.455x1 + 0.385x2 + 0.002x3 - 0.013x4 + 0.403$	0.437	>0.05
Pb	$y = 0.487x1 + 0.118x2 - 0.114x3 - 0.003x4 + 0.398$	0.401	>0.05
V	$y = -2.058x1 - 0.0368x2 - 0.104x3 + 0.002x4 + 2.255$	0.156	>0.05
Zn	$y = 0.125x1 + 0.202x2 - 0.129x3 + 0.021x4 + 4.283$	0.318	>0.05

注:$x1$ 表示弱酸提取态;$x2$ 表示可还原态;$x3$ 表示可氧化态;$x4$ 表示残渣态。

表 9.28 植物中重金属和土壤理化性质的关系

重金属	pH	EC	有机质	全氮	全磷	全钾
Co	0.080	−0.126	−0.147	−0.147	−0.219	−0.019
Cr	0.197	0.174	−0.076	−0.077	−0.075	−0.061
Mn	0.199	0.128	−0.139	−0.14	−0.009	−0.039
Cu	0.133	−0.122	−0.172	−0.172	0.141	0.148
Ni	0.167	0.100	−0.081	−0.081	−0.121	−0.063
Pb	0.077	0.082	−0.065	−0.066	−0.131	−0.011
V	0.147	−0.225	−0.023	−0.022	−0.115	−0.044
Zn	0.128	0.165	0.107	0.107	0.043	−0.081

分部位来说,不同物种的根、茎、叶、花不同元素的相对含量是不一样的,而且有很大的区别。但是在 3 个不同矿区的同一种植物的各种元素分布规律大致相同的。如狗尾草,Mn 含量:根>花>叶>茎;Fe 含量:根>花>叶>茎;Ni 含量:花>根>茎>叶;Zn 含量:根>花>叶>茎;Cu 含量:根>花>叶>茎;Cd 含量:茎>根>叶>花;Cr 含量:花>根>叶>茎;Pb 含量:叶>花>根>茎;Al 含量:根>花>叶>茎;Co 含量:花>根>茎>叶;Mg 含量:根>叶>花>茎;V 含量:根>花>叶>茎;P 含量:花>根>茎>叶;As 含量:根>花>叶>茎;Sb 含量:花>茎>根>叶。植物吸收外界元素主要通过根的吸收,叶也可以吸收,叶和花常作为储存养料的部位,而茎是运输作用。所以可以看到,如果是植物需要的元素,通常由根到叶和花,含量逐渐增加。如果是有害元素,即使根吸收了,茎也会减少运输,有害元素到达叶和花的含量就较少,表现为有害元素在根部含量较高。

9.3.10 小结

在 3 个矿塌陷塘周围共检出非人工种植水生植物 25 科 44 种。其中菊科有 10 种,占总种数的 22.73%;禾本科 5 种,占总种数的 11.36%。十字花科、伞形科、蓼科、藜科、莎草科、唇形科各 2 种,分别占总种数的 4.55%;其余 16 科马兜铃科、苋科、紫草科、旋花科、马鞭草科、毛茛科、茄科、茜草科、千屈菜科、蒺藜科、木贼科、锦葵科、马齿苋科、石竹科、玄参科、莲科都各只有 1 种,分别占总种数的 2.27%。各矿区水生植物辨种结果分别为:百善 12 科 17 种,五沟 13 科 17 种,任楼 13 科 25 种。仅在 2 个大型塌陷湖中发现分布比较集中的沉水植物群落,为黑藻与轮叶狐尾藻群落。在挺水植物方面,水深低于 40 cm 的岸边可发现零星分布的水葱、苔草群落,水深 0.5~1 m 的岸边在中、大型塌陷湖中都发现了集中分布的芦苇群落。而在水深大于 3 m 的湖中心位置在 2 个大型塌陷湖中发现了莲群落。浮叶植物没有被发现。常见湿生植物群落,如有芒稗、褐鳞莎草群落,但是本次研究中发现,虽然在塌陷塘周围,占据优势植物群落的仍是野艾、狗尾草、牛筋草等较耐旱的草本群落。综上所述,此次研究的塌陷湖周围的湿地属于沼泽型组-草丛沼泽型,在其范围内出现了水葱群系、芦苇群系、狗尾草群系、节节草群系、莲群系、白茅群系、破铜钱群系。而塌陷湖中属于浅水植物湿地型组-沉水植物型,出现了轮叶狐尾藻群系。

经过植物与土壤的相关元素分析,重金属元素在植物体内的富集系数均大于 1。说明重金属元素在植物分泌的有机酸影响下,在植物体内有富集。但是对植物有害的元素和对植物有益的元素的吸收是不同的。尽管不同物种的根、茎、叶、花不同元素的相对含量有很大区别,但是植物会有针对性地运输有益元素至储存部位,抑制有害元素向上运输。

9.4　矿区塌陷区水稻中微量元素的分布规律

本节对新庄孜矿、泥河、潘一矿和顾桥矿水稻籽实中的微量元素进行分析,探讨微量元素是否超标,并分析微量元素在环境中的富集特征。

9.4.1　概述

矿区塌陷区和其他次生演替场所的一个很大不同在于由矿业生产造成的后果,塌陷区的环境易受到相关工业生产污染物的影响。例如,近来不少矿区利用煤矸石填埋塌陷区以减少矸石山占地和复垦塌陷区,取得了一定的经济社会效益。但这些填埋大多只是简单地把煤矸石直接填入塌陷区,而不经过任何处理。煤矸石中通常含有汞(Hg)、镉(Cd)、铅(Pb)、砷(As)和氟(F)等有毒有害物质,当这些物质的含量超过允许标准时,若采用直接回填方式,将会导致土壤和水的污染,严重影响和破坏矿区周围的生态环境。了解植物对环境中有害物质的耐受和富集情况,对指导塌陷区土壤修复有一定作用。生物结构、发育生长与生态环境的关系将塌陷区生物结构与非塌陷区生物结构做相应的对比,找出差异,与相关背景值做联系,分析与所处环境的联系。

9.4.2　采样

在所设计的土壤采样线上,对矿区周边的水稻进行采集,本次共在3个煤矿的煤矸石山周边和对照区泥河采集水稻30个,其中顾桥水稻16个;潘一矿水稻6个;新庄孜水稻3个;对照样品中水稻5个。样品采集后,在实验室将其根、茎、叶、壳、籽分开分别处理。

9.4.3　实验分析

植物组织样品应在尚未萎蔫前充分刷洗,否则某系易溶养分,如钾、钙、水路性糖等会从已死的组织中洗出。洗涤一般用去离子水冲洗,再沥干表面。

洗净的样品必须尽快干燥,以减少化学和生物变化。如果延迟过久,细胞呼吸和霉素的分解都会消耗组织的干物质而改变各成分的百分含量,蛋白质也会裂解为较简单的含氮化合物。因此,新鲜样品采集后先将样品及时进行杀青处理,即把样品放入105 ℃的鼓风烘箱中烘10~30 min,然后放在平板上铺成薄层风干,或将样品盛入布袋中在60 ℃的鼓风烘箱中烘干处理4~8 h,使其快速干燥。加速干燥可以避免发霉,并能减少植物体内由酶的催化作用造成有机质的严重损失。无论采取何法干燥处理,都应防止烟雾和灰尘污染。经过以上处理后,再将烘干的植株样品在植物粉碎机中进行磨碎处理,通过0.3~0.5 mm间规格的孔径筛子。当做常量元素分析时,粉碎机中所可能污染的常量元素通常忽略不计。如果进行植株微量元素的分析,最好先将烘干样品放在塑料袋内揉碎,然后用手磨的瓷研钵,必要时用玛瑙研钵进行研磨,并避免使用铜筛子,这样就可不致引起显著的污染。

9.4.4　水稻籽实中微量元素的含量

由表 9.29 根据《食品中重金属限量》卫生标准可知,水稻籽实中 Zn、Pb、Cd、Cr、Cu 均未超标,仅新庄孜矿水稻籽实中 As 超标(泥河、潘一矿和顾桥矿水稻籽实中 As 未超标)。具体而言:

对于 As,新庄孜矿水稻籽实中 As 高于泥河,而潘一矿和顾桥矿水稻籽实中 As 低于泥河,As 在煤矿水稻籽实中含量为新庄孜矿>顾桥矿>潘一矿。

对于 Zn,煤矿水稻籽实中 Zn 均低于泥河,煤矿水稻籽实中 Zn 含量在新庄孜矿>潘一矿>顾桥矿。

对于 Pb,新庄孜矿水稻籽实中 Pb 高于泥河,而潘一矿和顾桥矿水稻籽实中 Pb 低于泥河,Pb 在煤矿水稻籽实中含量为新庄孜矿>顾桥矿>潘一矿。

对于 Cd,新庄孜矿水稻籽实中 Cd 低于泥河,而潘一矿和顾桥矿水稻籽实中 Cd 高于泥河,Cd 在煤矿水稻籽实中含量为潘一矿>顾桥矿>新庄孜矿。

对于 Ni,煤矿水稻籽实中 Ni 均低于泥河,煤矿水稻籽实中 Ni 含量在潘一矿>顾桥矿>新庄孜矿。

对于 Mn,煤矿水稻籽实中 Mn 均低于泥河,煤矿水稻籽实中 Mn 含量在潘一矿>顾桥矿>新庄孜矿。

对于 Cr,煤矿水稻籽实中 Cr 均低于泥河,煤矿水稻籽实中 Cr 含量在潘一矿>新庄孜矿>顾桥矿。

对于 V,煤矿水稻籽实中 V 均低于泥河,煤矿水稻籽实中 V 含量在潘一矿>顾桥矿>新庄孜矿。

对于 Cu,新庄孜矿和顾桥矿水稻籽实中 Cu 均高于泥河,而潘一矿水稻籽实中 Cu 低于泥河,煤矿水稻籽实中 Cu 含量在新庄孜矿>顾桥矿>潘一矿。

而由表 9.30 发现,不同煤矿水稻籽实中微量元素和距离变化关系有差异。在新庄孜矿和潘一矿,水稻籽实中微量元素含量与距离变化关系不显著。在顾桥矿,水稻籽实中 Zn、Cd、Ni、V、Cu 含量和距离成显著负相关关系,说明顾桥矿水稻籽实中 Zn、Cd、Ni、V、Cu 随着距离矸石山越远而降低。

表 9.29　不同地域中水稻籽实中微量元素的含量(湿重)(mg · kg⁻¹)

区域	As	Zn	Pb	Cd	Ni
泥河	0.485	11.832	0.351	0.009	4.502
	(0.202~0.861)	(8.557~14.393)	(0.108~0.448)	(0.001~0.015)	(2.392~7.952)
新庄孜矿	0.759	13.539	0.4	0.005	1.54
	(0.258~1.219)	(12.031~15.628)	(0.139~0.675)	(0.004~0.006)	(1.148~1.801)

续表

区域	As	Zn	Pb	Cd	Ni
潘一矿	0.389	11.182	0.189	0.048	2.278
	(0.057~1.222)	(8.408~14.995)	(0.106~0.344)	(0.016~0.123)	(1.165~4.588)
顾桥矿	0.395	10.033	0.261	0.035	2.25
	(0.157~0.732)	(4.635~17.009)	(0.115~0.491)	(0.001~0.120)	(0.919~7.952)
食品限量卫生标准	0.7	30	0.4	0.2	
泥河	49.024	0.978	0.526	2.305	
	(24.91~78.171)	(0.499~1.915)	(0.048~1.677)	1.681~2.991	
新庄孜矿	12.633	0.354	0.121	2.87	
	(11.601~13.377)	(0.239~0.499)	(0.052~0.266)	2.220~3.446	
潘一矿	26.985	0.496	0.289	2.127	
	(12.342~51.527)	(0.265~1.085)	(0.037~1.080)	1.556~2.702	
顾桥矿	14.293	0.256	0.196	2.494	
	(6.156~41.788)	(0.143~0.523)	(0.094~0.425)	0.803~4.578	
食品限量卫生标准		1		10	

注:食品限量卫生标准参考《食品中砷限量卫生标准》(GB 4810—1994)、《食品中污染物限量》(GB 2762—2005)、《食品中锌限量卫生标准》(GB 13106—1991)、《食品中铅限量卫生标准》(GB 14935—1994)、《食品中镉限量卫生标准》(GB 15201—1994)、《食品中铬限量卫生标准》(GB 14961—1994)、《食品中铜限量卫生标准》(GB 15199—1994)。

表 9.30　水稻籽实中微量元素的含量随距离的变化

	As	Zn	Pb	Cd	Ni	Mn	Cr	V	Cu
新庄孜矿($n=3$)	0.63	−0.87	−0.66	−0.35	0.84	0.46	0.93	0.99	−0.99
潘一矿($n=6$)	0.53	0.44	−0.11	0.43	0.61	0.63	0.62	0.37	0.04
顾桥矿($n=16$)	−0.16	−0.58*	−0.09	−0.55*	−0.71**	−0.33	−0.25	−0.54*	−0.51*

注:＊表示置信度为 0.05 时,相关性是显著的;＊＊表示置信度为 0.01 时,相关性是显著的。

9.4.5　水稻各器官中微量元素的分布规律

由图 9.9 可知,不同微量元素在水稻各个器官分布不同,相同微量元素在不同区域的水稻同一器官分布也有差异。对于 As,不同区域水稻中均有根＞叶或茎＞壳＞籽;对于 Zn,除新庄孜矿水稻中均有茎＞根＞叶＞壳＞籽,其余区域水稻中均有根＞茎或叶＞壳＞籽;对于 Pb 和 Cd,不同区域水稻器官分布不同,但均以水稻根中 Pb、Cd 含量最高;对于 Ni,不同区域水稻器官分布不同,但均有水稻中壳＞根＞茎或叶或籽;对于 Mn,不同区域水稻中均有叶＞根或茎＞壳＞籽；对于 Cr，不同区域水稻器官分布不同，但均以水稻籽实中最低；对于 V，不同区域水稻器官分布不同，不同区域水稻中均以根中 V 最高，籽实中 V 相对较低；对于 Cu，不同区域水稻中均有根＞茎或叶＞壳＞籽。

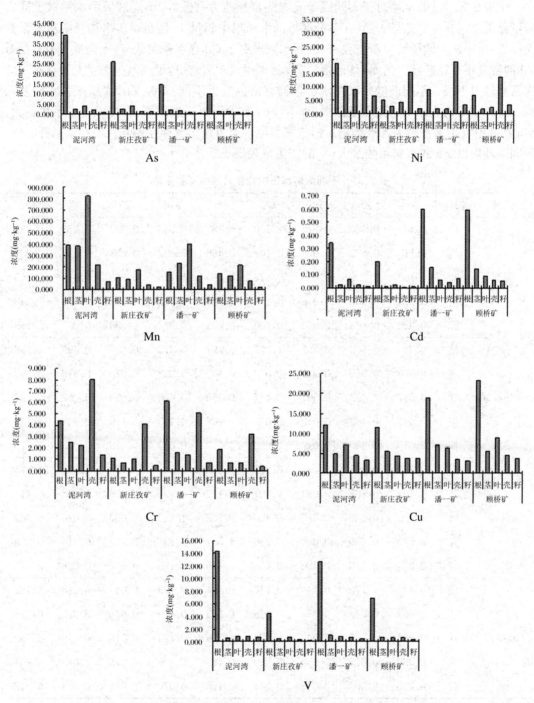

图 9.9 不同区域水稻中各器官中微量元素的含量(干重)(mg·kg⁻¹)

9.4.6 水稻中微量元素的富集系数

由表 9.31 可知,水稻对于不同微量元素的富集能力有差异,不同区域中水稻对于同一微量元素也存在一定差异。Cd 在各个区域的水稻根中超过 1,且在煤矿水稻根中富集系数大小为:潘一矿>顾桥矿>新庄孜矿,说明水稻根对于 Cd 存在富集效应,不同地域中水稻对 Cd 的富集还存在差异。然而,其他微量富集系数大多数小于 1,说明其他微量元素在水稻体内富集能力不强。不同微量元素在水稻各器官富集能力不同。As、Zn(除新庄孜水稻茎)、Pb、Cd、V、Cu 均在根中富集系数最大;而 Ni 和 Cr(除潘集矿水稻根)在壳中富集系数最大,Mn 在叶中富集系数最大。水稻同一器官富集微量能力其实也存在差异。如在水稻籽实中,不同区域均以 Zn 的富集系数最大,V 的富集系数最小。

表 9.31　不同区域水稻中微量元素的富集系数

区域	部位	As	Zn	Pb	Cd	Ni	Mn	Cr	V	Cu
泥河	根	1.483	0.580	0.215	2.170	0.783	0.545	0.093	0.253	0.625
	茎	0.113	0.535	0.028	0.163	0.445	0.553	0.053	0.013	0.255
	叶	0.160	0.530	0.028	0.478	0.365	1.128	0.045	0.015	0.355
	壳	0.073	0.505	0.045	0.135	1.388	0.328	0.188	0.010	0.243
	籽	0.020	0.408	0.033	0.100	0.218	0.090	0.023	0.005	0.155
新庄孜矿	根	0.340	0.503	0.067	1.307	0.297	0.373	0.030	0.093	0.533
	茎	0.030	0.550	0.010	0.070	0.147	0.323	0.020	0.010	0.250
	叶	0.047	0.493	0.007	0.147	0.250	0.623	0.030	0.017	0.197
	壳	0.013	0.463	0.013	0.037	0.903	0.143	0.110	0.007	0.170
	籽	0.010	0.440	0.027	0.050	0.117	0.053	0.013	0.003	0.170
潘一矿	根	0.762	0.965	0.198	3.927	0.508	0.522	0.133	0.297	1.075
	茎	0.101	0.803	0.033	1.007	0.117	0.790	0.035	0.025	0.415
	叶	0.089	0.663	0.028	0.400	0.102	1.413	0.030	0.020	0.363
	壳	0.037	0.650	0.030	0.280	1.057	0.387	0.113	0.015	0.200
	籽	0.024	0.523	0.020	0.450	0.185	0.125	0.017	0.008	0.177
顾桥矿	根	0.473	1.179	0.144	3.717	0.366	0.473	0.043	0.158	1.462
	茎	0.063	0.648	0.039	0.928	0.093	0.420	0.016	0.015	0.326
	叶	0.063	0.659	0.042	0.562	0.124	0.724	0.016	0.015	0.532
	壳	0.039	0.613	0.050	0.389	0.753	0.249	0.078	0.015	0.264
	籽	0.028	0.504	0.044	0.344	0.179	0.076	0.011	0.005	0.218

9.4.7　矿区水稻中微量元素的分布规律

根据《食品中微量元素限量》卫生标准,水稻籽实中 Zn、Pb、Cd、Cr、Cu 均未超标,仅新庄孜矿水稻籽实中 As 超标(泥河、潘一矿和顾桥矿水稻籽实中 As 未超标)。顾桥矿水稻籽实中 Zn、Cd、Ni、V、Cu 距离矸石山越远含量越低。

不同微量元素在水稻各个器官分布不同,相同微量元素在不同区域的水稻同一器官分布也有差异。水稻对于不同微量元素的富集能力有差异,不同区域中水稻对于同一微量元素也存在一定差异。Cd 在各个区域的水稻根中超过 1,说明水稻根对于 Cd 存在富集效应,其他微量元素在水稻中富集系数大多小于 1,说明其他微量元素在水稻体内富集能力不强。在水稻籽实中,不同区域均以 Zn 的富集系数最大、V 的富集系数最小。

9.4.8　小结

根据《食品中微量元素限量》卫生标准,水稻籽实中 Zn、Pb、Cd、Cr、Cu 均未超标,仅新庄孜矿水稻籽实中 As 超标(泥河、潘一矿和顾桥矿水稻籽实中 As 未超标)。且水稻籽实中 Zn、Cd、Ni、V、Cu 距离矸石山越远含量越低。As、Zn、Pb、Cd、V、Cu 主要在水稻的根中富集,可能土壤是其重要的吸收源;Ni 和 Cr 主要在水稻的壳和根中;Mn 主要在水稻的叶中富集,是由于 Mn 对植物的光合作用有重要的影响。

参 考 文 献

安琼,董元华,王辉,等,2005.南京地区土壤中有机氯农药残留及其分布特征[J].环境科学学报,25
    (4):470-474.

暴志蕾,赵兴茹,耿梦娇,等,2016.长三角地区饮用水源地沉积物中有机氯农药污染特征[J].环境化
    学,35(6):1237-1245.

陈社军,麦碧娴,曾永平,等,2005.珠江三角洲及南海北部海域表层沉积物中多溴联苯醚的分布特征
    [J].环境科学学报,(9):1265-1271.

陈伟琪,张珞平,1996.厦门港湾沉积物中有机氯农药和多氯联苯的垂直分布特征[J].海洋科学,(2):
    56-60.

陈心悦,张彦峰,沈兆爽,等,2018.中国七大水系淡水沉积物中林丹（γ-HCH）的生态风险评估[J].生
    态毒理学报,13(3):103-111.

陈云增,李天奇,马建华,等,2016.淮河流域典型癌病高发区土壤和地下水重金属积累及健康风险[J].
    环境科学学报,36(12):4537-4545.

成玉,盛国英,闵育顺,等,1999.珠江三角洲气溶胶中正构烷烃分布规律、来源及其时空变化[J].环境
    科学学报,19(1):96-96.

笪春年,刘桂建,柳后启,等,2015.黄河入海口沉积物中有机氯农药的垂直分布特征[J].中国科学技术
    大学学报,45(11):960-966.

笪春年,王儒威,夏潇潇,等,2018.巢湖表层沉积物中多溴联苯醚的分布和污染源解析[J].湖泊科学,
    30(1):150-156.

邓伟.南黄海,2013,东海表层沉积物中脂肪烃与多环芳烃的分布特征及来源初步研究[D].青岛:中国
    海洋大学.

范德江,杨作升,郭志刚,2000.中国陆架[210]Pb测年应用现状与思考[J].地球科学进展,15(3):297-302.

冯精兰,翟梦晓,刘相甫,等,2011.有机氯农药在中国环境介质中的分布[J].人民黄河,(8):91-94,98.

傅婉秋,谢星光,戴传超,等,2017.植物-微生物联合对环境有机污染物降解的研究进展[J].微生物学
    通报,44(4):929-939.

高梓闻,徐月,亦如瀚,2018.典型有机氯农药在珠三角地区多介质环境中的归趋模拟[J].环境科学,39
    (4):1628-1636.

宫敏娜,2006.黄河及河口颗粒物中正构烷烃与多环芳烃的分布研究[D].青岛:中国海洋大学.

龚香宜,祁士华,吕春玲,等,2009.洪湖表层沉积物中有机氯农药的含量及组成[J].中国环境科学,
    (3):269-273.

龚香宜,2007.有机氯农药在湖泊水体和沉积物中的污染特征及动力学研究[D].武汉:中国地质大学.

谷雪,2018.吉林省松花湖沉积物柱正构烷烃、多环芳烃与有机氯农药沉积记录研究[D].吉林:吉林
    大学.

何天德,2012.长江口沉积物中有机氯农药的分布特征[C]//持久性有机污染物论坛 2012 暨第七届持
    久性有机污染物全国学术研讨会论文集,84-86.

胡国成,李凤超,戴家银,等,2009.府河和白洋淀沉积物中 DDTs 的分布特征和风险评估[J].环境科学

研究,8:891-896.

黄亮,张经,吴莹,2016.长江流域表层沉积物中多环芳烃分布特征及来源解析[J].生态毒理学报,11(2):566-572.

黄林艳,刘海萍,赵亚娴,等,2017.环境基质有机标准样品研究进展[J].环境化学,36(10):2115-2125.

黄肖萌,2017.采煤沉陷区水域环境OCPs多介质归趋模型研究[D].淮南:安徽理工大学.

江桂斌,2005.持久性有毒污染物的环境化学行为与毒理效应[J].毒理学杂志.

姜珊,孙丙华,徐彪,等,2016.巢湖主要湖口水体和表层沉积物中有机氯农药的残留特征及风险评价[J].环境化学,35(6):1228-1236.

蒋红梅,王定勇,2001.大气可吸入颗粒物的研究进展[J].环境科学动态,(1):11-15.

蒋新,许士奋,Martens D,2000,等.长江南京段水,悬浮物及沉积物中多氯有毒有机污染物[J].中国环境科学,20(3):193-197.

金军,王英,刘伟志,等,2008.莱州湾地区土壤及底泥中多溴联苯醚水平及其分布[J].环境科学学报,(7):1463-1468.

康跃惠,刘培斌,王子健,等,2003.北京官厅水库—永定河水系水体中持久性有机氯农药污染[J].湖泊科学,(2):125-132.

李斌,解启来,刘昕宇,等,2014.流溪河水体多环芳烃的污染特征及其对淡水生物的生态风险[J].农业环境科学学报,33(2):367-374.

李炳华,任仲宇,陈鸿汉,等,2007.太湖流域某农业区浅层地下水有机氯农药残留特征初探[J].农业环境科学学报,(5):1714-1718.

李超灿,2013.巢湖沉积物中有机氯农药的污染特征研究[D].沈阳:沈阳航空航天大学.

李凤明,2011.我国采煤沉陷区治理技术现状及发展趋势[J].煤矿开采,16(3):8-10.

李军,2005.珠江三角洲有机氯农药污染的区域地球化学研究[D].北京:中国科学院广州地球化学研究所.

郦倩玉,赵中华,蒋豫,等,2016.鄱阳湖周溪湾沉积物中有机氯农药和多环芳烃的垂直分布特征[J].湖泊科学,28(4):765-774.

梁延鹏,符鑫,曾鸿鹄,等,2019.青狮潭库区沉积物/稻田土壤中有机氯农药残留与释放规律[J].农业环境科学学报,38(6):1330-1338.

廖曼,马腾,郑倩琳,等,2019.淮河流域农业生态系统中地下水体氮源追溯[J].中国生态农业学报,27(5):665-676.

刘翠英,王艳玲,蒋新,2014.六氯苯在土壤中的主要迁移转化过程[J].土壤,46(1):29-34.

刘贵春,黄清辉,李建华,等,2007.长江口南支表层沉积物中有机氯农药的研究[J].中国环境科学,27(4):503-507.

刘汉霞,张庆华,江桂斌,等,2005.多溴联苯醚及其环境问题[J].化学进展,(3):554-562.

刘立丹,王玲,高丽荣,等,2011.鸭儿湖表层沉积物中有机氯农药残留及其分布特征[J].环境化学,30(9):1643-1649.

刘晓秋,陆继龙,赵玉岩,等,2012.长春市土壤中正构烷烃的分布特征及来源[J].吉林大学学报(地球科学版),(S3):232-238.

刘欣然,2008.北京大气气溶胶中烃类有机污染物的特征研究[D].北京:中国科学院研究生院(大气物理研究所).

刘源,2018.煤矿区中的钒:分布,赋存形态和环境行为[D].合肥:中国科学技术大学.

刘振宇,唐洪武,肖洋,等,2018.淮河沉积物总磷和重金属沿程变化及污染评价[J].河海大学学报(自然科学版),(1):3.

卢岚岚,2017.两淮矿区表生环境中微量元素的环境生物地球化学研究[D].合肥:中国科学技术大学.

马海丽,李峣,钱枫,等,2013.北京市大气颗粒物中正构烷烃污染特征的研究[J].环境科学与技术,(3):50-54.

倪朝辉,翟良安,1997.石油对鱼类等水生生物的毒性[J].淡水渔业,(6):38-40.

亓学奎,马召辉,王英,等,2015.太湖沉积物柱状样中有机氯农药的垂直分布特征[J].环境化学,34(5):918-924.

史双昕,周丽,邵丁丁,等,2007.北京地区土壤中有机氯农药类 POPs 残留状况研究[J].环境科学研究,20(1):24-29.

孙丽娜,2012.三种农业秸秆及其烟尘中正构烷烃、正构脂肪酸的组成特征研究[D].南京:南京信息工程大学.

孙鹏,孙玉燕,张强,等,2018.淮河流域径流过程变化时空特征及成因[J].湖泊科学,30(2):497-508.

谭培功,赵仕兰,曾宪杰,等,2006.莱州湾海域水体中有机氯农药和多氯联苯的浓度水平和分布特征[J].中国海洋大学学报(自然科学版).

滕彦国,徐争启,王金生,等,2011.钒的环境生物地球化学[M].北京:科学出版社.

田奇昌,唐洪波,夏丹,等,2015.长江中游沉积物中多溴联苯醚的污染特征及风险评价[J].环境科学,36(12):4479-4485.

涂俊芳,储昭霞,鲁先文,2018.淮南煤矿塌陷区青萍生长分布特性及 Cu 在其体内的分布特征[J].淮南师范学院学报,20(2):137-141.

汪光,李开明,郑政伟,2011.基于排放源分析的我国六氯苯管理对策研究[J].新疆环境保护,33(2):39-45.

王彬,米娟,潘学军,等.我国部分水体及沉积物中有机氯农药的污染状况[J].昆明理工大学学报(自然科学版),2010(3).

王会霞,马玉龙,李光耀,等,2017.黄河流域有机氯农药的浓度水平及污染特征[J].环境科学与技术,40(11):160-166.

王婕,2017.淮河中游(安徽段)微量元素的环境地球化学研究[D].合肥:中国科学技术大学.

王力,2006.点源排放六氯苯在多环境介质中的分布研究[D].武汉:华中科技大学.

王荦,2013.大凌河口地区有机氯农药污染特征研究[D].大连:大连海事大学.

王珊珊,2020.典型化石燃料开采区环境介质中脂肪烃的环境地球化学研究[D].合肥:中国科学技术大学.

王泰,张祖麟,黄俊,等,2007.海河与渤海湾水体中溶解态多氯联苯和有机氯农药污染状况调查[J].环境科学,28(4):730-735.

王文岩,张娟,王林权,等,2014.西安城郊土壤中正构烷烃的分布、来源及其影响因素[J].农业环境科学学报,33(4):695-701.

王乙震,张俊,周绪申,等,2017.白洋淀多环芳烃与有机氯农药季节性污染特征及来源分析[J].环境科学,38(3):964-978.

王乙震,周绪申,林超,等,2016.南运河生态修复水体有机污染物的污染特征[J].环境化学,35(2):383-392.

王兆夺,黄春长,李晓刚,等,2018.淮河上游全新世古洪水沉积学特征及古洪水事件气候背景[J].长江流域资源与环境,27(9):224-233.

王兆良,1992.第二次中日战争时期日本军队对山东的侵略[M]//张水钩.中国人民抗日战争纪念馆文丛第三辑.北京:北京燕山出版社.

魏复盛,陈静生,吴燕玉,等,1991.中国土壤环境背景值研究[J].环境科学,12 (4),12-19.

吴荣芳,解清杰,黄卫红,等,2006.六氯苯的环境危害及其污染控制[J].化学与生物工程,23(8):7.

吴有方,2012.甘肃及周边地区 HCB 大气土壤污染特征及环境行为研究[D].兰州:兰州大学.

席北斗,虞敏达,张媛,等,2016.华北典型污灌区有机氯农药残留特征及健康风险评价[J].生态毒理学报,11(2):453-464.

夏凡,胡雄星,韩中豪,等,2006.黄浦江表层水体中有机氯农药的分布特征[J].环境科学研究,(2):11-15.

校瑞,徐林芳,张晓娜,等,2015.环境样品中多溴联苯醚分析方法的研究进展[J].化学研究,26(4):343-350.

徐林波,高勤峰,董双林,等,2013.靖海湾重金属污染及铅稳定同位素溯源研究[J].环境科学,(2):476-483.

许国飞,2009.北京石景山区降水中有机卤素污染物研究[D].淮南:安徽理工大学.

薛建芳,史雅娟,王尘辰,等,2018.持久性有机污染物的作物吸收及迁移模型研究进展[J].生态毒理学报,13(1):75-88.

薛铮然,李海静,2002.高效溴系阻燃剂十溴联苯醚生产工艺研究[J].山东化工,(4):31-32.

鄢明才,迟清华,顾铁新,等,1995.中国各类沉积物化学元素平均含量[J].物探与化探,(6):468-472.

杨本水,宣以琼,孔一凡,2007.皖北矿区开采沉陷区土地生态环境及其综合治理技术[J].能源环境保护,21(1):43-45.

杨策,钟宁宁,陈党义,等,2007.煤矿区大气降尘饱和烃分布特征[J].生态环境学报,(2):290-295.

杨华云,2011.长江三角洲毗邻海域有机氯农药和多氯联苯的研究[D].杭州:浙江工业大学.

杨清书,麦碧娴,傅家谟,等,2004.珠江干流河口水体有机氯农药的时空分布特征[J].环境科学,(2):150-156.

杨清书,麦碧娴,罗孝俊,等,2004.珠江澳门水域水柱多环芳烃初步研究[J].环境科学研究,(3):28-33.

杨淑伟,2010.生活垃圾焚烧 UP-POPs 排放特征与催化降解装置[D].北京:清华大学.

佚名,2000.厦门港表层水体中有机氯农药和多氯联苯的研究[J].海洋环境科学,(3):48-51.

尹红珍,2011.应用多参数示踪方法研究黄河口湿地沉积有机质来源和分布[D].青岛:中国海洋大学.

郁亚娟,黄宏,王斌,等,2004.淮河(江苏段)水体有机氯农药的污染水平[J].环境化学,23(5):568-572.

袁旭音,王禹,陈骏,等,2003.太湖沉积物中有机氯农药的残留特征及风险评估[J].环境科学,24(1):121-125.

张佳妹,2014.淮河流域表生环境中有机污染物的环境行为及其光催化降解研究[D].合肥:中国科学技术大学.

张娟,2012.污灌区土壤、大气和水中石油烃的分布特征、来源及迁移机制的研究[D].青岛:山东大学.

张胜田,赵斌,王凤贺,等,2017.不同粒径土壤对氯丹的吸附性能及其急性毒性[J].环境工程学报,11(6):3839-3845.

张婉珈,祁士华,张家泉,等,2010.三亚湾沉积柱有机氯农药的垂直分布特征[J].环境科学学报,30(4):862-867.

张伟玲,张干,祁士华,等,2003.西藏错鄂湖和羊卓雍湖水体及沉积物中有机氯农药的初步研究[J].地球化学,4:363-367.

张宗雁,郭志刚,张干,等,2005.东海泥质区表层沉积物中有机氯农药的分布[J].中国环境科学,6:724-728.

赵建庄,尹立辉,2014.有机化学[M].北京:中国林业出版社.

赵玲,滕应,骆永明,2018.我国有机氯农药场地污染现状与修复技术研究进展[J].土壤,50(3):435-445.

赵以国,2018.安徽省淮河干流"一河一策"实践与探索[J].中国水利,(2):5.

赵中华,张路,于鑫,2008.太湖表层沉积物中有机氯农药残留及遗传毒性初步研究[J].湖泊科学,(5):579-584.

褚宏大,2007.东海赤潮高发区沉积物中正构烷烃、脂肪酸的组成与分布[D].青岛:中国海洋大学.

郑中华,刘凯传,张萍,等,2017.淮河干流沉积物中重金属污染及其潜在生态风险评价[J].生态与农村环境学报,33(10):935-942.

周华,2012.渤海典型海域沉积物油指纹特征研究[D].青岛:中国海洋大学.

周开胜,杨刚,王海兵,2017.淮河(安徽段)表层沉积物重金属污染与潜在生态危害评价[J].环境与职业医学,34(11):988-994.

Abbasi G, Buser AM, Soehl A, 2015. Stocks and flows of PBDEs in products from use to waste in the U.S. and Canada from 1970 to 2020[J]. Environment Science Technology, 49(3):1521-1528.

Adami G, Barbieri P, Piselli S, et al, 2000. Detecting and characterising sources of persistent organic pollutants (PAHs and PCBs) in surface sediments of an industrialized area (harbour of Trieste, northern Adriatic Sea)[J]. Journal of Environmental Monitoring Jem, 2(3):261-265.

Adriano D C, 2001. Trace Elements in Terrestrial Environments[M]. Berlin:Springer-Verlag, 1-27.

Adriano D C, 2001. Trace Elements in Terrestrial Environments Bioavailability of Trace Metals [M]. Berlin:Springer-Verlag, 62-86.

Kumar R, Manna C, Padha S, et al, 2022. Micro(nano)plastics pollution and human health:How plastics can induce carcinogenesis to humans [J]. Chemosphere, 298:134267-134271.

Ahmed M T, Mostafa G A, Rasbi S, et al. Capillary gas chromatography determination of aliphatic hydrocarbons in fish and water from Oman[J]. Chemosphere, 1998, 36(6):1391-1403.

Ahrens L, Felizeter S, Sturm R, et al, 2009. Polyfluorinated compounds in waste water treatment plant effluents and surface waters along the River Elbe, Germany[J]. Marine Pollution Bulletin, 58(9):1326-1333.

Ajmone-Marsan F, Biasioli M, 2010. Trace elements in soils of urban areas[J]. Water Air & Soil Pollution, 213(1-4):121-143.

Akcay H, Oguz A, Karapire C, 2003. Study of heavy metal pollution and speciation in Buyak Menderes and Gediz river sediments[J]. Water Research, 37(4):813-822.

Akhbarizadeh R, Moore F, Keshavarzi B, et al, 2016. Aliphatic and polycyclic aromatic hydrocarbons risk assessment in coastal water and sediments of Khark Island, SW Iran[J]. Marine Pollution Bulletin, 108(1-2):33-45.

Alaee M, Arias P, A Sjödin, et al, 2004. An overview of commercially used brominated flame retardants, their applications, their use patterns in different countries/regions and possible modes of release[J]. Environment International, 29(6):683-689.

Aldarondo-Torresz J X, Samara F, Mansilla-Rivera I, et al, 2010. Trace metals, PAHs, and PCBs in sediments from the Jobos Bay area in Puerto Rico[J]. Marine Pollution Bulletin, 60(8):1350-1358.

Alfred K A, Drage D S, Goonetilleke A, et al, 2017. Distribution of PBDEs, HBCDs and PCBs in the Brisbane River estuary sediment[J]. Marine Pollution Bulletin, 120(1-2):165-173.

Ali M M, Ali M L, Islam M S, et al, 2016. Preliminary assessment of heavy metals in water and sediment of Karnaphuli River, Bangladesh[J]. Environmental Nanotechnology Monitoring & Management, 5(5):27-35.

Almeida C, Mucha A P, Vasconcelos M, 2004. Influence of the sea rush Juncus maritimus on metal concentration and speciation in estuarine sediment colonized by the plant[J]. Environmental Science & Technology, 38(11):3112-3118.

Aloulou F, Kallell M, Belayouni H, 2011. Impact of Oil Field-Produced Water Discharges on

Sediments: A Case Study of Sabkhat Boujemal, Sfax, Tunisia[J]. Environmental Forensics, 12 (3):290-299.

Aloupi M, Angelidis M O, 2001. Geochemistry of natural and anthropogenic metals in the coastal sediments of the island of Lesvos, Aegean Sea[J]. Environmental Pollution, 113(2):211-219.

Alquezar R, Markich S J, Booth D J, 2006. Metal accumulation in the smooth toadfish, Tetractenos glaber, in estuaries around Sydney, Australia[J]. Environmental Pollution, 142(1):123-131.

Al-Saad H T, Al-Timari A A, 1993. Seasonal variations of dissolved normal alkanes in the water marshes of Iraq[J]. Marine Pollution Bulletin, 26(4):207-212.

Al-Saad H T, Farid W A, Ateek A, et al, 2015. N-Alkanes in surficial soils of Basrah city, Southern Iraq[J]. International Journal of Marine Science, 52(5):1-8.

Ammami M T, 2015. Application of biosurfactants and periodic voltage gradient for enhanced electrokinetic remediation of metals and PAHs in dredged marine sediments[J]. Chemosphere, 125(4):1-8.

Andersson M, Klug M, Eggen O A, et al, 2014. Polycyclic aromatic hydrocarbons (PAHs) in sediments from lake Lille Lungegardsvannet in Bergen, western Norway: appraising pollution sources from the urban history[J]. Science of the total environment, 470-471(1):1160-1172.

Appleby P G, 2002. Chronostratigraphic techniques in recent sediments. Tracking environmental change using lake sediments[M]. Dordrecht:Springer, 171-203.

Arain M B, Kazi T G, Jamali M K, et al, 2008. Time saving modified BCR sequential extraction procedure for the fraction of Cd, Cr, Cu, Ni, Pb and Zn in sediment samples of polluted lake[J]. Journal of Hazardous Materials, 160(1):235-239.

Arias A H, Vazquez-Botello A, Tombesi N, et al, 2010. Presence, distribution, and origins of polycyclic aromatic hydrocarbons (PAHs) in sediments from Bahía Blanca estuary, Argentina. [J]. Environmental Monitoring & Assessment, 160(1-4):301.

Arias A, Suñer M A, Devesa V, et al, 1999. Total and inorganic arsenic in the fauna of the Guadalquivir estuary: environmental and human health implications[J]. Science of the Total Environment, 242(1-3):261-270.

Armenta-Arteaga G, María P, 2003. Elizalde-González. Contamination by PAHs, PCBs, PCPs and heavy metals in the mecoácfin lake estuarine water and sediments after oil spilling[J]. Journal of Soils & Sediments, 3(1):35-40.

Atgin R S, El-Agha O, Zararsiz A, et al, 2000. Investigation of the sediment pollution in Izmir Bay: trace elements[J]. Spectrocimica Acta Part B, 55(7):1151-1164.

Athanasiadou M, Cuadra S N, Marsh G, et al, 2008. Polybrominated Diphenyl Ethers (PBDEs) and Bioaccumulative Hydroxylated PBDE metabolites in young humans from managua, nicaragua[J]. Environmental Health Perspectives, 116(3):400-408.

Atlanta G A, 1997. Agency for toxic substances and disease registry[J]. Asian American & Pacific Islander Journal of Health, 5(2):121-132.

Audry S, Schäfer J, Blanc G, et al, 2004. Fifty-year sedimentary record of heavy metal pollution (Cd, Zn, Cu, Pb) in the Lot River reservoirs (France)[J]. Environmental Pollution, 132(3):413-426.

Avb P, 2012. Agency for Toxic Substances and Disease Registry[J]. Environment reporter, 43(13):869-871.

Bacon J, Farmer J, Dunn S, et al, 2006. Sequential extraction combined with isotope analysis as atool for the investigation of lead mobilisation in soils: application to organic-rich soils in an upland catchment in Scotland[J]. Environmental Pollution, 141(3):469-481.

Bai Y, Ruan X, Xie X, et al, 2019. Antibiotic resistome profile based on metagenomics in raw surface drinking water source and the influence of environmental factor: a case study in Huaihe River Basin, China[J]. Environmental Pollution, 248(5):438-447.

Baig J A, Kazi T G, Arain M B, et al, 2009. Arsenic fractionation in sediments of different origins using BCR sequential and single extraction methods[J]. Journal of Hazardous Materials, 167(1-3): 745-751.

Baig J A, Kazi T G, Kazi N, et al, 2008. Evaluation of status of toxic metals in biological samples of diabetes mellitus patients[J]. Diabetes Research & Clinical Practice, 80(2):280-288.

Banerjee S, Kumar A, Maiti S K, et al, 2016. Seasonal variation in heavy metal contaminations in water and sediments of Jamshedpur stretch of Subarnarekha river, India[J]. Environmental earth sciences, 75(3):265.1-265.12.

Barakat A O, Khairy M, Aukaily I, 2013. Persistent organochlorine pesticide and PCB residues in surface sediments of Lake Qarun, a protected area of Egypt[J]. Chemosphere, 90(9):2467-2476.

Baskaran M, Bianchi T S, Filley T R, 2016. Inconsistencies between^{14}C and short-lived radionuclides-based sediment accumulation rates: effects of long-term remineralization[J]. Journal of Environmental Radioactivity, 174(8):10-16.

Baumard P, Budzinski H, Michon Q, et al, 1998. Origin and Bioavailability of PAHs in the Mediterranean Sea from Mussel and Sediment Records[J]. Estuarine Coastal and Shelf Science, 47(1):77-90.

Belzile N, Chen Y W, Gunn J M, et al, 2004. Sediment trace metal profiles in lakes of killarney park, Canada from regional to continental influence[J]. Environmental Pollution, 130(2): 239-248.

Bermejo J, Beltrán R, Ariza J, 2003. Spatial variations of heavy metals contamination in sediments from Odiel river (Southwest Spain)[J]. Environment International, 29(1):69-77.

Bertin G, Averbeck D, 2006. Cadmium: ncellular effects, modifications of biomolecules, modulation of DNA repair and genotoxic consequences (a review)[J]. Biochimie, 88(11): 1549-1559.

Bezares-Cruz J, Jafvert C T, Hua I, 2004. Solar photodecomposition of decabromodiphenyl ether: products and quantum yield[J]. Environmental Science and Technology, 38(15):4149-4156.

Bi S Y, Anna O W L, Ming H W, 2017. The association of environmental toxicants and autism spectrum disorders in children[J]. Environmental Pollution, 227(8):234-242.

Bi X, Feng X, Yang Y, et al, 2007. Heavy metals in an impacted wetland system: a typical case from southwestern China[J]. Science of the Total Environment, 387(1-3):257-268.

Bi X, Sheng G, Peng A P, et al, 2002. Extractable organic matter in PM_{10} from LiWan district of Guangzhou city, PR China[J]. Science of the Total Environment, 300(1-3):213-228.

Bianchi T S, Bauer J E, 2011. Dissolved organic carbon cycling and transformation[J]. Treatise on Estuarine and Coastal Science, 5(9):7-67.

Bilali L E, Rasmussen P E, Hall G, et al, 2002. Role of sediment composition in trace metal distribution in lake sediments[J]. Applied Geochemistry, 17(9):1171-1181.

Binelli A, Riva C, Provini A, 2007. Biomarkers in zebra mussel for monitoring and qualityassessment of lake maggiore (Italy)[J]. Biomarkers, 12(4):349-368.

Bird G, 2011. Provenancing anthropogenic Pb within the fluvial environment: developments and challenges in the use of Pb isotopes[J]. Environment International, 37(4):802-819.

Blessing M, Jochmann M A, Haderlein S B, et al, 2015. Optimization of a large-volume injection method for compound-specific isotope analysis of polycyclic aromatic compounds at trace concentrations[J]. Rapid Communications in Mass Spectrometry, 29(24):2349-2360.

Boonyatumanond R, Wattayakorn G, Togo A, et al, 2006. Distribution and origins of polycyclic aromatic hydrocarbons (PAHs) in riverine, estuarine, and marine sediments in Thailand[J]. Marine Pollution Bulletin, 52(8):942-956.

Boreddy S K R, Haque M M, Kawamura K, et al, 2018. Homologous series of n-alkanes (C19-C35), fatty acids (C12-C32) and n-alcohols (C8-C30) in atmospheric aerosols from central Alaska: Molecular distributions, seasonality and source indices[J]. Atmospheric Environment, 184(7):87-97.

Bouloubassi I, Fillaux J, Saliot A, 2001. Hydrocarbons in surface sediments from the Changjiang (Yangtze River) Estuary, East China Sea.[J]. Marine Pollution Bulletin, 42(12):1335-1346.

Bowen H, Blunden S J, Hobbs L A, et al, 1984. The environmental chemistry of organotin compounds[J]. Environmental Chemistry, 3(1):52-58

Breivik K, Armitage J M, Wania F, et al, 2015. Tracking the global distribution of persistent organic pollutants accounting for E-waste exports to developing regions[J]. Environmental Science & Technology, 50(2):798-805.

Bur T, Probst J L, N'guessan M, et al, 2009. Distribution and origin of lead in stream sediments from small agricultural catchments draining Miocene molassic deposits (SW France)[J]. Applied Geochemistry, 24(7):1324-1338.

Cabrerizo A, Tejedo P, Dachs J, et al, 2016. Anthropogenic and biogenic hydrocarbons in soils and vegetation from the South Shetland Islands (Antarctica)[J]. Science of the Total Environment, 569-570:1500-1509.

Cai Y, Wang X, Wu Y, et al, 2016. Over 100-year sedimentary record of polycyclic aromatic hydrocarbons (PAHs) and organochlorine compounds (OCs) in the continental shelf of the East China Sea[J]. Environmental Pollution, 219(12):774-784.

Cai Q Y, Mo C H, Wu Q T, et al, 2008. The status of soil contamination by semivolatile organic chemicals (SVOCs) in China: a review[J]. Science of the Total Environment, 389(2-3):209-224.

Cai Q Y, Mo C H, Wu Q T, et al, 2007. Concentration and speciation of heavy metals in six different sewage sludge-composts[J]. Journal of Hazardous Materials, 147(3):1063-1072.

Canli M, Atli G, 2019. The relationships between heavy metal (Cd, Cr, Cu, Fe, Pb, Zn) levels and the size of six Mediterranean fish species[J]. Environmental pollution, 121(1):129-136.

Cao Z, Liu J, Luan Y, et al, 2010. Distribution and ecosystem risk assessment of polycyclic aromatic hydrocarbons in the Luan River, China[J]. Ecotoxicology, 19(5):827-837.

Capkin E, Altinok I, Karahan S, 2006. Water quality and fish size affect toxicity of endosulfan, an organochlorine pesticide, to rainbow trout[J]. Chemosphere, 64(10):1793-1800.

Cappuyns V, Swennen R, 2014. Release of vanadium from oxidized sediments: insights fromdifferent extraction and leaching procedures [J]. Environmental Science & Pollution Research, 21(3):2272-2282.

Cau P, 2002. Formation of carbon grains in the atmosphere of IRC+10216: [J]. Astronomy and Astrophysics, 392(1):203-213.

Ceballos D M, Broadwater K, Page E, et al, 2018. Occupational exposure to polybrominated diphenyl ethers (PBDEs) and other flame retardant foam additives at gymnastics studios: before, during and after the replacement of pit foam with PBDE-free foams [J]. Environment International, 116(7):1-9.

Chakraborty P, Babu P V R, 2015. Environmental controls on the speciation and distribution of mercury in surface sediments of a tropical estuary, India[J]. Marine Pollution Bulletin, 95(1): 350-357.

Chakraborty P, Sarkar A, Vudamala K, et al, 2015. Organic matter: a key factor in controlling mercury distribution in estuarine sediment[J]. Marine Chemistry, 173(7):302-309.

Chandler H, 1998. Metallurgy for the non-metallurgist[M]. ASM International, 6-7.

Chen B, Liu G, Sun R, 2016. Distribution and Fate of Mercury in Pulverized Bituminous Coal-Fired Power Plants in Coal Energy-Dominant Huainan City, China [J]. Archives of Environmenta Contamination and Toxicology, 70(4):724-733

Chen C F, Chen C W, Ju Y R, et al, 2015. Vertical profile, source apportionment, and toxicity of PAHs in sediment cores of a wharf near the coal-based steel refining industrial zone in Kaohsiung, Taiwan[J]. Environmental Science & Pollution Research, 23(5):1-11.

Chen C W, Kao C M, Chen C F, et al, 2007. Distribution and accumulation of heavy metals in the sediments of Kaohsiung Harbor, Taiwan[J]. Chemosphere, 66(8):1431-1440.

Chen D, Feng Q, Liang H, et al, 2019. Distribution characteristics and ecological risk assessment of polycyclic aromatic hydrocarbons (PAHs) in underground coal mining environment of Xuzhou[J]. Human and ecological risk assessment, 25(5-6):1564-1578.

Chen G, Sheng G, Bi X, et al, 2005. Emission factors for carbonaceous particles and polycyclic aromatic hydrocarbons from residential coal combustion in China[J]. Environmental Science & Technology, 39(6):1861-1867.

ChenJ, Liu G, Kang Y, et al, 2014. Coal utilization in China: environmental impacts and human health[J]. Environmental Geochemistry and Health, 36(4):735-753.

Chen J, Liu G, Jiang M, et al, 2011. Geochemistry of environmentally sensitive trace elements in permian coals from the Huainan coalfield, Anhui, China [J]. International Journal of Coal Geology, 88(1):41-54.

Chen J, Liu G, Li H, et al, 2014. Mineralogical and geochemical responses of coal to igneous intrusion in the pansan coal mine of the Huainan coalfield, Anhui, China[J]. International Journal of Coal Geology, 124(4):11-35.

Chen K, Jiao J J, Huang J, et al, 2007. Multivariate statistical evaluation of trace elements in groundwater in a coastal area in Shenzhen, China[J]. Environmental Pollution, 147(3):771-780.

Chen L, Yong R, Xing B, et al, 2005. Contents and sources of polycyclic aromatic hydrocarbons and organochlorine pesticides in vegetable soils of Guangzhou, China[J]. Chemosphere, 60(7): 879-890.

Chen Y, Zhu L, Zhou R, 2007. Characterization and distribution of polycyclic aromatichydrocarbon in surface water and sediment from Qiantang River, China[J]. Journal of Hazardous Materials, 141(1):148-155.

Chen S, Gao X, Mai B, et al, 2006. Polybrominated diphenyl ethers in surface sediments of the Yangtze River Delta: levels, distribution and potential hydrodynamic influence [J]. Environmental Pollution, 144(3):951-957.

Chen S J, Luo X J, Lin Z, et al, 2007. Time trends of polybrominated diphenyl ethers in sediment cores from the Pearl River estuary, South China[J]. Environmental Science & Technology, 41 (16):5595-5600.

Cheng H, Hu Y, 2010. Lead (Pb) isotopic fingerprinting and its applications in lead pollution studies in China: a review.[J]. Environmental Pollution, 158(5):1134-1146.

Cheng S, 2003. Heavy metal pollution in China: Origin, pattern and control[J]. Environmental Science and Pollution Research, 10(3):192-198.

Cheng W, Yang R D, Zhang Q, et al, 2013. Distribution characteristicsoccurrence modes and controlling factors of trace elements in late permian coal from Bijie City Guizhou Province[J]. Journal of China Coal Society, 38(1):103-113.

Cheng Y, Sheng G Y, Min, Y S, et. al, 1999. Distributions and sources of n alkanes in aerosols from the pearl river delta and their changes with seasons and function zones[J]. Acta Scientiae Circumstantiae, 19(1):96-100.

Cheng Z, Man Y B, Nie X P, et al, 2013. Trophic relationships and health risk assessments of trace metals in the aquaculture pond ecosystem of Pearl River delta, China[J]. Chemosphere, 90(7): 2142-2148.

Chester R, Stoner J H, 1973. Pb in particulates from the lower atmosphere of the eastern atlantic [J]. Nature, 245(9):27-28.

Chevalier N, Savoye N, Dubois S, et al, 2015. Precise indices based on n-alkane distribution for quantifying sources of sedimentary organic matter in coastal systems[J]. Organic Geochemistry, 88(7):69-77.

Chien L C, Hung T C, Choang K Y, et al, 2002. Daily intake of TBT, Cu, Zn, Cd and As for fishermen in Taiwan[J]. Science of the Total Environment, 285(1-3):177-185.

Cho J, Hyun S, Han J H, et al, 2015. Historical trend in heavy metal pollution in core sediments from the Masan Bay, Korea[J]. Marine Pollution Bulletin, 95(1):427-432.

Church T M, Sommerfield C K, Velinsky D J, et al, 2006. Marsh sediments as records of sedimentation, eutrophication and metal pollution in the urban Delaware estuary[J]. Marine Chemistry, 102(1-2):72-95.

Colombo J C, Bilos C, Presa M J, 1998. Trace metals in suspended particles, sediments and Asiatic clams (Corbicula fluminea) of the Río de la Plata estuary, Argentina[J]. Environmental Pollution, 99(1):1-11.

Commendatore M G, Esteves J L, 2004. Natural and anthropogenic hydrocarbons in sediments from the Chubut River (Patagonia, Argentina)[J]. Marine Pollution Bulletin, 48(9-10):910-918.

Commendatore M, Esteves J L, Colombo J C, 2000. Hydrocarbons in coastal sediments of patagonia, argentina: Levels and probable sources[J]. Marine Pollution Bulletin, 40 (11): 989-998.

Cordeiro R C, Machado W, Santelli R E, et al, 2015. Geochemical fractionation of metals and semimetals in surface sediments from tropical impacted estuary (Guanabara Bay, Brazil)[J]. Environmental Earth Sciences, 74(2):1363-1378.

Cripps G C, 1994. Hydrocarbons in the antarctic marine environment: Monitoring and background [J]. International Journal of Environmental Analytical Chemistry, 55(1-4):3-13.

Cui L, Bai J, Huang W, et al, 2004. Environmental trace elements in coal mining wastes in Huainan coal field[J]. Geochimica, 5(1):535-540

Cuong D T, Obbard J P, 2006, Metal speciation in coastal marine sediments from Singapore using a modified BCR-sequential extraction procedure[J]. Applied Geochemistry, 21(8):1335-1346.

Cupr P, Bartos T, Sanka M, et al, 2010. Soil burdens of persistent organic pollutants-their levels, fate and risks Part III. Quantification of the soil burdens and related health risks in the czech republic[J]. Science of the Total Environment, 408(3):486-494.

Passos E, Alves J C, Santos I, et al, 2010. Assessment of trace metals contamination in estuarine sediments using a sequential extraction technique and principal component analysis [J]. Microchemical Journal, 96(1):50-57.

D'Silva K, Fernandes A, Rose M, 2004. Brominated organic micropollutants-igniting the flame retardant issue[J]. Critical Reviews in Environmental Science & Technology, 34(3):141-207.

Da C N, Liu G J, Yuan Z J, 2013. Analysis of HCHs and DDTs in a sediment core from the Old Yellow River estuary, China[J]. Ecotoxicology and Environmental Safety, 100(1):171-177.

Da C N, Wu K, Jin J, et al, 2017. Levels and Sources of organochlorine pesticides in surface sediment from Anhui reach of Huaihe River, China[J]. Bulletin of Environmental Contamination and Toxicology, 98(6):784-790.

Da CN, Liu G J, Tang Q, et al, 2013. Distribution, sources, and ecological risks of organochlorine pesticides in surface sediments from the Yellow River estuary, China[J]. Environmental Science: Processes and Impacts, 15(12):2288-2296.

Da C N, Wu K, Xia X X, et al, 2018. Historical records of organochlorine pesticides in a sediment core from the Huaihe River, China[J]. Water science & technology: Water supply, 18:853-861.

Da CN, Wu K, Ye J S, et al, 2019. Temporal trends of polybrominated diphenyl ethers in the sediment cores from different areas in China[J]. Ecotoxicology and Environmental Safety, 171 (4):222-230.

Dahms S, Baker N J, Greenfield R, 2017. Ecological risk assessment of trace elements in sediment: a case study from Limpopo, South Africa[J]. Ecotoxicology and Environmental Safety, 135(1): 106-114.

Dai S, Ren D, Chou C L, et al, 2012. Geochemistry of trace elements in Chinese coals: a review of abundances, genetic types, impacts on human health, and industrial utilization[J]. International Journal of Coal Geology, 94(5):3-21.

Dang D N, Carvalho F P, Am N M, 2001. Chlorinated pesticides and PCBs in sediments and molluscs from freshwater canals in the Hanoi region[J]. Environmental Pollution, 112(3): 311-320.

Dang Z, Liu C, Haigh M J, 2002. Mobility of heavy metals associated with the natural weathering of coal mine spoils[J]. Environmental Pollution, 118(3):419-426.

Davutluoglu O I, Seckin G, Kalat D G, et al, 2010. Speciation and implications of heavy metal content in surface sediments of Akyatan Lagoon-Turkey[J]. Desalination, 260(1-3):199-210.

Dawson E J, Macklin M G, 1998. Speciation of heavy metals in floodplain and flood sediments: a reconnaissance survey of the Aire valley, West yorkshire, Great britain [J]. Environmental Geochemistry & Health, 20(2):67-76.

De M, Iribarren I, Chacón E, et al, 2007. Risk-based evaluation of the exposure of children to trace elements in playgrounds in Madrid (Spain)[J]. Chemosphere, 66(3):505-513.

Deng D, Chen, H X, 2015. Temporal and spatial contamination of polybrominated diphenyl ethers (PBDEs) in wastewater treatment plants in Hong Kong[J]. Science of the Total Environment, 502

(1):133-142.

Devesa-Rey R, Díaz-Fierros F, Barral M T, 2009. Normalization strategies for river bed sediments: a graphical approach[J]. Microchemical Journal, 91(2):253-265.

Donahue W F, Allen E W, Schindler D W, 2006. Impacts of coal-fired power plants on trace metals and polycyclic aromatic hydrocarbons (PAHs) in lake sediments in Central Alberta, Canada[J]. Journal of Paleolimnology, 35(1):111-128.

Dong J, Xia X, Wang M, et al, 2016. Effect of recurrent sediment resuspension-deposition events on bioavailability of polycyclic aromatic hydrocarbons in aquatic environments[J]. Journal of Hydrology, 540(9):934-946.

Doudoroff P, Katz M, 1950. Critical review of literature on the toxicity of industrial wastes and their components to fish: I. Alkalies, Acids and Inorganic gases[J]. Sewage and Industrial Wastes, 22(11):1432-1458.

Drage D, Mueller J F, Birch G, et al, 2015. Historical trends of PBDEs and HBCDs in sediment cores from Sydney estuary, Australia[J]. Science of the Total Environment, 512(4):177-184.

Duan X S, Chen H P, 2013. Variation characteristics of Fe and Mn in the water from reservoirs[J]. Heilongjiang Science and Technology of Water Conservancy, 41(3):83-85.

Dudhagara D R, Rajpara R K, Bhatt J K, et al, 2016. Distribution, sources and ecological risk assessment of PAHs in historically contaminated surface sediments at Bhavnagar coast, Gujarat, India[J]. Environmental Pollution, 213(6):338-346.

Dutta S, Bhattacharya S, Raju S V, 2013. Biomarker signatures from neoproterozoic-early cambrian oil, western India[J]. Organic Geochemistry, 56(3):68-80.

Dzombak D A, Morel F M, 1987. Adsorption of inorganic pollutants in aquatic systems[J]. Deep Sea Research Part B. Oceanographic Literature Review, 113(4),430-475.

Eckmeier E, Wiesenberg G, 2009. Short-chain n-alkanes (C16-20) in ancient soil are useful molecular markers for prehistoric biomass burning[J]. Journal of Archaeological Science, 36(7): 1590-1596.

Eglinton G, Parkes R J, Zhao M, 1993. Lipid biomarkers in biogeochemistry: future roles [J]. Marine Geology, 113(1-2):141-145.

El-Nemr A, El-Sikaily A E, Khaled A, 2007. Total and leachable heavy metals in muddy and sandy sediments of egyptian coast along mediterranean sea[J]. Environmental Monitoring & Assessment, 129(1-3):151-168.

El-Kabbany S, Rashed M M, Zayed M A, 2000. Monitoring of the pesticide levels in some water supplies and agricultural land, in El-Haram, Giza (A. R. E.)[J]. Journal of Hazardous Materials, 72(1):11-21.

Lee DH, Lee I K, Porta M, et al, 2007. Relationship between serum concentrations of persistent organic pollutants and the prevalence of metabolic syndrome among non-diabetic adults: results from the national health and nutrition examination survey 1999-2002[J]. Diabetologia, 50(9): 1841-1851.

ChoiW, Termin A, Hoffmann M R, 1994. The Role of Metal Ion Dopants in Quantum-Sized TiO2: Correlation between Photoreactivity and Charge Carrier Recombination Dynamics[J]. Journal of Physical Chemistry, 98(51):13669-13679.

EPA US, 2003. National Primary Drinking Water Standards.

Ettler V, Johan Z, Baronnet A, et al, 2005. Mineralogy of Air-pollution-control residues from a secondary leadsmelter： environmental implications[J]. Environmental Science & Technology，39 (23)：9309-16.

Ettler V，Mihaljevič M，Komárek M，2003. ICP-MS measurements of lead isotopic ratios in soils heavily contaminated by lead smelting： tracing the sources of pollution［J］. Analytical and Bioanalytical Chemistry，378(2)：311-317.

Evangelou A M，2002. Vanadium in cancer treatment［J］. Critical Reviews in Oncology/ hematology，42(3)：249-265.

Fan Y，Lan J，Zhao Z，et al，2014. Sedimentary records of hydroxylated and methoxylated polybrominated diphenyl ethers in the southern Yellow Sea[J]. Marine Pollution Bulletin，84(1-2)：366-372.

Fang J D，Wu F C，Xiong Y. et al，2014. Source characterization of sedimentary organic matter using molecular and stable carbon isotopic composition of n-alkanes and fatty acids in sediment core from Lake Dianchi，China[J]. Science of the Total Environment，473(3)： 410-421.

Fang T，Liu G，Zhou C，et al，2014. Lead in Chinese coals：distribution，modes of occurrence，and environmental effects[J]. Environmental Geochemistry & Health，36(3)：563-581.

Farahat E，Linderholm H W，2015. The effect of long-term wastewater irrigation on accumulation and transfer of heavy metals in Cupressus sempervirens leaves and adjacent soils[J]. Science of the Total Environment，512-513(9)：1-7.

Feng C，Xia X，Shenl Z，et al，2007. Distribution and sources of polycyclic aromatic hydrocarbons in Wuhan section of the Yangtze River，China[J]. Environmental Monitoring & Assessment，133 (1-3)：447-458.

Feng J L，Zhai M X，Sun J，et al，2011. Distribution and sources of polycyclic aromatic hydrocarbons（PAHs）in sediment from the upper reach of Huaihe River，East China［J］. Environmental Science and Pollution Research，19(4)：1097-1106.

Feng X，Bi X，Yang Y，et al，2007. Heavy metals in an impacted wetland system：a typical case from southwestern China[J]. Science of the Total Environment，387(1-3)：257-268.

Fernandes C，Fontainhas-Fernandes A，Cabral D，et al，2008. Heavy metals in water，sediment and tissues of Liza saliens from Esmoriz-Paramos lagoon，Portugal[J]. Environmental Monitoring and Assessment，136(1-3)：267-275.

Fernandez E，Jimenez R，Lallena A M，et al，2004. Evaluation of the BCR sequential extraction procedure applied for two unpolluted Spanish soils[J]. Environmental Pollution，131(3)：355-364.

Ficken K J，Li B，Swain D L，et al，2000. An n-alkane proxy for the sedimentary input of submerged/floating freshwater aquatic macrophytes[J]. Organic Geochemistry，31(7-8)：745-749.

Förstner U，Wittmann G T W，1979. Metal transfer between solid and aqueous phases[J]. Springer Berlin Heidelberg，74(1)：197-270.

Frstner U，Ahlf W，1993. Sediment quality objectives and criteria development in germany［J］. Water Science and Technology，28(8-9)：307-316.

Fu J，Ding Y H，Li L，et al，2011. Polycyclic aromatic hydrocarbons and ecotoxicological characterization of sediments from the Huaihe River，China［J］. Journal of Environmental Monitoring，13(3)：597-604.

Gao L，Wang Z，Shan J，et al，2016. Distribution characteristics and sources of trace metals in sediment cores from a trans-boundary watercourse：an example from the Shima River，Pearl River Delta[J]. Ecotoxicology & Environmental Safety，134(12)：186-195.

Gao S, Luo T C, Zhang B R, et al, 1998. Chemical composition of the continental crust as revealed by studies in East China[J]. Geochimica Et Cosmochimica Acta, 62(11):1959-1975.

Gao X, Chen C, 2012. Heavy metal pollution status in surface sediments of the coastal Bohai Bay [J]. Water Research, 46(6):1901-1911.

Gaspare L, Machiwa J F, Mdachi S, et al, 2009. Polycyclic aromatic hydrocarbon (PAH) contamination of surface sediments and oysters from the inter-tidal areas of Dares Salaam, Tanzania[J]. Environmental Pollution, 157(1):24-34.

Gevao B, Ghadban A N, Uddin S, et al, 2011. Polybrominated diphenyl ethers (PBDEs) in soils along a rural-urban-rural transect: sources, concentration gradients, and profiles [J]. Environmental Pollution, 159(12):3666-3672.

Ghaffar A, Tabata M, Nishimoto J, 2010. A comparative metals profile of Higashiyoka and Kawazoe sediments of Ariake Bay, Japan[J]. Electronic Journal of Environmental, Agricultural and Food Chemistry, 9(9):1443-1459.

Ghanati F, Morita A, Yokota H, 2005. Effects of aluminum on the growth of tea plant and activation of antioxidant system[J]. Plant & Soil, 276(1-2):133-141.

Ghrefat H, Yusuf N, 2006. Assessing Mn, Fe, Cu, Zn, and Cd pollution in bottom sediments of Wadi Al-Arab Dam, Jordan[J]. Chemosphere, 65(11):2114-2121.

Gong Z M, Tao S, Xu F L, et al, 2004. Level and distribution of DDT in surface soils from Tianjin, China[J]. Chemosphere, 54(8):1247-1253.

Goodarzi F, 2006. Morphology and chemistry of fine particles emitted from a Canadian coal-fired power plant[J]. Fuel, 85(3):273-280.

Goswami B G, Bisht R S, Bhatnagar A K, et al, 2005. Geochemical characterization and source investigation of oils discovered in Khoraghat-Nambar structures of the Assam-Arakan Basin, India [J]. Organic Geochemistry, 36(2):161-181.

Gouin T, Mackay D, Jones K C, et al, 2004. Evidence for the "grasshopper" effect and fractionation during long-range atmospheric transport of organic contaminants[J]. Environmental Pollution, 128(1-2):139-148.

Rodriguez-Proteau R, Grant R L, 2005. Toxicity evaluation and human health risk assessment of surface and ground water contaminated by recycled hazardous waste materials[J]. Springer Berlin Heidelberg, 2(7):133-189.

Groune K, Halim M, Lamee M, et al, 2019. Chromatographic study of the organic matter from moroccan rif bituminous rocks-science direct[J]. Arabian Journal of Chemistry, 12(7):1552-1562.

Guo J, Lin K, Deng J, et al, 2014. Polybrominated diphenyl ethers in indoor air during waste TV recycling process[J]. Journal of Hazardous Materials, 283(11):439-446.

Guo J, Wu F, Luo X, et al, 2010. Anthropogenic input of polycyclic aromatic hydrocarbons into five lakes in western China[J]. Environmental Pollution, 158(6):2175-2180.

Guo W, He M, Yang Z, et al, 2011. Characteristics of petroleum hydrocarbons in surficial sediments from the Songhuajiang River (China): spatial and temporal trends[J]. Environmental Monitoring & Assessment, 179(1-4):81-92.

Guo W, Pei Y, Yang Z, et al, 2011. Historical changes in polycyclic aromatic hydrocarbons (PAHs) input in Lake Baiyangdian related to regional socio-economic development[J]. Journal of Hazardous Materials, 187(1-3):441-449.

Guo Z, Lin T, Zhang G, et al, 2007. The sedimentary fluxes of polycyclic aromatic hydrocarbons in the Yangtze River estuary coastal sea for the past century[J]. Science of the Total Environment, 386(1-3):33-41.

Hakanson L, 1980. An ecological risk index for aquatic pollution control: a sedimentologicalapproach[J]. Water Research, 14(8):975-1001.

Han D, Song X, Zhang Y, et al, 2012. A hydrochemical framework and water quality assessment of river water in the upper reaches of the Huai River Basin, China[J]. Environmental Earth Sciences, 67(7):2141-2153.

Handley L, Pearson P N, Mcmillan I K, et al, 2008. Large terrestrial and marine carbon and hydrogen isotope excursions in a new Paleocene/Eocene boundary section from Tanzania[J]. Earth & Planetary Science Letters, 275(1-2):17-25.

Hansmann W, Köppel V, 2000. Lead-isotopes as tracers of pollutants in soils[J]. Chemical Geology, 171(1):123-144.

Hao Y, Guo Z, Yang Z, et al, 2008. Tracking historical lead pollution in the coastal area adjacent to the Yangtze River estuary using lead isotopic compositions[J]. Environmental Pollution, 156(3):1325-1331.

Haraguchi A, Limin S H, Darung U, 2008. Water chemistry of Sebangau River and Kahayan River in Central Kalimantan, Indonesia[J]. Tropics, 16(2):123-130.

Haraguchi K, Ito Y, Takagi M, et al, 2016. Levels, profiles and dietary sources of hydroxylated PCBs and hydroxylated and methoxylated PBDEs in Japanese women serum samples [J]. Environment International, 97(12):155-162.

Harikumar P S, Nasir R P, 2010. Ecotoxicological impact assessment of heavy metals in core sediments of a tropical estuary[J]. Ecotoxicology & Environmental Safety, 73(7):1742-1747.

Has-Schn E, Bogut I, Rajkovi V, et al, 2008. Heavy metal distribution in tissues of six fish species included in human diet, inhabiting freshwaters of the nature park "Hutovo Blato" (Bosnia and Herzegovina)[J]. Archives of Environmental Contamination and Toxicology, 54(1):75-83.

Haykiri-Acma H, Kucukbayrak S, Ozbek N, 2011. Mobilization of some trace elements from ashes of Turkish lignites in rain water[J]. Fuel, 90(11):3447-3455.

HeX, Yong P, Song X, et al, 2014. Distribution, sources, and ecological risk assessment of PAHs in surface sediments from Guan River estuary, China[J]. Marine Pollution Bulletin, 80(1-2):52-58.

He Y, 2006. Distribution and ecological risk assessment of PAHs in sediments from Huaihe River [J]. Ecology and Environment, 15(5):949-953.

He W, Qin N, Kong X, et al, 2013. Polybrominated diphenyl ethers (PBDEs) in the surface sediments and suspended particulate matter (SPM) from Lake Chaohu, a large shallow Chinese lake[J]. Science of the Total Environment, 463(10):1163-1173.

Heiri O, André F L, Lemcke G, 2001. Loss on ignition as a method for estimating organic and carbonate content in sediments: reproducibility and comparability of results[J]. Journal of Paleolimnology, 25(1):101-110.

Heiri O, Ilyashuk B, Gobet E, et al, 2009. Lateglacial environmental and climatic changes at the Maloja Pass, Central Swiss Alps, as recorded by chironomids and pollen[J]. Quaternary Science Reviews, 28(13-14):1340-1353.

Helena B, Pardo R, Vega M, et al, 2000. Temporal evolution of groundwater composition in an alluvial aquifer (Pisuerga River, Spain) by principal component analysis[J]. Water Research, 34(3):807-816.

Hellar-Kihampa H, Potgieter-Vermaak S, Wael K D, et al, 2014. Concentration profiles of metal contaminants in fluvial sediments of a rural-urban drainage basin in Tanzania[J]. International Journal of Environmental Analytical Chemistry, 94(1-5):77-98.

Hildebrand E E, Blum W E, 1974. Lead fixation by iron oxides[J]. The Science of Nature, 61(4): 169-170.

Hird A B, Rimmer D L, Livens F R, 1995. Total caesium-fixing potentials of acid organic soils[J]. Journal of Environmental Radioactivity, 26(2):103-118.

Hitch R K, Day H R, 1992. Unusual persistence of DDT in some western USA soils[J]. BullEnviron Contam Toxicol, 48(2):259-264.

Ho H H, Swennen R, Cappuyns V, et al, 2012. Necessity of normalization to aluminum to assess the contamination by heavy metals and arsenic in sediments near Haiphong Harbor, Vietnam[J]. Journal of Asian Earth Sciences, 56(8):229-239.

Hoang Q A, Tomioka K, Tue N M, et al, 2018. PBDEs and novel brominated flame retardants in road dust from northern Vietnam: levels, congener profiles, emission sources and implications for human exposure[J]. Chemosphere, 197(4):389-398.

Hockun K, Mollenhauer G, Ho S L, et al, 2016. Using distributions and stable isotopes of n-alkanes to disentangle organic matter contributions to sediments of Laguna Potrok Aike, Argentina[J]. Organic Geochemistry, 102(12):110-119.

Hori T, Shiota N, Asada T, et al, 2009. Distribution of polycyclic aromatic hydrocarbons and n-alkanes in surface sediments from Shinano River, Japan [J]. Bulletin of Environmental Contamination and Toxicology, 83(3):455-461.

Hsu Y C, Yen H, Tseng W H, et al, 2014. Using a numerical model to simulate and analyze a tremendous debris flow caused by typhoon morakot in the Jiaopu Stream, Taiwan[J]. Journal of Mountain Science, 11(1):1-18.

Hu B, Li G, Li J, et al, 2013. Spatial distribution and ecotoxicological risk assessment of heavy metals in surface sediments of the southern Bohai Bay, China[J]. Environmental Science & Pollution Research, 20(6):4099-4110.

Hu B, Li J, Zhao J, et al, 2013. Heavy metal in surface sediments of the Liaodong Bay, Bohai Sea: distribution, contamination, and sources[J]. Environmental Monitoring and Assessment, 185(6): 5071-5083.

Hu L, Guo Z, Shi X, et al, 2011. Temporal trends of aliphatic and polyaromatic hydrocarbons in the Bohai Sea, China: evidence from the sedimentary record[J]. Organic Geochemistry, 42(10): 1181-1193.

Hu J, Peng P, Chivas A R, 2009. Molecular biomarker evidence of origins and transport of organic matter in sediments of the Pearl River estuary and adjacent south China Sea [J]. Applied Geochemistry, 24(9):1666-1676.

Hu L, Guo Z, Feng J, et al, 2009. Distributions and sources of bulk organic matter and aliphatic hydrocarbons in surface sediments of the Bohai Sea, China[J]. Marine Chemistry, 113(3-4):197-211.

Hu L, Guo Z, Shi X, et al, 2011. Temporal trends of aliphatic and polyaromatic hydrocarbons in the Bohai Sea, China: evidence from the sedimentary record[J]. Organic Geochemistry, 42(10): 1181-1193.

Hu X X, Han Z H, Zhou Y K, et al, 2005. Distribution of organochlorine pesticides in surface sediments from Huangpu River and its risk evaluation[J]. Environmental Science, 26(3):44-48.

Hu X, Wang C, Zou L, 2011. Characteristics of heavy metals and Pb isotopic signatures in sediment cores collected from typical urban shallow lakes in Nanjing, China[J]. Journal of Environmental Management, 92(3):742-748.

Huang H, Wei-Hua O U, Lian-Sheng W. Semivolatile organic compounds, organochlorine pesticides and heavy metals in sediments and risk assessment in Huaihe River of China[J]. Journal of Environmental Sciences. 18:236-241.

Huang J W, Cunningham S D, 1996. Lead Phytoextraction: species variation in lead uptake and translocation[J]. New Phytologist, 134(1):75-84.

Huang H, Yu Y J, Wang X D, et al, 2004. Pollution of heavy metals in surface sediments from Huaihe River(Jiangsu section) and its assessment of potential ecological risk[J]. Environmental Pollution and Prevension, 26(3): 207-208.

Huang L, Pu X, Pan J F, et al, 2013. Heavy metal pollution status in surface sediments of Swan Lake lagoon and Rongcheng Bay in the northern Yellow Sea[J]. Chemosphere, 93(9):1957-1964.

Huang M H, Zhao QG, Zhang, G L, 2006. Hongkong soil rescarch: thc composition andcontent of chlorinated organic compounds in soil[J]. Journal of soil science, 43 (2):220-225.

Huang S S, Liao Q L, Hua M, et al, 2007. Survey of heavy metal pollution and assessment of agricultural soil in Yangzhong district, Jiangsu Province, China[J]. Chemosphere, 67 (11): 2148-2155.

Huang Y, Shuman B, Wang Y, et al, 2004. Hydrogen isotope ratios of individual lipids in lake sediments as novel tracers of climatic and environmental change: a surface sediment test[J]. Journal of Paleolimnology, 31(3):363-375.

Hudson-Edwards K A, Macklin M G, Curtis C D, et al, 1996. Processes of Formation and Distribution of Pb-, Zn-, Cd-, and Cu-Bearing Minerals in the Tyne Basin, Northeast England: Implications for Metal-Contaminated River Systems[J]. Environmental Science & Technology, 30 (1):72-80.

Islam S, Han S, Ahmed K, et al, 2014. Assessment of trace metal contamination in water and sediment of some rivers in Bangladesh[J]. Japan Society on Water Environment, (2).

Jain C K, 2004. Metal fractionation study on bed sediments of River Yamuna, India[J]. WaterResearch, 38(3):569-578.

Jain C K, Gupta H, Chakrapani G J, 2008. Enrichment and factionation of heavy metals in Bed Sediments of River Narmada, India[J]. Environmental Monitoring and Assessment, 141(1-3):35-47.

Jamil K, Salem I M, E-nahhalt, et al, 2015. Optical and fluorcscence properties of Mgonanoparticles in micellar solution of hydroxyethyl laurdimonium chloride [J]. Chemical PhysicsLettcrs, (1):636.

Jautzy J, Ahad J, Gobeil C, et al, 2013. Century-long source apportionment of PAHs in Athabasca oil sands region lakes using diagnostic ratios and compound-specific carbon isotope signatures[J]. Environmental Science & Technology, 47(12):6155-6163.

Javan S, Ahangar A G, Soltani J, et al, 2015. Fractionation of heavy metals in bottom sediments in Chahnimeh, Zabol, Iran[J]. Environmental Monitoring and Assessment, 187(6):340.1-340.11.

Jepson P D, Brew S, Macmilkan A P, et al, 1997. Antibodies to brucclla in marinc mammals around the coast of england and wales[J]. Vcterinary Record,141(20):513-5.

Jezierska B, Witeska M, 2006. The metal uptake and accumulation in fish living in polluted waters soil and water pollution monitoring, protection and remediation[J]. Springer Netherlands, 107-114.

Jia H, Sun Y, Li Y F, et al, 2009. Endosulfan in China gridded usage inventories[J]. Environmental Science and Pollution Research,16(3):295-301.

Jiang J J, Lee C L, Fang MD, et al, 2011. Polybrominated diphenyl ethers and polychlorinated biphenyls in sediments of southwest Taiwan: regional characteristics and potential sources[J]. Marine Pollution Bulletin, 62(4):12.

Jiang J, Khan A U, Shi B, et al, 2019. Application of positive matrix factorization to identify potential sources of water quality deterioration of Huaihe River, China[J]. Applied Water Science, 9(3).

Jiang J J, Lee C L, Fang M D, et al, 2011. Polybrominated diphenyl ethers and polychlorinated biphenyls in sediments of southwest Taiwan: regional characteristics and potential sources[J]. Marine Pollution Bulletin, 62(4):815-823.

Kim J, Son M H, Shin E S, et al, 2016. Occurrence of Dechlorane compounds and polybrominated diphenyl ethers (PBDEs) in the Korean general population[J]. Environmental Pollution, 212:330-336.

Kanzari F, Syakti A D, Asia L, et al, 2014. Distributions and sources of persistent organic pollutants (aliphatic hydrocarbons, PAHs, PCBs and pesticides) in surface sediments of an industrialized urban river (Huveaune), France[J]. Science of the Total Environment, 478(4):141-151.

Kargin, Erdem C, 1991. Accumulation of copper in liver, spleen, stomach, intestine, gill and muscle of Cyprinus carpio,Doga[J]. Turkish Journal of Zoology,15(1):306-314.

Kartal S, Aydn Z, Tokaloglu S, 2006. Fractionation of metals in street sediment samples by using the BCR sequential extraction procedure and multivariate statistical elucidation of the data[J]. Journal of Hazardous Materials, 132(1):80-89.

Kademoglou K, Williams A C, Collins C D, 2017. Bioaccessibility of PBDEs present in indoor dust: a novel dialysis membrane method with a Tenax TA absorption sink[J]. Science of The Total Environment, 621(4):1-8.

Kay J T, Conklin M H, Fuller C C, et al, 2001. Processes of nickel and cobalt uptake by a manganese oxide forming sediment in Pinal Creek, Globe mining district, Arizona [J]. Environmental Science & Technology, 35(24):4719-25.

Kazi T G, Jamali M K, Kazi G H, et al, 2005. Evaluating the mobility of toxic metals in untreated industrial wastewater sludge using a BCR sequential extraction procedure and a leaching test[J]. Analytical and Bioanalytical Chemistry, 383(2):297-304.

Kelderman P, Osman A A, 2007. Effect of redox potential on heavy metal binding forms in polluted canal sediments in Delft (The Netherlands)[J]. Water Research, 41(18):4251-4261.

Kemp W, Boynton W, Adolf J, et al, 2005. Eutrophication of Chesapeake Bay: historical trends and ecological interactions[J]. Marine Ecology Progress, 303(11):1-29.

Kennish M J, 1991. Ecology of estuaries: anthropogenic effects[M]. 81(8-10):5

Khalili-Fard V, Ghanemi K, Nikpour Y, et al, 2012. Application of sulfur microparticles for solid-phase extraction of polycyclic aromatic hydrocarbons from sea water and wastewater samples[J]. Analytica Chimica Acta, 714:89-97.

Khan S, Kazi T G, Kolachi N F, Baig J A, et al, 2011. Hazardous impact and translocation of vanadium（V）species from soil to different vegetables and grasses grown in the vicinity of thermal power plant[J]. Journal of Hazardous Materials，190：738-43.

Kim G B，Maruya K A，Lee R F，1999. Distribution and sources of polycyclic aromatic hydrocarbons in sediments from Kyeonggi Bay，Korea[J]. Marine Pollution Bulletin，38(1)：7-15.

Kim M，Mahlon I I，Qian Y，2008. Source characterization using compound composition and stable carbon isotope ratio of PAHs in sediments from lakes，harbor，and shipping waterway[J]. Science of the Total Environment，389(2-3)：367-377.

Klinkhammer G P，Bender M L，1981. Trace-metal distributions in the Hudson River estuary[J]. Estuarine Coastal and Shelf Science，12(6)：629-643.

Koh C，Khim J，Kannan K，et al，2004. Polychlorinated dibenzo-p-dioxins（PCDDs），dibenzofurans （PCDFs），biphenyls（PCBs），and polycyclic aromatic hydrocarbons（PAHs）and 2,3,7,8-TCDD equivalents（TEQs）in sediment from the Hyeongsan River，Korea[J]. Environmental Pollution，132(3)：489-501.

Michael Komárek，Chrastny V，Vojtěch Ettler，et al，2006. Evaluation of extraction/digestion techniques used to determine lead isotopic composition in forest soils[J]. Analytical & Bioanalytical Chemistry，385(6)：1109-1115.

Karbassi A R，Monavari S M，Bidhendi G R N，et al，2008. Metal pollution assessment of sediment and water in the Shur River[J]. Environmental Monitoring & Assessment，147(1-3)：107-116.

Krauskopf，KonradB，1979. Introduction to geochemistry. ded[M]. McGraw-Hill.

Król S，2014，Jacek Namieśnik，Bozena Zabiegała. Occurrence and levels of polybrominated diphenyl ethers（PBDEs）in house dust and hair samples from Northern Poland：an assessment of human exposure[J]. Chemosphere，110(9)：91-96.

Kuang C，Shan Y，Gu J，et al，2016. Assessment of heavy metal contamination in water body and riverbed sediments of the Yanghe River in the Bohai Sea，China[J]. Environmental Earth Sciences，75(14)：1105.

Kubová，Stre? Ko V，Bujdo M，et al，2004. Fractionation of various elements in CRMs and in polluted soils[J]. Analytical & Bioanalytical Chemistry，379(1)：108.

Kumar M，Kumar M，Kumar A，et al，2016. Arsenic Distribution and Mobilization：a case study of three districts of uttar pradesh and bihar（India)[J]. 17(1)：576.

Kumar M，Rahman M M，Ramanathan A，et al，2016. Arsenic and other elements in drinking water and dietary components from the middle Gangetic plain of Bihar，India：health risk index[J]. Science of the Total Environment，539(1)：125-134.

Kumar M，Ramanatahn A，Tripathi R，et al，2017. A study of trace element contamination using multivariate statistical techniques and health risk assessment in groundwater of Chhaprola Industrial Area，Gautam Buddha Nagar，Uttar Pradesh，India[J]. Chemosphere，166（1）：135-145.

Lee H J，Kim G B，2015. An overview of polybrominated diphenyl ethers（PBDEs）in the marine environment[J]. Ocean ence Journal，50(2)：119-142.

Lagalante A F，Oswald T D，Calvosa F C，2009. Polybrominated diphenyl ether（PBDE）levels in dust from previously owned automobiles at United Statesdealerships［J］. Environment International，35(3)：539-544.

Laguardia M J，Hale R C，Harvey E，2006. Detailed polybrominated diphenyl ether（PBDE）congener composition of the widely used Penta-，Octa-，and Deca-PBDE technical flame-retardant mixtures[J]. Environmental Science and Technology，40(7):6247-6254.

Larsen R K，Baker J E，2003. Source apportionment of polycyclic aromatic hydrocarbons in the urban atmosphere: a comparison of three methods[J]. Environmental Science & Technology，37 (9):1873-1881.

Lauwerys R，Lison D，1994. Health risks associated with cobalt exposure-an overview [J]. Science of the Total Environment，150(1):1-7.

Lemly A D，1996. Evaluation of the hazard quotient method for risk assment of selenium. Ecotoxicology & Environmental Safety，35(2):156-162.

Li P，Wang Y，Huang W，et al，2014. Sixty-year sedimentary record of DDTs，HCHs，CHLs and endosulfan from emerging development gulfs:a case study in the Beibu Gulf，South China Sea[J]. Bulletin of Environmental Contamination and Toxicology，92(1):23-29.

Li A，Ma，Stephanie W Y，2007. Developments in Environmental Science Persistent Organic Pollutants in Asia: Sources，Distributions，Transport and Fate Volume 7/Chapter 7 Persistent Organic Pollutants in HongKong[J]. 313-373.

Li J，Zhang G，Qi S，et al，2006. Concentrations，enantiomeric compositions，and sources of HCH，DDT and chlordane in soils from the Pearl River Delta，South China[J]. Science of The Total Environment，372(1):215-224.

Li P，Zhang J，Xie H，et al，2015. Heavy metal bioaccumulation and health hazard assessment for three fish species from Nansi Lake，China [J]. Bulletin of Environmental Contamination & Toxicology，94(4):431-436.

Li S，Jia L，Zhang Q，2011. Water quality assessment in the rivers along the water conveyance system of the middle route of the south to north water transfer project (China) using multivariate statistical techniques and receptor modeling[J]. Journal of Hazardous Materials，195 (11): 306-317.

Li S，Zhang R，2010. Risk assessment and seasonal variations of dissolved trace elements and heavy metals in the Upper Han River，China[J]. Journal of Hazardous Materials，181(1-3):1051-1058.

Li W L，Ma W L，Jia H，et al，2016. Polybrominated diphenyl ethers (PBDEs) In surface soils across five asian countries: levels，spatial distribution and source contribution[J]. Environmental Science & Technology，50(23):12779-12788.

Li X，Wai O W H，Li Y S，et al，2000. Heavy metal distribution in sediment profiles of the Pearl River estuary，South China[J]. Applied Geochemistry，15(5):567-581.

Li X L，Guo J，2006. Water pollution condition and water quality analysis in huainan part of huaihe river[J]. Water Conservancy Science and Technology and Economy，12(2):65-66.

Li Y，Chen L，Wen Z H，et al，2015. Characterizing distribution，sources，and potential health risk of polybrominated diphenyl ethers (PBDEs) in officeenvironment[J]. Environmental Pollution，198(3):25-31.

Li Y，Tian L，Chen Y，et al，2012. Polybrominated diphenyl ethers (PBDEs) in sediments of the coastal East China Sea: occurrence，distribution and mass inventory[J]. Environmental Pollution，171(4):155-161.

Li Y，Lin T，Hu L，et al，2016. Time trends of polybrominated diphenyl ethers in East China Seas: response to the booming of PBDE pollution industry in China[J]. Environment International，92-93(7-8):507-514.

Liang A，Wang H T，Guo L，et al，2015. Assessment of pollution and identification of sources of heavy metals in the sediments of Changshou Lake in a branch of the Three Gorges Reservoir[J]. Environmental Science & Pollution Research, 22(20):16067-16076.

Lim D I, Jung H S, Choi J Y, et al, 2006. Geochemical compositions of river and shelf sediments in the Yellow Sea: grain-size normalization and sediment provenance [J]. Continental Shelf Research, 26(1):15-24.

Tian L, Hu L, Shi X, et al, 2012. Distribution and sources of organochlorine pesticides in sediments of the coastal East China Sea[J]. Marine Pollution Bulletin, 64(8):1549-1555.

Cheng H, Tian L, Gan Z, et al, 2014. DDTs and HCHs in sediment cores from the Tibetan Plateau [J]. Chemosphere, 94:183-189.

Linares V, Bellés, Montserrat, et al, 2015. Human exposure to PBDE and critical evaluation of healthhazards[J]. Archives of Toxicology, 89(3):335-356.

Liu G Q, Zhang G, Li X D, et al, 2005. Sedimentary record of polycyclic aromatic hydrocarbons in a sediment core from the Pearl River estuary, South China[J]. Marine Pollution Bulletin, 51(8-12):912-921.

Liu L Y, Wang J Z, Wei G L, et al, 2012. Polycyclic aromatic hydrocarbons (PAHs) in continental shelf sediment of China: implications for anthropogenic influences on coastal marine environment [J]. Environmental Pollution, 167(8):155-162.

Liu M, Feng J, Hu P, et al, 2016. Spatial temporal distributions, sources of polyeyclic aromatic hydrocarbons (PAHs) in surface water and suspended particular matter from the upper rach of Huaihe river, China[J]. Ecological Enginering, 95:143-151.

Liu S, Xia R, Yang R, et al, 2010. Polycyclic aromatic hydrocarbons in urban soils of different land uses in Beijing, China: distribution, sources and their correlation with the city's urbanization history[J]. Journal of Hazardous Materials, 177(1-3):1085-1092.

Liu C W, Lin K H, Kuo Y M, 2003. Application of factor analysis in the assessment ofgroundwater quality in a blackfoot disease area in Taiwan[J]. Science of the Total Environment, 313(1-3):77-89.

Liu G X, Wu M, Jia F R, et al, 2019. Material flow analysis and spatial pattern analysis of petroleum products consumption and petroleum-related CO2 emissions in China during 1995-2017 [J]. Journal of Cleaner Production, 209(2):40-52.

Gong Z M, Tao S, Xu F L, et al, 2004. Level and distribution of DDT in surface soils from Tianjin, China[J]. Chemosphere, 54(8):1247-1253.

Liu W X, Li X D, Shen Z G, et al, 2003. Multivariate statistical study of heavy metal enrichment in sdiments of the Pearl River Estuary[J]. Environmental Pollution, 121(3):377-388.

Liu X Q, Lu J L, Zhao Y Y, et al, 2012. Characterization and Source Identification of n-Alkancs in the Soil of Changchun City[J]. Journal of jilin University (Earth Science Edition), 42(12):232-238.

Logan G A, Eglinton G, 1994. Biogcochemistry of the Miocene lacustrine deposit, at Clarkia, northern Idaho, USA[J]. Organic gcochemistry, 21(8-9):857-870.

Long E R, Field L J, Macdonald D D, 1998. Predicting toxicity in marine sediments with numerical sediment qualityguidelines[J]. Environmental Toxicology and Chemistry, 17(4):714-727.

Lorgeoux C, Moilleron R, Gasperi J, et al, 2016. Temporal trends of persistent organic pollutants in dated sediment cores: chemical fingerprinting of the anthropogenic impacts in the Seine River basin, Paris[J]. Science of the Total Environment, 541(2):1355-1363.

Loukas A, 2010. Surface water quantity and quality assessment in Pinios River, Thessaly, Greece [J]. Desalination, 250(1):266-273.

Lu M, Zeng D C, Liao Y, et al, 2012. Distribution and characterization of organochlorine pesticides and polycyclic aromatic hydrocarbons in surface sediment from Poyang Lake, China[J]. Science of the total environment, 433(9):491-497.

Luo X, Mai B, Yang Q, et al, 2004. Polycyclic aromatic hydrocarbons (PAHs) and organochlorine pesticides in water columns from the Pearl River and the Macao harbor in the Pearl River Delta in South China[J]. Marine Pollution Bulletin, 48(11):1102-1115.

Luo X S, Yu S, Zhu Y G, et al, 2011. Trace metal contamination in urban soils of China[J]. Science of The Total Environment, 421-422(4):17-30.

Zl A, Qza B, Qs C, 2018. A new framework for assessing river ecosystem health with consideration of human service demand[J]. Science of The Total Environment, 640-641(11):442-453.

Lv J, Zhang Y, Zhao X, et al, 2015. Polybrominated diphenyl ethers (PBDEs) and polychlorinated biphenyls (PCBs) in sediments of Liaohe River: levels, spatial and temporal distribution, possible sources, and inventory[J]. Environmental Science & Pollution Research, 22(6):4256-4264.

Ma X, Zhang H, Wang Z, et al, 2014. Bioaccumulation and trophic transfer of short chain chlorinated paraffins in a marine food web from Liaodong Bay, North China[J]. Environmental Science & Technology, 48(10):5964-5971.

Macdonald D D, Dipinto L M, Field J, et al, 2000. Development and evaluation of consensus-based sediment effect concentrations for polychlorinated biphenyls[J]. Environmental Toxicology and Chemistry, 39(1):20-31.

Mackay D, Gouin T, Jones K C, et al, 2004. Evidence for the "grasshopper" effect andfractionation during long-range atmospheric transport of organic contaminants[J]. Environmental Pollution, 128(1-2):139-148.

Malik A, Verma P, Singh A K, et al, 2011. Distribution of polycyclic aromatic hydrocarbons in water and bed sediments of the Gomti River, India[J]. Environmental Monitoring & Assessment, 172(1-4):529-545.

Malik S, Jinwal A, Dixit S, 2011. Some trace elements investigation in ground water of Bhopal and Sehore district in Madhya Pradesh: India [J]. Journal of Applied Sciences & Environmental Management, 13(4):47-50.

Martin J M, Meybeck M, 1979. Elemental mass-balance of material carried by major world rivers [J]. Marine Chemistry, 7(3):173-206.

Martins C C, Martins a, B C I, et al, 2018. Hydrocarbon and sewage contamination near fringing reefs along the west coast of Havana, Cuba: a multiple sedimentary molecular marker approach [J]. Marine Pollution Bulletin, 136(11):38-49.

Mashiatullah A, Chaudhary M Z, Ahmad N, et al, 2015. Geochemical assessment of metal pollution and ecotoxicology in sediment cores along Karachi Coast, Pakistan[J]. Environmental Monitoring & Assessment, 187(5):249.

Maxwell J R, Cox R E, Eglinton G, et al, 1973. Stereochemical studies of acyclic isoprenoid compounds-II The role of chlorophyll in the derivation of isoprenoid-type acids in a lacustrine sediment[J]. Geochimica et Cosmochimica Acta, 37(2):297-313.

Mccready S, Birch G F, Long E R, 2006. Metallic and organic contaminants in sediments of Sydney Harbour, Australia and vicinity: a chemical dataset for evaluating sediment quality guidelines[J].

Environment International, 32(4):455-465.

Mckeague J A, Wolynetz M S, 1980. Background levels of minor elements in some Canadian soils [J]. Geofisica Internacional, 24(4):299-307.

Mclaughlin M J, Maier N A, Freeman K, et al, 1995. Effect of potassic and phosphatic fertilizer type, fertilizer Cd concentration and zinc rate on cadmium uptake by potatoes[J]. Fertilizer research, 40(1):63-70.

Mcrae C, Snape C E, Sun C G, et al, 2000. Use of compound-specific stable isotope analysis to source anthropogenic natural gas-derived polycyclic aromatic hydrocarbons in a lagoon sediment [J]. Environ. sci. technol, 34(22):4684-4686.

Means W D, Thiessen R L, 1980. Cems: areexamination[J]. Journal of Structural Gcology, 2(3): 311-316.

Meng J, Wang T, Pei W, 2013. Perfluorinated compounds and organochlorine pesticides in soils around Huaihe River: a heavily contaminated watershed in central China[J]. Environmental science and pollution research international, 20(6):3965-3974.

Meng J, Wang T, Wang P, et al, 2014. Perfluoralkyl substances and organochlorine pesticides in sediments from Huaihe watershed in China[J]. Journal of Environmental Sciences, 26(11): 2198-2206.

Meng Q, Zhang J, Zhang Z, Wu T, 2016. Geochemistry of dissolved trace elements and heavy metals in the Dan River Drainage (China): distibution, sources, and water quality assessment[J]. Environmental Science & Pollution Research, 23(8):8091-8103.

Menzie C A, Potocki B B, Santodonato J, 1992. Exposure to carcinogenic PAHs in the environment [J]. Environmental Science & Technology, 26(7):1278-1284.

Mildvan A S, 1970. 9 Metals in EnzymeCatalsis[J]. Enzymes, 2:445-536.

Mille G, Asia L, Guiliano M, et al, 2007. Hydrocarbons in coastal sediments from the Mediterranean sea (Gulf of Fos area, France)[J]. Marine Pollution Bulletin, 54(5):566-575.

Mohan M, Augustine T, Jayasooryan K K, et al, 2012. Fractionation of selected metals in the sediments of Cochin estuary and Periyar River, southwest coast of India[J]. Environmentalist, 32 (4):383-393.

Moiseenko T I, Kudryavtseva L P, 2001. Trace metal accumulation and fish pathologies in areas affected by mining and metallurgical enterprises in the Kola Region, Russia[J]. Environmental Pollution, 114(2):285-297.

Monica S B M, Stroe V M, RizeaN, et al, 2015. Comparison of digestion methods for total content of microelements in soil samples by HG-AAS[J]. Romanian Biotechnological Letters, 20(1): 10107-10113.

Monikh F A, Maryamabadi A, Savari A, et al, 2015. Heavy metals' concentration in sediment, shrimp and two fish species from the northwest Persian Gulf[J]. Toxicology & Industrial Health, 31(6):554-565.

Monna F, Clauer N, Toulkeridis T, et al, 2000. Influence of anthropogenic activity on the lead isotope signature of Thau Lake sediments (southern France): origin and temporalevolution[J]. Applied Geochemistry, 15(9):1291-1305.

Monna F, Lancelot J, Croudace I W, et al, 1997. Pb isotopic composition of airborne particulate material from France and the southern United Kingdom: implications for Pb pollution sources in urbanareas[J]. Environmental Science & Technology, 31(8):2277-2286.

Mrilo J, Uscro J, Gracia I, 2002. Prtitioning of metals in sediments from the Odiel River (Spain) [J]. Environment International, 28(4):263-271.

Morillo J, Usero J, Gracia I, 2004. Heavy metal distribution in marine sediments from the southwest coast of Spain [J]. Chemosphere, 55(3):431-442.

Mostafa A R, Wade T L, Sweet S T, et al, 2009. Distribution and characteristics of polycyclic aromatic hydrocarbons (PAHs) in sediments of Hadhramout coastal area, Gulf of Aden, Yemen [J]. Journal of Marine Systems, 78(1):1-8.

Mostafa G A, Ahmed M T, Rasbi S, et al, 1998. Capillary gas chromatography determination of aliphatic hydrocarbons in fish and water from Oman[J]. Chemosphere, 36(6):1391-1403.

Mukai H, Furuta N, Fujii T, et al, 1993. Characterization of sources of lead in the urban air of Asia using ratios of stable lead isotopes[J]. Environmental Science & Technology, 27(7):1347-1356.

Mukai H, Tanaka A, Fujii T, et al, 2001. Regional characteristics of sulfur and lead isotope ratios in the atmosphere at several Chinese urban sites[J]. Environmental Science & Technology, 35 (6):1064.

Naeher S, Grice K, 2015. Novel 1H-Pyrrole-2,5-dione (maleimide) proxies for the assessment of photic zone euxinia[J]. Chemical Geology, 404(5):100-109.

Nagajyoti P C, Lee K D, Sreekanth T V M, 2010. Heavy metals, occurrence and toxicity for plants: a review [J]. Environmental Chemistry Letters, 8(3):199-216.

Nascimento R A, Almeida M D, Escobar N, et al, 2017. Sources and distribution of polycyclic aromatic hydrocarbons (PAHs) and organic matter in surface sediments of an estuary under petroleum activity influence, Todos os Santos Bay, Brazil[J]. Marine Pollution Bulletin, 119(6): 223-230.

Nasr S M, Okbah M A, Haddad H S E, et al, 2015. Fractionation profile and mobility pattern of metals in sediments from the Mediterranean Coast, Libya [J]. Environmental Monitoring & Assessment, 187(7):450.

Nasr S M, Soliman N F, Khairy M A, et al, 2015. Metals bioavailability in surface sediments off Nile delta, egypt: application of acid leachable metals and sequential extraction techniques[J] Environmental Monitoring & Assessment, 187(6):312.

Nazeer S, Hashmi M Z, Malik R N, 2014. Heavy metals distribution, risk assessment and water quality characterization by water quality index of the River Soan, Pakistan [J]. Ecological indicators: Integrating, monitoring, assessment and management, 43(48):262-270.

Nobuyasu I, Hanari N, 2010. Possible precursor of perylene in sediments of Lake Biwa elucidated by stable carbon isotopecomposition[J]. Geochemical Journal, 44(3):161-166.

Nriagu J O, 1984. Changing metal cycles and human health: report of the dahlem workshop on Changing metal cycles and human health, Berlin 1983, March 20-25[M]. Springer-Verlag.

Okuda T, Kumata H, Naraoka H, et al, 2002. Vertical distributions and δ13C isotopic compositions of PAHs in Chidorigafuchi Moat sediment, Japan[J]. Organic Geochemistry, 33(7):843-848.

Okuda T, Kumata H, Zakaria M P, 2002. Source identification of malaysian atmospheric polycyclic aromatic hydrocarbons nearby forest fires using molecular and isotopic compositions [J]. AtmosphericEnvironment, 36(4):611-618.

Orihel D M, Bisbicos T, Darling C, et al, 2016. Probing the debromination of the flame retardant decabromodiphenyl ether in sediments of a boreal lake [J]. Environmental Toxicology & Chemistry, 35(3):573-583.

Ou S, Zheng J, Zheng J, et al, 2004. Petroleum hydrocarbons and polycyclic aromatic hydrocarbons in the surficial sediments of Xiamen Harbour and Yuan Dan Lake, China[J]. Chemosphere, 56 (2):107-112.

Pan X, Tang J, Li J, et al, 2011. Polybrominated diphenyl ethers (PBDEs) in the riverine and marine sediments of the Laizhou Bay area, North China [J]. Journal of Environmental Monitoring, 886(11):93.

Pandit G G, Sahu S K, Sharma S, et al, 2006. Distribution and fate of persistent organochlorine pesticides in coastal marine environment of Mumbai-ScienceDirect [J]. Environment International, 32(2):240-243.

Pang H J, Lou Z H, Jin A M, et al, 2015. Contamination, distribution, and sources of heavy metals in the sediments of Andong tidal flat, Hangzhou bay,China[J]. Continental Shelf Research, 110: 72-84.

Patterson B W, Hansard S L, Ammerman C B, et al, 1986. Kinetic model of whole-body vanadium metabolism: studies insheep[J]. American Journal Of Physiology Physiology, 251(2):325-32.

Pekey H, Karakas D, Bakoglu M, 2004. Source apportionment of trace metals in surface waters of a polluted stream using multivariate statisticalanalyses[J]. Marine Pollution Bulletin, 49 (9-10): 809-818.

Pempkowiak J, Sikora A, Biernacka E, 1999. Speciation of heavy metals in marine sediments vs their bioaccumulation bymussels[J]. Chemosphere, 39(2):313-321.

Peng H, Yi Y, Min L, et al, 2010. Distribution and origin of polycyclic aromatic hydrocarbons in sediments of the reaches of Huaihe River(Huainan to Bengbu)[J]. Environmental Science, 31(5): 1192.

Peng L, Bai Z P, Zhu T, et al, 2005. Research on carbon isotopic compositions of individual PAH in vehicle exhaust and soot of coal combustion[J]. Journal of China University of Mining & Technology, 34(2):218-221.

Peng L, You Y, Bai Z, et al, 2007. Stable carbon isotope evidence for origin of atmospheric polycyclic aromatic hydrocarbons in Zhengzhou and Urumchi,China[J]. Geochemical Journal, 40 (3):219-226.

Percz D V, Kedc M L, Corcia F V, et al, 2014. Evaluation of mobility, bioavailability and toxicity of Pb and Cd in contaminated soil using TCLP, BCR and carthworms[J]. International Journal of Environmental Research and Public Health, 11(7):11528-11540.

Perrone M G, Carbone C, Faedo D, et al, 2014. Exhaust emissions of polycyclic aromatic hydrocarbons, n-alkanes and phenols from vehicles coming within different European classes[J]. Atmospheric Environment, 82(1):391-400.

Perrone M G, Carbone C, Faedo D, et al, 2014. Exhaust emissions of polycyclic aromatic hydrocarbons, n-alkanes and phenols from vehicles coming within different European classes[J]. Atmospheric Environment, 82(1):391-400.

Peters K E, Moldowan J M, 1993. The biomarker guide: interpreting molecular fossils in petroleum and ancient sediments[J]. Englewood Cliffs Nj Prentice Hall, 20(5):617-617

Pfitzner J, Brunskill G, Zagorskis I, 2004. 137Cs and excess 210Pb deposition patterns in estuarine and marine sediment in the central region of the Great Barrier Reef Lagoon, north-eastern Australia [J]. Journal of Environmental Radioactivity, 76(1-2):81-102.

Pourang N, Nikouyan A, Dennis J H, 2005. Trace element concentrations in fish, surficial sediments and water from northern part of the persian gulf[J]. Environmental Monitoring & Assessment, 109(1-3):293.

Premuzic E T, Benkovitz C M, Gaffney J S, et al, 1982. The nature and distribution of organic matter in the surface sediments of world oceans andseas[J]. Organic Geochemistry, 4(2):63-77.

Pucko M, Stern G A, Burt A E, et al 2017. Current use pesticide and legacy organochlorine pesticide dynamics at the ocean-sea ice-atmosphere interface in resolute passage, Canadian Arctic, during winter-summer transition[J]. Science of the Total Environment,, 580(2):1460-1469.

Qiao M, Wang C, Huang S, et al, 2006. Composition, sources, and potential toxicological significance of PAHs in the surface sediments of the Meiliang Bay, Taihu Lake, China[J] Environment Intcernational, 5(2):28-33.

Qin N, He W, Kong X Z, et al, 2014. Distribution, partitioning and sources of polycyclic aromatic hydrocarbons in the water-SPM-sediment system of Lake Chaohu, China[J]. Science of the Total Environment, 496(15):414-423.

Qiu G, Bi X, Feng X, Yang Y, et al, 2007. Heavy metals in an impacted wetland system: a typical case from southwestern China[J]. The Science of the total environment, 387(1-3):257-268.

Qiu Y W, Zhang G, Guo L L, et al, 2010. Bioaccumulation and historical deposition of polybrominated diphenyl ethers (PBDEs) in Deep Bay, South China[J]. Marine Environmental Research, 70(2):219-226.

Rao Z, Zhu Z, Wang S, et al, 2009. CPI values of terrestrial higher plant-derived long-chain n-alkanes: a potential paleoclimatic proxy[J]. Frontiers of Earth Science in China, 3(3):266-272.

Rath P, Panda U C, Bhatta D, et al, 2009. Use of sequential leaching, mineralogy, morphology and multivariate statistical technique for quantifying metal pollution in highly polluted aquatic sediments-a case study: Brahmani and Nandira Rivers, India[J]. Journal of Hazardous Materials, 163(2-3):632-644.

Rauret G, JF López-Sánchez, Sahuquillo A, et al, 1999. Improvement of the BCR three step sequential extraction procedure prior to the certification of new sediment and soil reference materials[J]. Environmental Enginccring Rcscarch, 1(1):57-61.

Reddy C M, Eglinton T I, Pali R, et al, 2000. Even carbon number predominance of plant wax n-alkanes: Acorrection[J]. Organic Geochemistry, 31(4):331-336.

Rehder D, 1991. The bioinorganic chemistry of vanadium[J]. Angewandte Chemie International Edition in English, 30(2):148-167.

Ren C, Wu Y, Zhang S, et al, 2015. PAHs in sediment cores at main river estuaries of Chaohu Lake: implication for the change of local anthropogenicactivities[J]. Environmental and Pollution Research, 22(3):1687-1696.

Reyahi-Khoram M, Hoshmand K, 2012. Assessment of biodiversities and spatial structure of Zarivar Wetland in Kurdistan Province,Iran[J]. Biodiversitas, 13(3):57-62.

Riciardi A, Whoriskey F G, 2004. Exotic species replacement: shifting dominance of dreissenid mussels in the Soulangcs Canal, upper St. Lawrence River,Canada[J]. Journal of the North American Benthological Society, 23(3):507-514.

Ridgway J, Shimmield G, 2002. Estuaries as repositories of historical contamination and their impact on Shelf Seas[J]. Estuarine Coastal & Shelf Science, 55(6):903-928.

Roach A C, 2005. Asessment of metals in sediments from LakeMacquarie, New South Wales, Australia using normalisation models and sediment quality guidelines[J]. Marine Environmental

Rescarch，59(5):453-472.

Rodriguez L，Alonso-Azcarate J，et al，2009. Effects of earthworms on metal uptake of heavy metals from polluted mine soils by different cropplants[J]. Chemosphere，75(8):1035-1041.

Rodriguez L，Ruiz E，et al，2009. Heavy metal distribution and chemical speciation in tailings and soils around a Pb-Zn mine in Spain[J]. Journal of Environmental Management，90(2):1106-1116.

Rontani J F，Bonin P，Vaultier F，et al，2013. Anaerobic bacterial degradation of pristenes and phytenes in marine sediments does not lead to pristane and phytane during earlydiagenesis[J]. Organic Geochemistry，58:43-55.

Roussel C，Bril H，Femandez A，2000. Arsenic speciation: involvement in evalation of environmental impact caused by mine wastes[J]. Journal of Environmental Quality，29(1): 182-188.

Rudnick R,Gao S，2014. composition of the continental crust[J]. Treatise on Geochemistry，4(3): 1-51.

Sojinu O S S，Wang J Z，Sonibare O O，et al，2010. Polycyclic aromatic hydrocarbons insediments and soils from oil exploration areas of the Niger Delta，Nigeria[J]. Journal of Hazardous Materials，174(1-3):641-647.

Sanchez-Cabeza J A，A. C，2012. Ruiz-Fernández. ^{210}Pb scdiment radiochronology: an integrated formulation and classification of datingmodels[J]. Geochimica Et Cosmochimica Acta，82: 183-200.

Sanctorum H，Elskens M，Leermakers M，et al，2011. Sources of PCDD/Fs，non-ortho PCBs and PAHs in sediments of high and low impacted transboundary rivers (Belgium-France)[J]. Chemosphere，85(2):203-209.

Miguel E G S，Bolivar J P，Garcia-Tenorio R，2004. Vertical distribution of Th-isotope ratios, ^{210}Pb, ^{226}Ra and ^{137}Cs in sediment cores from an estuary affected by anthropogenic releases[J]. Science of the Total Environment，318(1-3):143-157.

Sapozhnikova Y，Zubcov N，Hungerford S，et al，2005. Evaluation of pesticides and metals in fish of the Dniester River，Moldova[J]. Chemosphere，60(2):196-205.

Schiff K C，Weisberg S B，1999. Iron as a reference clement for determining trace metal cnrichment in southern Califomia coastal shelf sediments[J]. Marine Environmental Roscarch，48(2): 161-176.

Schiff K，et al，2001. Macronutrient and trace-metal geochemistry of an in situ iron-induced southern Ocean bloom[J]. Deep-Sea Research Part II，Topical Studies in Oceanography，96(8): 253-256

Schintu M，DegettoS，1999. Sedimentary records of heavy metals in the industrial harbour of Portovesme，Sardinia (Italy)-ScienceDirect[J]. Science of The Total Environment，241(1): 129-141.

Schoer J，Hong Y T，Forstner U，1983. Variations of chemical forms of iron，mangancse and zinc in suspended sediments from the Elbe and Weser rivers during estuarine mixing[J]. Environmental Technology，4(6):277-282.

Sekhar K C，Chary N S，Kamala C T，et al，2004. Fractionation studies and bioaccumulation of sediment-bound heavy metals in Kolleru lake by ediblefish[J]. Environment International，29(7): 1001-1008.

Shang X，Dong G，Zhang H，et al，2016. Polybrominated diphenyl ethers (PBDEs) and indicator polychlorinated biphenyls (PCBs) in various marine fish from Zhoushan fishery,China[J]. Food Control, 67(9):240-246.

Shaw M J, Haddad P R, 2004. The determination of trace metal pollutants in environmental matrices using ionchromatography[J]. Environment International, 30(3):403-431.

Shen L, Reiner E J, Helm P A, et al, 2011. Historic trends of dechloranes 602, 603, 604, dechlorane plus and other norbornene derivatives and their bioaccumulation potential in lake ontario[J]. Environmental Science and Technology, 45(8):3333-3340.

Shi Z, Tao S, Pan B, et al, 2007. Partitioning and source diagnostics of polycyclic aromatic hydrocarbons in rivers in Tianjin, China[J]. Elsevier, 146(2):492-500.

Shi P, Ma X, Hou Y, et al, 2013. Effects of Land-use and climate change on hydrological processes in the upstream of Huai River,China[J]. Water Resources Management, 27(5):1263-1278.

Shi S, Zhang L, Yang W, et al, 2014. Levels and spatial distribution of polybrominated diphenyl ethers (PBDEs) in surface soil from the Yangtze River delta,China[J]. Bulletin of Environmental Contamination and Toxicology, 93(6):752-757.

Shin P, Lam W, 2001. Development of a marine sediment pollutionIndex[J]. Environmental Pollution, 113(3):281-291.

Shriadah M M A, 1999. Heavy metals in mangrove sediments of the united arab emirates shoreline (Arabian Gulf)[J]. Water Air and Soil Pollution, 116(3):523-534.

Sibiya P, Chimuka L, Cukrowska E, et al, 2013. Development and application of microwave assisted extraction (MAE) for the extraction of five polycyclic aromatic hydrocarbons in sediment samples in Johannesburg area, South Africa[J]. Environmental Monitoring and Assessment, 185 (7):5537-5550.

Simeonov V, Stratis J A, Samara C, et al, 2003. Assessment of the surface water quality in northern Greece[J]. Water Research, 37(17):4119-4124.

Simoneit B R, 1985. Application of molecular marker analysis to vehicular exhaust for source Reconciliations[J]. International Journal of Environmental Analytical Chemistry, 22 (3-4): 203-232.

Singh A K, Hasnain S I, Banerjee D K, 1999. Grain size and geochemical partitioning of heavy metals in sediments of the Damodar River-a tributary of the lower Ganga, India [J]. Environmental Geology, 39(1):90-98.

Singh K P, Mohan D, Singh V K, et al, 2005. Studies on distribution and fractionation of heavy metals in Gomti River sediments-a tributary of the Ganges,India[J]. Journal of hydrology, 312(1-4):14-27.

Singh V K, Singh K P, Mohan D, 2005. Status of heavy metals in water and bed sediments of river gomti-a tributary of the Ganga River, India[J]. Environmental Monitoring and Assessment, 105 (1-3):43-67.

Soares H, Boaventuara R, Machado A, et al, 1999. Sediments as monitors of heavy metal contamination in the Ave river basin (Portugal): multivariate analysis ofdata[J]. Environmental Pollution, 105(3):311-323.

Sojinu O S, Sonibare O O, Ekundayo O, et al, 2012. Assessing anthropogenic contamination in surface sediments of Niger Delta, Nigeria with fecal sterols and n-alkanes as indicators[J]. Science of the Total Environment, 441(9):89-96.

Sojinu O S, Sonibare O O, Ekundayo O, et al, 2010. Biomonitoring potentials of polycyclic aromatic hydrocarbons（PAHs）by higher plants from an oil exploration site，Nigeria［J］. Journal of Hazardous Materials，184(1)：759-764.

Song W L，Ford J C，Li A，et al，2005. Polybrominated diphenyl ethers in the sediments of the great Lakes Ontario and Erie［J］. Environmental Science and Technology，39(15)：5600-5605.

Song Y，Ji J，Yang Z，et al，2011. Geochemical behavior assessment and apportionment of heavy metal contaminants in the bottom sediments of lower reach of Changjiang River［J］. Catena，85 (1)：73-81.

Soto-Jimenez M F，Amezcua F，Gonzalez-Ledesma R，2010. Nonessential metals in striped marlin and indo-pacific sailfish in the southeast gulf of California，Mexico：concentration and assessment of human health risk［J］. Archives of Environmental Contamination and Toxicology，58(3)：810-818.

Soto-Jimenez M F，Paez-Osuna F，2001. Distribution and normalization of heavy metal concentrations in mangrove and lagoonal sediments from mazatlán harbor（SE Gulf of California）［J］. Estuarine，Coastal and Shelf Science，53(3)：259-274.

Stanek M，Stasiak K，Janicki B，et al，2012. Content of selected elements in the muscle tissue and gills of perch（Perca fluviatilis L）and water from a Polish Lake［J］. Polish Journal of Environmental Studies，21(4)：1033-1038.

Stefania R，Rossano P，Crisitian M，et al，2013. PBDEs and PCBs in sediments of the Thi Nai Lagoon（Central Vietnam）and soils from its mainland［J］. Chemosphere，90(9)：2396-2402.

Steinhauer M S，Boehm P D，1992. The composition and distribution of saturated and aromatic hydrocarbons in nearshore sediments，river sediments，and coastal peat of the Alaskan Beaufort Sea：Implications for detecting anthropogenic hydrocarboninputs［J］. Marine Environmental Research，33(4)：223-253.

Stiborova H，Vrkoslavova J，Lovecka P，et al，2015. Aerobic biodegradation of selected polybrominated diphenyl ethers（PBDEs）in wastewater sewagesludge［J］. Chemosphere，118(1)：315-321.

Summers J K，Wade T L，Engle V D，et al，1996. Normalization of metal concentrations in estuarine sediments from the Gulf of Mexico［J］. Estuaries and Coasts，19(3)：581-594.

Sun C Y，Zhang J Q，Ma Q Y，et al，2017. Polycyclic aromatic hydrocarbons（PAHs）in water and sediment from a river basin：sediment-water partitioning，source identification and environmental health riskassessment［J］. Environ Geochem Health，39(1)：63-74.

Sun R，Liu G，Zheng L，et al，2010. Geochemistry of trace elements in coals from the Zhuji Mine，Huainan coalfield，Anhui，China［J］. International Journal of Coal Geology，81(2)：81-96.

Sun R，Sonke J E，Liu G，et al，2014. Variations in the stable isotope composition of mercury in coal-bearing sequences：indications for its provenance and geochemicalprocesses［J］. International Journal of Coal Geology，133(6)：13-23.

Sundaray S K，Nayak B B，Lin S，et al，2011. Geochemical speciation and risk assessment of heavy metals in the river estuarine sediments-a case study：mahanadi basin，India［J］. Journal of hazardous materials，186(2)：1837-1846.

Suner M，Devesa V，Munoz O，et al，1999. Total and inorganic arsenic in the fauna of the guadalquivir estuary：environmental and human health implications［J］. Science of the Total Environment，242(1-3)：261-270.

Sungur A，Soylak M，Ozcan H，2014. Investigation of heavy metal mobility and availability by the

BCR sequential extraction procedure: relationship between soil properties and heavy metals availability[J]. Chemical Speciation and Bioavailability, 26(4):219-230.

Surija B, Branica M, 1995. Distribution of Cd, Pb, Cu and Zn in carbonate sediments from the Krka river estuary obtained by sequentialextraction[J]. Science of the Total Environment, 170(1-2): 101-118.

Suthar S, Nema A K, Chabukdhara M, et al, 2009. Assessment of metals in water and sediments of Hindon River, India: impact of industrial and urbandischarges [J]. Journal of Hazardous Materials, 171(1-3):1088-1095.

Suthar S, Bishnoi P, Singh S, et al, 2009. Nitrate contamination in groundwater of some rural areas of Rajasthan, India[J]. Journal of Hazardous Materials, 171(1):189-199.

Sutherland R A, Tack F M, 2004. Fractionation of Cu, Pb and Zn in certified reference soils SRM 2710 and SRM 2711 using the optimized BCR sequential extraction procedure[J]. Advances in Environmental Research, 8(1):37-50.

Sutherland R, 2000. Bed sediment-associated trace metals in an urban stream, Oahu, Hawaii[J]. Environmental Geology, 39(6):611-627.

Swaine D J, 2000. Why trace elements areimportant[J]. Fuel Processing Technology, 65-66(1): 21-33.

Swaine D, Goodarzi F, 1995. Environmental aspects of trace elements incoal [J]. Energy and Environment,14(2):301-312.

Syaizwan Zahmir Z, Ahmad I, Ferdaus M Y, et al, 2010. Johor strait as a hotspot for trace elements contamination in peninsular malaysia[J]. Bulletin of Environmental Contamination and Toxicology, 84(5):568-573.

Tahir N M, Pang S, Simoneit B, 2015. Distribution and sources of lipid compound series in sediment cores of the southern south China Sea[J]. Environmental Science and Pollution Research, 22(10): 7557-7568.

Takigami H, Suzuki G, Hirai Y, et al, 2008. Transfer of brominated flame retardants from components into dust inside televisioncabinets[J]. Chemosphere, 73(2):161-169.

Tam N F Y, Yao M W Y, 1998. Normalisation and heavy metal contamination in mangrovesediments[J]. Science of the Total Environment, 216(1-2):33-39.

Tang J, Yang G, Zhang Q, et al, 2005. Rapid and reproducible fabrication of carbon nanotube AFM probes bydielectrophoresis[J]. Nano Letters, 5(1):11-14.

Tang Q, Liu G J, Zhou C C, et al, 2013. Distribution of environmentally sensitive elements in residential soils near a coal-fired power plant: potential risks to ecology and children'shealth[J]. Chemosphere, 93(10):2473-2479.

Tang Q, Liu G, Zhou C, et al, 2018. Alteration behavior of mineral structure and hazardous elements during combustion of coal from a power plant at Huainan, Anhui, China [J]. Environmental Pollution, 239(8):768-776.

Tang Q, Liu G, Zhou C, et al, 2013. Distribution of trace elements in feed coal and combustionresidues from two coal-fired power plants at Huainan, Anhui,China[J]. Fuel, 107(5): 315-322.

Tang W, Shan B, Hong Z, et al, 2010. Heavy metal sources and associated risk in response to agricultural intensification in the estuarine sediments of Chaohu Lake Valley, East China[J]. Journal of Hazardous Materials, 176(1):945-951.

Tao Y, Yuan Z, Xiao H, et al, 2012. Distribution and bioaccumulation of heavy metals in aquatic organisms of different trophic levels and potential health risk assessment from Taihu lake, China [J]. Ecotoxicology and Environmental Safety, 81(3):55-64.

Teng Y, Jiao X, Wang J, et al, 2009. Environmentally geochemical characteristics of vanadium in the topsoil in the Panzhihua mining area, Sichuan Province, China [J]. Chinese Journal of Geochemistry, 28(1):105-111.

Tessier A, Campbell P G C, Bisson M, 1979. Sequential extraction procedure for the speciation of particulate tracemetals[J]. Analytical chemistry, 51(7):844-851.

Tessier A, Campbell P G C, Bisson M, 1982. Particulate trace metal speciation in stream sediments and relationships with grain size: implications for geochemicalexploration [J]. Journal of Geochemical Exploration, 16(2):77-104.

Teutsch N, Erel Y, Halicz L, et al, 2001. Distribution of natural and anthropogenic lead in Mediterraneansoils[J]. Geochimica et Cosmochimica Acta, 65(17):2853-2864.

Thevenon F, Graham N D, Chiaradia M, et al, 2011. Local to regional scale industrial heavy metalpollution recorded in sediments of large freshwater lakes in central Europe (lakes Geneva and Lucerne) over the last centuries[J]. Science of the Total Environment, 412(61):239-247.

Tian H, Cheng K, Wang Y, et al, 2012. Temporal and spatial variation characteristics of atmospheric emissions of Cd, Cr, and Pb from coal in China[J]. Atmospheric Environment, 50(4):157-163.

Ting F, Wenxuan L, Guanjun H, et al, 2020. Fractionation and ecological risk assessment of trace metals in surface sediment from the Huaihe River, Anhui, China[J]. Human and ecological risk assessment, 26(1-2):147-161.

Tiwari M, Sahu S K, Bhangare R C, et al, 2018. Polybrominated diphenyl ethers (PBDEs) in core sediments from creek ecosystem: occurrence, geochronology, and source contribution [J]. Environmental Geochemistry and Health, 40(6):1-15.

Tokalioglu S, Yilmaz V, Kartal S, et al, 2015. An assessment on metal sources by multivariate analysis and speciation of metals in soil samples using the BCR sequential extraction procedure[J]. Clean-Soil, Air, Water, 38(8):713-718.

Tolosa L, Mesa-Albernas M, Alonso-Hernandez C M, 2009. Inputs and sources of hydrocarbons in sediments from Cienfuegos Bay, Cuba[J]. Marine Pollution Bulletin, 58(11):1624-1634.

Tolosa I, Bayona J M, Albaiges J, 1996. Aliphatic and polycyclic aromatic hydrocarbons and sulfur/ oxygen derivatives in northwestern mediterranean sediments: spatial and temporal variability, fluxes, and budgets[J]. Environmental Science and Technology, 30(8):2495-2503.

Tomlinson D L, Wilson J G, Harris C R, et al, 1980. Problems in the assessment of heavy-metal levels in estuaries and the formation of a pollutionindex[J]. Helgoland Marine Research, 33(1): 566-575.

Tripathee L, Kang S, Sharma C M, et al, 2016. Preliminary health risk assessment of potentially toxic metals in surface water of the Himalayan Rivers, Nepal[J]. Bulletin of Environmental Contamination and Toxicology, 97(6):1-8.

Turekian K K, Wedepohl K H, 1961. Distribution of the elements in some major units of the earth'scrust[J]. Geological Society of America Bulletin, 72(2):175-192.

Unlu S, Alpar B, 2009. Evolution of potential ecological impacts of the bottom sediment from the gulf of gemlik: Marmara Sea, Turkey [J]. Bulletin of Environmental Contamination and

Toxicology, 83(6):903-906.

Ure A, Quevauviller P, Muntau H, et al, 1993. Speciation of heavy metals in soils and sediments. an account of the improvement and harmonization of extraction techniques undertaken under the auspices of the BCR of the commission of the european communities[J]. International Journal of Environmental Analytical Chemistry, 51(1-4):135-151.

Urzelai A, Vega M, Angulo E, 2000. Deriving ecological risk-based soil quality values in the basque country[J]. Science of the Total Environment, 247(2-3):279-284.

Usero J, Izquierdo C, Morillo J, et al, 2004. Heavy metals in fish (Solea vulgaris, Anguilla anguilla and Liza aurata) from salt marshes on the southern atlantic coast of spain[J]. Environment International, 29(7):949-956.

Usero J, Gamero M, Morillo J, et al, 1998. Comparative study of three sequential extraction procedures for metals in marinesediments[J]. Environment International, 24(4):487-496.

Vaezzadeh V, Zakaria M P, Mustafa S, et al, 2014. Distribution of polycyclic aromatic hydrocarbons (PAHs) in sediment from Muar River and Pulau Merambong, Peninsular Malaysia [J]. Springer Singapore, 12(5):451-455.

Vaezzadeh V, Zakaria M P, Bong C W, et al, 2017. Aliphatic hydrocarbons and triterpane biomarkers in mangrove oyster (Crassostrea belcheri) from the west coast of Peninsular Malaysia [J]. Marine Pollution Bulletin, 124(4):33-42.

Vallius H, 2014. Heavy metal concentrations in sediment cores from the northern Baltic Sea: declines over the last twodecades[J]. Marine Pollution Bulletin, 79(1-2):359-364.

Van Kaam-Peters H M, Schouten S, De Leeuw, et al, 1997. A molecular and carbon isotope biogeochemical study of biomarkers and kerogen pyrolysates of the Kimmeridge Clay Facies: palaeoenvironmentalimplications[J]. Organic Geochemistry, 27(7):399-422.

Vane C H, Harrison L, Kim A W, 2007. Polycyclic aromatic hydrocarbons (PAHs) and polychlorinated biphenyls (PCBs) in sediments from the Mersey Estuary, UK[J]. The Science of the Total Environment, 374(1):112-126.

Varol M, En B, 2012. Assessment of nutrient and heavy metal contamination in surface water and sediments of the upper Tigris River,Turkey[J]. Catena, 92(1):1-10.

Varol M, Kot B, Bekleyen A, et al, 2012. Spatial and temporal variations in surface water quality of the dam reservoirs in the Tigris River basin,Turkey[J]. Catena, 92(2):11-21.

Vega M, Pardo R, Barrado E, et al, 1998. Assessment of seasonal and polluting effects on the quality of river water by exploratory dataanalysis[J]. Water Research, 32(12):3581-3592.

World Health Organization, 2011. Guidelines for drinking-water quality 4th Ed[R].

Waalkes M P, 2000. Cadmium carcinogenesis in review. J InorgBiochem[J]. Journal of Inorganic Biochemistry, 79(1-4):241-244.

Wade T L, Sweet S T, Klein A G, 2008. Assessment of sediment contamination in Casco Bay, Maine,USA[J]. Environmental Pollution, 152(3):505-521.

Walker S E, Dickhut R M, Chisholm-Brause C, et al, 2005. Molecular and isotopic identification of PAH sources in a highly industrialized urbanestuary[J]. Organic Geochemistry, 36(4):619-632.

Wang X C, Zhang Y X, Chen R F, 2001. Distribution and partitioning of polycyclic aromatic hydrocarbons (PAHs) in different size fractions in sediments from Boston Harbor, UnitedStates [J]. Marine Pollution Bulletin, 42(11):1139-1149.

Wang J, Liu G, Liu H Q, et al, 2017. Tracking historical mobility behavior and sources of lead in the 59-year sediment core from the Huaihe River using lead isotopiccompositions [J]. Chemosphere, 184(4):584-593.

Wang J Z, Chen T H, Zhu C Z, et al, 2014. Trace organic pollutants in sediments from Huaihe River, China: evaluation of sources and ecological risk[J]. Journal of Hydrology, 512(4): 463-469.

Wang J Z, Zhang K, Liang B, et al, 2011. Occurrence, source apportionment and toxicity assessment of polycyclic aromatic hydrocarbons in surface sediments of Chaohu, one of the most polluted lakes in China[J]. Journal of Environmental Monitoring, 13(12):3336-3342.

Wang J Z, Zhu C Z, Chen T H, 2013. PAHs in the Chinese environment: levels, inventory mass, source and toxic potency assessment[J]. Environmental Science Processes and Impacts, 15(6): 1104-1112.

Wang L, Jia H, Liu X, et al, 2013. Historical contamination and ecological risk of organochlorine pesticides in sediment core in northeastern Chinese river[J]. Ecotoxicology and Environmental Safety, 93(7):112-120.

Wang M, Wang C Y, Hu X K, et al, 2015. Distributions and sources of petroleum, aliphatic hydrocarbons and polycyclic aromatic hydrocarbons (PAHs) in surface sediments from Bohai Bay and its adjacent river, China[J]. Marine Pollution Bulletin, 90(1-2):88-94.

Wang R, Wang T, Gui L U, et al, 2018. Formation and degradation of polybrominated dibenzofurans (PBDFs) in the UV photolysis of polybrominated diphenyl ethers (PBDEs) in various solutions[J]. Chemical Engineering Journal, 26(4):337-342.

Wang R W, Yousaf B, Sun R Y, et al, 2016. Emission characterization and $\delta13C$ values of parent PAHs and nitro-PAHs in size-segregated particulate matters from coal-fired power plants[J]. Journal of Hazardous Materials, 318(7):487-496.

Wang X Z, Adeyemi S A, Wang H H, et al, 2018. Interactions between polybrominated diphenyl ethers (PBDEs) and TiO2 nanoparticle in artificial and naturalwaters[J]. Water Research, 15(2): 146-156.

Wang Z, Yan W, Chi J, et al, 2008. Spatial and vertical distribution of organochlorine pesticides in sediments from Daya Bay, South China[J]. Marine Pollution Bulletin, 56(9):1578-1585.

Wang Z J, Wang Y, Ma M, et al, 2010. Use of triolein-semipermeable membrane devices to assess the bioconcentration and sediment sorption of hydrophobic organic contaminants in the Huaihe River, China[J]. Environmental Toxicology and Chemistry, 21(11):2378-2384.

Wang B W, 2007. Water pollution and governance recommendation of the Huaihe River, Anhui, China[J]. Jianghuai Water Resources Science and Technology, 30(50):10-11.

Wang C, Liu S, Zhao Q, et al, 2012. Spatial variation and contamination assessment of heavy metals in sediments in the Manwan Reservoir, Lancang River[J]. Ecotoxicology and Environmental Safety, 82(3):32-39.

Wang G, Feng L, Qi J, et al, 2017. Influence of human activities and organic matters on occurrence of polybrominated diphenyl ethers in marine sediment core: a case study in the Southern Yellow Sea, China[J]. Chemosphere, 189(10):104-114.

Wang J, Liu G J, Liu H Q, et al, 2017. Multivariate statistical evaluation of dissolved trace elements and a water quality assessment in the middle reaches of Huaihe River, Anhui, China[J]. Science of The Total Environment, 583(6):421-431.

Wang J, Liu G, Zhang J, et al, 2016. A 59-year sedimentary record of metal pollution in the sediment core from the Huaihe River, Huainan, Anhui, China[J]. Environmental Science and Pollution Research International, 23(23):1-13.

Wang J, Liu G J, Lu L L, et al, 2015. Geochemical normalization and assessment of heavy metals (Cu, Pb, Zn, and Ni) in sediments from the Huaihe River, Anhui, China[J]. Catena, 129(8): 30-38.

Wang J, Liu R, Zhang P, et al, 2014. Spatial variation, environmental assessment and source identification of heavy metals in sediments of the Yangtze River estuary[J]. Marine Pollution Bulletin, 87(1-2):364-373.

Wang J Z, Ni H G, Guan Y F, et al, 2008. Occurrence and mass loadings of n-Alkanes in riverinerunoff of the Pearl River Delta, South China: global implications for levels and inputs[J]. Environmental Toxicology and Chemistry, 27(11):2036-2041.

Wang J Z, Yang Z Y, Chen T H, 2012. Source apportionment of sediment-associated aliphatic hydrocarbon in a eutrophicated shallow lake, China[J]. Environmental Science and Pollution Research, 19(9):4006-4015.

Wang P, Shang H, Li H, et al, 2016. PBDEs, PCBs and PCDD/Fs in the sediments from seven major river basins in China: occurrence, congener profile and spatial tendency[J]. Chemosphere, 144(2):13-20.

Wang R, Wang W X, 2018. Diet-specific trophic transfer of mercury in tilapia (Oreochromis niloticus): biodynamicperspective[J]. Environmental Pollution, 234(5):288-296.

Wang R, Yousaf B, Sun R, et al, 2017. Multivariate statistical evaluation of dissolved trace elements and a water quality assessment in the middle reaches of Huaihe River, Anhui, China[J]. Science of The Total Environment, 583(12):421-431.

Wang R, Yousaf B, Sun R, et al, 2016. Emission characterization and δ13C values of parent PAHs and nitro-PAHs in size-segregated particulate matters from coal-fired powerplants[J]. Journal of Hazardous Materials, 318(11):487-496.

Wang T, Zhang Z L, Huang J, et al, 2007. Occurrence of dissolved polychlorinated biphenyls and organic chlorinated pesticides in the surface water of Haihe River and Bohai Bay, China[J]. Environmental Science, 28(4):730-735.

Wang X C, Feng H, Ma H Q, 2007. Assessment of metal contamination in Surface sediments of Jiaozhou Bay, Qingdao, China[J]. Clean-Soil, Air, Water, 35(1):62-70.

Wang X T, Chen L, Wang X K, et al, 2015. Occurrence, profiles, and ecological risks of polybrominated diphenyl ethers (PBDEs) in river sediments of Shanghai, China[J]. Chemosphere, 133(8):22-30.

Wang X, Zhou C, Liu G, et al, 2013. Transfer of Metals from Soil to Crops in an Area near a Coal Gangue Pile in the Guqiao Coal Mine, China[J]. Analytical Letters, 46(12):1962-1977.

Wang X, Sato T, Xing B, et al, 2005. Health risks of heavy metals to the general public in Tianjin, China via consumption of vegetables and fish[J]. Science of the Total Environment, 350(1-3):28-37.

Wang X, Chu Z, Zha F, et al, 2015. Determination of heavy metals in water and tissues of crucian carp (carassius auratus gibelio) collected from subsidence pools in Huainan coal fields, China[J]. Analytical Letters, 48(5):861-877.

Wang Y Q, Yang L Y, Kong L H, et al, 2015. Spatial distribution, ecological risk assessment and source identification for heavy metals in surface sediments from Dongping Lake, Shandong, East

China[J]. Catena, 125(6):200-205.

Wang Y, Ling M, Liu R, et al, 2017. Distribution and source identification of trace metals in the sediment of Yellow River estuary and the adjacent Laizhou Bay[J]. Physics and Chemistry of the Earth, 97(5):62-70.

Wang Y, Qi S, Xing X, et al, 2009. Distribution and ecological risk evaluation of organochlorine pesticides in sediments from Xinghua Bay, China[J]. Journal of Earth Science, 20(4):763-770.

Wang Y, Zhu L P, Wang J B, et al, 2012. The spatial distribution and sedimentary processes of organic matter in surface sediments of Nam Co, Central Tibetan Plateau[J]. Science China Press, 57(36):4753-4764.

Wei F S, 1990. Soil backgrounds of elements of China[J]. Environmental Monitoring Station of China, 11(4):12-19.

Wilcke W, Krauss M, Amelung W, 2002. Carbon isotope signature of polycyclic aromatic hydrocarbons (PAHs): evidence for different sources in tropical and temperateen vironments[J]. Environmental Science and Technology, 36(16):3530-3535.

Williams G, Anderson E, Howell A, et al, 1991. Oral contraceptive (OCP) use increases proliferation and decreases oestrogen receptor content of epithelial cells in the normal humanbreast[J]. International Journal of Cancer, 48(2):206-210.

Windom H L, Schropp S J, Calder F D, et al, 1989. Natural trace metal concentrations in estuarine and coastal marine sediments of the southeastern United States[J]. Environmental Science and Technology, 23(3):314-320.

Witt G, 1995. Polycyclic aromatic hydrocarbons in water and sediment of the BalticSea[J]. Marine Pollution Bulletin, 31(4-12):237-248.

Wu B, Zhao D Y, Jia H Y, et al, 2009. Preliminary risk assessment of trace metal pollution in surface water from Yangtze River in Nanjing Section, China[J]. Bulletin of Environmental Contamination and Toxicology, 82(4):405-409.

Wu M H, Xu B T, Xu G, et al, 2017. Occurrence and profiles of polybrominated diphenyl ethers (PBDEs) in riverine sediments of Shanghai: a combinative study with human serum from the locals [J]. Environmental Geochemistry and Health, 39(4):1-10.

Wu S P, Shu T, Zhang Z H, et al, 2007. Characterization of TSP-bound n-alkanes and polycyclic aromatic hydrocarbons at rural and urban sites of Tianjin, China[J]. Environmental Pollution, 147(1):203-210.

Wu X, Bi N, Kanai Y, et al, 2015. Sedimentary records off the modern Huanghe (Yellow River) delta and their response to deltaic river channel shifts over the last 200 years[J]. Journal of Asian Earth Sciences, 108(8):68-80.

Wu Y, Jing Z, Mi T Z, et al, 2001. Occurrence of n-alkanes and polycyclic aromatic hydrocarbons in the core sediments of the Yellow Sea[J]. Marine Chemistry, 76(1-2):1-15.

Wu Y S, Fang G C, Lee W J, et al, 2007. A review of atmospheric fine particulate matter and its associated trace metal pollutants in Asian countries during the period 1995-2005[J]. Journal of Hazardous Materials, 143(1-2):511-515.

Xia P, Meng X, Feng A, et al, 2012. Geochemical characteristics of heavy metals in coastal sediments from the northern Beibu Gulf (SW China): the background levels and recent contamination[J]. Environmental Earth Sciences, 66(5):1337-1344.

Xia Z H, Xu B Q, Mugler, et al, 2009. Paleoclimatic implications of the hydrogen isotopic composition of terrigenous n-alkanes from Lake Yamzho, southern Tibetan Plateau [J]. Geochemical Journal, 42(7):331-338.

Xiao J, Jin Z, Wang J, 2014. Geochemistry of trace elements and water quality assessment of natural water within the Tarim River Basin in the extreme arid region, NW China[J]. Journal of Geochemical Exploration, 136(1):118-126.

Xiao M, Bao F, Wang S, et al, 2016. Water quality assessment of the Huaihe River segment of Bengbu (China) using multivariate statistical techniques[J]. Water Resources, 43(1):166-176.

Xiao Z H, Yuan X Z, Leng L J, et al, 2016. Risk assessment of heavy metals from combustion of pelletized municipal sewagesludge[J]. Environmental Science and Pollution Research, 23(4): 3934-3942.

Xie Z L, Jiang Y H, Zhang H Z, et al, 2016. Assessing heavy metal contamination and ecological risk in Poyang Lake area, China[J]. Environmental Earth Sciences, 75(7):549-558.

Xu J, Guo J Y, Liu G R, et al, 2014. Historical trends of concentrations, source contributions and toxicities for PAHs in dated sediment cores from five lakes in western China[J]. Science of The Total Environment, 470(10):519-526.

Xu J Y, Wang P, Guo W F, et al, 2007. Polycyclic aromatic hydrocarbons in the surface sediments from Yellow River, China[J]. Chemosphere, 67(12):1408-1414.

Xu D Q, Wang Y H, Zhang R J, et al, 2016. Distribution, speciation, environmental risk, and source identification of heavy metals in surface sediments from the karst aquatic environment of the Lijiang River, Southwest China[J]. Environmental Science and Pollution Research, 23(9): 9122-9133.

Xue L D, Lang Y H, Liu A X, et al, 2010. Application of CMB model for source apportionment of polycyclic aromatic hydrocarbons (PAHs) in coastal surface sediments from Rizhao offshore area, China[J]. Environmental Monitoring and Assessment, 163(1-4):57-65.

Yadav I C, Devi N L, Syed J H, et al, 2015. Current status of persistent organic pesticides residues in air, water, and soil, and their possible effect on neighboring countries: a comprehensive review of India[J]. Science of the Total Environment, 511(4):123-137.

Yamamoto S, Kawamura K, Seki O, et al, 2010. Paleoenvironmental significance of compound-specific δ13C variations in n-alkanes in the Hongyuan peat sequence from southwest China over the last 13 ka[J]. Organic Geochemistry, 41(5):491-497.

Yan B Z, Abrajano T A, Bopp R F, et al, 2011. Molecular tracers of saturated and polycyclic aromatic hydrocarbon inputs into Central Park Lake, New York City[J]. Environmental Science and Technology, 39(18):7012-7019.

Yan W, Chi J S, Wang Z Y, et al, 2009. Spatial and temporal distribution of polycyclic aromatic hydrocarbons (PAHs) in sediments from Daya Bay, South China[J]. Environmental Pollution, 157(6):1823-1830.

Yan R, Lu X, Zeng H, 1999. Trace Elements in Chinese Coals and their Partitioning During Coal Combustion[J]. Combustion Science and Technology, 145(1-6):57-81.

Yang R Q, LvA H, Shi J B, et al, 2005. The levels and distribution of organochlorine pesticides (OCPs) in sediments from the Haihe River, China[J]. Chemosphere, 61(3):347-354.

Yang Y, Zhang X X, Korenaga T, 2002. Distribution of polynuclear aromatic hydrocarbons (PAHs) in the Soil of Tokushima, Japan[J]. Water Air and Soil Pollution, 138(1-4):51-60.

Yang C, Rose N L, Turner S D, et al, 2016. Hexabromocyclododecanes, polybrominated diphenyl ethers, and polychlorinated biphenyls in radiometrically dated sediment cores from English lakes, 1950-present[J]. Science of the Total Environment, 541(9):721-728.

Yang S, Fu Q, Teng M, et al, 2015. Polybrominated diphenyl ethers (PBDEs) in sediment and fish tissues from Lake Chaohu, central eastern China[J]. Archives of Environmental Protection, 41 (2):12-20.

Yang X Y, Sun L G, Zhang Z F, et al, 1997. The soil element background values and assessment on the soil environmental quality in Huainan area[J]. Actapedologica Sinca, 34(3):344-347.

Yang Y, Chen F, Zhang L, et al, 2012. Comprehensive assessment of heavy metal contamination insediment of the Pearl River Estuary and adjacent shelf[J]. Marine Pollution Bulletin, 64(9): 1947-1955.

Yang Y, Chen F, Zhang B W, et al, 2006. Two-dimensional strain in evaluation of global left ventricular strain and strainrate[J]. Chinese Journal of Medical Imaging Technology, 164(7):432-441.

Yang Z, Wang L, Niu J, et al, 2008. Pollution assessment and source identifications of polycyclic aromatic hydrocarbons in sediments of the Yellow River Delta, a newly born wetland in China[J]. Environmental Monitoring and Assessment, 158(9):561-575.

Yang Z, Wang Y, Shen Z, et al, 2009. Distribution and speciation of heavy metals in sediments from the mainstream, tributaries, and lakes of the Yangtze River catchment of Wuhan, China [J]. Journal of Hazardous Materials, 166(2-3):1186-1194.

Yanik P J, O'Donnell T H, Macko S A, et al, 2003. The isotopic compositions of selected crude oil PAHs duringbiodegradation[J]. Organic Geochemistry, 34(4):291-304.

Yasser E N, Nabila E L D, Nisreen H, et al, 2016. Toxicological data of some antibiotics and pesticides to fish, mosquitoes, cyanobacterial mats and to plants[J]. Data in Brief, 52 (6): 871-880.

Yerel S, 2010. Water quality assessment of Porsuk River,Turkey[J]. Journal of Chemistry, 7(2): 593-599.

Yi Y, Yang Z, Zhang S, 2011. Ecological risk assessment of heavy metals in sediment and human health risk assessment of heavy metals in fishes in the middle and lower reaches of the Yangtze River basin[J]. Environmental Pollution, 159(10):2575-2585.

Yilmaz F, Ozdemir N, Demirak A, et al, 2007. Heavy metal levels in two fish species Leuciscus cephalus and Lepomis gibbosus[J]. Food Chemistry, 100(2):830-835.

Yin H Z, 2011. Disentangling the sources and distribution of sedimentary organic matters in the Yellow RiverEstuar[D]. Qingdao:Ocean University of China.

Yoon S J, Hong S J, Kwon B O, et al, 2017. Distributions of persistent organic contaminants in sediments and their potential impact on macrobenthic faunal community of the Geum River Estuary and Saemangeum Coast, Korea[J]. Chemosphere, 173(4):216-226.

Yu L, Han Z, Liu C, 2015. A review on the effects of PBDEs on thyroid and reproduction systems infish[J]. General and Comparative Endocrinology, 219(2):64-73.

Yu M, Wang Z, 2016. Empirical Analysis on the Relation Between Electronic Industry Development and EnergyConsumption[J]. International Technology Management, 10(1):50-52.

Yuan Z J, Liu G J, Lam M H W, et al, 2016. Occurrence and levels of polybrominated diphenyl ethers in surface sediments from the Yellow River Estuary,China[J]. Environmental Pollution, 212(5):147-154.

Yuan Z J, Liu G J, Wang R W, et al, 2014. Polycyclic aromatic hydrocarbons in sediments from the Old Yellow River estuary, China: occurrence, sources, characterization and correlation with the relocation history of the Yellow River[J]. Ecotoxicology and Environmental Safety, 109(11):169-176.

Yuan H Z, Pan W, Zhu Z J, et al, 2015. Concentrations and bioavailability of heavy metalsin sediments of riverine wetlands located in the Huaihe River Watershed, China[J]. Clean-Soil, Air, Water, 43(6):830-837.

Yuan X, Zhang L, Li J, et al, 2014. Sediment properties and heavy metal pollution assessment inthe river, estuary and lake environments of a fluvial plain, China[J]. Catena, 119(5):52-60.

Yuan Z, Liu G, Da C, et al, 2015. Occurrence, sources, and potential toxicity of polycyclic aromatic hydrocarbons in surface soils from the Yellow River delta natural reserve, China[J]. Archives of Environmental Contamination and Toxicology, 68(2):330-341.

Yuan Z, Liu G, Lam M H W, et al, 2016. Occurrence and levels of polybrominated diphenyl ethers in surface sediments from the Yellow River Estuary,China[J]. Environmental Pollution, 212(5): 147-154.

Yunker M B, Macdonald R W, Vingarzan R, et al, 2002. PAHs in the Fraser River basin: a critical appraisal of PAH ratios as indicators of PAH source and composition[J]. Organic Geochemistry, 33(4):489-515.

Zhu H, Kraft P, Zhai K, et al, 2014. Genome-wide association analyses of esophageal squamous cell carcinoma in Chinese identify multiple susceptibility loci and gene-environment interactions[J]. Nature Genetics, 46(9):1040-104.

Zakaria M P, Takada H, Tsutsumi S, et al, 2002. Distribution of polycyclic aromatic hydrocarbons (PAHs) in rivers and estuaries in Malaysia: a widespread input of petrogenic PAHs[J]. Environmental Science and Technology, 36(9):1907-1918.

Zeng E Y, Yu C C, Tran K, 1999. In situ measurements of chlorinated hydrocarbons in the water column off the Palos Verdes Peninsula, California[J]. Environmental Science and Technology, 33 (3):392-398.

Zeng H A, Jing-Lu W U, 2009. Sedimentary records of heavy metal pollution in Fuxian Lake, Yunnan Province, China: intensity, history, and sources[J]. Pedosphere, 19(5):562-569.

Zhang B R, Wattayakorn G, Amano A, et al, 2007. Reconstruction of pollution history of organic contaminants in the upper Gulf of Thailand by using sediment cores: first report from Tropical Asia Core (TACO) project[J]. Marine Pollution Bulletin, 54(5):554-565.

Zhang D L, Liu J Q, Jiang X J, et al, 2000. Distribution, sources and ecological risk assessment of PAHs in surface sediments from the Luan River Estuary, China[J]. Marine Pollution Bulletin, 102 (1):223-229.

Zhang J M, Liu G J, Wang R J, et al, 2017. Polycyclic aromatic hydrocarbons in the water-spm-sediment system from the middle reaches of Huaihe River, China: Distribution, partitioning, origin tracing and ecological risk assessment[J]. Environmental Pollution, 230(4):61-71.

Zhang J M, Liu G J, Wang R W, et al, 2014. Concentrations and sources of polycyclic aromatic hydrocarbons in water and sediments from the Huaihe River, China[J]. Analytical Letters, 47 (13):2294-2305.

Zhang J M, Liu G J, Wang R W, et al, 2015. Distribution and source apportionment of polycyclic aromatic hydrocarbons in bank soils and river sediments from the middle reaches of the Huaihe

River, China[J]. Clean-Soil, Air, Water, 8(8):1207-1214.

Zhang R, Zhang F, Zhang T C, 2013. Sedimentary records of PAHs in a sediment core from tidal flat of Haizhou Bay, China[J]. Science of The Total Environment, 450(9):280-288.

Zhang W, Ma X, Zhang Z, et al, 2015. Persistent organic pollutants carried on plastic resin pellets from two beaches in China[J]. Marine Pollution Bulletin, 99(1-2):28-34.

Zhang Z, Hong H, Wang X, et al, 2002. Determination and load of organophosphorus andorganochlorine pesticides at water from Jiulong River Estuary, China[J]. Marine Pollution Bulletin, 45(12):397-402.

Zhang Z L, Huang J, Yu G, et al, 2004. Occurrence of PAHs, PCBs and organochlorine pesticides in the Tonghui River of Beijing, China[J]. Environmental Pollution, 130(2):249-261.

Zhang J, Liu C L, 2002. Riverine composition and estuarine geochemistry of particulate metals in China-weathering features, anthropogenic impact and chemical fluxes[J]. Estuarine, Coastal and Shelf Science, 54(6):1051-1070.

Zhang J, Fan S K, Yang J C, et al, 2014. Petroleum contamination of soil and water, and their effects on vegetables by statistically analyzing entire data set[J]. Science of the Total Environment, 476(4):258-265.

Zhang J, Gao X, 2015. Heavy metals in surface sediments of the intertidal Laizhou Bay, Bohai Sea, China: distributions, sources and contamination assessment[J]. Marine Pollution Bulletin, 98(2): 320-327.

Zhang L, Zhang J, Gong M, 2009. Size distributions of hydrocarbons in suspended particles from the Yellow River[J]. Applied Geochemistry, 24(7):1168-1174.

Zhang X L, Luo X J, Liu H Y, et al, 2011. Bioaccumulation of several brominated flame retardants and dechlorane plus in waterbirds from an e-waste recycling region in South China: associated with trophic level and diet sources[J]. Environmental Science and Technology, 45(2):400-405.

Zhang Y, Guo F, Meng W, et al, 2009. Water quality assessment and source identification of Daliao River Basin using multivariate statistical methods[J]. Environmental Monitoring and Assessment, 152(1-4):105-121.

Zhang Y, Su Y, Liu Z, et al, 2018. Aliphatic hydrocarbon biomarkers as indicators of organic matter source and composition in surface sediments from shallow lakes along the lower Yangtze River, Eastern China[J]. Organic Geochemistry, 122(1):29-40.

Zhang Y D, Su Y, Liu Z, et al, 2018. Sedimentary lipid biomarker record of human-induced environmental change during the past century in Lake Changdang, Lake Taihu basin, Eastern China[J]. Science of the Total Environment, 613(1):907-918.

Zhang Z L, Hong H S, Zhou J L, et al, 2003. Fate and assessment of persistent organic pollutants in water and sediment from Minjiang River estuary, southeast China[J]. Chemosphere, 52(9):1423-1430.

Zhao Z, Zhang L, Wu J, et al, 2009. Distribution and bioaccumulation of organochlorine pesticides in surface sediments and benthic organisms from Taihu Lake, China[J]. Chemosphere, 77(9): 1191-1198.

Zhao D, Sun B, 1986. Atmospheric pollution from coal combustion in China[J]. Air Repair, 36(4): 371-374.

Zhao G, Xu Y, Li W, et al, 2007. PCBs and OCPs in human milk and selected foods from Luqiao and Pingqiao in Zhejiang, China[J]. Science of the Total Environment, 378(3):281-292.

Zhao H, Chen J, Qiao X, et al, 2012. Polybrominated diphenyl ethers in soils of the modern Yellow River Delta, China: occurrence, distribution and inventory[J]. Chemosphere, 88(7):791-797.

Zheng M, Fang M, Wang F, et al, 2000. Characterization of the solvent extractable organic compounds in PM2.5 aerosols in Hong Kong[J]. Atmospheric Environment, 34(12):2691-2702.

Zhong H Z, Zhang L, Wu J, et al, 2015. Polycyclic aromatic hydrocarbons (PAHs) and organochlorine pesticides (OCPs) in sediments from lakes along the middle-lower reaches of the Yangtze River and the Huaihe River of China[J]. Limnology and Oceanography, 61(1):47-60.

Zhou P, Zhao Y, Li J, et al, 2012. Dietary exposure to persistent organochlorine pesticides in 2007 Chinese total diet study[J]. Environment International, 42(10):152-159.

Zhou C, Liu G, Yan Z, et al, 2012. Transformation behavior of mineral composition and trace elements during coal gangue combustion[J]. Fuel, 97(6):644-650.

Zhou J L, Maskaoui K, Qiu Y W, et al, 2001. Polychlorinated biphenyl congeners and organochlorine insecticides in the water column and sediments of Daya Bay, China [J]. Environmental Pollution, 113(3):73-384.

Zhou Z Q, Wang F, 2005. Causes for water pollution in Huai River basin and prevention measures [J]. China Water Resources, 22(3):23-25.

Zhu B, Lam J C, Lam P K, 2017. Halogenated flame retardants (HFRs) in surface sediment from the Pearl River Delta region and Mirs Bay, south China[J]. Marine Pollution Bulletin, 129(2):899-904.

Zhu L B, Sheng D, Zhou K S, et al, 2007. Ecological risk assessment of sediment heavy metals pollution in Anhui Reach of Huaihe River[J]. Journal of Environmental Health, 24(10):784-786.

Zhuang P, Li Z A, Mcbride M B, et al, 2013. Health risk assessment for consumption of fish originating from ponds near Dabaoshan mine, south China [J]. Environmental Science and Pollution Research, 20(8):5844-5854.

Zou M Y, Ran Y, Gong J, et al, 2007. Polybrominated diphenyl ethers in watershed soils of the Pearl River Delta, China: occurrence, inventory, and Fate [J]. Environmental Science and Technology, 41(24):8262-8267.

Zubcov E, Zubcov N, Ene A, et al, 2012. Assessment of copper and zinc levels in fish from freshwater ecosystems of Moldova[J]. Environmental Science and Pollution Research, 19(6):2238-2247.